"十三五"国家重点图书出版规划项目

2018 年主题出版重点出版物

中国生态建设与环境保护

1978~2018

ECOLOGICAL CONSERVATION AND
ENVIRONMENTAL PROTECTION IN CHINA

潘家华　庄贵阳　等／著

社会科学文献出版社
SOCIAL SCIENCES ACADEMIC PRESS (CHINA)

出版者前言

习近平同志指出，改革开放是当代中国最鲜明的特色，是我们党在新的历史时期最鲜明的旗帜。改革开放是决定当代中国命运的关键抉择，是党和人民事业大踏步赶上时代的重要法宝。2018年是中国改革开放40周年，社会各界都会举行一系列活动，隆重纪念改革开放的征程。对40年进行总结也是学术界和出版界面临的重要任务，可以反映40年来尤其是十八大以来中国改革开放和社会主义现代化建设的历史成就与发展经验，梳理和凝练中国经验与中国道路，面向全世界进行多角度、多介质的传播，讲述中国故事，提供中国方案。改革开放研究是新时代中国特色社会主义研究的重要组成部分，是应该长期坚持并具有长远意义的重大课题。

社会科学文献出版社成立于1985年，是直属于中国社会科学院的人文社会科学专业学术出版机构，依托于中国社会科学院和国内外人文社会科学界丰厚的学术和专家资源，坚持"创社科经典，出传世文献"的出版理念、"权威、前沿、原创"的产品定位以及出版成果专业化、数字化、国际化、市场化经营道路，为学术界、政策界和普通读者提供了大量优秀的出版物。社会科学文献出版社于2008年出版了改革开放研究丛书第一辑，内容涉及经济转型、政治治理、社会变迁、法治走向、教育发展、对外关系、西部减贫与可持续发展、民间组织、性与生殖健康九大方面，近百位学者参与，取得了很好的社会效益和经济效益。九种图书后来获得了国家社科基金中华学术外译项目资助和中共中央对外宣传办公室资助，由荷兰博睿出版社出版了英文版。图书的英文版已被哈佛大学、耶鲁大学、牛津大学、剑桥大学等世界著名大学收藏，进入了国外大学课堂，并得到诸多专家的积极评价。

从 2016 年底开始，社会科学文献出版社再次精心筹划改革开放研究丛书的出版。本次出版，以经济、政治、社会、文化、生态五大领域为抓手，以学科研究为基础，以中国社会科学院、北京大学、清华大学等高校科研机构的学者为支撑，以国际视野为导向，全面、系统、专题性展现改革开放 40 年来中国的发展变化、经验积累、政策变迁，并辅以多形式宣传、多介质传播和多语种呈现。现在展示在读者面前的是这套丛书的中文版，我们希望借着这种形式，向中国改革开放这一伟大的进程及其所开创的这一伟大时代致敬。

社会科学文献出版社

2018 年 2 月 10 日

主要作者简介

潘家华　剑桥大学经济学博士。中国社会科学院学部委员、城市发展与环境研究所所长、研究员、博士生导师；国家气候变化专家委员会委员、国家外交政策咨询委员会委员、国家环境咨询／科技咨询委员会委员、北京市和湖北省政府专家咨询委员会委员。曾获孙冶方经济科学奖、中国社科院优秀科研成果一等奖、绿色中国年度人物、中华宝钢环境奖等荣誉称号。

庄贵阳　经济学博士。中国社会科学院城市发展与环境研究所研究员、中国社会科学院大学（研究生院）博士生导师、中国社会科学院生态文明研究智库秘书长。主持国家科技支撑计划／国家重点研发计划课题、国家社会科学基金重大项目、中国社会科学院创新工程重大专项和国情调研重大项目。曾获中国社会科学院优秀科研成果奖、中国社会科学院优秀信息对策奖和胡绳青年学术奖提名奖。

内容提要

《中国生态建设与环境保护（1978~2018）》是社会科学文献出版社为了祝贺中国改革开放 40 周年自主策划的"改革开放研究丛书"之一。该丛书项目已入选"十三五"国家重点图书出版规划。本书由中国社会科学院学部委员潘家华牵头，邀请中国社会科学院、中国科学院、国务院发展研究中心、生态环境部等著名研究机构的专家学者撰稿，内容涵盖生态环境保护政策、法治、规划、水资源保护、污染法治、土地开发与生态红线、可持续发展、可再生能源、绿色消费、循环经济、气候变化和生态文明建设等专题。作者团队对生态建设与环境保护领域有着长期深入的理论与实践研究，对中国的经济社会现实有深刻的理解。

从 1978 年到 2018 年的 40 年，中国经济因改革而活力迸发，随开放而升级发展。改革开放 40 年，既是中国经济腾飞的 40 年，也是中国生态环境保护在曲折中前行的 40 年。中国的生态环境保护事业与中国的经济增长和改革开放进程有着密切的联系。当前中国的生态环境保护进入了压力叠加、负重前行的关键期，到了有条件、有能力解决突出生态环境问题的窗口期。本书旨在总结回顾中国改革开放 40 年生态建设与环境保护的历史进程，提炼生态环境保护的成就和经验，探析存在的问题与挑战，以期为美丽中国建设提供参考和借鉴。

本书写作注重全面性、系统性和专题性，兼顾可读性与简洁性，力求各专题论述围绕发展成就和改革进展相结合展开，有自己的解释框架和解释逻辑，力争做到时序和逻辑相统一，逻辑解说和理论总结相结合。

前　言

中国的生态建设与环境保护源远流长。东方天人合一的古典哲学智慧和中华五千年顺应自然的农耕文明，构成改革开放四十年生态建设和环境保护的基础和出发点。但严格意义上的环境保护源自工业文明的污染排放与管理。中国的工业化和城市化进程学习借鉴西方；不论被动还是主动，均是西学为用，必然需要东方既有制度的改革和对西方的开放。始于 1978 年的改革开放进程，规模之宏大，步子之快捷，变革之显著，持续之久长，影响之深远，在人类经济与发展历史上是少有的。而生态建设和环境保护正是这宏伟历史画卷中浓墨重彩的一笔。

何为生态建设与环境保护？改革开放前，中国工业化水平整体较低，城市化进程相应滞后，保障粮食供给、以粮为纲造成生态退化。生态平衡成为改革开放前乃至初期全社会最为关切的挑战。然而，西方工业污染触目惊心的教训和中国工业发展带来的污染挑战，使环境警醒在改革开放前就已萌芽。随着工业规模的扩张和城市化的推进，对自然生态的破坏趋弱，但环境污染趋重。进入 21 世纪，融入经济全球化大潮的中国经济，出现重化工阶段的高原材料消耗、高能源需求和高污染排放的“三高”特征。生态平衡和污染控制已经不能适应可持续发展的需要。正是在这样一种背景下，中国启动了“生产发展、生活富裕、生态良好”的生态文明进程。在技术层面，强化资源节约、污染控制和生态保育；在制度层面，立法规、定标准、考绩效；在市场层面，税费激励、价格引导、转移支付。开启了经济、政治、文化、社会和生态文明建设“五位一体”总体布局，将生态文明放在突出位置，融入经济社会发展的各方面和全过程的新时代。

改革开放四十年，中国的生态建设与环境保护压力巨大，挑战严峻，应对有方，绩效显著。如何总结讲述中国生态建设与环境保护的经验和故事？我们选取了法制、政策、规划等制度规范性领域，生态保护、循环经济、污染防治等核心领域，水资源、可再生能源等约束和导向性领域，应对气候变化、可持续发展和生态文明建设等重大转型发展领域，邀请当期深耕、见证中国生态建设与环境保护历程的权威专家，就相关领域的历史进程、阶段特征、内在动因、行动与绩效、趋势走向等，进行全面系统梳理，有总结提炼，有深度思考，有学理分析，有规律探究，有案例佐证，也有未来愿望。

生态建设和环境保护的历程和阶段特质，与改革开放重大事件的时间节点是一致的。第一个重要时间节点无疑是改革开放的元年即 1978 年；第二个重要时间节点是邓小平南方谈话的 1992 年；第三个重要时间节点则是 2001 年底中国加入世贸组织，全面、大规模、深度融入经济全球化；第四个重要时间节点是中国经济步入"新常态"，发展转型进入新阶段的 2012 年。在每一个时间节点，都有中国改革开放的重大标志性事件，随着启动了一个新的阶段。当然，生态建设和环境保护也有自身的特征和深化规律，尤其是环境保护与重大全球性议程密切相关。例如 1972 年的联合国人类环境会议，1992 年的联合国环境与发展会议，2012 年的联合国可持续发展峰会，时间节点也大致与中国的改革开放进程相吻合。联合国《2030 年可持续发展议程》和《巴黎协定》的达成时间是 2015 年，这两个重大议程本应在 2012 年通过，只是因为南北分歧严重，同时世界经济和社会发展格局发生重大变化，时间滞后了三年。至于生态建设和环境保护的一些重大事件，虽不一定与上述时间节点完全吻合，但也标志着改革开放过程中生态建设和环境保护的进展与成效。因而，在本书中对各个领域的阶段划分只求大略一致，不求细节统一。

在本书各部分的撰写与修改过程中，执笔专家认真负责，按时保质，使得本书能够根据出版社的节奏要求按期交付。社会科学文献出版社谢寿光社长谋划选题，立意高远；李延玲、史晓琳编辑尽心尽责，与作者沟通，编辑文字；

中国社会科学院生态文明智库研究助理何妮协助各位执笔专家，主动联系，热线畅通，优质高效。作为本书的架构提议和统稿者，在编撰成书过程中，存在一些不尽如人意，甚至错谬的地方，欢迎读者批评指正。

潘家华　庄贵阳

2018 年 10 月

目 录

第一章　绿水青山就是金山银山的认知与实践进程　001

引　言

一　局部污染为主、制度建设起步阶段（1978~1991 年）

二　环境污染加剧、立法加快阶段（1992~2001 年）

三　遏制环境恶化态势、加大治理力度阶段（2002~2011 年）

四　全面污染攻坚、生态环境质量稳中向好阶段（2012 年至今）

五　坚持人与自然和谐共生、全面构建生态文明体系

结　语

第二章　环境法治四十年之演进　016

引　言

一　改革开放初期

二　可持续发展和市场经济转轨期

三　贸易全球化与科学发展时期

四　生态文明新时代的中国环境法治

五　成就与经验

六　挑战与建议

结　语

第三章　环境政策演进及其评价　059

引　言

一　环境保护政策的发展及其要点

二　环境政策演进特点评述

三　环境保护政策重点与展望

结　语

第四章　环境保护规划回顾与展望　　　084

引　言

一　环境保护规划发展的经济社会环境背景

二　第一阶段：1978~1992 年

三　第二阶段：1993~2000 年

四　第三阶段：2001~2011 年

五　第四阶段：2012 年至今

六　未来发展展望

结　语

第五章　保护地建设与生态红线　　　115

引　言

一　发展历程概述

二　保护地建设与管理

三　生态保护红线

结　语

第六章　污染防治　　　157

引　言

一　水污染防治

二　大气污染防治

三　固体废弃物污染防治

结　语

第七章　循环经济发展　　　　　　　　　　　　　　199

引　言

一　循环经济的发展取向

二　发展的历程

三　主要成效

四　面临的问题

五　未来发展方向

结　语

第八章　水资源利用与保护　　　　　　　　　　　226

引　言

一　发展历程

二　新时代发展对水资源利用与保护需求分析

三　面向我国新时代发展需求的水资源利用与保护展望

结　语

第九章　可再生能源开发利用历程　　　　　　　256

引　言

一　综述

二　历程

三　成效、存在的问题及发展趋势

结　语

第十章　绿色消费与环境文化　277

　　引　言

　　一　概念界定

　　二　演进及其阶段性特征

　　三　面临的挑战

　　四　强化社会整体公共意识，提升环境文化水平

　　结　语

第十一章　应对气候变化的政策与行动　297

　　引　言

　　一　中国气候政策演进和总体建树

　　二　减缓气候变化行动

　　三　适应气候变化行动

　　四　低碳试点示范体系和碳市场建设

　　五　全球气候治理的参与、贡献与引领

　　　　走向"引领者"

　　结　语

第十二章　可持续发展的战略与实践　325

　　引　言

　　一　环境保护：可持续发展的缘起（1972~1991 年）

　　二　可持续发展国家战略的确立和实施（1992~2000 年）

　　三　实现千年发展目标的努力和成绩（2001~2015 年）

　　四　迈向 2030 年可持续发展的新征程（2015 年至今）

目 录

五 中国可持续发展历程的经验和启示

结 语

第十三章 可持续城市建设实践与经验 346

引 言

一 可持续城市发展的总体历程

二 可持续城市建设的主要实践及特征

三 可持续城市发展经验与展望

结 语

第十四章 生态文明建设：一路砥砺前行 375

引 言

一 生态文明建设的发展历程

二 生态文明建设取得的成就

三 生态文明建设面临的问题与挑战

四 深化生态文明体制改革的政策建议

结 语

推荐阅读书目 412

索 引 415

Charpter 1   "Protecting the Environment Pays":   001
              Theory and Practice

Charpter 2   Four Decades of Environmental Governance   016

Charpter 3   Environmental Policies: Evolution and Evaluation   059

Charpter 4   Environmental Protection Planning: 084
              Review and Outlook

Charpter 5   Nature Conservation Areas and Ecological Red Line   115

Charpter 6   Pollution Abatement and Management   157

Charpter 7   Circular Economy   199

Charpter 8   Water Resources: Exploitation and Protection   226

Charpter 9   Developing Renewable Energy Sources   256

Charpter 10   Green Consumption and Environmental Culture   277

Charpter 11   Adapting to Climate Change: Policies and Actions   297

Charpter 12   Sustainable Development: Strategies and Practice   325

Charpter 13   Sustainable Urban Development: 346
              Practice and Experience

Charpter 14   Toward an Ecological Civilization   375

Index   415

第一章 绿水青山就是金山银山的认知与实践进程

潘家华 庄贵阳[*]

引 言

1978 年以来的 40 年，中国经济因改革而活力迸发，随开放而升级发展，增长速度引领世界，体量规模不断攀升。与此同时，生态环境问题也伴随改革开放的进程而经历从恶化态势到总体好转的演化过程。改革开放 40 年，既是中国经济腾飞的 40 年，也是中国生态环境保护在曲折中前行的 40 年。中国 40 年工业化和城镇化的快速推进，使得发达国家上百年工业化进程中分阶段出现的各种环境问题集中显现，生态环境保护也进入了压力叠加、负重前行的关键期。经过 40 年的不懈努力，中国环境保护的制度建设取得较大进展，生态文明建设进入新的发展阶段。总体上，在改革开放 40 年里，中国的环境保护事业并不是孤立发展的，与中国的经济增长和改革开放进程是有着密切联系的。从改革开放初期的"有水快流"、"靠山吃山"到工业化、城镇化快

---

* 潘家华，剑桥大学经济学博士，中国社会科学院学部委员、中国社会科学院城市发展与环境研究所所长、研究员、博士生导师。庄贵阳，经济学博士，中国社会科学院城市发展与环境研究所研究员、博士生导师。

速进程中的既要金山银山也要绿水青山，到进入 2010 年代宁要绿水青山不要金山银山，再到近年来人与自然和谐共生的生态文明新时代，伴随着改革开放 40 年中国经济社会发展的不同节点，中国生态环境保护形势、政策和制度建设也呈现不同的特征。

一　局部污染为主、制度建设起步阶段（1978~1991年）

1978 年召开的党的十一届三中全会，标志着中国全面启动改革开放，"摸着石头过河"，探索中国特色的社会主义道路。十一届三中全会明确全党全国的工作重点转到社会主义现代化建设上。随着国家发展战略的转变，环境保护法规和政策等制度建设也开始进入发展阶段。

1972 年，中国派代表团出席了联合国人类环境会议。1973 年首次召开了全国环境保护会议，通过了"全面规划、合理布局、综合利用、化害为利、依靠群众、大家动手、保护环境、造福人民"的环境保护方针（即"32 字方针"），迅即成立了国务院环境保护领导小组并设办公室，敦促各地成立相应的环保机构，开启了以污染防治为主要对象的当代中国环保事业的历史进程。改革开放需要法制保障，而在百废待兴、千头万绪的立法进程中，环境保护立法被纳入议程。1979 年，中国正式颁布《中华人民共和国环境保护法》，这标志着环保工作开始走上法制化轨道。1983 年，第二次全国环境保护会议宣布环境保护是中国的一项基本国策，并确立了环境保护的"同步发展"方针。① 在 1989 年的第三次全国环境保护会议上，中国政府又提出了环境保护的"三大政策"和"八大管理制度"，② 这对我国环保事业的发展产生了极其深远的影响。

---

① "同步发展"是指经济建设、城乡建设和环境建设同步规划、同步实施和同步发展，实现经济效益、社会效益和环境效益相统一。
② 三大政策指"预防为主、防治结合"，"谁污染、谁治理"，"强化环境管理"；八项管理制度是指"环境影响评价"、"三同时"、"排污收费"、"环境保护目标责任"、"城市环境综合整治定量考核"、"排污申请登记与许可证"、"限期治理"、"集中控制"。

自环境保护成为"六五"计划的独立篇章之后，从 1983 年起，环境保护被写入历年政府工作报告，成为环境保护项目实施和目标实现的重要保证。在机构建设方面，1982 年，将业已成立 10 年的临时机构——国务院环境保护领导小组办公室变为正规常设机构，在城乡建设环境保护部内部设立环境保护局。由于环境保护工作需要多部门协调，1984 年成立了国务院环境保护委员会，并在 1984 年底将城乡建设环境保护部中的环保局更名为国家环境保护局（仍归建设部管理）。1988 年国务院机构改革，国家环保局从城乡建设环境保护部中分出，成为国务院直属机构，以加强全国环境保护的规划和监督管理。

到 1991 年为止，中国制定并颁布了 12 部资源环境法律、20 多件行政法规、20 多件部门规章，累计颁布地方法规 127 件、地方规章 733 件以及大量的规范性文件，初步形成了环境保护的法规体系，为强化环境管理奠定了法律基础。

总的来说，环境保护工作的进展基本上与经济增长是持平的，在某种程度上，各类环境管理制度体系的建设甚至超越了相应的经济发展阶段。这一阶段中国的经济发展仍有较强的中央计划属性，对在环境保护上重走西方国家"先污染、后治理"的道路始终保持着警惕，虽然"摸着石头过河"，但对于"先保护、后发展"有着强烈的愿望。20 世纪 80 年代，经济增长和工业化尤其是一些地区乡镇工业的兴起开始对生态环境造成一定的破坏，环境污染问题日益严重，政府开始对环境问题高度警觉。[1] 但在 1992 年以前，中国经济总体上处于"摸着石头过河"阶段，这一时期出现了一些环境污染问题，但以局部和点状污染为主。

二　环境污染加剧、立法加快阶段（1992~2001 年）

1992 年是中国历史上具有转折意义的一年，改革提速，开放扩容。随后的 20 年是中国经济高速发展的 20 年，也是中国环境状况压力最大的时期。邓小

---

[1] 李志青：《从经济发展的视角看环境保护 40 年》，《检察风云》2018 年第 13 期。

平视察深圳、珠海等地，发表了重要的南方谈话，对中国 20 世纪 90 年代的经济改革与社会进步起到了关键的推动作用。经济社会建设的快速发展，让人民群众看到了脱贫致富的希望，初尝改革开放带来的成果，但在由计划经济向市场经济转型时期，传统的粗放型增长方式已经成为经济发展的主导模式，并产生强大的惯性，许多地方的经济增长都是以破坏生态和牺牲环境为代价的。粗放型增长方式带来严重的环境污染和生态破坏等一系列环境问题，对人民群众的生产生活和中国经济社会发展的可持续性造成了严重的威胁和危害。

1992 年邓小平同志视察南方之后，中国迎来了一轮经济建设的高潮。"萝卜快了不洗泥"，加之 80 年代乡镇企业的无序发展，环境污染问题日益严重。江河湖泊水体黑臭和蓝藻暴发影响了居民饮用水安全；许多城市雾霾蔽日，城市居民呼吸道疾病急剧上升。这一时期，环境污染范围进一步扩大，从城市向农村、从东部向中西部扩散，由局部污染扩展到全国范围，污染事件多发，并逐步成为投诉热点。污染种类也进一步增加，由原先单一的水污染增加到水、大气、土壤污染，环境状况日益令人担忧。工业和人口的过分集中，工业结构和建设布局的不够合理，城市环保基础设施的严重滞后，大量城市生活废物和工业"三废"的集中排放，致使城市环境污染成为我国环境问题的焦点和难点。

这一时期的环保工作只能做到重点治理，其中最典型的是淮河治理。淮河在 1989 年和 1994 年都发生水污染事故，造成安徽、江苏两省 150 万人饮水困难，国务院提出"在本世纪内让淮河水变清"的目标，并启动了淮河治理工作。1994～1998 年，中国关闭了淮河流域 999 家小造纸厂，完成了对 1139 家污染企业的污染治理改造。治理取得了初步成效，淮河干流一些主要监测断面水质一度明显改善，有的已接近三类水的标准。然而，产业结构转型的不彻底使一些污染性小企业得以重新开业，淮河污染也随之反弹，治理成果最终未能巩固。淮河治理出现这样的结果主要是由于这一时期污染增长的速度远超过环境治理的速度，这一时期是中国环境大量欠账的时期。[①]

---

① 马维辉：《曲格平眼中的环保 40 年》，《华夏时报》2018 年 7 月 30 日。

　　为了强化环境管理，1996 年国务院发布《关于加强环境保护若干问题的决定》，明令取缔关停十五种重污染小企业，从源头上消除技术落后、治理无望但数量众多、排放量大的严重污染源。取缔关停"十五小"①使得 20 世纪 80 年代以来"村村点火、户户冒烟"的乡镇企业凤凰涅槃，转型升级，不仅有效控制了大气污染、水污染、土壤重金属污染，而且在一定程度上保护了乡镇企业工人的身体健康。

　　这一时期，中国的环境保护法律也在逐渐完善。1993 年，全国人大设立环境保护委员会，1994 年改名为环境与资源保护委员会，制定出台了《清洁生产促进法》《环境影响评价法》等 5 部法律；修改了《大气污染防治法》《水污染防治法》等 3 部法律。形成了由 8 部环境保护法律、15 部自然资源法律、50 余项行政法规、近 200 件部门规章和规范性文件、1600 余项地方性环境法规规章组成的环境保护法律体系。

　　1992 年 6 月 12 日，联合国环境与发展大会后，中国提出了《环境与发展十大对策》。《中国 21 世纪议程》又称《中国 21 世纪人口、环境与发展白皮书》于 1994 年发布，这是中国根据 1992 年联合国环境与发展会议上通过的《21 世纪议程》而制定的中国可持续发展总体战略、计划和对策方案，是中国政府制定国民经济和社会发展中长期计划的指导性文件。1995 年，继将环境保护作为基本国策以后，中国又将可持续发展作为国家战略，使可持续发展成为与科教兴国并列的国家战略。

　　1998 年中国开展国务院机构改革，将国家环保局升格为国家环境保护总局，撤销环境保护委员会。中国环境与发展国际合作委员会（简称"国合会"）于 1992 年成立，除吸收国外专家对中国环境保护与经济发展的建议外，也将中国的环境保护政策与态度向国际社会传播。

　　总的来说，从 1992 年起的 20 年里，中国经济基本上每年都实现了两位数增长，经历了一个飞速增长期。经济的高速增长和工业化、城市化等进程使生

——————————
　　①　"十五小"是指小造纸、小制革、小染料厂及土法炼焦、炼硫、炼砷、炼汞、炼铅锌、炼油、选金和农药、漂染、电镀、石棉制品、放射性制品等小企业。

态环境面临的压力日益加大，不断逼近生态系统承载能力的上限。在生态环境保护管理方面，1993 年中国开始确立了社会主义市场经济的基本经济制度，使侧重点进一步偏向经济增长，生态环境保护管理体制失去"刚性约束"，逐步在执行上变得"富有弹性"。在压力此消彼长的影响下，环境与经济的关系越来越失衡。客观地讲，由于政府管理能力不足，市场力量过于强大，环境保护越来越"弱势"，与经济高速增长所需的环保约束相比，生态环境保护的力度远远不够。

由于中国正处于工业化和城市化加速发展的阶段，也正处于经济增长和环境保护矛盾十分突出的时期，环境形势依然十分严峻。一些地区环境污染和生态恶化还相当严重，主要污染物排放量超过环境承载能力，水、大气、土壤等污染严重，固体废物、汽车尾气、持久性有机物等污染增加。发达国家上百年工业化过程中分阶段出现的环境问题在中国集中出现，环境与发展的矛盾日益突出。资源相对短缺、生态环境脆弱、环境容量不足，逐渐成为中国发展中的重大问题。

三 遏制环境恶化态势、加大治理力度阶段（2002~2011年）

2001 年 12 月 11 日，中国经过长达 15 年的谈判后成为 WTO 第 143 个正式成员单位，全方位参与世界分工，中国经济开始新一轮上升期，开始探索"新型工业化"道路。2001~2010 年，GDP 年均增长 10.5%，增速高于 20 世纪 80 年代的 9.3%、90 年代的 10.4%，中国经济总量于 2010 年全面超过日本，成为世界第二大经济体。

中国积极顺应全球产业分工不断深化的大趋势，充分发挥比较优势，承接国际产业转移，实施出口拉动外向型经济，大力发展对外贸易、积极促进双向投资，开放型经济实现了迅猛发展，综合国力不断增强。汽车产业等资本和技术密集型的产业在居民消费结构升级的促进作用下实现了快速发展，成为我国重要的支柱产业，并带动了钢铁、机械等相关产业的发展。

此间，我国环境状况总体恶化的趋势尚未得到根本遏制，环境矛盾凸显，压力继续加大。一些重点流域、海域水污染问题突出，农村环境污染加剧，重金属、化学品、持久性有机污染物以及土壤、地下水等污染显现，部分区域和城市大气灰霾现象严重。许多地区主要污染物排放量超过环境容量。部分地区生态遭到严重破坏，生态系统功能退化，生态环境脆弱。核与辐射安全风险增加。突发环境事件数量居高不下，环境问题已成为一个威胁人体健康、公共安全和社会稳定的重要因素。同时，随着人口总量的持续增长，工业化、城镇化快速推进，能源消费总量不断上升，污染物产生量继续增加，经济增长的环境约束日趋强化。气候变化和生物多样性保护等全球性环境问题的压力不断加大。

曲格平曾说，"大家都说中国只用 30 年时间就走完了西方 200 多年的发展路，但环保方面我国也只用 30 年时间就走完了西方 100 多年的污染路。""1992 年以后重化工业的大发展，使得中国进入了环境压力最大的时期。"[1] 尤其是在 2002~2012 年，中国上马了大批重化工项目，这些多为"三高"（高污染、高排放、高耗能）项目，包括钢铁、水泥、化工、煤电等，重化工业的大规模发展带来了巨大的能源资源压力，也造成了大量污染物排放。虽然自 2006 年起我国开始实施节能减排计划，但重化工业扩张势头不减，污染物上升趋势也难以遏制。尽管政府减排力度不断加大，并辅以市场化手段，主要污染物逐步下降，但环境质量并没有随之好转，污染事故仍然此起彼伏，由此引发的公众事件频繁发生。

2001 年加入 WTO 后，中国经济开始全面与世界接轨。中国的环境问题日趋严峻，能源消费和碳排放的快速增长，也引起国际社会的广泛关注，中国环境威胁论的论调增多，中国在应对气候变化方面面临巨大的国际压力。进入 21 世纪，中国的工业化步入重化工阶段，CO_2 排放总量随之急速上升。2003 年，中国的 CO_2 排放量达到 40.52 亿吨，首次超过欧盟 28 国 39.42 亿吨的排放量。2006 年中国的 CO_2 排放量达 59.12 亿吨，超过美国 56.02 亿吨的

---

[1] 马维辉：《曲格平眼中的环保 40 年》，《华夏时报》2018 年 7 月 30 日。

排放量，由此成为世界第一大碳排放国。此间，中国碳排放呈现明显的"赶超效应"，从超越欧盟到超越美国，仅用了短短三年时间。2012 年，中国 CO_2 排放总量已超过了美国和欧盟 28 国的总和，作为世界工厂、以煤为主的能源消费结构，以及人口第一大国，中国排放量高也不足为奇，但以国家为单元计量的数据，也彰显出中国作为排放大国的责任。从人均水平来看，2006 年中国的碳排放总量跃居世界第一，人均排放量超过世界平均水平；2012 年，中国的碳排放总量超过美国和欧盟 28 国之和，人均超过欧盟 28 国水平。[①]

面对碳排放形势的日益严峻，中国不断提高减排责任意识，相应出台了一系列减排措施。例如，中国在"十一五"规划中将降低单位 GDP 能耗作为约束性指标，在"十二五"规划中将降低单位 GDP 碳排放作为衡量低碳发展的主要指标，这些举措充分展现了中国政府节能减排的政治意愿和决心。

进入新世纪，党中央国务院提出以人为本、全面协调可持续的科学发展观。2003 年，胡锦涛总书记在中央人口资源环境工作座谈会上强调，环保工作要着眼于让人民喝上干净的水，呼吸清洁的空气和吃上放心的食物，在良好的环境中生产生活，集中力量先行解决危害人民群众健康的突出问题。直到 2005 年的中央人口资源环境座谈会，都将民生作为环境保护的目标。2008 年国务院机构改革，原国家环保总局升格为环境保护部，正式成为国务院组成部门。主要职责为"拟订并组织实施环境保护规划、政策和标准，组织编制环境功能区划、监督管理环境污染防治、协调解决重大环境问题等"。

"十五"期间，各地区、各有关部门不断加大环境保护工作力度，淘汰了一批高消耗、高污染的落后产能，加快了污染治理和城市环境基础设施建设，重点地区、流域和城市的环境治理不断推进，生态保护和治理得到加强。但是"十五"环境保护计划指标没有全部实现，二氧化硫排放量比 2000 年增加了 27.8%，两控区增加 2.9%，烟尘排放量比 2000 年增加 1.9%，工业粉尘比 2000 年下降 16.6%，化学需氧量仅减少 2.1%。"十五"环境指标没有完成，

---

① 庄贵阳、薄凡、张靖：《中国在全球气候治理中的角色定位与战略选择》，《世界经济与政治》2018 年第 4 期。

很大程度上催生了环境约束性指标的出现。在国民经济和社会发展"十一五"规划中，提出了单位 GDP 能源消费下降 20%、主要污染物排放总量减少 10%、森林覆盖率达到 20% 的目标。"十一五"期间，在认识、政策、体制和能力等方面都取得了重要进展。"十一五"环境保护目标和重点任务全面完成，尤其是节能和污染减排两项指标都超额完成规划目标。进而在"十二五"规划中提出了节能降碳和污染物总量控制的新目标。

总的来说，相较 1992~2001 年，2002~2011 年，环境状况恶化的趋势尚未得到根本遏制，环境矛盾凸显，不断接近生态环境承载能力的上限。1992 年通过改革建立社会主义市场经济体系，2001 年中国加入 WTO，向进一步扩大开放迈出具有里程碑意义的一步。改革开放为经济增长带来巨大动力。但长期以来，各地发展的政绩评估指标，一直是围绕 GDP 增速、投资规模和财政税收等侧重于反映经济数量和增长速度的指标。而对于地方领导干部的任用考核，GDP 数据也最有"发言权"——GDP 发展得快，领导就提拔得快。从而导致一些违背科学发展的现象时有发生，大搞"政绩工程"，以牺牲环境为代价换取经济增长速度。这种考核体制，在主观上极大地削弱了抵御"先污染、后治理"发展模式的认知基础。工业化、城市化等进程给生态环境带来的压力不断增大，逼近生态环境的承载极限。这一阶段中国虽在完善生态环境保护制度上取得了重大进展，包括在 2008 年将国家环保总局升格为环境保护部，但仍未能扭转生态环境质量急剧恶化的局面，各种环境污染事件频发。

四　全面污染攻坚、生态环境质量稳中向好阶段（2012年至今）

改革开放 40 年来，中国实现了经济社会的快速发展，人民的物质文化生活有了明显改善，总体上实现了小康，中国特色社会主义进入新时代。当前，中国社会的主要矛盾已经转化为人民日益增长的美好生活需要和不平衡不充分发展之间的矛盾。人民日益增长的美好生活需要就包括对美好环境的需要，而当前生态环境保护和生态文明建设水平仍滞后于经济社会发展，难以满足人民对美好环境的需要，这就是主要矛盾中"不平衡不充分"的一个突出表现。

党的十八大明确提出要大力推进生态文明建设，努力建设美丽中国，实现中华民族永续发展。五年多来，"绿水青山就是金山银山"的理念深入人心，生态文明顶层设计和制度体系建设加快推进，污染治理强力推进，绿色发展成效明显，生态环境质量持续改善，一幅美丽中国新画卷正徐徐展开。

党的十八大以来，以习近平同志为核心的党中央把生态文明建设作为统筹推进"五位一体"总体布局和协调推进"四个全面"战略布局的重要内容，谋划开展了一系列根本性、开创性、长远性工作，推动生态环境保护发生历史性、转折性、全局性变化。自2012年党的十八大召开以来，全国贯彻绿色发展理念的自觉性和主动性显著增强，忽视生态环境保护的状况得到改变，生态文明建设成效显著。这是以习近平同志为核心的党中央对国家、民族可持续发展高度负责精神的具体体现，也是对百姓诉求的积极回应。

生态环境状况明显得到改善，蓝天保卫战成效显著。与2013年相比，2017年全国338个地级及以上城市PM10平均浓度下降22.7%，[①]"大气十条"各项任务顺利完成。全国地表水优良水质断面比例不断提升，劣V类水体比例下降到8.3%，36个重点城市建成区的黑臭水体已基本消除。全面开展土壤污染状况详查，完成基本农田划定工作，城市生活垃圾无害化处理率达97.14%，农村生活垃圾得到处理的行政村比例达74%。

生态保护和修复工程进展顺利。中国正在稳步实施一批重大生态保护与修复工程，包括天然林资源保护、退耕还林还草、退牧还草、防护林体系建设、河湖与湿地保护修复、防沙治沙、水土保持、石漠化治理、野生动植物保护及自然保护区建设等。荒漠化和沙化状况连续三个监测周期实现面积"双缩减"。草原面积达近4亿公顷，约占国土面积的41.7%，成为全国面积最大的陆地生态系统。自然保护区面积不断扩大，截至2017年底，全国各种类型、不同级别的自然保护区总面积达到147.17万平方千米。

[①] 周宏春：《我国生态环境保护的新理念、新任务、新举措》，《中国发展观察》2018年第6期。

去产能、调结构稳步推进，能源资源消耗强度大幅下降。重点行业去产能初见成效，2013~2017 年，退出钢铁产能 1.7 亿吨以上、煤炭产能 8 亿吨。加强散煤治理，基本完成地级及以上城市建成区燃煤小锅炉淘汰，71% 的煤电机组实现超低排放。提高燃油品质，黄标车淘汰基本完成，新能源汽车累计推广超过 180 万辆。2017 年清洁能源消费占比增加到 20.8%，单位 GDP 能耗、水耗均下降 20% 以上，水电装机容量、核电在建规模、太阳能集热面积和风电装机容量均居世界第一位。

生态文明"四梁八柱"制度逐步筑牢。中共中央、国务院出台《关于加快推进生态文明建设的意见》《生态文明体制改革总体方案》，国家发改委等联合出台《绿色发展指标体系》和《生态文明建设考核目标体系》，为生态文明建设确立了基本框架。《环境保护法》《大气污染防治法》《环境空气质量标准》等完成制修订，河长制、湖长制、湾长制相继推出，生态环境评价和考核制度不断完善，国家公园体制试点、低碳城市、海绵城市等各类试点开展得如火如荼，与生态文明建设顶层设计互为补充。

碳排放强度持续下降，引导应对气候变化国际合作。"十三五"期间碳强度下降率被纳入国民经济和社会发展统计，成为经济发展的硬性约束。2016 年我国的碳排放强度比 2005 年下降了 42%，完成了 2009 年哥本哈根联合国气候大会上提出的到 2020 年下降 40%~45% 的目标。[①] 积极实施应对气候变化国家战略，发布《国家应对气候变化规划（2014–2020 年）》《中国落实 2030 年可持续发展议程国别方案》等，在美国退出《巴黎协定》后坚定表态中方将继续履行减排承诺，以坚定的减排决心和瞩目的减排成效实现巴黎协会的目标。

总体上看，2012 年以后，中央开始启动新一轮的改革开放，生态文明建设被提上重要的议事日程。习近平总书记指出，我国生态环境质量持续好转，出现了稳中向好态势，但成效并不稳固。生态文明建设正处于压力叠加、负重前行的关键期，已进入提供更多优质生态产品以满足人民日益增长的优

---

① 庄贵阳、薄凡、张靖：《中国在全球气候治理中的角色定位与战略选择》，《世界经济与政治》2008 年第 4 期。

美生态环境需要的攻坚期，也到了有条件、有能力解决生态环境突出问题的窗口期。经济新常态（增速上的放缓）某种程度上为环保工作创造了重要的"窗口期"；市场出现饱和（产能过剩）为我们在环境保护上提出较高要求和标准创造了条件；财力增长、技术进步和经验积累使我们有能力和条件解决生态环境问题。

五　坚持人与自然和谐共生、全面构建生态文明体系

党的十八大以来，习近平总书记多次强调"绿水青山就是金山银山"的重要理念，全国各地积极探索践行，生态文明建设进入全面加速推进的新时期。习总书记在十九大报告中指出，建设生态文明是中华民族永续发展的千年大计，必须树立和践行"绿水青山就是金山银山"的理念。把"绿水青山就是金山银山"写入党章，为我国新时代生态文明建设提供了强有力的政治保障，人与自然和谐发展的现代化建设新格局正在形成。

为了实现新时代生态文明建设的奋斗目标，一方面要坚持"六项原则"，即坚持人与自然和谐共生的基本方针，坚持绿水青山就是金山银山的发展理念，坚持良好生态环境是最普惠的民生福祉的宗旨精神，坚持山水林田湖草是生命共同体的系统思想，坚持用最严格制度、最严密法治保护生态环境的坚定决心，坚持共谋全球生态文明建设的大国担当。另一方面，要把解决突出生态环境问题作为民生优先领域，打好污染防治攻坚战这场大仗、硬仗、苦仗。以空气质量明显改善为刚性要求，打赢蓝天保卫战，基本消除重污染天气；深入实施水污染防治行动计划，基本消灭城市黑臭水体，保障饮用水安全；强化土壤污染管控和修复，让老百姓吃得放心、住得安心；持续开展农村人居环境整治行动，打造美丽乡村。

在迈向美丽中国的新征程中，全面推动绿色发展乃是生态文明建设的治本之策。党的十九大报告强调要"坚持人与自然和谐共生"，并从"推进绿色发展"等方面提出了建设美丽中国的重点任务。绿色发展作为五大发展理

念之一，就其要义来讲，是要解决好人与自然和谐共生问题，强调人与自然的生命共同体关系。要实现人类命运共同体构建中的绿色发展，一方面发达国家需要率先垂范；另一方面，发展中国家也需要大胆探索新路，走低消耗、低排放的绿色低碳发展之路，而不能走发达国家高污染、高排放的老路。

绿色发展不是简单、表象的，而是全方位建设生态文明。实现绿色发展，必须尊重自然、顺应自然、保护自然。实现绿色发展需要技术创新与技术革命。通过技术进步，循环利用以节水、提高效率以节能、降低物耗以节材、集约使用以节地，推进绿色发展。革命性的技术，将会实现数量级的或质的飞跃。实现绿色发展还需要消费革命。需要倡导简约适度、绿色低碳的生活方式，反对奢侈浪费和不合理消费。要在生产和消费领域推动绿色革命，需要培育绿色发展的生态文明观。绿色意识的形成，需要绿色自觉，也需要绿色政策法规体系的规范和引导。党的十九大提出要提高污染排放标准，强化排污者责任等，贯彻落实好这些要求，有利于推进全方位的绿色发展。

习近平在 2006 年 3 月 23 日的浙江日报《之江新语》专栏撰文说，人们对于绿水青山与金山银山之间关系的认识，经过了三个阶段：第一个阶段是用绿水青山去换金山银山，不考虑或者很少考虑环境的承载能力，一味索取资源；第二个阶段是既要金山银山，也要保住绿水青山，这时候经济发展与资源匮乏、环境恶化之间的矛盾开始凸显出来，人们意识到环境是我们生存发展的根本，要留得青山在，才能有柴烧；第三个阶段是认识到绿水青山可以源源不断地带来金山银山，绿水青山本身就是金山银山，我们种的常青树就是摇钱树，生态优势变成经济优势，形成了一种浑然一体、和谐统一的关系。

习近平这一精辟论述，强调了生态保护的优先性，体现了经济发展与环境保护的统一性，蕴含了生态优势即经济优势的内在逻辑。绿水青山就是金山银山的理念遵循自然规律、社会规律、经济规律，具有重大的理论价值和实践意义。绿水青山和金山银山绝不是对立的，要通过改革创新，让土地、劳动力、资本、自然风光等要素活起来，让自然资源变成生态资产，让绿水青山变成金山银山。

生态资产是指自然环境中能为人类提供福利的一切自然资源，包括化石能源、水、大气、土地以及由基本生态要素形成的各种生态系统，其价值表现形态包括生态服务价值、资源能源自身价值，以及通过人类活动所产生的生态产品价值。生态资产通过人为开发和投资盘活资产成为生态资本，运营形成生态产品，最终通过市场实现其价值。生态资产形态和价值的不断变化致使生态资产不断增值。[①]

对于工业文明的改造和提升，重点任务和标志是建立生态文明体系。第一，需要加快建立健全以生态价值观念为准则的生态文化体系。尊重自然、顺应自然才能可持续地实现人与自然和谐共生地利用自然。第二，构建以产业生态化和生态产业化为主体的生态经济体系。任何社会任何时代，没有物质财富支撑、没有经济活力，社会发展的目标是不可能实现的，生态环境也不可能得到有效保护。但是，保护生态环境不是只有投入没有产出，保护生态实际上也是发展经济。例如太阳能利用，就是替代化石能源保护环境，但是，它是一个产业，有就业、有产出、有能源服务。所谓城市矿藏，就是将废弃的污染环境的垃圾资源化，将生态产业化。第三，构建以改善生态环境质量为核心的目标责任体系。社会所要求的是环境质量，天蓝水清地净是良好生态，绿色、美丽、生物多样性丰富是山水林田湖草富有活力的协同。只有明确目标，责任到人，监督到位，生态环境质量才能有保障。第四，构建以治理体系和治理能力现代化为保障的生态文明制度体系。生态法治、社会参与是生态文明现代治理体系的基本内涵。第五，构建以生态系统良性循环和环境风险有效防控为重点的生态安全体系。自然系统是有变异的，人类活动对自然系统必然会有影响，但关键在于生态环境的自然和人为风险或极端事件都要能够得到有效管控，要使得生态经济系统得以良性循环，全球生态安全得到有效保障。

站在新的历史起点，通过加快构建生态文明体系，到 2035 年，生态环境

---

① 祁巧玲：《"两山"理念与实践交融出怎样的智慧？——绿水青山就是金山银山湖州会议综述》，《中国生态文明》2017 年第 6 期。

质量实现根本好转，美丽中国目标基本实现；到 21 世纪中叶，生态文明与物质文明、政治文明、精神文明、社会文明一起全面得到提升，全面形成绿色发展方式和生活方式，建成美丽中国。中国生态文明建设的成功实践，不仅是对全球生态安全的积极贡献，也是推进全球生态文明转型的可资借鉴的中国方案。

结　语

绿水青山就是金山银山的科学论断，随着改革开放进程而不断凸显其理性的高度和实践的测度。改革开放初期，绿水青山作为优质的自然资产直接利用或转换而换取金山银山。快速工业化、城市化时期，环境与发展并重，绿水青山与金山银山互为转换，控制污染保绿水长流，保护生态，让青山复绿。2000 年代，大规模的重化工阶段使中国的世界工厂地位不断强化，一方面，中国的绿水青山为全球贡献金山银山；另一方面，国际绿色发展的潮流助推中国经济社会的绿色转型。生态文明从理论到实践，生态退化得以遏制，环境污染不断减缓。到 2010 年代，中国经济发展进入新常态，生态文明建设步入新时代。环境负债逐步还清，生态资产保值增值。绿水青山就是金山银山进入一个认知和实践的新境界，人与自然和谐共生，建设美丽中国，贡献全球生态安全。

第二章　环境法治四十年之演进

常纪文　焦一多[*]

导　读： 自改革开放以来，经过 40 年的发展，我国的环境法治步入了新时代。展望未来，还需反省过去。本章以改革开放为起点，以十一届三中全会、联合国环境与发展大会、入世、党的十八大等关键事件为节点，以可持续发展理论、科学发展观、生态文明等先进理念为主线，对中国环境法治的发展历程、实践热点、理论焦点和实效进行了全面考察。在此基础上，系统总结了 40 年间中国环境法治发展的成就与经验。并从环境立法、执法、司法、公众参与、法律监督五个方面，系统归纳了环境法治存在的不足，提出了相应的建议。

引　言

20 世纪 70 年代，环境保护已成为国际社会共同关切之事项。[①] 我国自

[*] 常纪文，法学博士，国务院发展研究中心资源与环境政策研究所副所长、研究员，中国社会科学院法学研究所教授，研究领域为环境资源政策和法律，出版《生态文明的前沿政策和法律问题》等著作 7 部，发表《生态文明体制改革的纲领性文件》等文章 360 余篇。焦一多，中山大学法学院博士生，研究领域为环境资源政策和法律。

[①] Susan J. Buck, *Understanding Environmental Administration and Law*(Washington, D.C., Island Press, 2006), p.22.

参加斯德哥尔摩会议起，便投身于国际环境保护的浪潮之中。会后，我国开始在国家层面探索适合我国的环境保护思路和方针。十一届三中全会后，中国环境法治工作全面启动。2007年，党的十七大报告第一次将"建设生态文明，基本形成节约能源资源和保护生态环境的产业结构、增长方式、消费模式"作为我国经济社会发展的新要求，并纳入全面建成小康社会的目标体系中；2012年党的十八大使生态文明进入"五位一体"的大格局，生态文明进入党章；2013年党的十八届三中全会提出推进国家治理体系和治理能力现代化的目标，针对生态文明，提出了以建立系统完善的生态文明制度体系来推动生态文明体制改革；2017年党的十九大基于新形势、新判断和新任务，再次对生态文明做出改革和建设部署，并修改党章，要求建立严格的生态文明法律制度。2018年3月，生态文明进入《宪法》。改革开放的40年也是中国环境法治发展的40年。在这40年中，中国环境法治随着改革开放战略的不断推进，经历了可持续发展理念的引进、市场经济体制的建立、全球市场的融入、"五位一体"格局的建立、生态文明理念的确立和推进等关键节点，虽然在新时代面临巨大挑战，但总体上取得了令人瞩目的成就。

一 改革开放初期

20世纪七八十年代是我国环境法治的初创时期，这一时期跨越了从改革开放初期到里约会议。这一时期也是我国经济社会发生重大变革的关键时期。这一时期中国环境法治的核心，便是初步建立环境法治秩序，进行环保体制改革探索。

（一）环境法治发展之历程

中国现代环境法治始于改革开放初期，而在此之前，我国的自然资源和生态保护的历史欠债严重，环境法治发展极为落后。1978年，我国在总结斯德哥尔摩会议思想的基础上，开始建立环境保护秩序。同年3月，我国修订《宪法》，在第 11 条第 3 款中对环境保护做出了规定，奠定了我国环境法治发展的基础。《宪法》的修订对我国的环境保护立法提出了要求，1979 年 9 月 13 日，全国人大常委会原则通过了国务院环境保护领导小组在总结《关于保护和改善环境若干规定（试行）》的基础上起草的《环境保护法（试行）》。它是中国环境保护的基本法，为制定环境保护方面的其他法规提供了依据。确定了"全面规划、合理布局、综合利用、化害为利、依靠群众、大家动手、保护环境、造福人民"环境保护的基本方针和"谁污染、谁治理"政策，明确要建立环境保护行政管理体制，加强中国环境保护管理，构建环保法治的基本框架，明确了环境保护的基本原则和制度。它标志着中国环境保护工作开始走上法治的轨道，朝着具备包容性、开放性的体系建设方向努力。

随着《环境保护法（试行）》的颁布与实施，1982 年，第五届全国人民代表大会第五次会议颁布了现行《宪法》。现行《宪法》单独设立一条用以规定环境保护，环境保护的法律地位有所提升。国家根本大法和环境保护领域基本法确立，环境保护法治也进入快速发展时期。本阶段，我国在污染防治、自然资源保护方面制定了大量法律法规，如 1982 年《海洋环境保护法》、1984 年《水污染防治法》和《森林法》、1985 年《草原法》、1986 年《渔业法》和《土地法》、1987 年《大气污染防治法》、1988 年《水法》、1989 年《野生动物保护法》和《环境保护法》。其中，1989 年 12 月颁布并实施的《环境保护法》，标志着我国环境法治的建设步入了正轨。

本阶段，我国也开始加大环境外交的力度。如 1980 年我国分别与美国、日本签订了《中美环境保护合作议定书》和《中日合作议定书》；签订或加入了一系列国际环境公约和协定，如《国际油污损害民事责任公约》（1980）、《国际捕鲸管理公约》（1980）、《濒危野生动植物物种国际贸易公约》（1980）、《防止倾倒废物及其他物质污染海洋公约》（1985）和《保护世界文化和自然遗产公约》（1986）等。①

---

① 张海滨：《中国环境外交的演变》，《世界经济与政治》1998 年第 11 期。

（二）环境法治发展理论与实践热点

（1）环境的法律概念和范围之演进。1979 年的《环境保护法（试行）》将"环境"定义为："大气、水、土地、矿藏、森林、草原、野生动物、野生植物、水生生物、名胜古迹、风景游览区、温泉、疗养区、自然保护区、生活居住区等。"该定义并未体现环境的系统性、传导性、动态变化的特征，且列举式的定义，没有办法穷尽环境的范围，尽管用"等"来为实施提供灵活性，确保法律规定具备一定的开放性，但在实际适用中过于繁杂。因此，各界要求修改的呼声强烈。1989 年，针对上述不足，我国在《环境保护法》的第 2 条中，采取了概括和列举的定义方法，[①] 科学地界定了环境的定义和范围。

（2）环境法治体系建设偏重的问题。本阶段的环境法治体系建设与社会经济发展现实相关，不同阶段的法治体系建设存在不同的重点。基于当时国外先进的环境保护理念而制定的《环境保护法（试行）》，对污染防治、生态保护及资源保护与节约的规定是并重的。但随着机构改革的进行，资源保护、资源节约和相关的生态保护职权逐渐向土地、林业、海洋等资源管理部门集中。环境法治的体系建设也发生相应转向，侧重于污染防治和生态保护，而对土地、矿产、森林、牧草等自然资源采取了消极回避态度。直到 2014 年修改《环境保护法》，这一格局仍然没有改变。基于此，一些学者称《环境保护法》实质为污染防治和生态保护法。[②] 这为日后环境保护法和资源保护法体系保持相对独立性奠定了基础。

（3）环境法的部门法地位争论。本阶段，由于承袭大陆法系的法学理论，我国的法律体系按照调整社会关系的不同，划分为不同的法律部门。环境法作为新生事物，理论界基于环境问题是经济活动的副产物的观点，将其归属

① 1989 年《环境保护法》第 2 条规定："本法所称环境，是指影响人类生存和发展的各种天然的和经过人工改造的自然因素的总体，包括大气、水、海洋、土地、矿藏、森林、草原、野生生物、自然遗迹、人文遗迹、自然保护区、风景名胜区、城市和乡村等。"

② 曹明德：《关于修改我国〈环境保护法〉的若干思考》，《中国人民大学学报》2005 年第 1 期。

于经济法部门。此外，由于当时环境法的研究侧重于基于规范分析和法律制度的应用性研究，缺乏基础理论的建设，所以环境法无须成为独立的部门法。随着森林、水、草原等资源保护和大气、水等污染防治立法的快速发展，特别是《环境保护法》的颁布，一些学者在考察西方环境法的发展历程后提出，环境法不仅能够解决经济发展的问题，还可以解决人与环境之间的生态问题，其目的与经济法不同，而且环境法具有独特的原则、制度和技术性调整方法，与经济法有天壤之别，因此环境法应属于独立的部门法。[①]1992年联合国可持续与发展大会（里约会议）的召开，明确了环境保护与经济发展立法在目的、制度和机制上的差别。因此，环境法的独立地位也逐渐被中国法学界认可。

（4）环境法基本原则的渐变问题。《环境保护法（试行）》确立了32字基本方针和"谁污染、谁治理"的基本原则，学界基于此把环境法的基本原则归纳为全面规划与合理布局、综合利用与化害为利、依靠群众保护环境及"谁污染、谁治理"等原则。[②]随后，32字方针和基本原则在各个专门环境法中逐渐确立。虽未在条文中予以明确，但也对协调原则、综合利用原则、公众参与原则、环境责任原则等做出了相应的规定，并成为我国环境保护工作的基本准则。至此，基本确立了环境法的原则体系。

（5）环境犯罪单罚制适用问题。《环境保护法（试行）》规定了企事业单位的环境义务和相应的行政责任。但在刑事责任的处罚制度上，适用的是与1979年《刑法》一致的单罚制，即仅对造成危害的单位的领导人员、直接责任人员或者其他公民追究刑事责任，而不包括单位。但随着环境法律的实施，这种处罚制度已经不再符合实际需求，要求实行双罚制的呼声越来越高。1987年《海关法》第47条借鉴国际经验予以突破，对犯走私罪的企事业单位、国家机关、社会团体规定了"判处罚金，判处没收走私货物、物品、走

---

① 蔡守秋：《环境法是一个独立的法律部门》，载《环境保护法法规与论文选编》，武汉大学出版社，1987，第581页。

② 韩德培主编《环境保护法教程》（第二版），法律出版社，1990，第51~64页。

私运输工具和违法所得"的刑事处罚。①1988 年《全国人民代表大会常务委员会关于惩治走私罪的补充规定》第 5 条对走私珍贵动物及其制品的单位及其直接负责的主管人员和其他直接责任人员均规定了刑事责任，从而在环境犯罪方面确定了双罚制。②

（三）环境法治发展之特点

（1）国家重视是推动环境法治发展的主要动力。本阶段是环境法治的初创时期，"万事开头难"，环境法治的发展来自国家对环境保护的重视。十一届三中全会后，我国迅速出台了《环境保护法（试行）》，并在 1982 年《宪法》中规定"国家保护和改善生活环境和生态环境，防止污染和其他公害"。为我国全方位的环境与资源保护立法提供了上位法依据。此外，1987 年"一个中心、两个基本点"基本路线的提出，加快了与经济发展密切相关的环境保护的立法进度。

（2）体系建立是首要任务。本阶段以《环境保护法（试行）》和《环境保护法》为指导，针对大气、水、海洋、草原等污染防治和资源保护问题制定了相应的专门的法律法规，逐步建立了目的明确、效力等级相对合理的体系，同时《宪法》与《刑法》等其他相关部门法也做出了相应的修改。至此，环境保护法律体系在我国社会主义法律体系中的地位有所提升，成为不可缺少的部分。

（3）通过借鉴、学习国外先进的环境理念，初步建立了环境管理体系。本阶段，我国借鉴、吸收了协调发展、污染预防等先进理念，并在第二次全国环境会议上将环境保护确定为我国的基本国策，并确立了"预防为主、防治结合、综合治理"，"谁污染、谁治理"和"强化环境管理"三大政策。基

---

① 常纪文:《三十年中国环境法治的理论与实践》,《中国地质大学学报》(社会科学版) 2009年第 9 卷第 5 期。

② 常纪文:《三十年中国环境法治的理论与实践》,《中国地质大学学报》(社会科学版) 2009年第 9 卷第 5 期。

于我国环境管理的实际需求，1984 年在《国务院关于环境保护工作的决定》中对各级政府提出要设立环境保护机构的要求，1988 年国家环境保护局成立。至此，我国环境管理体系初步形成。

（四）环境法治发展之实效

本阶段，虽然环境法治建设有效地遏制了环境迅速恶化的势头，但随着中国人口的增长、经济的发展和人民消费水平的不断提高，工业化和城市化的进程使本来就已经短缺的资源和脆弱的环境面临越来越大的压力。在环境污染方面，水污染以工业污染为主，大气污染以煤烟型污染为主。[1] 在生态保护方面，以森林保护为例，由于 1981 年国家建立了植树造林的制度，1988~1990 年与 1984~1988 年相比，全国森林面积已从 12466 万公顷上升到 12867 万公顷，森林覆盖率从 12.98% 上升到 13.4%，活立木蓄积量从 107 亿立方米上升到 108.7 亿立方米。尽管如此，1990 年仍然有半数省、区、市的林木生长量小于消耗量，森林资源紧缺的矛盾仍未缓解。另外，1978~1992 年是林木产权纠纷的高发期，破坏森林的现象很普遍，如 1987 年全国受理森林案件 7.46 万起，其中哄抢盗伐案件有 5 万多起，主要是由森林所有制变革和权属调整时 [2] 配套制度不完善、利益分配不均衡引起的。[3]

二 可持续发展和市场经济转轨期

强化宏观管理，规范微观行为，巩固社会主义市场经济体制改革的成果，保障改革开放，[4] 促进经济、社会和环境保护的可持续发展，是联合国环境与发展大会召开至加入 WTO 前中国环境法治的指导思想和中心任务。

---

[1] 参见 1990 年《中国环境状况公报》。
[2] 引自 1996 年 6 月国务院新闻办公室发布的《中国的环境保护（1996~2005）》白皮书。
[3] 彭珂珊：《中国森林资源退化问题分析》，《科学新闻》2007 年第 20 期。
[4] 李林：《改革开放 30 年中国立法的主要经验》，《学习时报》2008 年 8 月 11 日。

（一）环境法治发展之历程

可持续发展和市场经济转轨时期的中国环境法治发展受到了可持续发展、市场经济、依法治国等治国理政战略的影响。1992 年里约会议及其通过的国际条约确认了可持续发展思想，成为当时经济发展的重要指导思想。在可持续发展思想的指导下，我国先后发布了《中国环境行动计划》《中国 21 世纪议程》等行动方案，提出要建立体现可持续发展的环境法体系，并将环境立法列为新的优先项目计划。并在党的十四大明确了"国家实行社会主义市场经济"，十五大正式提出了依法治国的方略，该方略被 1999 年《宪法》所采纳。

本阶段，环境法律体系持续完善，并在自然资源保护方面做出了突破，弥补了短板。在规划层面，1996 年 3 月全国人大通过了《国民经济和社会发展"九五"计划和 2010 年远景目标纲要》，明确规定将实施可持续发展作为现代化建设的一项重大战略。此后国务院分别于 1996 年和 2000 年通过《国务院关于环境保护若干问题的决定》和《全国生态环境保护纲要》，为我国的环境保护设立了阶段性目标，做出了系统性的政策安排。在环境保护专门法方面，颁布了《海洋环境保护法》；在自然资源保护方面颁布了《野生植物保护条例》《自然保护区条例》等法律法规，修订了《矿产资源法》《土地管理法》等法律法规；在污染防治方面，不仅颁布、修订了《固体废物污染环境防治法》《噪声污染防治法》《大气污染防治法》《水污染防治法》，还针对严重的流域污染问题颁布了《淮河流域水污染防治暂行条例》。在其他相关法律方面，环境立法与其他法律的联系逐渐加强，如 1997 年修订的《刑法》中增设了与环境相关的罪名，突破了惩治环境违法犯罪无法可依的困境。

本阶段，中国多次参加《生物多样性公约》《关于持久性有机污染物的斯德哥尔摩公约》等国际条约的履约国际协调工作。截至 2001 年，已同美国、日本、加拿大等 28 个国家签订了 35 个双边环境合作文件和 14 个双边核安全合作文件。积极开展了环境保护领域的双边经济技术合作和引资，与亚太经济合作组织、亚欧会议、欧盟、经合组织、世界银行、亚洲开发银行等开展了区域环境合作。①

（二）环境法治发展之理论与实践热点

（1）环境法的定性问题。本阶段，环境法的定性问题成为法学界争论的主要问题。市场经济转轨时期的法学观点，普遍基于马克思主义的基本理论，认为法是由统治阶级制定或者认可的，保护其整体意志和共同利益并镇压被统治阶级反抗的工具。② 而这一观点套用在环境法上则存在一定的问题。从环境学的角度来讲，环境是人类生存的空间及其中可以直接或间接影响人类生活和发展的各种自然因素，③ 不具备排他性，因而仅给予其阶级性的定性是不妥的，也与我国社会主义所有制的经济制度不符。环境具备公益性，其利益外延包括社会的各个阶层，环境质量的好坏对于整个国家乃至全球来讲都具备最直接的影响。此外，一些学者还指出，环境法的公益性并没有否定其阶级性。④《里约宣言》强调可持续发展和代际公平，呼吁各国应为了当代人和后代人的利益保护环境，要求各国创造公众参与的条件便是肯定国际和国内环境保护公益性的明证。

（2）环境法的调整对象问题。自1989年《环境保护法》实施以来，关于环境法调整对象的争论一直都未停止。基于人类中心主义，一部分学者认为法律的目的在于调整人与人之间的利益关系，环境不是法律调整的范围。而环境中心主义学者则指出人类中心主义不代表法律的全部，认为环境法除调整人与人的关系外，还调整人与环境的关系。⑤ 折中派学者则提出，马克思主义法学并没有断言法只调整社会关系，所以没有必要去纠缠人与环境的关系是否属于社会关系。由于环境法调整人对人和人对环境的行为，为了避免争

① 参见2001年《中国环境状况公报》。
② 《列宁全集》（第13卷），人民出版社，1986，第304页。
③ 陈德第、李轴、库桂生：《国防经济大辞典》，军事科学出版社，2001，第443页。
④ 蔡守秋主编《环境资源法论》，武汉大学出版社，1996，第6页。
⑤ 蔡守秋主编《环境法教程》，法律出版社，1995，第17页。

端，最好从行为的角度去研究环境法的规范对象。^①

（3）可持续发展作为环境法律制度构建指导原则的问题。本阶段，可持续发展的理念深入人心，其应作为环境保护法的目标价值，还是应作为法律制度构建的指导原则成为学界争论的重点之一。在本阶段，如何实施、实现可持续发展尚无定论，其仅具备普适价值，对国家的社会经济发展具有指导意义。因此，主流法学界普遍认为基于法律基本原则应当具备适用性和可诉性，可持续发展不应作为法律的基本原则。但是环境法学界对此有不同的观点，认为国际环境法以可持续发展作为实现代内公平和代际公平的基本原则，基于国际法理论，应在国内环境法上予以体现。

（4）跨区域环境保护的实践探索问题。1997~1998 年，针对当时严重的流域污染问题，我国先后对淮河、太湖流域实施了重点企业一律关停的"零点"行动，并取得了一定的效果，如 1998 年主要入湖河道 COD 监测浓度年平均值比 1997 年下降 26.7%。^②但专项行动的弊端——污染的潮汐式反复，使得专项行动的效果大打折扣。1998 年，我国发生了全流域的特大洪涝灾害，对国家社会经济发展造成了重大的损失。惨重的教训迫使中国探讨综合考虑经济、社会和环保因素的长效政策设计问题。^③追根溯源，无论是污染问题还是生态环境问题都主要是由于流域沿岸违背生态规律粗暴式开发，为此我国从 1998 年开始在长江流域、黄河流域、内蒙古等地区启动退耕还林的活动。

（三）环境法治发展之特点

本阶段，中国环境法律体系基本形成。^④以此为基础的法治具有如下发展特点。

第一，以可持续发展作为立法目的，指导中国环境法治化进程。可持续

---

① 常纪文：《再论环境法的调整对象》，《云南法学》2002 年第 4 期。
② 黄文钰、杨桂山、许朋柱：《太湖流域"零点"行动的环境效果分析》，《湖泊科学》2002 年第 1 期。
③ 李艳：《太湖治污 16 年功败垂成　关停排污企业收效甚微》，《新京报》2007 年 6 月 11 日。
④ 曲格平：《序》，载赵国青主编《外国环境法选编》，中国政法大学出版社，2000。

发展观的引入，使得我国环境法治的建设更注重长远利益，而不仅仅关注当前的经济利益。由此而带来的变化有多个方面，如既重视水、大气等污染防治，也关注固废、噪音所引起的污染；既重视污染防治体系的构建，也关注自然资源的保护与开发；既重视点源的严重污染问题，也关注因环境特性而不可避免的流域污染问题等。

第二，重视环境法治体系的系统化和纵深化。本阶段，在环境法治体系的构建上，重视污染防治的同时，也关注自然资源的保护；重视构建全面、有力的法律制度的同时，也关注制度之间的协调与统一；重视国内环境问题的同时，也关注气候变化、生物多样性保护等国际环境问题，加强国内国际联合，提高我国环境法的内部实效和外在影响力。

第三，法律调整方式更加多元化。《刑法》等相关法律法规的修订，为环境保护的责任追究及纠纷解决提供了更多的途径。此外，诸如排污收费和落后设备、工艺淘汰制度等市场化经济手段的应用越来越广，也是多元化的重要表现，不仅弥补了传统环境管制的不足，也为后来PPP、绿色金融等手段的使用提供了重要借鉴。

第四，公众环境意识开始觉醒。环境法治的发展与环境理念的交流，不仅为我国开辟了环境外交"走出去"的道路，也在一定程度上促进我国环境立法的公众参与制度发展。这些变化，在一定程度上，促进了我国公众环境意识的觉醒。如本阶段我国的环境立法中开始出现关于环境宣教的条款，同时一些国际知名的非营利组织开始出现在公众的面前，国内也出现了环境保护非营利组织的萌芽。

（四）环境法治发展之实效

本阶段，由于经济规模不断扩大，资源消耗总量和污染物排放总量不断提高，加上环境管制和公众参与机制的建设跟不上形势发展的要求，地方保护主义现象开始抬头，环境污染和生态破坏向广度和深度两个维度快速发展。以水污染为例，1992年，除了主要城市河段污染较重外，全国大江大河的水质状况良好，七大水系和内陆河流中符合地面水环境质量标准 1、2 类标准的占评价总河长的 11%；符合 3 类标准的占 11%；符合 4、5 类标准的占 18%。[①]而到了 2001 年，七大江河水系均受到不同程度的污染，一半以上的监测断面属于 V 类和劣 V 类水质，城市及其附近河段污染严重；滇池、太湖和巢湖富营养化问题依然突出。[②] 以大气污染为例，1992 年酸雨仍限于局部地区。据 58 个城市统计，降水 pH 年均值为 3.85~7.43，pH 年均值低于 5.6 的占 52%，均为南方城市。[③] 而到 2001 年，南方地区酸雨污染较重，酸雨控制区内 90% 以上的城市出现了酸雨；多数城市受到轻度噪声污染。[④] 本阶段，水污染物中生活型水污染物的比重不断上升，大气污染中交通和扬尘污染的比重不断上升。[⑤] 由于环境问题越来越严重，2001 年全国共发生 1842 次损失 1000 元以上的环境污染与破坏事故，死亡 2 人，伤 185 人；农作物受害面积达 2.2 万公顷，污染鱼塘 7338 公顷，直接经济损失达 12272.4 万元。[⑥] 一些地方出现了环境抗争的现象，危及社会稳定。[⑦]

三　贸易全球化与科学发展时期

巩固和发展贸易国际化、环保全球化的制度和机制，落实科学发展观的要求，[⑧] 培育生态文明，建设环境友好型社会，是加入 WTO 后中国环境法治的指导思想和中心任务。

---

① 参见 1992 年《中国环境状况公报》。
② 参见 2001 年《中国环境状况公报》。
③ 参见 1992 年《中国环境状况公报》。
④ 参见 2001 年《中国环境状况公报》。
⑤ 参见 1992~2001 年《中国环境状况公报》。
⑥ 参见 2001 年《中国环境状况公报》。
⑦ 解振华：《环境问题和对策》，《学习时报》2002 年 10 月 15 日。
⑧ 李林：《改革开放 30 年中国立法的主要经验》，《学习时报》2008 年 8 月 11 日。

（一）环境法治发展之历程

以时间线为标准，自 2001 年加入 WTO 后，我国的环境法治进入了初步完善时期。为了适应、履行 WTO 的规则与义务，自 2001 年起我国开始了新世纪环境保护法律法规的立改废工作。2001 年 12 月 23 日，我国保留了与贸易有关的环境规章 18 项，废除了 2 项不合时宜的，修订了 1 项。2004 年和 2006 年，全国各级环境保护部门根据 2004 年国务院颁布的《全面推进依法行政实施纲要》的要求对环境行政许可进行了两次专项清理行动，《建设项目环境影响报告书预审》等行政许可被取消或调整。

21 世纪初，环境资源已成为制约我国乃至全球经济和社会进一步发展的瓶颈。[①] 基于这一现实，本阶段将市场经济转轨时期的可持续发展思想与我国的实际相结合，党的十六届三中全会提出科学发展观，强调要"坚持以人为本，树立全面、协调、可持续的发展观，促进经济社会和人的全面发展"。2005 年，党的十六届五中全会在科学发展观的基础上进一步提出了建设资源节约型和环境友好型社会（"两型社会"）的目标。同年，国务院发布《国务院关于落实科学发展观加强环境保护的决定》，对建设"两型社会"提出了具体的制度建设要求，并提出"弘扬环境文化，倡导生态文明"。2006 年，"十一五"规划对建设"两型社会"提出了具体的建设目标和要求。随着党的十七大把生态文明写入报告文件，把可持续发展观写入党章，科学发展、生态文明、资源节约和环境友好成为衡量我国经济和社会科学发展、和谐发展的重要判断标准，可以说是我国政府立足本土文化并借鉴国外先进发展理念的重大创举。[②]

---

① David Hunter, James Salzman and Durrwood Zaelke, *International Environmental Law and Policy*, third edition (New York, Foundation Press, 2007), pp.2-3.
② 中共北京市委讲师团研究室：《指导发展的世界观和方法论的集中体现》，《人民日报》2007 年 6 月 20 日。

本阶段，在法律层面，制定或实施了包括涉及污染防治的《环境影响评价法》《放射性污染防治法》和涉及循环经济的《清洁生产促进法》《节约能源法》《可再生能源法》《循环经济促进法》在内的多项法律法规。在行政法规、规章方面，我国先后制定了《环境信息公开办法（试行）》《环境行政复议与行政应诉办法》《环境监测管理办法》《废弃电器电子产品回收处理管理条例》《规划环境影响评价条例》《环境行政处罚办法》《突发环境事件应急预案管理暂行办法》《限期治理办法（试行）》等。

在规范性文件方面，先后颁布、出台了《国务院关于落实科学发展观加强环境保护的决定》《国务院关于加快发展循环经济的若干意见》《国务院办公厅关于开展资源节约活动的通知》《关于全面整顿和规范矿产资源开发秩序的通知》《关于完善退耕还林政策的通知》《关于全面推进集体林权制度改革的意见》等涉及环境、自然资源、节能减排的多份文件。此外，为了打击日益猖獗的违法排污行为，2005 年国务院办公厅发布了《关于深入开展整治违法排污企业保障群众健康环保专项行动的通知》并形成定式。作为全球温室气体排放大国，中国于 2007 年 6 月颁布《节能减排综合性工作方案》和《中国应对气候变化国家方案》，得到在印尼巴厘岛召开的联合国全球气候变化大会的高度评价，有效地缓解了国际舆论压力。[1] 此外，2011 年，我国先后出台了《"十二五"节能减排综合性工作方案》《国家环境保护"十二五"规划》等，对我国"十二五"期间的环境保护任务及目标提出了具体的要求，要求"到 2015 年，主要污染物排放总量显著减少；城乡饮用水水源地环境安全得到有效保障，水质大幅提高；重金属污染得到有效控制，持久性有机污染物、危险化学品、危险废物等污染防治成效明显；城镇环境基础设施建设和运行水平得到提升；生态环境恶化趋势得到扭转；核与辐射安全监管能力明显增强，核与辐射安全水平进一步提高；环境监管体系得到健全"。

到 2011 年底，我国已制定 11 部以防治环境污染为主要内容的法律，13

---

① 周生贤：《深入贯彻落实党的十七大精神全力推进环境保护历史性转变》，《中国环境报》2008 年 1 月 28 日。

部以自然资源管理和合理使用为主要内容的法律，12 部以自然（生态）保护、防止生态破坏和防治自然灾害为主要内容的法律，30 多部与环境资源法密切相关的法律；60 多项环境保护行政法规；2000 余件环保规章和地方环保法规；10 余件军队环保法规和规章；1100 多项环保标准。① 已经签订、参加 60 多个与环境资源有关的国际条约；先后与美国、日本、加拿大、俄罗斯等 40 多个国家签署双边环境保护合作协议或谅解备忘录，与 10 多个国家签署核安全合作双边协定或谅解备忘录。本阶段，我国已初步形成环境法律体系，环境法已成为中国环境保护和可持续发展的最为重要的基础和支柱，已成为中国社会主义法律体系中新兴的、发展最为迅速的重要组成部分。

（二）环境法治发展之理论与实践热点

（1）WTO 规则与中国环境法的接轨问题。WTO 规则体系对我国环境法治产生的影响，主要在于其他国家的合理的环境贸易保护措施对我国国际贸易产生的影响。这就要求我国在国内法上要重视环境质量，提高环境保护意识，建立绿色生产、消费体系。入世后的实际效果也证明加入 WTO 不仅有利于环境污染与生态破坏的转嫁，还可以防止我国初级资源产品的过度开发，化解国际贸易纠纷；不仅有利于健全环保市场，促进环保产业发展，还有利于加快环境行政与司法体制改革。②

（2）环境管理体制的改革问题。2005 年，国务院发布《国务院关于落实科学发展观加强环境保护的决定》。明确提出经济社会发展必须与环境保护相协调；提出按照生态规律完善环境监管体制；明确设立区域环境督查派出机构；详细表述层级管理体制的设立。并在第 20 项中明确要求"完善环境管理体制。按照区域生态系统管理方式，逐步理顺部门职责分工，增强环境监管的协调性、整体性。建立健全国家监察、地方监管、单位负责的环境监管体

---

① 蔡守秋：《从斯德哥尔摩到北京：四十年环境法历程回顾》，《可持续发展·环境保护·防灾减灾——2012 年全国环境资源法学会论文集》，第 499 页。
② 常纪文：《WTO 与我国环境法律制度的创新和完善》，《经济法学、劳动法学》2002 年第 7 期。

制。国家加强对地方环保工作的指导、支持和监督，健全区域环境督查派出机构，协调跨省域环境保护，督促检查突出的环境问题。地方人民政府对本行政区域环境质量负责，监督下一级人民政府的环保工作和重点单位的环境行为，并建立相应的环保监管机制。法人和其他组织负责解决所辖范围内的环境问题。建立企业环境监督员制度，实行职业资格管理。县级以上地方人民政府要加强环保机构建设，落实职能、编制和经费。进一步总结和探索设区城市环保派出机构监管模式，完善地方环境管理体制。"2008 年 3 月，国家环境保护总局正式升格为环境保护部，成为国务院的组成部门。环境保护部的成立为贯彻落实科学发展观，加快建设资源节约型、环境友好型社会，加大环境保护力度提供了体制保证。

（3）环境应急法律制度的确立问题。2005 年，松花江发生特大污染事件，影响重大，也使我国环境法律制度体系缺乏应急制度的短板更加凸显。为此，我国发布了《国家突发公共事件总体应急预案》，并针对影响重大的环境突发事件，于 2006 年专门出台了《国家突发环境事件应急预案》。2007 年，我国专门颁行了《突发事件应对法》，并对隐患排查、应急处置等制度做出了详细的规定。随后，包括《水污染防治法》《固体废物污染环境防治法》在内的一系列环境保护法律法规均对应急制度做出了相应的规定。可以看出，我国的环境应急立法已成体系，层次明晰，内容明确，可操作性强。①

（4）环境友好和资源节约型社会的法律保障问题。本阶段，我国已经认识到粗放式发展所引起的环境问题对我国可持续发展的制约。推动"两型社会"的建设，需要从生产方式、生活方式和消费方式的创新和完善入手。虽然本阶段的环境法治发展，在体系、目的、本位、适用范围、具体内容和相互之间的衔接等方面与环境友好、资源节约的要求还存在一定的差距，但是通过不断完善环境法律体系，弥补了这一方面的缺失。如 2002 年我国便已经颁布了《清洁生产法》，2005 年颁布了《节约能源法》，2008 年颁布了《循

---

① 常纪文：《抗震救灾与我国的环境应急法制建设》，《环球法律评论》2008 年第 3 期。

环经济促进法》，2009 年根据我国实际再次修订了《可再生能源法》。此外，为了使得节能减排工作具有持续性和可实施性，2011 年还发布了"十二五"节能减排综合性工作方案。

（5）培育环境保护先进文化，生态文明理念初显。凡致力于人与自然、人与人的和谐关系，致力于可持续发展的文化形态，即为环境文化。[1] 环境文化是环境制度与环境观念的组合，通过无形的压力塑造人的思维方式和行为习惯。基于环境文化的"软法"特性，2005 年发布的《国务院关于落实科学发展观加强环境保护的决定》对我国的环境文化培育做出了具体的要求，同时，还将环境文化的培育提升到"倡导生态文明"的高度，并把它作为"强化环境法治"的前提条件。党的十七大对生态文明做出了进一步的阐释，并将生态文明从单纯的消费文明转化为有利于环境与资源保护的由生产、决策、消费机制来支撑的综合性文明。

（6）区域限批机制逐渐确立。基于环境的基本属性，环境问题尤其是环境污染问题具有跨区域的特性，这向我国以行政区域划分为基础而构建的环境管理机制提出了挑战，对我国的环境管理制度提出了新的要求。基于此，2007 年 1 月，国家环境保护主管部门依据《国务院关于落实科学发展观加强环境保护的决定》第 13 条和第 21 条的规定，对因严重违反环评、"三同时"制度的唐山市等城市和国电企业做出了"区域限批"的决定。然而这一制裁决定于法无据，有人对此提出了异议。在此背景下，2008 年修订的《水污染防治法》把区域限批法定化，规定"对超过重点水污染物排放总量控制指标的地区，有关人民政府环境保护主管部门应当暂停审批新增重点水污染物排放总量的建设项目的环境影响评价文件"。区域限批制度从此确立。

（三）环境法治发展之特点

第一，立法思想明确。本阶段，WTO 规则与国内环境法治发展的碰撞，

---

[1] 潘岳：《环境文化与民族复兴》，《管理世界》2004 年第 1 期。

促成了科学发展观、"两型社会"建设等先进理念的提出。这些先进理念也在我国的环境保护工作中得以贯彻落实，《国务院关于落实科学发展观加强环境保护的决定》等一系列文件，基于我国实际问题，为我国的环境保护提出了中长期规划及目标。而在实现这些目标的过程中，受科学发展观、生态文明等先进理念的引导，环境法治逐步推动我国的经济结构和发展模式发生根本性的变化，促使我国走上了循环经济模式的发展道路。

第二，环境保护基本原则具备时代特色。2005 年的《国务院关于落实科学发展观加强环境保护的决定》将原有的"环境保护和经济、社会发展相协调"原则修改为"经济和社会发展与环境保护相协调"原则，这标志着由协调发展原则到环境保护优先原则的转变。环境保护优先原则和协调发展原则都是要调整环境保护与经济社会发展二者之间的关系。[1] 这一转向的出现体现出我国经济的发展向预防优先、绿色发展转变。

第三，环境执法和司法工作得到加强。区域限批、媒体曝光、联合执法、专项整治等措施的密集出台，以及环境管理体制的改革，树立了环境法治的威信，切实缓解了饮水安全、重点流域治理、城市环保、大气污染防治、农村环保、生态保护、核与辐射环境安全等突出的环境问题。[2]2008 年《水污染防治法》的修订，对环境纠纷解决机制做出了重要创新，即确立损害赔偿诉讼制度，并对举证责任等具体内容做出了详细的规定，提高了解决环境纠纷的可行性，减少了公众维护其合法权益的障碍。2009 年《侵权责任法》颁布，其中第八章明确规定了环境污染纠纷的举证责任，以及责任分配和第三人追偿等内容，呼应了《水污染防治法》的修订。

第四，环境法治的民主化程度越来越高。[3]《水污染防治法》《国务院关于落实科学发展观加强环境保护的决定》《环境影响评价法》《环境信息公开

---

① 韦贵红、黄雅惠：《论环境保护优先原则》，《清华法治论衡》2015 年第 2 期。
② 陈湘静：《环保总局监察部再出重拳挂牌督办八起环境违法案件》，《中国环境报》2007 年 7 月 13 日。
③ 步雪琳：《环境法制建设取得新突破》，《中国环境报》2007 年 12 月 28 日。

暂行办法（试行）》等，构建了环境质量公告、重点城市环境质量定期公报、及时发布污染事故信息、主要水系重点断面水环境质量定期公报以及环境规划、行政处罚信息公开等保障公民环境信息知情权、参与权的制度和机制，对涉及公众环境权益的发展规划和建设项目，还规定了参加听证会、参加论证会、信访、行政复议等权利，有序地保障了公民环境民主权利的行使。公众参与同时也是公民行使监督权的有效方式，2005~2007年的三次环保风暴，让国家环保部门感受到了新闻曝光和社会舆论监督对环境执法的促进作用。

第五，发挥环境文化培育对环境法治的促进作用。环境文化决定环境行为。[1]本阶段，环境文化培育和生态文明建设在《国务院关于落实科学发展观加强环境保护的决定》中得以阐释，并明确提出"要加大环境保护基本国策和环境法制的宣传力度，弘扬环境文化，倡导生态文明，以环境补偿促进社会公平，以生态平衡推进社会和谐，以环境文化丰富精神文明"。

目前，弘扬环境文化，倡导生态文明，以环境补偿促进社会公平，以生态平衡推进社会和谐，以环境文化丰富精神文明，已成为各界的共识；绿色产业结构、绿色增长方式、绿色消费模式、生态教育已成为衡量生态文明形成的几个重要指标。

（四）环境法治发展之实效

本阶段，既有2005年松花江污染和2007年太湖蓝藻危机等重大环境事件，也有2008年"奥运蓝"；既有全球金融危机对我国造成的经济动荡，也有为了应对危机而采取的以"加强生态环境建设"来扩大内需的重要手段。总体来说，本阶段的环境法治成果显著，科学发展观得到很好的贯彻落实，"两型社会"取得阶段性成果，生态环境质量在一些方面有所改善。以环境质量改善为例，截至2011年，325个地级以上城市中，环境空气质量达标

---

[1] Roda Mushkat, *International Environmental Law and Asian Values*, Vancouver,（UBC Press, 2004）, pp.10-11.

城市的比例为89.0%，超标城市的比例为11.0%；① 地级以上城市环境可吸入颗粒物（以 PM10 而不是 PM2.5 为对象）年均浓度达到或优于二级标准的城市占 90.8%，劣于三级标准的占 1.2%，与 2004 年相比，分别高出 49.1% 和低 25.6%。② 在节能减排方面，2011 年我国重点突出结构减排，共关停小火电机组 346 万千瓦、钢铁烧结机 7000 平方米，淘汰落后造纸产能 710 万吨、印染 23 亿米、水泥 4200 万吨，取缔了一批涉铅等重金属企业。③ 深入推进工程减排，新增城镇污水日处理能力 1100 万吨，新建成投运脱硫机组装机容量 6800 万千瓦，钢铁烧结机烟气脱硫设施 93 台，烧结总面积 1.58 万平方米，5171 个规模化畜禽养殖场和养殖小区，完善污水和固体废弃物处理处置设施。④ 在自然生态保护方面，截至 2011 年底，全国（不含香港、澳门特别行政区和台湾地区）已建立各种类型、不同级别的自然保护区 2640 个，总面积约为 14971 万公顷，其中陆域面积约为 14333 万公顷，占国土面积的 14.9%。自然保护区中国家级自然保护区 335 个，面积为 9315 万公顷。⑤

　　值得注意的是，因为加入 WTO 的缘故，这一阶段是中国自然资源开发力度最大的时代，也是中国工业生产规模最为壮观的时代，但是针对地方党委和政府的监管措施总体仍然无力，地方保护主义泛滥，环境保护法治的作用打了折扣，难以应对 PM2.5 污染越来越严重的局面。一些地方甚至爆发了区域性雾霾。

四　生态文明新时代的中国环境法治

（一）环境法治发展之历程

　　推进生态文明建设，是关系我国经济社会可持续发展、关系人民福祉和

---

① 参见 2011 年《中国环境公报》。
② 参见 2004 年《中国环境公报》。
③ 参见 2004 年《中国环境公报》。
④ 参见 2004 年《中国环境公报》。
⑤ 参见 2004 年《中国环境公报》。

中华民族未来的全局性、战略性、根本性问题。[①]2012 年后，环境法治的快速发展与我国环境问题的严峻程度以及公众环境意识的觉醒同步。2012~2013年，席卷整个华北的雾霾天震惊全国，引起广泛关注，对于环境问题尤其是空气环境质量问题，社会各界希望国家迅速采取对策予以解决，这也为环境法治的快速发展提供了现实基础。党的十八大开启了新时代。十八届三中全会以来，中国共产党和中国政府直面日益严重的环境问题，立足现实的大气、水体、土壤等环境污染和生态破坏问题，针对制约环境与经济协同发展的瓶颈因素，以生态文明为导向，修改环境法律法规，健全生态文明法律体系。

在形成包括生态文明在内的"五位一体"的总体布局背景下，十八大后的环境法治发展进入了快车道，坚持走党内法规和国家立法相结合的特色法治道路。针对中国的实际，创建了环境保护党政同责、中央环境保护督察、生态文明建设目标考核等特色的体制、制度和机制，破解了以前有法难依、执法难严、违法难究的难题，撬动了整个环境保护的大格局，成效显著。生态文明理念与法治的融合，体现在环境治理体系建设的各个方面。

2013 年 11 月 9 日，十八届三中全会公布《中共中央关于全面深化改革若干重大问题的决定》，提出"建设生态文明，必须建立系统完整的生态文明制度体系，用制度保护生态文明"。2014 年十八届四中全会通过《中共中央关于全面推进依法治国若干重大决定》，提出"用严格的法律制度保护生态环境，加快建立有效约束开发行为和促进绿色发展、循环发展、低碳发展的生态文明法律制度，强化生产者环境保护的法律责任，大幅度提高违法成本。建立健全自然资源产权法律制度，完善国土空间开发保护方面的法律制度，制定完善生态补偿和土壤、水、大气污染防治及海洋生态环境保护等法律法规，促进生态文明建设"。同时，还为党内法规与国家立法的结合与改革，以及共同推进国家治理体系和治理能力现代化做出了顶层设计。

---

① 杨晶：《大力推进生态文明建设努力走向社会主义生态文明新时代》，《行政管理改革》2017 年第 10 期。

　　为了落实顶层设计，应对严峻的环境形势。我国制定了一系列规范性文件，如中共中央、国务院于2015年先后发布了《生态文明体制改革总体方案》《关于加快推进生态文明建设的意见》等统领性文件，并在这些文件框架下，针对环境监测、资源确权、环境督查、生态修复、生态损害赔偿等出台了一系列规范性文件，包括《生态环境监测网络建设方案》《关于深化环境监测体制改革提高环境监测数据质量的意见》《关于建立资源环境承载能力监测预警长效机制的意见》《编制自然资源资产负债表试点方案》《自然资源统一确权登记办法（试行）》《探索实行耕地轮作休耕制度试点方案》《关于加强耕地保护和改进占补平衡的意见》《环境保护督察方案（试行）》《湿地保护修复制度方案》《生态环境损害赔偿制度改革试点方案》《关于健全生态保护补偿机制的意见》等。

　　针对大气、水、土壤污染问题，国务院办公厅印发了《大气污染防治行动计划》《水污染防治行动计划》《土壤污染防治行动计划》，为大气、水、土壤的污染防治确定了详细的分工、时间表及目标；为了做好"十三五"期间的生态文明建设工作，全国人大于2016年3月通过《国民经济和社会发展第十三个五年发展规划纲要》，国务院于2016年11月发布《"十三五"生态环境保护规划》。这些规划和行动计划既有规划安排，也有行动部署和责任追究措施，融规划与法规性文件于一体，是新时代的政策和法制创新。[1]

　　规范性文件和规划的落实还需要法律予以保障。在生态文明理念的指导下，2014年4月，我国修订《环境保护法》；2015年8月，修订《大气污染防治法》；2016年7月，修订《野生动物保护法》；2016年10月，修订《环境影响评价法》；2016年10月，修订《海洋环境保护法》，审议通过《环境保护税法》，并于2018年1月1日实施；2016年11月7日，修订《固体废物污染环境防治法》；2017年，修订《水污染防治法》，并公布《土壤污染防治法（征求意见稿）》。法律的实施还需要一系列的配套法规、规章予以辅助。

---

[1]《国研中心常纪文：生态文明体制改革与经济社会发展的辩证关系》，http://www.sohu.com/a/218145339_100053214，最后访问日期2018年4月1日。

如 2014 年修订的"史上最严"《环境保护法》公布后，环境保护部门于新法实施前期制定了一系列配套法规，包括《环境保护主管部门实施限制生产、停产整治办法》《环境保护主管部门实施查封、扣押办法》《环境保护主管部门实施按日连续处罚办法》《企业事业单位环境信息公开办法》《突发环境事件调查处理办法》等。

为了使环境保护法律法规落地，十八大后，国务院、环境保护主管部门及相关部门也相继出台了诸如《排污许可管理办法（试行）》《国家级自然保护区监督检查办法》《农用地土壤环境管理办法（试行）》《污染地块土壤环境管理办法》《建设项目环境影响后评价管理办法（试行）》《突发环境事件应急管理办法》《环境保护税法实施条例》《自然保护区条例》《国务院关于环境保护税收入归属问题的通知》《建设项目环境保护管理条例》《防治拆船污染环境管理条例》《防治海岸工程建设项目污染损害海洋环境管理条例》《防治船舶污染海洋环境管理条例》《城市市容和环境卫生管理条例》《禽畜规模养殖污染防治条例》《南极活动环境保护管理规定》《国家环境保护与健康工作办法（试行）》《农业生态环境保护项目基金管理办法》《进口废纸环境保护管理规定》《农药管理条例》《城镇排水与污水处理条例》等法规和规章，用以推动法律制度的实施。

此外，生态文明法治理念与党内法规的融合，还促使中共中央、国务院于 2015 年发布了《党政领导干部生态环境损害责任追究办法（试行）》，以明确生态文明建设中的责任分配问题。同时，针对地方生态文明建设和绿色发展考核评价以及各级党政主要领导的生态环境保护责任，中共中央与国务院相继联合印发了《生态文明建设目标评价考核办法》《领导干部自然资源资产离任审计暂行规定》等规范性文件，用以规范党政领导干部的责任，实现一岗双责、党政同责。

（二）环境法治发展之理论与实践热点

（1）公益诉讼问题。一直以来，环境公益诉讼制度都是理论界讨论的热点问题。在十八大之前，公益诉讼在 2012 年修订的《民事诉讼法》中予以规定，但由于规定得过于原则，在诉讼主体、请求、范围、证据责任等具体问题上尚未有相关规定。十八大后，2014 年修订的《环境保护法》基于《民事诉讼法》第 55 条的规定，规定了环境公益诉讼制度，并对诉讼主体、请求等要件进行了规定。2015 年 1 月，最高人民法院公布《最高人民法院关于审理环境民事公益诉讼案件适用法律若干问题的解释》。为了正确实施这一司法解释，最高人民法院、民政部、环境保护部（现为"生态环境部"）联合发布《最高人民法院、民政部、环境保护部关于贯彻实施环境民事公益诉讼制度的通知》，协调最高人民法院、民政部、环境保护部推动环境民事公益诉讼的工作。在环境公益诉讼制度实施之初，侧重于环境民事公益诉讼并取得了一定的效果，但对因行政机关不作为、乱作为及违法行为而侵害公众环境权益的收效甚微。原因在于，新《行政诉讼法》没有明确规定行政公益诉讼制度，这在一定程度上给环境行政公益诉讼制度的进一步生成和发展造成了困难。[①]2015 年 7 月，为了贯彻党的十八届四中全会关于探索建立检察机关提起公益诉讼制度的改革要求，最高人民检察院发布《检察机关提起公益诉讼改革试点方案》，开始为期两年的试点。2015 年 12 月，最高人民检察院印发《人民检察院提起公益诉讼试点工作实施办法》用以推行公益诉讼制度。两年的试点，共办理案件 9053 件，包括诉前程序 7903 件、提起诉讼 1150 件，其中多为环境公益诉讼案件。2018 年 3 月 1 日，最高人民法院、最高人民检察院联合发布《关于检察公益诉讼案件适用法律若干问题的解释》，通过司法解释的形式，将公益诉讼制度全面推开，环境行政公益诉讼制度与环境民事公益诉讼制度被放置同等重要位置。十八大以来，各级人民法院依法审理环境损害赔偿案件 1.1 万件、监察机关提起环境公益诉讼 1383 件、社会组织提起的环境公益诉讼 252 件，其中包括举国关注的腾格里沙漠环境公益诉讼案件，

---

① 龙玉梅：《监视与修正：环境行政公益诉讼制度的完善》，http://cqfy.chinacourt.org/article/detail/2017/09/id/3005076.shtml，最后访问日期 2018 年 3 月 14 日。

督促 8 家企业投入 5.69 亿元修复受损生态环境。[①]

（2）排污许可证问题。以 20 世纪 80 年代国家环境保护总局发布的《关于以总量控制为核心的〈水污染物排放许可证管理暂行办法〉和开展排放许可证试点工作的通知》为起点，我国排污许可制度实施至今已有 30 多年的时间。[②] 一直以来，排污许可均为我国环境管理法律制度的重要部分，在总量控制制度下发挥其作用。但在具体实施中，排污许可证存在发证率低、覆盖面窄等问题，且普遍成为"一锤子买卖"，没有发挥其应有的作用。十八大后，完善排污许可制度提上日程，中央先后在《中共中央关于全面深化改革若干重大问题的决定》《生态文明体制改革总体方案》中对排污许可环境管理制度核心地位的回归和改革方案提出具体要求及目标。2016 年 11 月 10 日，国务院办公厅印发了《控制污染物排污许可制实施方案》，这是在总结各地排污许可实施的经验与问题的基础上，为了进一步推动环境治理基础制度改革、改善环境质量而提出的改革方案。2016 年 12 月，环保部发布了《排污许可证管理暂行规定》。由于《排污许可证管理暂行规定》的法律效力较弱，2018 年 1 月 10 日，环保部公布部门规章《排污许可管理办法（试行）》，《排污许可管理办法（试行）》是对《排污许可证管理暂行规定》的延续、深化和完善。[③]《排污许可管理办法（试行）》明确了排污者责任，强调守法激励，违法惩戒，针对排污者规定了企业承诺、自行监测、台账记录、执行报告、信息公开五项制度。[④]《排污许可管理办法（试行）》的出台与实施，将排污许可制度确立为一项将环境质量改善、总量控制、环境影响评价、污染物排放标准、污染源监测、环境风险防范等环境管理要求落实到具体点源的综合管理

---

① 《周强：坚决维护生态环境安全》，http://www.rmzxb.com.cn/c/2018-03-09/1986853.shtml，最后访问日期 2018 年 3 月 14 日。

② 李挚萍、焦一多：《论排污许可制度实施的法律保障机制》，《环境保护》2016 年第 23 期。

③ 《排污许可管理办法（试行）》，http://www.gov.cn/xinwen/2018-01/17/content_5257422.htm，最后访问日期 2018 年 3 月 25 日。

④ 《排污许可管理办法（试行）》，http://www.gov.cn/xinwen/2018-01/17/content_5257422.htm，最后访问日期 2018 年 3 月 25 日。

制度。①

（3）关于严惩重罚的问题。《环境保护法》修订之前，各级环境保护主管部门的主要执法手段和责任追究依靠的是现场检查和罚款，且罚款数额和环境污染治理成本、企业污染环境收益不对等，执法效果甚微。十八大后，针对环境违法责任追究弱化的问题，新《环境保护法》及其他环境保护法律法规，在环境保护主管部门的执法权和责任追究形式、范围、限额等方面做出了大量的修改或制定了相应的配套法规。以《环境保护法》为例，2014年修订的《环境保护法》被称为"史上最严"环保法，在执法权上为环境保护主管部门增设了查封、扣押的执法权限，并在处罚方式上增加了行政拘留、按日计罚，在处罚范围上将环境影响评价机构、环境监测机构、从事环境监测设备和防治污染设施维护、运营机构以及地方各级人民政府、县级以上人民政府环境保护主管部门和其他负有环境保护监督管理职责的部门纳入进来，并确立连带责任和行政处分的方式进行责任追究。此外，为了保障这些制度措施得以落实，环境保护主管部门迅速出台了《环境保护主管部门实施限制生产、停产整治办法》《环境保护主管部门实施查封、扣押办法》《环境保护主管部门实施按日连续处罚办法》《企业事业单位环境信息公开办法》。在2017年修订的《水污染防治法》中，不仅就《环境保护法》中规定的行政拘留、按日计罚等制度措施做出了相应的修订，而且还将多项违法行为的罚款限额提升至100万元，并针对政府不作为、乱作为等行为增加了对政府主要负责人进行约谈的规定。

（4）关于以环境质量为核心的问题。生态文明是人与自然的和谐相处。《中共中央关于全面深化改革若干重大问题的决定》中明确提出，"必须建立系统完整的生态文明制度体系"。用制度来保障生态文明，需要构建完备的环境法律制度。"十三五"规划纲要提出，"以提高环境质量为核心，以解决生态环境领域突出问题为重点，加大生态环境保护力度，提高资源利用效率，

---

① 王金南：《中国排污许可制度框架研究》，《环境保护》2016年第44期。

为人民提供更多优质生态产品，协同推进人民富裕、国家富强、中国美丽"。随后，《"十三五"生态环境保护规划》提出，要"以环境质量为核心，实施最严格的环境保护制度"，对以环境质量为核心的环境保护制度体系建设提供了指引。有的学者将以环境质量为核心认定为环境质量目标主义，这里所说的环境质量目标主义是区别于不法行为惩罚主义、总行为控制主义的环境法设计思想。其核心是按确定环境质量目标、实现环境质量目标的要求构建环境法，是把环境质量目标确定为法律的直接规制目标。[①] 在法律层面，新《环境保护法》以环境质量改善为核心，对 1989 年《环境保护法》中过于原则的政府环境质量负责制做出了更为细化的规定，并在第二章中规定了环境保护规划、生态红线、环境监测、环境资源承载能力监测预警机制、环境保护目标责任制和考核评价制来保证政府对环境质量负责。在随后修订的《大气污染防治法》《水污染防治法》中也坚持以改善环境质量为根本目标，将环境质量的改善作为检验环境保护工作的唯一标准，[②] 如《大气污染防治法》第二条明确规定，"防治大气污染，应当以改善大气环境质量为目标，坚持源头治理，规划先行，转变经济发展方式，优化产业结构和布局，调整能源结构。"

（5）关于环境共治的问题。党的十八届三中全会指出，"全面深化改革的总目标是完善和发展中国特色社会主义制度，推进国家治理体系和治理能力现代化。"在环境保护领域，国家治理体系和治理能力现代化与生态文明结合而创新的社会治理模式主要表现为环境共治。环境共治是包括政府、企业、社会团体、个人在内的社会各界共同推进生态文明建设的过程。十八大后，环境共治成为环境法治的核心精神之一，我国通过立法确立了多项推动社会各界参与环境治理的制度措施。实现环境共治首先要为一直以来较为弱势的社会力量提供政策制度支持。《环境保护法》为了发挥社会组织和公众的作用，推动环境共治，促进环境保护国家治理体系和治理能力现代化，设立了第五章"信息公开和公众参与"，这一创新开启了部门和地方环境保护公众立

---

① 徐翔民：《环境质量目标主义关于环境法直接规制目标的思考》，《中国法学》2015 年第 6 期。

② 何林璘：《环境质量改善是检验环保工作的唯一标准》，《中国青年报》2015 年 9 月 8 日。

法的序幕。① 随后，2014 年 11 月河北省制定并通过了《河北省环境保护公众参与条例》，诸多地方政府也相继制定、公布公众参与的地方性法规、规章，公众参与在法律制度层面具备了制度条件。环境共治还需要信息公开，除了《环境保护法》中对信息公开进行了规定外，我国还针对环境监测数据出台了诸如《近岸海域环境监测信息公开方案》《生态环境监测网络建设方案》《环境保护部关于推进环境监测服务社会化的指导意见》《财政部、环境保护部关于支持环境监测体制改革的实施意见》《"十三五"环境监测质量管理工作方案的通知》《环境监测设施向公众开放工作指南（试行）》以及中共中央办公厅、国务院办公厅联合发布的《关于深化环境监测改革提高环境监测数据质量的意见》等。基于国家治理体系和治理能力现代化的需求，我国开始了政府转型、政府管理理念的转变，开始简政放权，梳理服务政府的理念。为了培育我国社会力量在环境共治中不断发展壮大，使其成为国家治理体系中的重要力量，十八大后，我国开始不断建立健全 PPP、第三方治理、环境金融等制度。以水污染防治 PPP 为例，2017 年 7 月 24 日《关于政府参与的污水、垃圾处理项目全面实施 PPP 模式的通知》正式下发，安徽省阜阳市便针对城区水系统综合治理项目向社会公开招标，在缓解财政压力的同时调动了企业参与环境治理的积极性。

（6）关于党政同责、一岗双责、失职追责的问题。十八大之前的环境保护工作侧重于强调政府部门的环境保护监管责任而忽视党委的责任，这与中国共产党在国家、社会事务方面的领导地位不符。党政同责、一岗双责首创于安全生产领域。实施结果表明，党政领导的权责统一极大地缓解了安全生产形势，提高了安监部门的监管积极性。将党政同责、一岗双责引入环境保护领域是十八大后党内法规与国家立法协作的重要创新。从逻辑上看，环境保护党政同责、一岗双责、齐抓共管这一新思想、新观点、新要求是在国家治理体系的大框架之下展开的，既符合中央关于治国理政制度化的要求，也

---

① 常纪文：《环境立法应该如何给公众参与下定义》，《法制日报》2014 年 12 月 24 日。

符合我国环境保护工作的实际。① 党政同责、一岗双责、失职追责的法制基础在于党内法规和国家立法两个方面，主要体现在党的机关和国家机关联合出台指导性和规范性文件，来推动公共事务的发展或者公共问题的解决。联合制定文件的前提包括现实存在共同关心的问题、现实存在的问题与两者的职责有关、两者联合制订文件能更有效地解决问题。② 环境保护问题作为最基本的民生问题，社会极为关心，政府和党委均负有责任，且联合起来能更有效地解决问题，符合这三个前提。基于此，党和国家开始在环境保护国家治理方面进行了尝试，并相继出台《关于加快推进生态文明建设的意见》《生态文明体制改革总体方案》《生态文明建设目标评价考核办法》《党政领导干部生态环境损害责任追究办法（试行）》等文件，其中后两者为具备约束力的规范性文件。以 2015 年 7 月印发的《党政领导干部生态环境损害责任追究办法（试行）》为例，它由党中央和国务院联合发布，根据第一条的规定"根据有关党内法规和国家法律法规，制定本办法"，便可以看出其混合属性。

（三）环境法治发展之特点

第一，确立环境保护优先地位。十八大后，2014 年修订的《环境保护法》将以往以经济社会发展为主的环境保护模式转变为"使经济社会发展与环境保护相协调"，突出了环境保护的优先地位。在第五条的基本原则中又明确了"保护优先、预防为主、综合治理、公众参与、损害担责"的原则，确立了环境保护优先的地位。然而，环境保护优先地位的确立并非一帆风顺，在环境保护过程中，牺牲粗放式发展带来的经济红利，必然导致经济发展上的阵痛和部分公众的不理解，如 2015 年山东临沂的"关停潮"使得当地近 6 万民众直接失业，引起社会各界对环境保护的疑虑。③ 但环境保护优先的地位并未被

① 常纪文、焦一多：《环境保护必须党政同责、一岗双责、齐抓共管》，《紫光阁》2017 年第 7 期。
② 常纪文：《党政同责、一岗双责、失职追责：环境保护的重大体制、制度和机制创新——〈党政领导干部生态环境损害责任追究办法（试行）〉之解读》，《环境保护》2015 年第 21 期。
③ 《山东临沂 57 家企业因环保关停 6 万人失业犯罪上升》，http://new.qq.com/cmsn/20150702/20150702023329，最后访问日期 2018 年 3 月 20 日。

动摇，"绿水青山就是金山银山"论断的提出及社会各界对这一论断的认可，均体现了社会各界对环境保护优先的确信。

第二，公众参与环境治理意识觉醒。十八大后，随着公众参与在各部环境保护法律法规中的确立，以及多次引起社会广泛关注的环境污染事件的发生，公众对美好环境的向往日益迫切。十九大报告中明确指出，当前的社会主要矛盾已经由"人民日益增长的物质文化需要同落后的社会生产之间的矛盾"转为"人民日益增长的美好生活需要和不平衡不充分发展之间的矛盾"，人民美好生活需要的重要内容之一就是健康、优美的生态环境。[①] 如前文所述，公众参与环境治理的各个方面在各项环境保护法律制度中均有体现，与前一阶段相比，公众不再局限于参加听证会，提提意见，发表看法，在信息公开日益完善的今天，公众参与环境治理的意识已经切实转变为积极参与到美丽中国的建设中来，如在农村人居环境整治中，村民自发制订环境保护村规民约来规范自身。

第三，政府职能转变与整合。中国当前环境管理正处于从以污染控制为导向向以环境质量改善为导向转变的战略转型期。[②] 为了适应生态文明建设，以改善环境质量为核心进行环境管理的要求。政府在本阶段开始了新一轮的简政放权，进一步推行服务政府的理念。在环境管理中，开展了诸如环评制度改革，简化审批程序；进行环境监测制度改革，减轻政府环境监测责任，要求排污企业自行对监测数据负责；排污许可制度改革，将各项环境保护制度进行有效整合等。2018 年 3 月，中共中央印发了《深化党和国家机构改革方案》，其中对以往分散、不符合生态规律的统一监管、分工负责的监管模式进行了改革，将以往分散于相关部门的环境保护职权，统一集中于新成立的生态环境部；对于分散于多个部门的自然资源管理职权，统一归属于新成立的自然资源部。此次改革不仅一改以往职权分割与

---

① 王社坤、苗振华：《环境保护优先原则内涵探析》，《中国矿业大学学报》（社会科学版）2018 年第 1 期。

② 李挚萍：《论以环境质量改善为核心的环境法制转型》，《重庆大学学报》（社会科学版）2017 年第 2 期。

生态环境规律冲突的情况，而且便于统筹山水林田湖草的系统治理，更加有利于推动环境质量的改善。

第四，重视市场手段的运用。以往阶段的环境法治更加注重以政府为主的管制措施，基于环境的公共属性，政府具备天然的第一位的责任属性。十八大后，服务政府理念的推广和政府职能的转变，以及市场手段内部的激励作用，均要求政府对环境治理采取更为多元的方式，要更加注重市场手段的运用。本阶段相较以往，在市场手段上更加多元，采取了诸如环境金融、环境保险、补贴、环境税、排污权交易等价格、财政手段。2016 年 8 月，国家发布了《关于构建绿色金融体系的指导意见》，成为全球首个国家层面的绿色金融发展政策文件。[①]农业部、财政部还联合发布《建立以绿色生态为导向的农业补贴制度改革方案》，开始通过财政补贴来调动农民积极性，治理农村面源污染。关于另一重要的财政手段——税收，2016 年 12 月 25 日全国人大常委会表决通过了《中华人民共和国环境保护税法》，并于 2018 年 1 月 1 日起正式实施。根据国家税务总局公布的数据，截至目前，全国共识别认定环保纳税人 26 万多户。补贴和税收是环境成本内部化的两大手段，灵活采用补贴与税收手段，可以在降低行政成本的基础上，灵活应对环境治理法律制度所带来的连锁反应，缓解环境治理中的市场失灵与政府失灵。

第五，更加尊重客观规律，积极推进科学立法、执法、司法、守法。本阶段的环境法治更加注重科学性。如前文所述，在科学立法方面，本阶段的立法更加注重生态规律，如新修订的《环境保护法》确立的环境优先地位，生态环境保护方面确立的生态红线制度等。在科学执法方面，本阶段更加注重执法的延续性及权责统一，以环保督查为例，与以往的环境专项执法不同，环保督查更加注重事后的监督与回访，注重督查效果的延续性。在科学司法方面，在创新环境公益诉讼的同时，更加注重行政执法与司法机关的移送衔接机制。在科学守法方面，本阶段更加强调主动守法，而非以往的不法不罚，

---

① 《智库看两会：绿色金融是打好污染防治攻坚战的"大杀器"》，http://www.china.com.cn/opinion/think/2018-03/21/content_50732150.htm，最后访问日期 2018 年 3 月 20 日。

如环境宣教和环境保护市场手段，一方面可以提高公众的守法意识，另一方面通过市场激励措施来调动公众的守法积极性。

（四）环境法治发展之实效

本阶段，在去产能方面，因为有了以环境质量管理为核心的制度的倒逼，钢铁去产能 1.7 亿吨以上，煤炭去产能 8 亿吨以上，燃煤火电机组实施超低排放改造达到 7 亿千瓦，占比达到了 71%。在能源革命方面，2017 年加强散煤治理，煤炭所占比重下降约 1.7 个百分点，比五年前下降 8.1 个百分点；清洁能源消费比重比五年前提高 6.3 个百分点；淘汰了燃煤的小锅炉 20 多万台。在大气污染治理方面，重点地区细颗粒物（PM2.5）平均浓度下降 30% 以上，重点城市重污染天数减少一半，京津冀地区圆满完成"大气十条"实施方案设立的目标。在水污染防治方面，水环境质量整体趋势向好，2017 年的 1940 个考核断面中，Ⅰ～Ⅲ类水质比例是 67.9%，同比增加 0.1 个百分点；劣Ⅴ类比例是 8.3%，同比降低 0.3 个百分点。[①] 在固体污染的防治方面，2017 年经过对洋垃圾违法进口和经营利用的打击，当年限制类固体废物进口总量下降了 12%，效果明显。在生态环境建设方面，森林面积增加 1.63 亿亩，沙化土地面积年均缩减近 2000 平方公里，绿色发展呈现可喜局面。在绿色的高质量发展方面，2017 年全国工业生产增速扭转了自 2011 年以来连续六年下降的态势，呈现企稳向好的发展态势，主要工业产品产量出现积极的变化。[②]2017 年工业产能利用率为 77%，同比回升 3.7 个百分点，结束了自 2012 年以来连续五年的下降态势。可以说，在这一阶段，人民群众在具体、生动的生态文明法治实践中感受到了环境改善的效果，达到了"百姓点赞、中央肯定、地方支持、解决问题"的目的。这五年，对环境法治的认识程度之深、决心之

---

① 《环境保护部 2018 年 1 月例行新闻发布会实录》，http://www.mep.gov.cn/gkml/sthjbgw/qt/201801/t20180131_430706.htm，最后访问日期 2018 年 2 月 9 日。

② 章轲：《环保部：去年"散乱污"整治对 PM2.5 下降贡献达 30%》，http://www.yicai.com/news/5402366.html。

大、力度之大、制度出台频度之密、执法督察尺度之严、成效之大前所未有，生态环境保护的格局出现前所未有的全局性变化。

五 成就与经验

（一）四十年中国环境法治建设之成就

环境法律体系愈加完善，环境法治在党内法规和国家联合立法上取得重要突破。截至目前，中国制定了 20 多部资源节约和保护方面的法律；出台了与环境和资源保护相关的行政法规 50 余件，军队环保法规和规章 10 余件，地方法规、部门规章和政府规章 700 余项，现行有效标准 1900 多项，司法解释近 10 件；缔结或参加了《联合国气候变化框架条约》等 30 多项国际环境与资源保护条约与议定书，先后与美国、加拿大、印度、韩国、日本、蒙古、俄罗斯等国家签订了 20 多项环境保护双边协定或谅解备忘录。这些立法或者条约基本覆盖了环境保护的主要领域，门类齐全、功能完备、内部协调统一，基本做到了有法可依、有章可循。可以说，我国的环境法律体系框架已经基本形成。十八届四中全会通过的《中共中央关于全面推进依法治国若干重大问题的规定》提出了三种规则体系，分别为党内法规、国家立法和规范体系，以及社会自治规范体系（俗称"民间规范"或"民间法"）。其中，中国共产党的执政规则和国家的法治规则的对接，即互助和联合，是中国特色社会主义法治的重大特色。[①] 在环境法治中，随着党内法规和国家立法的衔接日益顺畅，"一岗双责、党政同责"制度机制逐步建立与推广。2015 年 8 月，为了完善领导干部的环境质量负责制，中共中央办公厅、国务院办公厅联合印发了《党政领导干部生态环境损害责任追究办法（试行）》。该《办法》是环境法制领域中，党内法规和国家立法的重要创新。

在方针和原则的确立方面，我国结合实践发展的需要做了相应的调整。

[①] 常纪文：《法治中国与生态环境法治》，《中国环境报》2014 年 10 月 28 日。

环境法治 40 年，我国环境法治的方针与原则在不断变化，从环境保护辅助经济发展，到环境保护与经济发展同步，再到经济发展与环境保护相协调，进而确立环境保护优先的原则。2014 年，新修订的《环境保护法》明确提出"使经济社会发展与环境保护相协调"，确立了经济社会发展中环境保护的优先地位。随后在中共中央办公厅和国务院办公厅联合下发的《关于加快推进生态文明建设的意见》《生态文明体制改革总体方案》等文件中，相继确立了"节约优先、保护优先、自然恢复"的基本方针。这些原则和方针，是对以往经验、教训总结和归纳的结果，是符合与日益严峻的环境形势做斗争的需要的。

在体制的安排方面，根据环境管理的实际经验和环境质量的形势，我国的环境管理体制不断改革，环境保护"大部制"确立。在中央部门职能整合上，2018 年 3 月中共中央印发了《深化党和国家机构改革方案》，将一直以来延续的统一监管、分工负责的环境管理体制，改为横向的生态环境部统一行使生态和城乡各类污染排放监管和行政执法职责，自然资源部统一行使全民所有自然资源资产所有者职责，统一行使所有国土空间用途管制和生态保护修复职责。地方环境管理体制改革上，2016 年 9 月，中共中央办公厅、国务院办公厅联合印发《关于省以下环保机构监测监察执法垂直管理制度改革试点工作的指导意见》。以环境监测体制改革为例，《关于省以下环保机构监测监察执法垂直管理制度改革试点工作的指导意见》要求"本省（自治区、直辖市）及所辖各市县生态环境质量监测、调查评价和考核工作由省级环保部门统一负责，实行生态环境质量省级监测、考核"。其原因在于，环境监测历来是环境保护的基础性工作，是推进生态文明建设的重要支撑。总的来说，体制创新与中国的政治结构和我国的环境保护实际需要基本相适应。

在制度的构建方面，40 年来我国结合环境治理实际，不断通过对环境法律体系的完善，构建了较为完备的环境法律制度体系。在综合性制度方面，当前环境治理中所适用的环境法律制度主要包括环境影响评价、排污许可、总量控制、"三同时"、环境监测、目标责任、考核评价以及针对大气、水、土壤的调查、监测、评估等制度。在专门的法律制度方面，数十年来，我国已经建立了环境污染防治法律制度、生态保护法律制度和自然资源保护法律制度。尤其是近五年以来，生态保护法律制度和自然资源保护法律制度逐渐得到重视，相继建立了生态红线，生态补偿，相应的调查、监测、评估和修复等制度；自然资源保护法律制度方面，2015 年的《生态文明体制改革总体方案》提出的生态文明制度体系的八项制度中关于自然资源保护的法律制度占多半。

在机制的设计方面。经过 40 年的发展，我国针对不同的污染防控、生态保护、自然资源合理利用与保护这三个目标，设计了具有针对性的环境法律机制，如在自然资源利用方面，设计了自然资源开发使用成本评估和自然资源及其产品价格形成、定价成本价格协调机制；在生态保护方面，设计了多元化的补偿机制和生态保护成效与资金分配挂钩的激励约束机制；在环境污染防控方面，针对大气、水体的跨区域性，设计了区域联动机制，在部分地方进行试点，要求统一规划、统一标准、统一环评、统一监测、统一执法，并在 2017 年修订的《水污染防治法》和 2015 年修订的《大气污染防治法》中予以确定。

以上成就是对环境立法、执法、司法、守法、参与和法律监督六个静态环节的动态化考察。可以看出，我国的环境立法理念先进，体系比较完备，基本原则和方针切合实际，基本制度和法律机制符合环境科学、环境管理和市场机制的要求。因此，从理论上观察，我国环境法治的架构已经形成，生态文明制度建设的"四梁八柱"已经初步建成。从实践上看，发达国家一两百年才能达到的工业文明发展成果，我国只用了 40 年就基本实现了。而这 40 年，生态总体是平衡的，这说明中国环境法治的建设是基本成功的，为环境友好型和资源节约型社会的建立打下了坚实的基础。

（二）四十年中国环境法治建设之经验

（1）先进、科学的理念是行动成功的前提。40 年间，我国的环境法治建设理念，由坚持可持续发展延伸到坚持生态文明。在生态文明理念方面，明确提出了树立尊重自然、顺应自然、保护自然的理念，树立"绿水青山就是金山银山"的理念，树立自然价值和自然资本的理念，树立空间均衡和"山水林田湖草"是一个生命共同体的理念。① 党的十九大报告中对过去五年的生态文明建设做出"成效显著"的评价，并指出"大力度推进生态文明建设，全党全国贯彻绿色发展理念的自觉性和主动性显著增强，忽视生态环境保护的状况明显改变。"2017 年 10 月 24 日修改并通过的《中国共产党章程》指出，基于我国当前的主要社会矛盾已经转变为"人民日益增长的美好生活需要和不平衡不充分发展之间的矛盾"，因此我们"必须坚持以人民为中心的发展思想，坚持创新、协调、绿色、开放、共享的发展理念"为"把我国建设成富强民主文明和谐美丽的社会主义现代化强国而奋斗"②。

（2）在思路方面，40 年间，在党的领导下，环境法治建设的思路经过了从吸收国外先进理念、推动社会主义市场经济发展，到市场化改革和民主化促进环境法治事业，再到以环境质量改善作为检验的唯一标准的发展。环境管理思路，也发生了由政府的单一行政管控，到以市场化法治手段为辅、命令控制为主，再到命令控制与市场化手段并重的变化。实际上，无论是基于何种理念，采取何种管理模式，最后都要落实到环境质量的改善上，环境质量关系人最基本的生存安全。基于此，环境质量改善逐渐成为如今环境法治建设的核心思路，无论是监管模式、管理措施还是环境管理环节的设置，最终都要通过环境质量改善的实效来检验。

（3）在模式方面，要坚持综合、协调、环境保护优先的发展模式。经过了松花江污染、渤海蓬莱油田溢油事故、云南曲靖铬渣污染、祁连山生态破坏事件及国外绿色壁垒的阻拦等一系列环境保护事件的催生和社会各界的深刻反思后，目前我国的环保工作经历了从环境保护滞后于经济发展转变为环境保护和经济发展同步，再进化为经济社会发展与环境保护相协调；从重经

① 杨晶：《大力推进生态文明建设努力走向社会主义生态文明新时代》，《行政管理改革》2017 年第 10 期。

② 《中国共产党章程》总纲，2017 年 10 月 24 日。

济增长、轻环境保护转变为保护环境与经济增长并重，再进化为以环境质量改善为核心；经历单纯通过行政手段解决环境问题转变为综合运用法律、经济、技术和必要的行政手段解决环境问题，再进化为注重运用市场化的激励与约束手段，将环境风险防控进行综合考量。这三个转变是方向性、战略性、历史性的转变，标志着中国环保工作进入了以生态环境质量的改善为主、环境保护优先的新阶段。[1]

（4）在环节方面，环境法治的发展要统筹兼顾。环境法治是一个多元化、多层次和不断发展的事业，其模式和过程可能会因国而异，因时期而异，[2] 但无论怎样变化，环境立法、执法、司法、法律监督、守法的关系应统筹兼顾。立法已成为环境法治的基础，执法已成为法律实施的手段，监督已成为公正执法的保障，普法和积极守法已成为营造良好法治环境的关键。有权必有责、用权受监督、侵权须赔偿、违法要追究的原则已经得到环境法治实践的印证。[3] 目前，我国的环境立法、执法、司法和法律监督体系建设已能基本满足环境保护的需要，正朝着符合科学发展观要求的方向前进。

（5）在措施方面，体制、制度、机制的建设和健全要注意全局性、稳定性、实效性、长效性[4]、综合性、衔接性、借鉴性以及科学性。经过 40 年的发展，环境法律措施逐渐演变为既注重与国际贸易规则和环境条约的接轨性，又注意与民事、行政和刑事立法的衔接性，如在新《环境保护法》中规定了环境公益诉讼制度，并通过后续的不断试点与推动，将一开始局限于环境民事公益诉讼的范围扩展到环境行政公益诉讼，并实现了检察机关提起公益诉讼的创新突破；既注重对国外成熟经验的借鉴，又注意国内经验的推广，如结合我国环境影响评价制度的实际效果和国外服务政府理念，推动环境影响评价制度改革，简化审批程序，降低行政成本，强调排污单位的主体责

---

① 黄冀军：《五年内初步建成环境法规体系》，《中国环境报》2006 年 1 月 4 日。
② 信春鹰：《中国国情与社会主义法治建设》，《法制日报》2008 年 6 月 29 日。
③ 吴兢：《从风暴到制度 依法行政走向"责任政府"》，《人民日报》2006 年 3 月 22 日。
④ 邓小平：《党和国家领导制度的改革》，《人民日报》1980 年 8 月 18 日。

任；既注重制度和机制体系建设的完整性，又突出了重要制度和机制的关键作用，以排污许可制度为例，此次排污许可制度改革，实现了排污许可制度核心地位的回归，为发挥其在环境管理体系中的关键作用奠定了基础；既突出公众参与、环境治理体系的建设，又注重对严格的责任追究制度和机制的建设，以 2017 年修订的《水污染防治法》为例，不仅引入了《环境保护法》中新增的按日计罚、查封、扣押、行政拘留、行政处分等严厉措施，同时还结合我国的水污染实际，为排污单位增加了监测责任并提高罚款限额，扩大了惩罚范围。

（6）在实效方面，取得巨大成效，环境共治格局正在形成。如前所述，经过 40 年的建设，环境法治分别在理念、思路、管理体制、制度措施、机制完善与创新、保障措施等多个方面取得了巨大的成就。具体实效主要体现在以下几方面。其一，环境治理理念，先进的生态理念不断清晰，成为我国环境法治发展的重要指引，对保护与发展的关系认识更加深刻，认识到人与自然是生命共同体，绿水青山就是金山银山的理念已牢固树立，抓环保部就是抓发展，就是抓可持续发展的理念逐步深入人心。[①] 其二，在生态环境状况明显改善方面，国务院发布实施大气、水、土壤污染防治三大行动计划，坚决向污染宣战。累计完成燃煤电厂超低排放改造 7 亿千瓦，淘汰黄标车和老旧车 2000 多万辆。13.8 万个村庄完成农村环境综合整治。建成自然保护区 2750 处，自然保护区陆地面积约占全国陆地总面积的近 14.9%。2017 年，全国 338 个地级及以上城市可吸入颗粒物（PM10）平均浓度比 2013 年下降 22.7%，京津冀、长三角、珠三角区域细颗粒物（PM2.5）平均浓度分别下降 39.6%、34.3%、27.7%，北京市 PM2.5 平均浓度下降 34.8%，达到 58 微克/立方米，珠三角区域 PM2.5 平均浓度连续三年达标。全国地表水优良水质断面比例不断提升，劣 V 类水质断面比例持续下降，大江大河干流水质稳步改

---

① 李干杰：《以习近平新时代中国特色社会主义思想为指导奋力开创新时代环境保护新局面》，《环境保护》2018 年第 5 期。

善。① 其三，在环境执法方面，取得了巨大成果。2017 年全国实施行政处罚案件 23.3 万件，罚款数额高达 115.8 亿元，12369 全国联网举报平台共接报处理群众举报近 61.9 万件。其四，在环境司法方面，根据《中国环境司法发展报告（2015~2017）》，截至 2017 年 4 月，全国 31 个省、市、自治区人民法院设立环境资源审判机构 946 个，其中审判庭 296 个，合议庭 617 个，巡回法庭 33 个，环境司法专门化成果显著。仅 2016 年 7 月至 2017 年 6 月，各级人民法院共审理环境资源刑事案件 16373 件，审结 13895 件，给予刑事处罚 27384 人；共受理各类环境资源民事案件 187753 件，审结 151152 件；共受理各类环境资源行政案件 39746 件，审结 29232 件。

此外，把党内法规和国家立法结合起来，把党领导和政府主导下的环境共治、环境管理和市场机制、公众参与和民族文明素质提高、经济增长和促进环境公平、挖掘自身潜力和经济全球化、促进改革开放与保持社会稳定结合起来，② 把环境保护和全面建设小康社会结合起来，把生态文明建设和政治建设、社会建设、经济建设、文化建设有机结合起来，稳中求进，也是 40 年中国环境法治建设的基本经验。

六 挑战与建议

环境法治要反省过去、立足现在、借鉴中外、放眼未来。只有这样，其发展才是系统的、开放的、发展的、结合实践的。

第一，在环境立法方面，缺乏以生态文明为指导的整体立法规划，法律体系仍存在缺口。在整体规划的具体层面，生态文明体制改革要求的生态环境损害赔偿、生态补偿等制度，缺乏法律支撑；对区域环境影响重大的开发园区、工业园区建设，《规划环境影响评价条例》没有做出环评的规定。在法

---

① 李干杰：《以习近平新时代中国特色社会主义思想为指导奋力开创新时代环境保护新局面》，《环境保护》2018 年第 5 期。

② 李抒望：《改革开放 30 年的辩证法》，《浙江日报》2008 年 9 月 8 日。

律体系方面，法律体系仍存在短板，如湿地保护立法、国家公园保护立法、化学品环境安全立法仍然缺乏。基于此，提出建议：其一，建议全国人大和司法部制定生态文明法律和生态文明条例的规划制定工作，使立法根据理论导向、目标导向和问题导向开展立改废工作；其二，查漏补缺，加强湿地、国家公园、化学品立法。

第二，在环境执法方面，存在"一刀切"式执法、形式主义、事前监管弱化等问题。在中央环境保护督察中，地方政府为了应付督察，采取"一刀切"的形式来执法，直接关停排污企业，甚至关停一些民生服务项目，对人民的生活造成极大的影响。在实际的执法中形式主义盛行，地方部门"遇上困难绕着走，不敢于作为，不敢于担当。"[①] 上级监管部门将难以执行的职权下放至下级监管部门，而下级监管部门并不具备相应的人力、物力水平，这就使得环境法律法规的贯彻落实大打折扣。事前监管弱化最明显的表现是，环境影响评价制度的部分硬性规定遭到"敷衍了事"对待，一些地方政府以简政放权的名义，在审批时限上大打折扣，甚至推行"零审批"制度，环境影响评价难以严把风险关，这为环境保护许可证的顺利实施埋下了隐患。基于此，提出建议：其一，全面建立环境保护权力清单，建立尽职免责的环境监管制度，给监管人员依法监管创造法治氛围；其二，在巩固中央环境保护督察和环境保护专项督察制度的基础上，推行中央环境保护督察回头看和环境保护问题的量化问责制度建设，建议生态环境部联合国家监察委制定《环境保护量化问责规定》；其三，对于"一刀切"式的执法，开展追责和损害赔偿制度建设，此外，强化环境影响评价制度的实施，使环境影响评价、"三同时"验收、排污许可证管理衔接化、并重化。

第三，在环境司法方面，问题主要集中于"两法"衔接机制、环境污染

---

① 李干杰：《以习近平新时代中国特色社会主义思想为指导奋力开创新时代环境保护新局面》，《环境保护》2018 年第 5 期。

损害司法鉴定评估制度、环境公益诉讼等方面。[①] 目前，环境公益民事诉讼和环境公益行政诉讼制度均已建立，但在诉讼主体、证据规则、程序衔接等方面仍存在诸如诉讼主体单一，环境案件专业性强、成本高、取证难等问题。在"两法"衔接方面，当前的环境刑事案件移送制度与一般的刑事案件移送制度不同。基于环境犯罪的行政从属性，环境刑事司法在移送程序、启动标准、随附材料等方面均严重依赖行政执法，加之环境犯罪案件移送普遍受地方保护主义与部门保护主义掣肘，移送环节越多，阻力也就越大。[②] 在环境污染损害司法鉴定评估制度方面，我国尚未制定专门性的法律或司法解释，仅在《环境保护法》及《最高人民法院关于审理环境民事公益诉讼案件适用法律若干问题的解释》中对其做出了一定的规定。此外，环境污染损害司法鉴定还缺少统一的技术规范，经常会发生同一案件中出现不同鉴定结果的情况。基于此，提出建议：其一，继续推进环境司法专门化；其二，在后续修订环境保护法律法规时，适当扩大诉讼主体范围，出台相应的司法解释，完善"两法"衔接机制；其三，针对环境污染损害司法鉴定评估制度，完善技术规范，实现鉴定标准统一化、规范化，加强对司法鉴定机构的监管，并加大对环境司法鉴定资金的支持力度。

第四，在环境守法方面，主要存在企业监测数据造假，企业环评虚化，非重点地区环境违法严重等问题。在企业监测数据造假上，据中央环境保护督查组反映，地方监测数据造假情况严重。此外，基层环境保护部门人力不足、专业性不强，使得违法企业钻了空子。在企业环评虚化上，主要体现为某些地方政府顺应国家简政放权的要求，对环境影响评价不够重视，忽视其程序性要求。非重点区域环境违法严重的问题，主要发生在经济欠发达地区。当前我国的环境污染源分布出现了由沿海转向内陆，由主要河流转向支流的

---

① "两法"衔接机制，即环境行政执法与刑事司法的衔接，是加强生态环境司法保护的重要手段。
② 蒋云飞：《论生态文明视域下的环境"两法"衔接机制》，《西南政法大学学报》2018 年第 1 期。

情况。环境污染源的转移说明非重点地区在环境监管上存在缺陷，地方保护主义仍然存在。基于此，提出建议：其一，基于落后地区的环境意识总体落后于发达地区，各地区尤其是中西部地区，要通过广播、电视、报纸、微信等新媒体，加强对典型违法案例的报道；其二，大力推行环境信用管理；其三，与环境污染源转移同步，加大对非重点地区尤其是内陆欠发达地区的资金、技术、人员的扶持力度。

第五，在公众参与方面，当前公众参与和环境守法方面存在的问题主要集中在以下两个方面。一是公众参与程度仍然较低，参与模式单一。目前，公众参与的程度大多局限于通过政府部门公布环境信息的被动接受，采取的方式也主要是对违法行为的举报或是对环评、法规等提出相应的建议，尚未真正参与环境治理。二是环境保护社会组织出现两极分化的现象，一些组织在环境保护事业中发展壮大，一些组织的社会影响越来越弱，环境保护社会组织的数量仍然偏少，影响力总体仍然偏弱，建设性总体不足，作为全社会环境保护的参与和协调组织，难以填补政府、公民、中介技术服务组织和企业之间的角色空白，需立法予以经济、技术等方面的支持。基于此，提出建议：其一，继续加大环境宣传教育，制定培育环境理念的法律法规，为环境理念的培育提供更为明确的制度支持；其二，对环境保护社会组织开展辅导，通过政府购买社会服务的方式，鼓励各级党委和政府与环境保护社会组织合作，开展培训、宣传、社会调查、技术服务和监督。

第六，在法律监督方面，检察机关作为宪法规定的法律监督机关，有责任监督并确保各项环境法律法规能够得到正确、合理、统一的实施。但当前检察机关的监督仍然存在如下问题。一是律依据不足。检察机关对行政执法行为监督的最具震慑性权力来源于《刑法》，但当前《刑法》的量刑门槛仍然较高，这无形中提高了环境污染入刑门槛，不利于检察机关职权作用的发挥。二是监督力量不足。在地方的法律工作中，检察机关因其职务属性和业务范围，对于新型的环境违法犯罪行为，存在人员、财力、专业能力不足的问题。三是监督顾虑较多。除了检察机关的人、财、物的保障需要依靠地方政府以外，目前，各级检察机关所侦办的环境犯罪案件及环境公益诉讼案件，大多是已经具备了一定社会影响的案件，对于主动监督则要考虑各方的利益诉求，往往无疾而终。基于此，提出建议：其一，修订《刑法》，降低环境犯罪入刑门槛；其二，加强检察机关环境案件的侦办力量，注重检察机关的保障机制建设；其三，在进行司法体制改革时，应当对检察机关的独立性问题予以关注。

结　语

目前，我国正处于环境法治发展的新时代。40 年的发展，环境法治取得了巨大的成果。但从总体来看，我国当前的生态环境保护仍然滞后于经济社会发展，生态环境质量仍与人民日益增长的美好生活的需要不符，认识"五位一体"总体布局的短板，仍与世界发达国家存在较大的差距。根据生态环境部公布的数据，2017 年，全国 338 个地级以上城市中环境空气质量达标率仅为 29%，全国黑臭水体整治不均衡，污水、污泥的收集、处理能力薄弱，农村面源污染仍然严重威胁耕地安全和粮食安全。我们应当认识到，我国的环境问题的历史欠账是长期形成的，"还账"也应一步一步、稳扎稳打，不能冒进。2018 年是贯彻党的十九大精神的开局之年，在环境法治方面，我们首先要继续加快建立绿色生产和绿色消费的法律制度和政策体系，推动生态文明由污染防治、生态保护领域扩展到与人民生活密切相关的生产生活中。另外，还要加强对环境污染的防治力度。"行百里者半九十"，当前取得的成就仅能代表过去，未来仍需要在大气、水、土壤污染防治工作方面进行努力。与此同时，继续推进环境共治。当前，我国的公众参与还处于初级阶段，政府、政协、人大、党委、企业、社会团体、个人的环境共治格局虽初步形成，以企业、社会团体、个人为主的社会力量仍然很薄弱，如我国的环境上市企业较少，且自主创新能力较弱，易受市场波动影响。因此，在以后的环境法治发展中，应继续为社会力量参与环境共治提供制度支持。

第三章 环境政策演进及其评价

周宏春[*]

导 读: 本章对我国改革开放 40 年来每十年一个阶段的环境政策演变及其政策要点进行了简要回顾和评述。总体上看，我国环境保护，前期以口号和政治动员为主，1998 年的"一退三还"是生态环境政策的转折点；环保政策法规逐步完善，中央环保督察保证了环保政策法规的实施。未来，我们应当从雾霾治理入手形成污染攻坚战的长效机制，借鉴发达国家的环保经验，更多地利用市场机制提高污染治理效率，动员公众参与，形成节约资源保护环境的社会氛围，完成天蓝、地绿、水清的环境质量改善目标。

引 言

生态环境是自然系统的组成要素，是人与自然相互作用的结果；既是经济增长的前提条件，也是经济增长的结果。环境问题伴随经济社会发展的全

---

[*] 周宏春，博士，国务院发展研究中心原副巡视员，研究员，国务院特殊津贴获得者，研究领域为资源、环境、可持续发展相关产业与政策，出版《循环经济学》《低碳经济学》《绿色发展经济学概论》等专著 10 部，发表论文 500 多篇。

过程，环境政策是解决环境污染问题的制度设计，覆盖了法律法规、经济政策、环境标准以及监督执行等方面。在发展中保护，在保护中发展，是中国共产党关于环境保护的主张、法令、措施、办法的总和。

改革开放 40 年来，我国的环境保护政策，在借鉴国际经验的基础上，从基本国情和发展阶段的基本特征出发，从口号、理念到执法力度不断调整，在解决了群众吃饱穿暖、住上大房子、开上小汽车之后不断加大执法力度，以满足其对宜居环境的诉求。本章总结了我国改革开放 40 年环境保护政策的演化及其特征，并做了简要评价与分析，最后提出展望与政策建议。

一 环境保护政策的发展及其要点

环境保护是我国最早与国际接轨的领域，清洁生产、可持续发展、循环经济等均由环保部门引入并倡导。公众对环境保护的理解和认知则相对滞后，与我国发展阶段密切相关。我国环境保护从理念、政策到污染治理，走了一条受国际理念影响、政府主导、有计划地解决环境污染问题的中国特色之路。现在忽视生态环境保护的状况已得到明显改变，这也是我国环境质量持续改善的基础。

（一）改革开放前是我国环境保护的意识启蒙和开创阶段

中华人民共和国建立之初，国家将恢复生产和经济建设作为主要任务，环境保护并未成为问题。"一五"计划时期（1953~1957 年），国家优先发展重工业，也重视环境保护问题，如 156 项大中型项目"同时建设"污水处理和消烟除尘设备。1956 年，卫生部、国家建委联合颁发《工业企业设计暂行卫生标准》，提出环境保护要求。[1]

我国重视环境保护是国内的污染事件和国外的环境保护浪潮综合作用的结

---

[1] 中国环境保护行政二十年编委会：《中国环境保护行政二十年》，中国环境科学出版社，1994，第 3 页。

果。1972 年，国内发生了大连湾污染、北京鱼污染、松花江水系污染等事件，而国人对环境保护、污染公害及国际环境保护运动等知之甚少。从 20 世纪 60 年代起，以卡逊《寂静的春天》出版为标志，西方国家开始了大规模的环境保护运动。1970 年，美国开展了旨在保护环境的"地球日"活动。1972 年 6 月 5 日，联合国在斯德哥尔摩召开了人类环境会议。根据周恩来总理指示，中国派出代表团参加会议，这是中国恢复联合国席位后参加的第一个大型国际会议。中国代表团提出的国家不分大小、一律平等、尊重每个国家的主权等主张，受到发展中国家的普遍欢迎和支持，为《人类环境宣言》修改做出了贡献。[①]

此阶段，中国环境保护进入意识启蒙和开创阶段，主要有以下标志。

一是"三同时"制度提出。1972 年 6 月，国务院批转《国家计委、国家建委关于官厅水库污染情况和解决意见的报告》，首次提出"三同时"制度。1973 年 8 月 5~20 日，第一次全国环境保护会议在北京召开，提出"全面规划、合理布局、综合利用、化害为利、依靠群众、大家动手、保护环境、造福人民"的 32 字方针；通过《关于保护和改善环境的若干规定》，后国务院以国发〔1973〕158 号文批转。

二是法规标准开始发布。1973 年 4 月颁布《关于进一步开展烟囱除尘工作的意见》。同年 11 月，《工业"三废"排放试行标准》（GBJ 4–73）颁布。1974 年的《防止沿海水域污染暂行规定》和《放射防护规定（内部试行）》，1976 年的《生活饮用水卫生标准（试行）》，1977 年的《关于治理工业"三废"开展综合利用的几项规定》等相继发布。1978 年 2 月，《中华人民共和国宪法》颁布，规定"国家保护环境和自然资源，防止污染和其他公害"。

三是环境保护规划开始编制。1975 年，国务院环境保护领导小组要求各地区各部门把环境保护纳入长远规划和年度计划。1976 年，《关于编制环境保护长远规划的通知》要求将环境保护纳入国民经济长远规划和年度计划。[②]

---

① 马洪主编《现代中国经济事典》，中国社会科学出版社，1982，第 571 页。
② 中国环境保护行政二十年编委会：《中国环境保护行政二十年》，中国环境科学出版社，1994，第 3 页。

四是环保机构纷纷成立。1974 年 10 月，国务院环境保护领导小组成立，下设办公室负责日常工作。依据国务院 158 号文的相关规定，各地区各部门陆续成立环保机构。

总之，改革开放前我国的环境状况整体是好的，污染虽然时有发生，却是局部的、点状的，"环境污染是资本主义的事，社会主义要解决吃饭问题"的说法得到部分认同。[①] 周恩来总理以其远见卓识，敏锐地意识到环境问题的严重性和紧迫性，开启了中国环境保护的航程。[②]

（二）1979~1991年，中国进入环境保护理念初创和污染初现时期

1978 年 12 月党的十一届三中全会后，随着我国发展战略转变，环境保护政策法规等制度建设进入初创阶段，其代表性的事件或活动包括以下内容。

第一，环境保护被确定为一项基本国策。1983 年 12 月 31 日至 1984 年 1 月 7 日，第二次全国环境保护会议在北京召开。会上，时任副总理李鹏代表国务院宣布，环境保护是中国现代化建设中的一项战略任务，是一项基本国策，从而为我国环境保护工作的开展打下了坚实基础。

第二，三大政策和八大制度形成。在 1989 年 4 月底召开的第三次全国环境保护会议上，提出了环境保护的三大政策和八大制度。三大政策包括预防为主、防治结合，谁污染、谁治理和强化环境管理；八项环境制度包括"三同时"、环境影响评价、排污收费、限期治理、排污许可证、污染物集中控制、环境保护目标责任制、城市环境综合整治定量考核制度等。[③] 八大环境制度又分为老三项（前三项）和新五项（后五项）制度。

第三，环境保护被纳入国民经济和社会发展计划。1982 年，国民经济计划改名为国民经济和社会发展计划，环境保护成为"六五"计划中的独立篇

---

① 于勇、李焱：《曲格平：周总理"逼"出了新中国第一代环保人》，中国经济网，引用日期 2018 年 4 月 10 日。
② 马洪主编《现代中国经济事典》，中国社会科学出版社，1982，第 571 页。
③ 中国环境保护行政二十年编委会：《中国环境保护行政二十年》，中国环境科学出版社，1994，第 3 页。

章，含环境保护六项指标、主要任务和主要对策；开创了利用国民经济计划推进环境保护的先河。

第四，法律法规始成体系。1979 年《环境保护法（试行）》颁布。截至 1991 年，我国制定并颁布了 12 部资源环境法律，20 多件行政法规，20 多件部门规章，累计颁布地方法规 127 件，地方规章 733 件以及大量的规范性文件，初步形成了环境保护的法规体系，为强化环境管理奠定了法律基础。[①]

第五，环境保护局成为国务院直属机构。1982 年，建设部改名为城乡建设环境保护部，下设环境保护局。1984 年成立国务院环境保护委员会，年底城乡建设环境保护部中的环境保护局改为国家环境保护局。1988 年国务院机构改革，国家环境保护局从城乡建设环境保护部中分离，成为国务院直属机构。

第六，环境教育起步。1980 年，《环境教育发展规划（草案）》出台，要求将环境保护纳入国家教育计划。1981 年，环境管理干部学校在秦皇岛成立。1990 年《国务院关于进一步加强环境保护工作的决定》要求，宣传教育部门应把环境保护宣传教育列入计划。1991 年，国家教委将环境科学列为一级学科。[②]

这一阶段，我国环境污染开始显现，以城市河流水质变差最为典型。环境损失占 GNP 的比重为 10%~17%。部分污染物排放量超过环境承载力，例如 1991 年我国总排放量达到 1622 万吨（尚未包括乡镇工业排放），超过了我国生态承载容量所能承受的最大值 1620 万吨。[③]

（三）1992~2002年，环境污染加剧和立法加快阶段

1992 年邓小平南方谈话发表后，党中央国务院确立了科教兴国战略和可持续发展战略，以总量控制为核心的环境保护制度开始制定实施。

第一，环境保护成为中央人口工作座谈会议题。1991 年江泽民同志建议"两会"期间召开"中央计划生育工作座谈会"，1997 年更名为"中央计划生

---

① 张坤民：《关于中国可持续发展的政策与行动》，中国环境科学出版社，2004，第 15 页。
② 孙方明：《环境教育简明教程》，中国环境科学出版社，2000。
③ 王金南等：《能源与环境：中国 2020》，中国环境科学出版社，2004。

育和环境保护工作座谈会"，1999 年更名为"中央人口资源环境工作座谈会"。1999 年 3 月江泽民同志在座谈会上指出：必须从战略的高度深刻认识处理好经济建设同人口、资源、环境关系的重要性，这对我国不同阶段环境保护重点的确立、地方党委政府推进环境保护工作等具有重大意义。

第二，环境保护战略转变。1992 年 6 月 12 日，联合国环发大会后，中国提出了《环境与发展十大对策》。1993 年 10 月，全国第二次工业污染防治工作会议总结了工业污染防治的经验教训，提出三个转变：由末端治理向生产全过程控制转变，由浓度控制向浓度与总量控制相结合转变，由分散治理向分散与集中控制相结合转变。《中国 21 世纪议程》，又称《中国 21 世纪人口、环境与发展白皮书》于 1994 年发布，这是根据 1992 年联合国环境与发展首脑会议上通过的《21 世纪议程》制定的中国可持续发展总体战略、计划和对策方案，是中国政府制定国民经济和社会发展中长期计划的指导性文件。

第三，立法进程加快。1993 年，全国人大设立环境保护委员会，以后改名为资源与环境保护委员会，制定出台了《清洁生产促进法》《环境影响评价法》等 5 部法律；修改了《大气污染防治法》《水污染防治法》等 3 部法律。国务院制定或修改了《自然保护区条例》等 20 多件法规。制订或修订环境标准 200 多项。

第四，利用经济技术促进政策环境保护。通过产业政策、投资政策、财税政策、价格政策、进出口政策等，使节约和综合利用资源、保护环境的企业受益，违反环保规定的企业受到处罚。2002 年，我国制定的《国家产业技术政策》中明确规定，"重点推进高新技术与产业化发展；用先进适用技术改造提升传统产业"，对新能源技术、能源与环保、原材料、建筑业等领域的发展方向作了规定。

第五，环境影响评价制度改革。国家对开发建设项目进行环境影响评价的分类管理：引入竞争机制，试行招标制；试行"后评估"工作，建立责任约束机制；《开发区区域环境影响评价管理办法》颁布，以便从源头入手控制污染物排放。

第六，试点排污许可制度。自 1992 年开始，全国主要城市开展排放水污染物许可证发放工作；国家环保局下发《关于进一步推动排放大气污染物许可证制度试点工作的几点意见》《确定排放大气污染物许可证排污指标的原则和方法》《排放大气污染物许可证管理办法》等文件，并选择在太原、柳州、贵阳、平顶山、开远和包头 6 个城市开展排污交易试点。

第七，推行环境标志制度。《全国环境保护工作纲要（1993–1998）》，要求建立和推行环境标志制度。1994 年 5 月 17 日，中国环境标志产品认证委员会成立。实施环境标志制度的一个重要举措，是推行国际标准化组织（ISO）1993 年的 ISO14000 环境管理系列标准。

第八，实施总量控制和跨世纪绿色工程。1996 年 7 月召开的第四次全国环境保护会议及国务院《关于加强环境保护工作的决定》等文件，提出"一控双达标"目标和"332 工程"。治理重点工程是三湖（太湖、巢湖、滇池）、三河（淮河、海河、辽河）和两区（酸雨和二氧化硫污染控制区）；关闭"15 小"（资源消耗高、污染严重、不符合产业政策要求的小煤窑、小炼焦、小造纸等 15 类小企业）。实现环保目标的途径是必须严格管理、必须积极推进经济增长方式转变、必须逐步增加环保投入、必须加强环境法治建设（四个必须）。

第九，推进清洁生产，发展环保产业。从 1993 年起，我国开始推进清洁生产；1997 年发布《关于推行清洁生产的若干意见》。《关于做好环保产业发展工作的通知》《当前国家重点鼓励发展的产业、产品和技术目录（2000 年修订）》《当前国家鼓励发展的环保产业设备（产品）目录》《关于加快发展环保产业的意见》，均要求给予环保产业减免税收的政策优惠。[①]

第十，环保教育得到加强。1992 年我国明确提出"环境保护，教育为本"。经过多年探索，环境教育覆盖基础教育、专业教育、成人教育和社会教育，中小学也将环境教育作为素质教育的重要内容；高等院校设置环境工程专业技术教育，专业齐全，结构合理，基本可以满足环保事业对人才的需求。

---

① 姜伟新等：《中国节约型社会政策汇编》，中国发展出版社，2006。

第十一，环保局升格，国合会成立。1998 年国务院机构改革，国家环保局升格为国家环境保护总局，国务院环委会撤销。1992 年成立中国环境与发展国际合作委员会（简称国合会），除吸收国外专家对中国环境保护与经济发展的建议外，也将中国的环境保护政策和态度向国际社会传播。

1992 年邓小平南方视察后，中国迎来一轮经济建设高潮；"萝卜快了不洗泥"，加上乡镇企业的无序发展，江河湖泊水体黑臭、污水横流，蓝藻暴发影响居民饮水安全；许多城市雾霾蔽日，城市居民呼吸道疾病急剧上升；环境污染从城市向农村、从东部向西部扩散，污染事件多发，并逐步成为投诉热点。自 1995 年起，中华环保基金会与中国人民大学社会调查中心联合开展全民环境意识调查，结论是居民环境知识水平较低。[①] 这也是我国公众环境意识的真实写照。

（四）2003~2012年，污染诱发的群体性事件增多、环境政策逐步完善

进入 21 世纪，党中央国务院提出以人为本、全面协调可持续的科学发展观。2003 年，胡锦涛总书记在中央人口资源环境工作座谈会上强调，环保工作要着眼于让人民喝上干净的水，呼吸清洁的空气，吃上放心的食物，在良好的环境中生产生活，集中力量先行解决危害人民群众健康的突出问题。一直到 2005 年的中央人口资源环境座谈会，民生都是环境保护的目标。[②]

第一，出台产业、价格、进出口等政策。《国务院办公厅转发发展改革委等部门关于对电石和铁合金行业进行清理整顿若干意见的通知》《关于清理规范焦炭行业的若干意见的紧急通知》（发改产业［2004］941 号）《关于进一步巩固电石、铁合金、焦炭行业清理整顿成果规范其健康发展的有关意见的通知》（发改产业［2004］2930 号）等产业政策相继出台，以规范或限制高

---

① 中华环境保护基金会：《中国公众环境意识初探》，中国环境科学出版社，1998，第 68~88 页。
② 中华环境保护基金会：《中国公众环境意识初探》，中国环境科学出版社，1998，第 68~88 页。

能耗、高污染行业发展，促进产业结构优化升级。① 实行环保税收优惠政策。对节能环保企业实行所得税"三免三减半"政策，对污水、再生水、垃圾处理行业免征或即征即退增值税，对脱硫产品增值税减半征收，对购置环保设备投资抵免企业所得税等，对于推动环境污染治理起到了积极作用。实行环保价格政策。2004 年出台每度电 1.5 分钱的脱硫电价政策，电厂脱硫产业得到迅速发展。全国脱硫机组装机容量占火电装机容量的比重从 2004 年的 8.8% 迅速提高到 2011 年的 87.6%。2011 年出台每度电 8 厘钱的脱硝电价政策，以及垃圾焚烧发电上网电价激励政策，为大气污染治理产业的市场化发展开辟了新路径。调整进出口退税政策。2004 年，财政部、国家税务总局发布关于停止焦炭和炼焦煤出口退税的紧急通知，调整出口退税政策。2005 年，国家发改委等七个部门联合发文，对抑制"两高一资"产品出口起了积极作用，乱采滥伐的现象也得到明显改观。

第二，拓展环境融资渠道。一是将资源节约、循环经济、环境保护等列为国债的投资重点。2004 年，财政部出台《中央补助地方清洁生产专项资金使用管理办法》，支持石化、冶金、化工、造纸等行业中小企业施行清洁生产；安排农村沼气建设、灌区续建配套与节水改造工程等国债投资，支持一批节约和替代技术、能量梯级利用技术、循环利用技术、"零排放"技术等技术开发和产业化项目。二是实行环保融资政策。2007 年 7 月起实施"绿色信贷"政策。到 2010 年底，国家开发银行和国有四大银行绿色信贷余额达 14506 亿元。"十五"期间，环保贷款发放 1183 亿元，占同期全国环保投资额的 14%。"十一五"期间，发放节能减排贷款 5860 亿元，其中环保领域发放贷款 3200 多亿元，占同期全国环保投资总额的 15%。此外，一些环保公司在中国香港、美国、德国、日本等地方上市融资，解决了污染治理的部分资金。②

第三，推行特许经营制度。2002 年，以特许经营制度为标志的市场化改

---

① 姜伟新等：《中国节约型社会政策汇编》，中国发展出版社，2006。
② 姜伟新等：《中国节约型社会政策汇编》，中国发展出版社，2006。

革拉开序幕，以改变污水、垃圾处理厂投资建设靠政府，环保设施建而不用，没有发挥应有环境效益的状况。民间资本、外资等进入供水、供气、供热、污水和垃圾处理等领域，环保设施建设步伐加快。

第四，公众参与规划环评。2005年4月13日，国家环保总局举行《环境影响评价法》实施的首次听证会。2006年3月，公众参与环境保护的规范性文件——《环境影响评价公众参与暂行办法》出台，成为防止污染和生态破坏的"控制闸"。

第五，推进生态工业园和循环经济发展。2003年，国家环保总局发布《循环经济示范区规划指南（试行）》，以推进物质循环利用、能源梯级利用、废弃物资源化。2005年《国务院关于加快发展循环经济的若干意见》出台，成为循环经济发展的指导性文件。

第六，组建派出机构，加大执法力度。2006年2月国家环保总局和监察部发布《环境保护违法违纪行为处分暂行规定》。2003~2006年，国家环保总局等七部门开展整治违法排污企业、保障群众健康专项行动。2005年1月18日，国家环保总局"叫停"不符合环保条件的项目准入，掀起了"环保风暴"。2006年国家环保总局组建11个地方派出执法监督机构，[①]以加大执法监督力度。放射性废物库和信息库开始建设，放射源得到初步控制。2007年1月，对相关建设项目实行停批、限批，启动"区域限批"。[②]2008年，国家环保总局升格为环境保护部，成为国务院组成部门，对发展与保护的综合决策起到了重要作用。

第七，"中华环保世纪行"活动启动，成为环境信息披露的重要渠道。从1993年起，由全国人大环资委牵头，中宣部、国家环保局等14个部门开展"中华环保世纪行"活动，促进了黄河断流、淮河污染、渤海污染、晋陕蒙

---

① 《环保总局组建11个派出执法监督机构》，人民网环保频道，2006年7月31日。
② 中国环境保护行政二十年编委会：《中国环境保护行政二十年》，中国环境科学出版社，1994，第3页。

"黑三角"污染，以及滥捕滥猎野生动物等问题的解决。[①]"中华环保世纪行"为各地依法监督和舆论监督环境污染开辟了新的途径。民间组织成为环境保护的重要力量。《中国环保民间组织发展状况报告》显示，到 2007 年底我国有各类环保民间组织 2768 家，其中由政府部门发起的 1382 家，占 49.9%；学生社团及联合体发起的 1116 家，占 40.3%；自发组成的 202 家，占 7.3%；国际环保民间组织驻境内机构发起的 68 家，占 2.5%。环保民间组织主要集中在北京、天津、上海及东部沿海地区。[②] 但是，由于规模小、工作条件差、六成环保民间组织没有专用办公室，环保民间组织的作用发挥受限。

另一方面，从 2002 年下半年开始，我国进入新一轮高速增长阶段，各地纷纷上马钢铁、水泥、化工、煤电等高耗能、高排放项目。2006 年，虽然我国开始实施节能减排计划，但重化工业扩张势头不减，污染物上升趋势难以遏制。全国主要污染物排放量，二氧化硫为 2588 万吨，氮氧化物为 1523 万吨，化学需氧量为 1428 万吨，氨氮为 141 万吨。其后虽然政府减排力度不断加大，并辅以市场化手段，主要污染物逐步下降，但环境质量并没有随之好转，污染事故仍然此起彼伏，由此引发的公众事件频繁发生。[③]

（五）党的十八大以来，环境保护上升到生态文明建设的战略高度

自 2012 年党的十八大召开以来，全国贯彻绿色发展理念的自觉性和主动性显著增强，忽视生态环境保护的状况得到改变，生态文明建设成效显著。这是以习近平同志为核心的党中央对国家、民族可持续发展高度负责精神的具体体现，也是对百姓诉求的积极回应。

第一，制度出台频度之密前所未有。党的十八大以来，以习近平同志为核心的党中央推动了一系列的根本性、长远性、开创性工作，中央全面深化

---

① 中华环保世纪行执行委员会：《中华环保世纪行活动情况（1993~2007）》，内部资料。

② 《中国环保 NGO 生存现状堪忧 交涉多依靠政府》，www.chinagate.com.cn，2006 年 4 月 25 日。

③ 于勇、李焱：《曲格平：周总理"逼"出了新中国第一代环保人》，中国经济网，引用日期 2018 年 4 月 10 日。

改革领导小组审议通过 40 多项生态文明和环境保护改革方案；国务院 2013 年和 2015 年先后印发《大气污染防治行动计划》《水污染防治行动计划》，2016 年发布《土壤污染防治行动计划》。2015 年实施的《环境保护法》，号称"史上最严的环保法"，对改善环境质量发挥了积极作用（2016 年以来出台的环保政策见表 1）。

表 1 2016 年以来相继出台的部分环保政策

文件名称	发文单位	时间
《国务院关于印发土壤污染防治行动计划的通知》	国务院	2016/5/28
《国务院关于印发"十三五"节能减排综合工作方案的通知》	国务院	2016/12/20
《中华人民共和国环境保护税法》	人大常委会	2016/12/25
《京津冀及周边地区 2017 年大气污染防治工作方案》	环保部	2017/2/20
《关于利用综合标准依法依规推动落实产能推出的意见》	发改委等 16 部委	2017/3/10
《2017 年工业节能监察重点工作计划》	工信部	2017/3/10
《重点行业和流域排污许可试点工作方案》《环境保护标准"十三五"发展规划》	环保部	2017/4/17
《排污单位执行检测技术指南总则》	环保部	2017/5/12
《京津冀及周边地区执行大气污染物特别排放限值的公告（征求意见稿）》	环保部	2017/5/25
《工业节能与绿色标准行动计划（2017–2019 年）》	工信部	2017/5/26
《国务院办公厅关于印发禁止洋垃圾入境推进固体废物进口管理制度改革实施方案的通知》	国务院办公厅	2017/7/27
《京津冀及周边地区 2017–2018 年秋冬季大气污染综合治理攻坚行动方案》	环保部、工信部	2017/8/21
《国务院办公厅关于印发第二次全国污染源普查方案的通知》	环保部	2017/9/10
《农用地土壤环境管理办法（试行）》	环保部、农业部	2017/9/25
《生态环境损害赔偿制度改革方案》	国务院	2017/12/17
《中华人民共和国环境保护税法实施细则》	国务院	2017/12/25

资料来源：根据中国政府网、环保部网站等资料汇总。

第二，中央环保督察手段丰富，成效显著。我国的环境保护政策法规非常全面，但以往的执行主要靠"环保风暴"。"中央环保督察"与以往不同的是，执法手段更加丰富，处罚力度也明显加大。执法行政手段包括督企、督政，督企强化了督查巡查，督政包括环保督察和专项督察以及约谈、限批、通报、挂牌督办等。司法手段运用更加顺畅。在运用刑事民事手段上，公安部、最高法、最高检等协同推动。2017 年环保部门移送公安部门的案件主要有两类：一是行政拘留，二是涉嫌环境污染犯罪，分别为 8600 多件和 2700 多件。第一类比 2016 年增加了 112.9%；第二类增加了 35%。环保部还支持公益组织提起五起环境民事公益诉讼。执法方式方法上，遥感、在线监控、大数据分析等手段被用于执法。热点网格技术被用于京津冀"2+26"城市大气污染防治攻坚行动，把区域划成 3×3 公里的网格，其中设置监测设备，一旦发现其中的污染浓度异常增高，就立即派人前往监督执法。中央环保督察影响前所未有。开展中央环保督察、专项督查、专项巡查，百姓点赞、中央肯定、地方支持、解决问题。到 2017 年底，中央环保督察一共进行了四批，解决了老百姓关注的一大批突出的环境问题，督察追责了 18000 多人。其中，第一批督察追责了 8 个省份 1100 人，其中厅局级 130 人；第二批督察问责了 1048 人，其中省部级 3 人，正厅级 56 人。环保部的态度明确，一旦发现个别地方出现问题，发现一起严查一起；坚决反对平常不作为、执法乱作为，绝不允许乱作为影响中央环保督察的大局。[①]

二　环境政策演进特点评述

我国在环境保护上走了一条"跨越高山"之路。发达国家上百年工业化过程中分阶段出现的环境问题在我国集中出现，环境污染呈现结构型、复合型、压缩型特点。生态破坏与历史上的农业过度开发有关，环境污染则是工业化的直接结果。

1. 环境政策从口号、理念向"政府+市场"共同发挥作用演进

我国的环境保护理念，前期以口号和政治动员为主，技术"沙龙"是管

---

① 李干杰：《打好污染防治攻坚战》，http://news.cctv.com/2018/03/17/VIDE0QN8S7ESBLoH35v KqH12180317.shtml，2018 年 3 月 17 日。

理部门的典型特征；1998 年起实施的"一退三还"是生态环境政策的转折点。总体上，我国环境政策法规不断完善，国外有的法规标准我国基本均有；"跨世纪行动""中华世纪环保行""中央环保督察"等，均具有政治动员性质，本质上是提高基层党政领导和企业的环境意识。

过去，法规可操作性差，有法不依、执法不严、违法不究问题突出。一些地方存在环境法规和标准执行不严格、执行走样的情形，"雷声大、雨点小"。一些地方领导对环境保护还没有真正重视起来，有人检查时抓一抓，没人检查时"睁一只眼，闭一只眼"；违法成本低、守法成本高，污染型企业成了"攀比"对象，治理污染向国家要政策、要资金，忘记了"达标排放"是企业的起码责任。[①] 如果某一个企业治污要花数百万乃至更多，而罚款只是几十万甚至更少，那么不仅难以产生震慑作用，还会产生逆导向的"示范效应"，导致"逆向选择"：企业宁愿被罚款而不是治理污染物。政府为了 GDP 招商而对资源环境代价考虑不够，招来的又恰恰是污染型企业，而且由于其对地方税收的贡献，政府会对企业排污"放一马"。

十八届三中全会《中共中央关于全面深化改革若干重大问题的决定》，要求建立和实施环境污染终身追究制度，对各级政府的决策起到重要作用。环境保护国策确立以后，能否执行以及环境绩效如何，干部是决定因素。改变以往存在的出了问题就处理地方政府部门负责人的做法，《环境保护法》明确了环境保护的属地管理原则，地方党政领导对环境保护负总责。从"关键少数"入手，使决策者特别是"一把手"认识到生态环境的重要性。推动建立基于环境承载能力的绿色发展模式；建立资源环境承载能力监测预警机制，实行环保目标责任制和考核评价制度；制定经济政策尽可能多地考虑对环境的影响，对未完成环境质量目标的地区实行环评限批，分阶段、有步骤地改善环境质量等，为环境保护法制化奠定了基础。

环境保护是经济学上典型的外部性问题，需要政府发挥作用，弥补"市

---

① 孙佑海：《改革开放以来我国环境立法的基本经验和存在的问题》，《中国地质大学学报（社会科学版）》2008 年第 4 期。

场失灵"。实践证明，没有领导特别是"一把手"的重视，再好的环保措施也难以落实。转方式、调结构，因而也成为我国环境保护的重要措施。改变以往存在的污染物排放"以邻为壑"的做法，明确了要将环保目标的约束性纳入经济社会发展规划和政绩考核指标。由于以往存在的自然资源价格扭曲，环境成本没有内部化，这成为环境污染形势严峻、生态系统退化的重要原因。我国出台了将环境保护外部性内在化的政策，排放许可证制度就是其中之一，以落实"污染者付费"制度，将治理费用纳入成本，使生产者和消费者共同承担保护环境责任。

政府在发挥市场环境保护和污染治理方面，也做了大量工作，从环境经济政策的采用，如排放权交易、生态补偿等，到通过发展环保产业来解决环境污染，如我国东部沿海的江苏、浙江等地，从 21 世纪初开始采用 BOT、TOT 等模式处理乡镇垃圾和污水，并取得明显成效。我国在环境污染控制与减排、污染治理以及为废弃物处理处置等方面提供设备和服务的环保产业发展迅疾。第四次环保产业调查结果显示，到 2012 年环保产业从业单位 23 万家，从业人员 319 万人以上。反映中国环保产业发展状况的三个指标中环境产品年均增加超过 30%，环境服务业年均增加超过 28%，资源回收利用年均增长超过 14%。2004~2012 年，中国环保产业年均增长超过 20%，这得益于国家节能环保措施的落实。

2. 环境保护主管部门职能逐步定位到政策制定和监督实施

长期以来，在我国生态环境保护领域，存在两个突出问题。一是政府职责交叉重叠、"九龙治水"，出了事由谁负责都不清楚。二是所有者和监管者没有区分开来，既是"运动员"又是"裁判员"；有些裁判员的权威性、有效性明显不够。一段时间内，环境主管部门改变了环境管理策略，口头上狠抓、事实上却放松了监管（2006 年后不再实行"流域限批"、"区域限批"政策就是如此）；地方环保部门领导的任命权力在地方，因而出现地方环保局长因为承担招商引资任务，招来了污染型企业；有些地方环保系统人员少，设备落后，没有能力监管每一个排污企业。

我国的环境保护管理机构，起步于专业化机构。1971 年国家计委就成立"三废"利用领导小组，1974 年成立国务院环境保护领导小组及办公室；1982 年国务院机构改革将建设部改名为城乡建设环境保护部，下设环境保护局。1984 年国务院环境保护委员会成立，1984 年底原城乡建设环境保护部中的环境保护局改名为国家环境保护局。1988 年将国家环保局从城乡建设环境保护部中分出来，成为国务院直属机构。1998 年国家环保局升格为国家环保总局，成为国务院直属正部级单位。2008 年组建环境保护部，成为国务院组成部门。

2018 年，国务院机构改革为生态环境系统治理创造了有利条件。国务院机构改革，明确把环境保护部的全部职责和其他六个部门的相关职责整合起来，组建生态环境部，统一行使生态和城乡各类污染排放监管与行政执法职责。按照国务院机构改革方案，生态环境部的职能主要是环境政策、法规、标准、监测以及监督。这是我们党坚持以人民为中心的发展思想的具体行动，是推进生态环境领域、生态文明建设领域、治理体系现代化和治理能力现代化的一场深刻变革，有着非常重要的现实意义和历史性的里程碑意义。

组建生态环境部，可区分资源所有者和监管者，相互独立、相互配合、相互监督；可以把原来分散的污染防治和生态保护职责统一起来，从而形成"五个打通"：一是打通了地上和地下，二是打通了岸上和水里，三是打通了陆地和海洋，四是打通了城市和农村，五是打通了一氧化碳和二氧化碳。统一大气污染防治和气候变化应对，从而为打好打赢污染防治攻坚战、加强生态环境保护创造了组织保障。①

简言之，我国在环境保护管理上，突破了由环境保护部门独自管理的思路，强化了地方责任，公众成为环境保护的重要力量；在技术路线上，从原来"末端治理"走向"全过程控制"；在经济手段上，从"排污收费"转变为"排污许可证"、"生态补偿"等多种手段的组合；在治理方法上，从原来"点源"治理转变为"集中治理"，使污染治理更为经济。

---

① 李干杰：《打好污染防治攻坚战》，http://news.cctv.com/2018/03/17/VIDE0QN8S7ESBLoH35v KqH12180317.shtml，2018 年 3 月 17 日。

3. 环境保护投入不断加大，污染治理成效显著

环境污染治理投入不足，污染治理明显滞后于污染物排放，应该治理的没治理，甚至出现保护名义下的破坏，应该用于环保的资金被挪作他用，一些投资并没有起到应有的效果，如污水处理厂建起来并没有正常运行，有些甚至成为污染排放源。现今，这一状况正在改变。

有关研究表明，20世纪80年代初，我国环境保护投资每年为25亿~30亿元，约占同期GDP的0.51%；到80年代末期，投资超过100亿元，占同期GDP的0.60%左右；1995年达1010亿元，占当年GDP的1.02%；2005年达2388亿元，占当年GDP的1.3%；2010年上升到6654亿元，占当年GDP的1.66%。在财政投资的拉动下，社会资本逐步进入并成为投资主体。1998~2002年，政府发行国债6600亿元，其中安排650亿元支持967个城市环境设施项目，拉动地方和社会资金2100亿元。在2008年的4万亿元投资中，2100亿元投资于生态环境建设。[①]

没有资金投入，污染无法治理，环保产业也会成为无源之水。十八大以来，我国加大了对重大环境污染治理的投资力度，主要体现在以下几方面。[②]

（1）打赢蓝天保卫战。自2013年设立专项资金以来，专项资金规模从50亿元逐年增加到2017年的160亿元，重点支持京津冀、长三角、珠三角等重点区域实施大气污染防治工作，大气污染防治取得明显进展。2017年，财政部会同环保部等有关部门开展了北方地区冬季清洁取暖试点工作，支持天津、石家庄等12个试点城市清洁取暖改造，构建起"企业为主、政府推动、居民可承受"的运作模式。

（2）大气环境质量改善速度之快前所未有。"大气十条"确定了五大目标：全国338个地级城市PM10平均浓度下降10%，京津冀区域PM2.5平均浓度下降25%，长三角下降20%，珠三角下降15%，北京下降到60微克/

---

① 于勇、李焱：《曲格平：周总理"逼"出了新中国第一代环保人》，中国经济网，引用日期2018年4月10日。

② 戴正宗：《中央财政大力支持美丽中国建设》，《中国财经报》2018年3月23日。

立方米左右。2017 年，全国地级及以上城市的 PM2.5 比 2013 年平均下降了 22.7%，京津冀、长三角、珠三角等重点地区分别比 2013 年下降 39.6%、34.3%、27.7%；珠三角连续三年低于 35 微克 / 立方米、北京市达到 58 微克 / 立方米，这是两个标志性的成绩。

（3）加强水污染防治。2015 年，中央财政整合设立了水污染防治专项，主要用于地方落实"水十条"相关任务。2017 年，中央财政下达专项资金 115 亿元，一是推动重点区域和流域水污染防治，将京津冀及周边、长三角、珠三角等重点区域和长江、黄河、南水北调工程上游，以及汉江等重点流域作为支持重点，统筹开展治理工作。二是推动长江经济带环境保护和生态修复。按照习近平总书记关于长江经济带"共抓大保护，不搞大开发"的指示精神，通过水污染防治专项安排奖励资金。三是对水质较好的湖泊保护项目扫尾清算。

（4）"碧水保卫战"突出"四种水体"治理。一是集中饮用水水源地，这是重中之重，因为是老百姓的"水缸"；二是黑臭水体；三是劣 Ⅴ 类水体；四是排入江河湖海不达标的水体。加强了"四项整治"。一是工业园区。整治散乱污企业，该改造的改造，该搬迁的搬迁，该关停的关停。不断提高重点行业排放标准，实行限期达标。二是生活污染源。加快建设城乡污染处理设施，保证已建设实施的正常运行。三是农村面源污染防治和整治。首先是种植业农药化肥减量化，现已基本实现零增长；其次是养殖业尤其是规模化畜禽养殖和水产养殖水环境污染治理。四是将保护河流生态基本流量提上重要的议事日程。我国在水污染治理上，坚持一手抓污染物减排，另一手抓水生态系统服务功能拓展，以提高水体的消纳和净化能力。自 2015 年 4 月"水十条"发布以来，相比 2012 年，2017 年全国地表水水质好于 Ⅲ 类所占比例提高了 6.3 个百分点，劣 Ⅴ 类水质比例下降了 4.1 个百分点。好于 Ⅲ 类水的比例，相比 2015 年,2017 年提高 1.9 个百分点；劣 Ⅴ 类由 9.7% 降到 8.3%，降低 1.4 个百分点。

（5）土壤污染管控和修复。2016 年，中央财政整合重金属污染防治等专项资金，用于支持地方落实"土十条"相关任务。2017 年，中央财政下达资金 65 亿元，按因素法切块下达资金，由各省统筹用于包括土壤污染风险管控、监测评估、监督管理、污染土壤修复与治理等在内的各项工作任务；支持重金属污染重点防控区域治理示范工作和土壤污染状况详查工作，以摸清土壤污染的详细情况。

（6）"以奖促治"深化农村环境整治。出台农村环保"以奖促治"政策，重点支持南水北调工程沿线农村环境综合整治，执行"水十条"确定的农村环境整治任务。2017 年，中央财政下达农村环境综合整治专项资金 60 亿元，对南水北调沿线陕西、湖北、河南、河北、山东等省加大支持力度，推动这些省份在工程沿线的县市开展农村环境综合整治全覆盖，继续支持落实"水十条"确定的 13 万个建制村的整治任务，支持推动传统村落保护工作。[①]

三　环境保护政策重点与展望

环境保护是一种公共物品，应发挥政府的综合管理和调控作用；政府的作用是弥补市场失灵，"污染攻坚战"是各级地方人民政府的职责所在；可采取法律的、经济的和必要的行政手段，以法律、标准、执法监督为抓手，通过信息披露、加大处罚力度等措施，对排污企业形成"压力"，减轻经济发展对资源环境的压力。

到 2020 年，环境污染攻坚战是三大攻坚战之一。城市环境改善、水环境保护和土地退化治理是环境保护的治理重点。应当采用发展环保产业的办法解决我国当前面临的资源环境问题，而不是将发展停下来保护环境。实现经济发展与环境保护的协调和良性循环。

1. 从雾霾治理入手，形成污染攻坚战的长效机制

2017 年起实施重污染天气成因与治理攻关专项计划，初步建立政府、企

---

① 李干杰：《打好污染防治攻坚战》，http://news.cctv.com/2018/03/17/VIDE0QN8S7ESBLoH35v KqH12180317.shtml，2018 年 3 月 17 日。

业、社会各方努力，共同参与、共同支持的机制。公众对污染举报、环境执法至关重要。2017 年，环保部接到公众通过电话、微信、网络等途径的举报17 万件，是 2016 年的两倍，是 2014 年的 3.5 倍。在"2+26"城市大气污染防治中，环保部对涉及大气污染的所有举报在第一时间向社会公开，对交地方办理的 13000 件事项，紧盯不放，不解决问题不松手，"对症下药"、"照单抓药"，只有这样才能产生环境治理的预期效果。

产业、能源和交通等领域结构优化，收到了污染物减排之效。五年来，我国淘汰落后产能，化解钢铁、煤炭等过剩产能，取得积极进展。李克强总理在2018 年政府工作报告中指出，钢铁去产能 1.7 亿吨以上，煤炭去产能 8 亿吨以上；燃煤火电机组实施了超低排放改造 7 亿千瓦，占比 71%；淘汰燃煤小锅炉20 多万台，淘汰黄标车、老旧车 2000 多万辆。京津冀及周边"2+26"城市，煤改气、煤改电完成 470 多万户，起到了改善大气环境质量的作用。

也应当认识到，我国治霾仍处在"靠天吃饭"状态，大气污染治理任重道远。2018 年"两会"前后的北京连续几轮重污染天气足以给我们警示。2018 年 3 月 9~14 日的雾霾，气象条件是强逆温，是近 20 年以来最强的一次逆温，延续时间长、影响范围大，导致污染物难以扩散。通过采取针对性强的治本措施，PM2.5 浓度明显降低。新的蓝天保卫战的三年攻坚战计划已经出台：主攻阵地是京津冀及周边、长三角地区、汾渭平原等重点区域，这些地区的污染比较重；主攻方向是解决产业结构、能源结构、交通结构；突破点是联防联控，重点解决重污染天气。大气污染治理既要打攻坚战，也要打持久战，我们只有以更大的力气、下更大的功夫，持之以恒，才能实现天蓝、地绿、水清的环境保护目标。

2017 年 12 月的中央经济工作会议和 2018 年李克强总理的《政府工作报告》，要求坚决打好攻坚战，推进污染防治取得更大成效，建设天蓝、地绿、水清的美丽中国。到 2020 年全面建成小康社会，是我们党做出的庄严承诺。小康全面不全面，生态环境质量是关键。党的十八大以来，为了打好污染防治攻坚战，中央先后制定出台了三个行动计划。实践充分证明，三个"十条"

的方向、路径、举措、目标、任务是科学合理的，针对性、有效性均非常强。十九大将污染防治攻坚战列为决胜全面建成小康社会的三大攻坚战之一。我们也应当认识到，我国治霾不可能一蹴而就，只有以更大的力气、下更大的功夫，才能实现环境保护的目标。

2. 发达国家在处理环境与发展方面积累的经验值得借鉴

总体上看，我国的环境保护并没有摆脱"先污染、后治理"的老路，重点地区和城市污染治理也是在污染严重到一定程度后才开始的。环境污染与我国的发展阶段密切相关。除产业结构偏重、技术水平参差不齐、人员素质不高等因素外，政策、法规、标准及公众参与等长效机制尚未形成。一次能源以煤炭为主，开发利用不仅对生态环境造成破坏，还会排放大量的二氧化硫、粉尘等污染物以及二氧化碳等温室气体。一些地方政府的发展意愿强烈，粗放发展方式没有改变，一些决策者对环境污染及其治理的复杂性也缺乏足够认识。

借鉴发达国家处理环境与发展问题方面的经验可以使我们少走弯路，以免治理时付出更大的代价。从立法、政策、技术、治理模式、管理等角度，总结国外环境保护的做法和经验的文章很多。总体上看，发达国家对环境保护的认识逐步深化，污染问题总体上依靠制度设计来解决，有些污染物的治理取决于技术进步，并没有相同模式。发达国家对发展与环境问题的认识大致经历了以下五个阶段。

第一阶段：将环境污染看作是经济增长的负面影响。污染者将环境保护看作是主管部门采取的不必要措施，是小题大做。因而，企业对环境治理有抵触情绪。在这一阶段控制污染排放的措施是"末端治理"，并被大多数人认为是增加生产成本的做法。

第二阶段：将环境污染看作是生产成本的组成部分。这时候，污染者开始认识到降低污染水平可能会带来好处，因而在生产过程中开始采取措施来减少废弃物的排放。

第三阶段：将环境看作是决策考虑的因素之一。污染者在做新的投资规划时必须考虑环境因素，并被动地采取不同的措施，在产品的生产和消费中保护环境。

第四阶段：环境被当成极其重要的因素。当污染者优化其经济活动时，采用不同的生态或环保设计，即从系统上采取措施保护环境。

第五阶段：环境成为发展的目标之一。将环境问题作为社会和经济政策的目标，引导生产和消费模式的变化，在结构上采取措施改变人们对环境的态度。

1992年联合国环发大会后，世界各国纷纷采用经济手段保护环境，主要有环境税、排污权交易、补贴废除或应用、抵押等，还有一些国家通过赔偿、责任保险等手段，为环境保护筹集资金。无论是制度安排还是技术路线，发达国家都是从发展水平、人员素质、技术水平等情况出发的。这就要求我们在学习借鉴国外环保经验时特别重视结合中国国情。

总体上，我国是一个发展中的大国，工业化和城市化的历史任务尚未完成。经济发展消耗大量资源能源、排放大量废物有其客观性，因为没有资源消耗就不可能建成高楼大厦和基础设施；消耗资源就要产生和排放废物，因为现在的技术还不能使资源完全转化为有用产品，即使是工业化完成后也办不到！这也是环境保护工作长期性的道理之所在。

3. 更多地利用市场机制解决环境污染问题

利用市场机制解决环境污染，本质是调整有关各方的利益关系，防止企业活动的外部不经济，通过转嫁污染治理成本获取额外利润；提高资金利用效率，以较少的资金投入达到改善环境质量的目的。坚持"谁污染环境、谁破坏生态谁付费"原则，既是国际社会污染治理的基本原则，也可以更好地发挥市场作用，收到专业化和规模化治理污染的效果，而专业化和规模化正是提高效率的重要途径。

不计代价的污染治理并不可取。我国电厂脱硫采用了一条"昂贵"的技术路线，一些上了脱硫设施的电厂因成本原因而不能运行。如果更多地用低硫煤发电或通过"洗煤"洗掉其中的硫铁矿等前端措施，可以节省社会总支出。一些脱硫设施质量经不起运转的考验，这是"最低价中标"政策导向和企业"竞相压价"的综合结果。利用标准促进环境质量的改善，北京从2008年起逐步提高汽车排放标准的做法，证明相当有效，消除了人们对提高标准难以达到预期效果的担心，而且APEC蓝也提高了居民对蓝天白云的期盼。

完善污染物排放许可制，推行节能量、碳排放权、排污权、水权交易制度，开展市场交易，并利用资本市场募集更多的资金进入生态文明建设领域。还可以发挥公共财政资金"种子"作用，引导社会资本投入生态建设和环境保护领域。排污许可证制度，是依法对排污单位分配具体排污额度并以书面形式确定下来，作为排污单位守法、执法单位执法、社会监督护法依据的一种环境管理制度。实行排污许可制度，有利于将环境保护法律法规、总量减排责任、环保技术规范等落到实处，有利于环保部门依法监管。应建立全国范围统一公平、覆盖主要污染物的污染物排放许可制度，为排污权交易市场的发展奠定基础、创造条件。如果在生态文明建设中不注重改善民生，不解决影响居民生活的紧迫环境污染问题，就难以实现自然生态系统的良性循环。因此，应坚持在发展中保护、在保护中发展，在改善民生中保护环境，走上一条生产发展、生活富裕、生态良好的文明发展之路。

4. 明晰技术路线，提高环境治理的现代化水平

污染物减排的途径主要有结构减排、技术减排、工程减排和管理减排。应当推动产业结构优化升级，加快发展先进制造业、高新技术产业和现代服务业，促进产业绿色化。大力推进节能、节水、节地、节材和资源综合利用，严格执行产业政策和环保法规标准，推行清洁生产，淘汰那些高消耗、高排放、低效益的生产能力，严禁新上浪费资源、污染环境的建设项目。优化能源结构，控制煤炭消费总量，大力发展新能源和可再生能源，降低能源生产和消费对环境的不利影响。发展环境服务业，开展环境污染的第三方治理，以用代治，从源头减少废物的产生和排放；运用相生相克的原理，在采用物理、化学、生物处理方法的同时，也采用经济适用的湿地、氧化塘等方法，处理处置废水。探索PPP机制，形成有利于资源节约和环境保护的产业结构、

生产方式和消费模式。

在推动技术进步、明晰技术路线的同时，应重视环保技术的经济合理性。例如，在2017年推进的"煤改气、改电"工作中就出现了问题。2017年12月15~20日，环保部组织2367个人839个组到28个城市的385个县（市、区）2590个乡镇街道的25220个村，进行了拉网式排查。发现在25220个村553万户中，虽然474万户完成了"双改"，但也确实存在供暖不足问题。为了不让群众受冻，环保部组织开展"大走访、大慰问、大督查"行动，派人蹲点驻守，通过电话、微信、网络接收举报，发现供暖不足问题后，督促当地政府、燃气公司迅速予以解决。尽管如此，仍然产生了不良的社会影响。总体上，天然气是我国紧缺的资源，而且需求在刚性增长。未来相当长一段时期，推进煤改气，虽然可以产生较好的环境效益，但也要考虑能源资源的保障程度、考虑群众的经济承受能力。换言之，应将环境保护纳入经济社会发展的总体框架内加以考虑，以实现经济社会和资源环境的良性循环。

促进环保产业与循环经济的有机衔接。例如，脱硫是环保产业，而脱硫石膏利用是循环经济；又如水处理是环保产业，而污水处理厂的淤泥利用是循环经济。实现污染物治理和资源综合利用的有机衔接，是环境质量改善的关键。应将视野前移，从生态设计和清洁生产入手，实现从"末端治理"向源头减量和过程控制的转变，从行政为主向法律的、市场的和必要的行政手段有机结合转变，走上一条环境代价小、经济发展效益好、质量高、可持续的新型工业化道路，早日迈进生态文明新时代。

5. 公众参与和行动，形成节约资源保护环境的社会氛围。

如果发展方式、生活方式不绿色，打赢污染防治攻坚战的难度很大，甚至做不到。加大生态系统保护和修复的力度，增强生态系统服务功能；生态系统服务功能对生态文明建设是至关重要的。要加快形成生态环境治理体系的现代化和治理能力的现代化。要通过改革释放出更多动能和红利，支撑保障污染攻坚战取得更大更好的成效。

环保需要公众参与。中共中央、国务院颁布的《关于加快推进生态文明建设的意见》提出，鼓励公众积极参与，完善公众参与制度，及时准确地披露各类环境信息，扩大公开范围，保障公众知情权，维护公众环境权益。《环境保护公众参与办法》自 2015 年 9 月 1 日起施行。第十一条规定：公民、法人和其他组织发现任何单位和个人有污染环境和破坏生态行为的，可以通过信函、传真、电子邮件、"12369"环保举报热线、政府网站等途径，向环境保护主管部门举报。环保部公布典型案件的查处情况，增强了公众对环保执法的信心，有利于鼓励公众积极参与对污染环境和破坏生态行为的治理，进一步夯实打击环境违法犯罪的群众基础。

环境保护需要公众行动。随地吐痰、乱扔垃圾等随着日益增多的游人带到国外，影响中华民族的文明形象。因此，应当充分发挥媒体作用，加强环境保护和可持续发展教育，加强环境保护能力建设，发挥环境民间组织的作用。广大公众不仅要认识到生态环境与自己的生活密切相关，更要付出实际行动，如爱护公共卫生，垃圾分类回收，不用"一次性"筷子、超薄塑料袋，循环使用布袋和包装物等，还要发挥监督作用，举报环境违法行为应当得到鼓励。

结　语

环境保护贯穿于我国的现代化全过程，是一场"持久战"！应当在理思路、定战略、摸家底、严执法、抓落实等方面下大力气，使生态文明的观念在全社会牢固树立。只有大家共同努力，我们的生活环境才会一天天好起来，才能有我们共同而唯一的美好家园。

第四章 环境保护规划回顾与展望

吴舜泽　万　军　杨丽阁　赵子君 *

导　读：从十一届三中全会"把党的工作重点转移到社会主义现代化建设上来"，到十八大以来生态文明建设被纳入"五位一体"的总体布局，生态环境保护与经济社会发展紧密相关。经济社会发展的不同阶段，面临不同的环境问题，也推动了生态环境保护体制机制的改革。不同阶段的生态环境保护规划，适应了时代的变革，也推动了生态环境保护事业的发展。技术进步、政策创新围绕着规划的发展而改进，服务于规划编制实施的同时，也极大地促进了规划的发展。40 年来中国环境规划不断发展变化，主要受四个方面的因素影响：一是生态环境面临的突出问题；二是不同阶段经济社会发展与生态环境保护的关系；三是社会各界对生态环境保护的认识；四是不同阶段生态环境保护管理的政策工具和技术手段。这四个方面的影响因素，

＊ 吴舜泽，博士生导师、研究员，现任生态环境部环境与经济政策研究中心主任、党委书记，生态环境部改革办副主任、垂改办副主任，研究方向为环境保护战略、规划、工程、政策等，长期从事国家－区域／流域－城市环境保护战略、规划、工程、政策等方面的研究技术。万军，博士、研究员。现任生态环境部环境规划院战略规划部主任，环境规划专业委员会委员、秘书长，研究方向为生态环境规划、城市环境、生态评价。杨丽阁，硕士研究生，生态环境部环境规划院助理研究员，研究方向为环境保护规划、环境科学与资源利用等。赵子君，硕士研究生，生态环境部环境与经济政策研究中心研究实习员，研究方向为绿色发展、生态环境保护政策、国际环境合作等。

决定了不同时期生态环境规划的定位、内涵、目标、边界、重点任务及规划的效力等。

引 言

改革开放以来我国经济社会快速发展，环境保护规划也随着对生态环境问题认识的调整加深而不断推进。早在 1976 年我国就印发了第一个环境保护十年规划；"七五"环境保护计划开始围绕工业污染治理对环境保护工作进行部署；"十五"开始以改善环境质量为目标，环境保护规划的发展逐步强化。党的十八大以来，生态文明建设被纳入中国特色社会主义事业"五位一体"总体布局，为我国环境保护规划事业的进一步发展奠定了坚实基础。党的十九大以来，以习近平同志为核心的党中央将生态文明建设和生态环境保护提升到前所未有的高度，生态环境保护形势发生了翻天覆地的变化。目前，我国的生态环境保护规划的覆盖面已由早期的工业污染治理逐步扩大到生态环境保护的多个方面。总体而言，改革开放以来我国的环境保护规划经历了从无到有、从简单到复杂、从局部进行到全面开展的发展历程，成为我国国家治理体系的重要组成部分。

本章对我国改革开放 40 年以来环境保护规划发展的经济、社会、环境背景和发展历程进行了梳理，分析总结了环境保护规划发展变化的影响因素，提出了未来发展展望。

一 环境保护规划发展的经济社会环境背景

我国改革开放的重点是经济领域的体制、机制和政策的改革，是不断扩大对外开放的过程。随着社会经济的快速发展，生态环境保护问题日益突出，发展与保护辩证统一的关系不断调整，呈现螺旋式演进态势。

（一）改革开放以来经济社会发展

40 年里（1978~2017 年底），我国经济总量增长了 226 倍，人均 GDP 增长了 186 倍，城镇化率由 17.8% 增长到 58.5%，经济总量由世界第十位上升到第二位，经济社会发生了翻天覆地的变化（见图 1）。与此相适应，改革开放深入开展，国家治理体系与治理能力也发生了巨大变化。

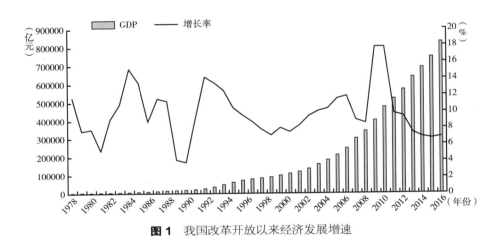

图 1 我国改革开放以来经济发展增速

在 40 年的改革开放过程中，经济社会发展有四个关键的时间节点。一是 1978 年党的十一届三中全会的召开，标志着中国全面启动改革开放，"摸着石头过河"，探索中国特色的社会主义道路。二是 1992 年党的十四大确立了社会主义市场经济体制的改革目标，建设市场经济，使市场在资源要素配置中发挥重要作用。三是 2001 年中国加入 WTO 议定书的最终签署，中国经济开始全面与世界接轨，面向全球分工。四是 2012 年党的十八大召开，生态文明建设被纳入"五位一体"总体布局与"四个全面"的战略布局。[①] 目前，我国经济进入了从高速增长转向高质量发展的新阶段。

---

① 李晓西、林永生：《改革开放 40 年的中国市场经济发展》，《全球化》2017 年第 7 期，第 55~66 页。

（二）生态环境保护制度的改革发展

随着经济社会快速发展，我国生态环境问题呈现复合型、压缩性、累积性特点，发达国家上百年走过的城镇化、工业化、全球化道路，中国在短短40年里基本完成。同时中国幅员辽阔、区域发展差距悬殊，发达国家上百年经历的生态环境问题，在我国短期内集中出现。改革开放赋予中国经济巨大活力，也推动中国体制机制与政策为快速适应经济社会发展的需要而深刻变革。生态环境保护治理是国家治理体系的重要内容，40年里也发生了重大变革。与社会经济发展阶段相适应，中国召开了七次全国环境保护大会，以及全国生态环境保护大会，这代表着党和国家对生态环境的战略定位、战略部署，也出台了一系列重大制度和政策。

1972年6月5日，联合国在瑞典首都斯德哥尔摩召开了第一次人类环境会议，中国政府派代表团参加了会议。这次会议使我国政府认识到环境问题的重要性。[1]1973年8月5~20日，由国务院委托国家计委在北京组织召开了第一次全国环境保护会议，会议通过了《关于保护和改善环境的若干规定》，确定了我国第一个关于环境保护的"32字"战略方针。此次会议第一次承认中国存在环境问题并且很严重，特别是引起了各级领导对环境保护问题的重视。

1983年12月，第二次全国环境保护会议召开，会议总结了过去十年环境保护工作的成绩和经验，研究了今后的方针政策和奋斗目标。基于我国人口与资源不协调国情的客观实际，明确把环境保护作为基本国策。此次会议提出的"三同步、三统一"方针，表明中国开始认识到环境与经济建设、城市建设之间的内在联系，这对环境规划的发展具有重大而深远的影响。[2]

---

[1]　任俊宏：《我国第一次环境保护会议的历史地位》，《湖南行政学院学报》2015年第1期，第124~128页。

[2]　周军、倪艳芳、邢佳、张力、滕志坤、何平平：《中国环境规划发展趋势及存在问题探析》，《环境科学与管理》2013年第4期，第185~187页。

随着国民经济与社会的不断发展，环境保护的战略地位被不断强化，并在后来召开的全国环境保护大会①上得到体现，详见专栏1。

专栏1：历次全国环境保护大会对环境保护在经济社会发展中作用的定位

环保大会	时间	标志性成果	相关表述
第一次	1973年8月	第一次认识到中国存在环境问题，并引起各界重视，规划孕育	通过《关于保护和改善环境的若干规定》，确定了"全面规划、合理布局、综合利用、化害为利、依靠群众、大家动手、保护环境、造福人民"的"32字方针"，这是我国第一个关于环境保护的战略方针
第二次	1983年12月	环境保护成为基本国策	提出"三同步、三统一"方针，实行"预防为主、防治结合"、"谁污染、谁治理"和"强化环境管理"三大政策，提出把环境保护纳入国家经济与社会发展规划
第三次	1989年4月	确立了环境保护八项制度	明确了具有中国特色的环境管理八项制度，分别是环境保护目标责任制、综合整治与定量考核、污染集中控制、限期治理、排污许可证制度、环境影响评价制度、"三同时"制度、排污收费制度
第四次	1996年7月	保护环境是实施可持续发展战略的关键，保护环境就是保护生产力	国务院做出了《关于加强环境保护若干问题的决定》，明确了跨世纪环境保护工作的目标、任务和措施。确定了坚持污染防治和生态保护并重的方针，全国开始展开大规模的重点城市、流域、区域、海域的污染防治及生态建设和保护工程。环境保护工作进入了崭新的阶段
第五次	2002年1月	环境保护是政府的一项重要职能	提出环境保护是政府的一项重要职能，要按照社会主义市场经济的要求，动员全社会的力量做好这项工作。会议的主题是贯彻落实国务院批准的《国家环境保护"十五"计划》，部署"十五"期间的环境保护工作
第六次	2006年4月	全面落实科学发展观，把环境保护摆在更加重要的战略位置，实现三个历史性转变	保护环境关系我国现代化建设的全局和长远发展，是造福当代、惠及子孙的事业。把环境保护摆在更加重要的战略位置，以对国家、对民族、对子孙后代高度负责的精神，切实做好环境保护工作
第七次	2011年12月	在发展中保护，在保护中发展	按照"十二五"发展主题主线的要求，坚持在"发展中保护，在保护中发展"，推动经济转型，提升生活质量，为经济长期平稳较快发展固本强基，为人民群众提供水清天蓝地净的宜居安康环境

---

① 前五次会议名称均为"全国环境保护会议"，2006年第六次会议开始正式更名为"全国环境保护大会"。

2018 年 5 月 18~19 日，全国生态环境保护大会在北京召开。会议确立了习近平生态文明思想，强调生态文明建设必须加强党的领导。会议提出要加大力度推进生态文明建设，解决生态环境问题，坚决打好污染防治攻坚战，推动中国生态文明建设迈上新台阶。

（三）改革开放进程中的环境保护规划演进历程

自从中国实行了改革开放、将工作重点转移到经济建设上来，中国的经济体制经历了一场根本性的转变，由高度集中的计划经济体制逐步转向社会主义市场经济体制，经济发展取得了举世瞩目的成就，特别是连续多年经济增长超过 10%。[①]然而，在这一经济发展过程中，中国在生态环境上付出了沉重的代价，一方面是生态环境脆弱，自然灾害频发；另一方面是不合理的经济活动和消费方式加剧了生态环境的恶化。特别是 20 世纪 90 年代末至 21 世纪初，随着人口增长、经济发展，森林减少、水土流失、沙漠化等问题日益凸显。

环境保护规划（计划）是环境保护的统领性制度。规划（计划）关注的重心，随着突出环境问题及当时阶段对生态环境保护的认识不断调整。"七五"、"八五"期间，我国城镇化、工业化发展程度较低，环境污染以点源为主，环境保护的重点是开展废气、废水、废渣等工业"三废"的治理，这期间的环境保护规划主要针对工业污染治理进行部署。

"九五"期间我国开始走可持续发展道路，并在"十五"环境保护规划中逐步强化。"十一五"期间，国家将主要污染物排放总量显著减少作为经济社会发展的约束性指标，着力解决突出环境问题，体现环境保护更加重要的战略地位。党的十八大把生态文明建设纳入中国特色社会主义事业"五位一体"总体布局，习近平的"两山论"思想建立了生态文明理论基础，体现了可持续发展的治国理念，[②]这些大政方针和治国理念在"十二五"、"十三五"期间

---

① 李正强、舒红：《经济发展与环境保护》，《理论与改革》2008 年第 3 期，第 65~66 页。
② 王金南、苏洁琼、万军：《"绿水青山就是金山银山"的理论内涵及其实现机制创新》，《环境保护》2017 年第 11 期，第 13~17 页。

的环境保护规划中均得到体现（详见图2）。可以说，环境保护规划的发展即是我国环境保护事业的重要体现。改革开放以来，环境保护规划也经历了从无到有、从简单到复杂、从局部进行到全面开展的发展历程，在不同的经济发展阶段也存在不同的重点。[1]

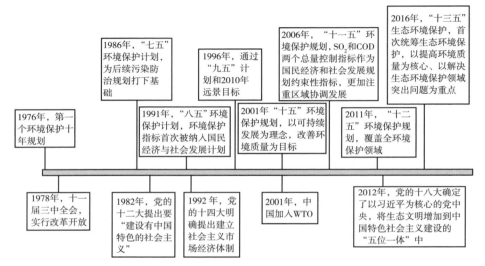

图2 我国国家环境保护规划与经济社会发展阶段路线图

二 第一阶段：1978~1992年

1978~1992年，从改革开放到党的十四大明确提出树立社会主义市场经济体制的改革目标，"摸着石头过河"探索中国特色社会主义道路阶段，我国环境保护规划开始逐步发展。

（一）1978~1982年，拨乱反正阶段

20世纪70年代，"文化大革命"使得我们的国家在经济、政治、文化等

---

[1] 邹首民、吴舜泽、徐毅等：《国家环境保护规划的回顾、分析与展望》，中国环境科学学会环境规划专业委员2008年学术年会会议论文，2008，第309页。

各方面遭受巨大的损失；同时，新科技革命在全世界掀起了巨大的浪潮，世界各国纷纷抓住机遇，加速发展经济与科技。[①] 在此"内忧外患"的社会背景下，1978 年，党的十一届三中全会明确把党的工作重点转移到社会主义现代化建设上来，宣布中国开始实行对内改革、对外开放的政策，标志着我国进入改革开放新时期。这期间，我国主要进行粉碎"四人帮"余党、拨乱反正、纠正极左思想工作，并在农村开始实行家庭联产承包责任制改革，对国民经济建设提出了"调整、改革、整顿、提高"的八字方针，国民经济体制改革还处于"摸着石头过河"的探索阶段。

到 20 世纪 70 年代早期，全国环境污染时有发生，生态环境遭到一定程度破坏，威胁国民健康。第一次全国环境保护会议，加深了国民对我国环境形势和环境问题的认识，我国的环境管理工作逐步展开。1978 年中共中央在批转国务院环保领导小组工作汇报时指出，消除污染、保护环境是进行社会主义建设、实现四个现代化的一个重要组成部分，我们决不能走先污染后治理的弯路。这是中共党史上第一次以中央的名义对环境保护做出重要指示。

按照原国家计委《关于拟定十年规划的通知》的要求，1974 年成立的国务院环保领导小组于 1975 年 5 月编制了第一个环境保护 10 年规划，并提出"5 年内控制、10 年内基本解决环境污染问题"的总体目标。从国家环境保护 10 年规划的实施情况看，国家提出的"5 年内控制、10 年内基本解决环境污染问题"的环境保护目标，反映了当时国家治理污染的良好愿望和决心。但由于在制定环境保护规划目标时，对我国环境污染现状不明，低估了环境污染的复杂性、治理污染的艰巨性和解决环境问题的长期性，这一目标未能实现。

在这一时期，由于环境保护事业刚刚起步，环境规划的内涵、意义、方法论以及规划的实施与管理都没有得到充分认识，在理论和实践上都缺乏足够的经验，环境保护规划也处于零散、不系统的状态，除了在一些地区开展

---

① 胡锦涛：《继续把改革开放伟大事业推向前进》，《求是》2007 年 12 月 17 日。

了环境状况调查、环境质量评价等工作外，大规模和较深入的环境保护规划工作尚未开展起来，环境保护规划的探索主要是加深对环境保护的理解。

同期，国民经济发展计划（1976~1980 年，简称"五五"计划）提出：大中型工矿企业和污染危害严重的企业，都要搞好"三废"（废水、废气、废渣）治理，按照国家规定的标准排放；第一次全国环境保护会议上确定的北京、上海、天津等 18 个环境保护重点城市，工业和生活污水得到处理，按照国家规定的标准排放；黄河、淮河、松花江、漓江、白洋淀、官厅水库、渤海等水系和主要港口的污染得到控制，水质有所改善。[①]

在"六五"期间，除第一个国家环境保护 10 年规划外，未形成环境保护 5 年规划文本。环境保护作为独立的篇章（第三十五章 环境保护）被纳入国民经济和社会发展第六个五年计划，并作为与发展工农业生产、调整产品结构、鼓励企业技改、扩展对外贸易等经济建设领域并列提出的第十项基本任务，提出实施"三同时"制度与提高"三废"处理能力。在固定资产投资中给予"职工住宅、城市建设、环境保护 178.8 亿元"的表述，环境保护的重要意义被充分肯定。同时，不少地区和城市借鉴国外环境规划的方法，开始编制环境规划，具有代表性的环境规划有《山西能源重化工基地环境规划》《济南市环境规划》《长春市环境规划》等。[②]

各地区根据"六五"计划确定的环境目标做了大量工作，取得了巨大成就，《环境影响报告书》制度和"三同时"制度的执行率分别达到 90% 和 85%，城市环境急剧恶化的趋势有所控制，环境管理得到了加强。但总体来说，环境污染与破坏仍呈发展趋势，环境规划工作薄弱，没有切实可行的五年计划，许多地方的环境规划还没有真正被纳入国民经济与社会发展计划之中，[③] 工作的盲目性很大。

---

① 孙荣庆：《环保五年规划发展历程》，《中国环境报》2012 年 8 月 9 日第 2 版。

② 过孝民：《我国环境规划的回顾与展望》，《环境科学》1993 年第 4 期，第 10~15 页。

③ 参见《关于国民经济和社会发展第七个五年计划时期〈国家环境保护计划〉的说明》，《环境科学动态》1987 年第 6 期，第 1~5 页。

（二）1983~1992年，经济全面发展

多年的实践证明，只搞计划经济会束缚生产力的发展。计划经济与市场经济的关系、社会主义与资本主义的关系问题是改革开放以来亟须解决的问题。随着改革的深入，邓小平提出的"社会主义也可以搞市场经济"引发思考。1982年，党的十二大提出了"建设有中国特色的社会主义"的命题，这成为改革开放新时期指引中国社会主义建设的基本思想，打破了将计划经济和市场调节完全对立的思想束缚，提出"以计划经济为主、以市场调节为辅"的原则。十二大之后，我国经济体制改革全面展开。①

1984年，中国开放14个沿海城市和海南岛，向世界敞开国门。国营企业松绑实行厂长负责制，乡镇、民营企业崛起，联想、万科等大型民营公司均在此时成立，中国迎来了全民经商的"下海"潮。同时，"倒爷"钻计划经济的空子倒买倒卖，没有计划的引进热也造成极大的浪费和行业管控上的失控，经济趋热导致通货膨胀，"三角债"严重，经济萧条。1991年，三年多的宏观调控让过热的经济趋于平稳，各项经济指标大幅下降，国际社会对中国制裁趋于放开，改革姓"资"姓"社"问题又引起大讨论。

1992年，邓小平在深圳、珠海等地，发表了重要的南方谈话，对中国20世纪90年代的经济改革与社会进步起到了关键的推动作用。邓小平的这次南方谈话，开启了中国改革开放的崭新篇章。南方谈话中充满了抓住机遇、发展自己的紧迫感，清晰地解决了姓"资"姓"社"的问题，是一次思想大解放，也给民营经济的发展开拓了更加广阔的舞台，赋予了发展全新的科学的时代内涵，启动了中国经济快车的引擎。1992年，党的十四大明确提出建立社会主义市场经济体制的改革目标，提出要使市场在国家宏观调控下对资源配置起基础性作用。

经济社会建设的快速发展，让人民群众看到了脱贫致富的希望，初尝改

---

① 穆世龙：《改革开放后党对经济体制改革的探索》，辽宁工业大学硕士学位论文，2016，第11页。

革开放带来的成果，但在计划经济向市场经济转型时期，传统的粗放型增长方式已经成为经济发展的主导模式，并产生强大的惯性，许多地方的经济增长都是以破坏生态和牺牲环境为代价的。粗放型增长方式带来严重的环境污染和生态破坏等一系列环境问题，对人民群众的生产生活和中国经济社会发展的可持续性造成了严重的威胁和危害。[①] 工业和人口的过度集中，工业结构和建设布局的不够合理，城市基础设施的落后，大量城市生活废物和工业"三废"的集中排放，致使城市环境污染成为我国环境问题的中心。此时，污染防治仍以企业治理"三废"为主。不过，从 1986 年开始的第七个五年计划的头两年，在工业持续高速发展、能源消耗大量增加的情况下，大气和水体的主要指标继续稳定在 1980 年的水平，这说明控制环境污染的能力在增强。[②]

依据《中共中央关于制定国民经济和社会发展第七个五年计划的建议》的要求，国务院环境保护委员会组织拟定了"七五"时期《国家环境保护计划》初稿。经过反复计算、平衡、论证、研究、修改，国家首个五年环境规划经国务院环境保护委员会第九次会议审议并原则通过。从此，环境保护五年规划成为国民经济与发展计划的重要组成部分。

国家环境保护计划突出城市环境综合整治和工业污染防治工作，强调不同地区和行业要有针对性地提出各自的环保目标，强调环境容量约束与总量控制，要求"人口密度高和工业集中地区的工业，应当逐步向环境容量大的地区转移；在环境容量许可条件下开采自然资源，继续进行环境容量研究工作；经济区和城市群共同使用的水系应逐步实行污染物总量控制"。注意经济区、城市群和乡镇企业出现的一系列新的环境问题，注重环境管理制度在环境保护计划中的重要作用。"七五"环境保护计划的多数指标已经完成，在经济高速发展，国家对环境保护投资有限的情况下，环境污染在一定程度上

---

① 环境保护部：《开创中国特色环境保护事业的探索与实践——记中国环境保护事业 30 年》，《历史回眸》，2008，第 24~27 页。

② 曲格平：《中国环境保护事业发展历程提要》，《环境保护》1988 年第 3 期。

得到控制。

"公元 2000 年中国环境预测与对策研究"的成果为"七五"计划的编制提供了大量的基础资料和对策方案。因而"七五"环境保护计划较"六五"环境保护计划的科学性有了显著提高。第一次形成了一份内容比较丰富、指标比较齐全、方法比较科学的环境保护五年计划。此间，国家在一些城市开始试行排污许可证制度，通过发放排污许可证进行环境管理，将环境规划与环境管理联系起来，克服了过去环境规划和环境管理两张皮的状况。

环境保护十年规划和"八五"计划纲要（以下简称《"八五"计划纲要》）是根据《中共中央关于制定国民经济和社会发展十年规划和"八五"计划的建议》《中华人民共和国国民经济和社会发展十年规划和第八个五年计划纲要》，在国家计委的指导下，由国家环境保护局组织各地区和国务院各有关部门编制的。

《"八五"计划纲要》强化"七五"环保计划对总量控制的要求，提出污染防治逐步从浓度控制转变为总量控制，从末端治理转变为全过程防治；提出工业粉尘排放总量控制目标，对重点工业污染源、流域、海域实行污染物总量控制；注重环境保护与经济和社会协调发展，强化环境管理与科技进步。此间，工业污染防治和城市环境综合整治成效显著，自然保护区建设取得较大进展。

《"八五"计划纲要》比"七五"环境保护计划有了显著的进展，主要表现在环境保护指标首次被纳入国民经济和社会发展规划中；全国统一的技术大纲，规定了计划编制的主导思想、指标体系、主要内容和方法论；计划内容中不仅编制了宏观的环境污染物总量控制计划，还编制了环境质量保护的污染物控制计划；主要指标还分解到省、自治区、直辖市和计划单列市；在时间序列上，除了十年规划、五年计划之外，还编制了年度计划并被纳入国家国民经济和社会发展年度计划；编制方法的科学化、计算机化有了较大的进展。初步形成了以促进经济与环境持续、协调发展为目标的宏观环境保护目标规划和以污染物排放、治理分配到源为特征的环境质量规划相结合的环境规划体系，环境保护在各个层次都被纳入国民经济和社会发展规划，这是环境规划进入发展时期的重要标志。

三 第二阶段：1993~2000年

进入20世纪90年代，中国工业改革不断深化，经济体制转轨加快，GDP年均增长10.4%，工业经济步入了蓬勃发展的快车道，全面建设社会主义市场经济。其基本特征可以概括为：以市场化改革和对外开放为背景，以改善国民经济结构、促进经济发展为目标，以轻重工业均衡发展、多种经济成分共同发展、积极利用外资和国内外两个市场、梯度发展为四项基本工业化战略。

进入20世纪90年代后，在加强企业污染防治的同时，大规模开展农村面源污染防治和重点城市、流域、区域环境治理。随着中国经济的持续快速发展，发达国家上百年工业化过程中分阶段出现的环境问题在中国集中出现，环境与发展的矛盾日益突出。资源相对短缺、生态环境脆弱、环境容量不足，逐渐成为阻碍中国发展的重大问题。由于中国正处于工业化和城市化加速发展的阶段，也正处于经济增长和环境保护矛盾十分突出的时期，环境形势依然十分严峻。一些地区的环境污染和生态恶化还相当严重，主要污染物排放量超过环境承载能力，水、土壤等污染严重，固体废物、汽车尾气、持久性有机物等污染增加。[1]

为贯彻落实《国民经济和社会发展"九五"计划和2010年远景目标纲要》和《国务院关于环境保护若干问题的决定》（以下简称《决定》），1996年7月，国务院召开第四次全国环境保护会议，审议通过了《国家环境保护"九五"计划和2010年远景目标》（以下简称《"九五"计划》），这是国家环

---

[1] 赵智勇：《改革开放三十年中国环保事业发展及启示》，《佳木斯大学社会科学学报》2009年第1期，第53~54页。

保五年计划第一次经国务院批准实施。

1992 年联合国环境与发展大会之后，我国率先提出《环境与发展十大对策》，要求各级人民政府和有关部门在制定和实施发展战略时，编制环境保护规划，提出了走可持续发展之路的必要性。《"九五"计划》进一步明确了可持续发展战略，并在国民经济和社会发展规划中单列可持续发展环保目标。

《"九五"计划》力争使环境污染和生态破坏加剧的趋势得到基本控制，部分城市和地区的环境质量有所改善，并提出"创造条件实施污染物排放总量控制"。《"九五"计划》是贯彻落实《决定》中"一控双达标"（即到 2000 年底，各省、自治区、直辖市要使本辖区主要污染物的排放量控制在国家规定的排放总量指标内，工业污染源要达到国家或地方规定的污染物排放标准，空气和地面水按功能区达到国家规定的环境质量标准）的重要措施，《"九五"计划》要求重点抓好"三河"（淮河、海河、辽河）、"三湖"（太湖、巢湖、滇池）、"两控区"（酸雨控制区和二氧化硫污染控制区）、"一市"（北京市）、"一海"（渤海）的污染防治工作（简称"33211"工程）。全国实行污染防治与生态保护并重方针，推出两项重大举措，即《"九五"期间全国主要污染物排放总量控制计划》和《中国跨世纪绿色工程规划》，这在一定意义上说是对"七五"和"八五"等历次环保计划的创新和突破。

此间，国家环保局编制的六项国家级环境保护规划获国务院批准实施，还联合计委等十三个部门印发《中国生物多样性保护行动计划》和《中国自然保护区发展规划纲要（1996-2010）》两项规划，环境保护呈现部门合作、多部门参与的局面。

四 第三阶段：2001~2011年

2001 年 12 月 11 日，中国经过长达 15 年的谈判成为 WTO 第 143 个正式成员单位，全方位参与世界分工，中国经济开始进入新一轮上升期，开始探索"新型工业化"道路。2001~2010 年，中国 GDP 年均增长 10.5%，[①] 增速高于 20 世纪 80 年代的 9.3%、90 年代的 10.4%，中国国内生产总值从 2002 年的 12 万亿元人民币增至 2012 年的近 52 万亿元人民币。2012 年三次产业构成比为 9.4：45.3：45.3，与 2002 年相比，第一产业比重继续下降，第二产业和第三产业比重有所上升，产业结构更趋优化，原来从事第一产业的劳动力转向从事现代、高效的第二、第三产业，产业结构逐步升级转换，全社会劳动生产率有效提高。

党的十七大明确提出了"全面认识工业化、信息化、城镇化、市场化、国际化深入发展的新形势新任务"，"市场化"有了更清晰准确的定位。中国积极顺应全球产业分工不断深化的大趋势，充分发挥比较优势，承接国际产业转移，实施出口拉动外向型经济，大力发展对外贸易和积极促进双向投资，开放型经济实现了迅猛发展，综合国力不断增强。[②] 汽车产业等资本和技术密集型的产业在居民消费结构升级的促进作用下实现了快速发展，成为我国重要的支柱产业，并带动了钢铁、机械等相关产业的发展。

此间，我国环境状况总体恶化的趋势尚未得到根本遏制，环境矛盾凸显，压力继续加大。一些重点流域、海域水污染严重，部分区域和城市大气灰霾现象突出，许多地区主要污染物排放量超过环境容量。农村环境污染加剧，重金属、化学品、持久性有机污染物以及土壤、地下水等污染显现。部分地区生态损坏严重，生态系统功能退化，生态环境比较脆弱。核与辐射安全风险增加。人民群众的环境诉求不断提高，突发环境事件数量居高不下，环境问题已成为威胁人体健康、公共安全和社会稳定的重要因素之一。生物多样性保护等全球性环境问题的压力不断加大。环境保护法制尚不完善，投入仍

---

① 李善同、吴三忙、何建武、刘明：《入世 10 年中国经济发展回顾及前景展望》，《北京理工大学学报》2012 年第 3 期，第 1~7 页。

② 姚景源：《入世 10 年：成就、问题及展望》，《红旗文稿》2011 年第 15 期，第 21~24 页。

然不足，执法力量薄弱，监管能力相对滞后。同时，随着人口总量持续增长，工业化、城镇化快速推进，能源消费总量不断上升，污染物产生量继续增加，经济增长的环境约束日趋强化。

2001 年 12 月，《国家环境保护"十五"计划》（简称《"十五"计划》）获国务院批复。要求继续重点抓好"三河、三湖、两控区"、北京、渤海等"九五"期间确定的环境保护重点区域的污染防治工作，抓紧治理三峡库区和南水北调工程沿线的水污染。《"十五"计划》坚持环境保护基本国策走可持续发展战略，以改善环境质量为目标，保障国家环境安全，保护人民身体健康，以流域、区域环境区划为基础，突出分类指导。

"十五"期间，各地区、各有关部门不断加大环境保护工作力度，淘汰了一批高消耗、高污染的落后产能，加快了污染治理和城市环境基础设施建设，重点地区、流域和城市的环境治理不断推进，生态保护和治理得到加强，但"十五"环境保护计划指标没有全部实现，二氧化硫排放量比 2000 年增加了 27.8%，化学需氧量仅减少 2.1%，未完成削减 10% 的控制目标。淮河、海河、辽河、太湖、巢湖、滇池（以下简称"三河三湖"）等重点流域和区域的治理任务只完成计划目标的 60% 左右。主要污染物排放量远远超过环境容量，环境污染严重。①

在这里，我们有必要回顾一下总量控制制度。我国是世界上实施国家主要污染排放总量控制的国家，其中主要污染物排放总量控制规划始于"九五"，一直延续到"十三五"阶段。"九五"期间，全国主要污染物排放总量控制计划基本完成，在国内生产总值年均增长 8.3% 的情况下，2000 年全国二氧化硫、烟尘、工业粉尘和废水中的化学需氧量、石油类、重金属等 12 项主要污染物的排放总量比"八五"末期都下降了 10%~15%。但"十五"主要污染物排放总量控制指标没有全部完成，与 2000 年相比，二氧化硫排放量增加 27.8%，两控区增加 2.9%，烟尘排放量增加 1.9%，工业粉尘下降 16.6%，

---

① 《国务院关于印发国家环境保护"十一五"规划的通知》，国发〔2007〕37 号。

而化学需氧量仅减少 2.1%，未完成控制目标，是国家"十五"计划中唯一没有完成的五年计划指标。

"十五"环境指标没有完成，很大程度上催生了环境约束性指标的出现，在我国环境保护规划与治理的历史上，环境约束性指标具有里程碑的意义。"十一五"期间，国家将主要污染物排放总量显著减少作为国民经济与社会发展纲要的约束性指标，着力解决突出环境问题，在认识、政策、体制和能力等方面取得重要进展。国家建立了严格的总量考核制度，大工程带动大治理，到 2010 年，化学需氧量、二氧化硫排放总量比 2005 年分别下降 12.45%、14.29%，超额完成减排任务（详见专栏 2）。

此间，各类规划全面推进，除国家环境保护规划外，有八个专项规划获得国务院批准实施，全国生态环境保护纲要还由国务院印发。编制并实施了《"十五"期间全国主要污染物排放总量控制分解规划》，确定了六项主要污染物排放总量控制指标，并分解总量控制目标到各省、自治区、直辖市和规划单列城市。在全国各地开展了 14 年的水环境功能区划工作基础上，国家环保总局初步完成了全国水环境功能区划的汇总编制工作，这是国家首次对全国进行系统的水环境功能区划，并且初步完成了我国 31 个省、市、自治区的生态功能区划编制工作。

重点区域的环境保护规划取得了重大进展。《珠江三角洲区域环境保护规划》和《广东省环境保护综合规划》经广东省人大批准实施，这两项规划在规划思路、技术方法、重点任务、规划实施机制上都具有重大创新。两项规划首次提出了生态环境空间管控的概念，将珠三角 14.13%、广东省 20% 的区域划为生态严控区，实施严格保护，这是我国最早的生态保护红线的实践。规划通过省人大审议，印发实施，开创了环保规划通过人大审阅确立法律地位的先河，解决了环境规划执行力弱、缺乏法律地位的尴尬局面。随后，长江三角洲、京津冀区域环境保护规划编制工作也相继展开。

专栏 2：主要污染物排放量总量控制规划

规划名称	污染物指标	规划目标	批复文号	实施效果
"九五"期间全国主要污染物排放总量控制计划	大气污染物指标：烟尘、工业粉尘、二氧化硫；废水污染物指标：化学需氧量、石油类、氰化物、铅、汞、镉、六价铬、砷	1. 到 2000 年，全国主要污染物排放总量控制在"八五"末水平，总体上不得突破；2. 凡属"九五"期间国家重点污染控制的地区和流域，相应控制的污染物排放总量应当有所削减；3. 根据不同地区经济与环境现状，适当照顾地区差别	国函〔1996〕72 号	基本完成
"十五"期间全国主要污染物排放总量控制分解计划	二氧化硫排放总量	−10.0	国函〔2001〕169 号	部分完成
	其中：两控区排放量	−20.0		
	烟尘排放总量	−9.0		
	工业粉尘排放总量	−17.7		
	化学需氧量排放总量	−10.0		
	其中：工业	−8.2		
	生活	−11.8		
	氨氮排放总量	−10.1		
	其中：工业	−8.9		
	生活	−10.9		
	工业固体废物排放总量	−10.2		
"十一五"期间全国主要污染物排放总量控制计划	化学需氧量	−10	国函〔2006〕70 号	超额完成
	二氧化硫	−10		

2005 年，中共中央政治局常委和国务院常务会首次专题听取了关于《国家环境保护"十一五"规划》（以下简称《"十一五"规划》）思路的汇报，充分体现了党和国家对环保工作的高度重视，《"十一五"规划》第一次以国务院印发形式颁布。《"十一五"规划》推进了环境保护的历史性转变，从传统的 GDP 增长和总量平衡规划，转向更加注重区域协调发展和空间布局、发展质量的规划。从对政府的约束性来看，强调规划的实施和考核，强调刚性约束作用，是《"十一五"规划》的最大特点。

国民经济和社会发展"十一五"规划（以下简称国民经济规划）提出了

全面建设小康社会的关键时期判断，认为生态环境比较脆弱，"十五"时期在快速发展中又出现了一些突出问题，经济增长方式转变缓慢，能源资源消耗过大，环境污染加剧。同时，仍然延续了可持续发展能力增强的目标表述，即生态环境恶化趋势基本遏制，主要污染物排放总量减少10%，森林覆盖率达到20%，控制温室气体排放取得成效，并将其从"十五"的预期指标上升为约束性指标。

从国民经济规划对环保工作思路的导向性来看，"九五"、"十五"及之前的规划强调区域性、行业性，大多分为城市环境保护、农村环境保护、工业污染防治等。"十一五"则强调要素导向，水、气、渣等体现要素管理、分类实施。国民经济规划在促进区域协调发展等多个环节提及环境保护，同时单列了建设资源节约型、环境友好型社会任务篇章，比"十五"人口、资源、环境任务表述的内涵更广。强调要实行强有力的环保措施，主要通过健全法律法规、加大执法力度等法律手段，并辅以经济手段加以落实。

"十一五"期间，着力解决突出环境问题，在认识、政策、体制和能力等方面取得了重要进展，"十一五"环境保护目标和重点任务全面完成，尤其是污染减排两项指标都超额完成规划目标。①

此间，继水环境功能区划工作取得进展后，2008年，环境保护部和中国科学院联合颁布《全国生态环境功能区划》并实施，在国家"十一五"规划纲要中明确要求要对22个重要生态功能区实行优先保护，适度开发。国务院于2010年12月发布了全国主体功能区划。该区划将国土空间划分为优化开发、重点开发、限制开发和禁止开发四类。该功能区划的出台也为"十二五"国民经济和社会发展总体规划、区域规划、城市规划等规划的编制与实施提供了基本依据。

《国家环境保护"十二五"规划》（以下简称《"十二五"规划》）同样由国务院印发，主要指标确定为：（1）主要污染物排放总量显著减少，全国化学需氧量、二氧化硫排放总量比2010年分别减少8%，全国氨氮、氮氧化物排

---

① 《国务院关于印发国家环境保护"十二五"规划的通知》，国发〔2011〕42号。

放总量比 2010 年分别减少 10%；（2）环境质量明显改善，地表水国控断面劣
V 类水质的比例小于 15%，七大水系国控断面好于 III 类的比例大于 60%。

与以往的环境保护五年计划相比，《"十二五"规划》的编制，体现了坚
持"在发展中保护，在保护中发展"的战略思想，体现了以环境保护优化经
济发展的历史定位，体现了国家对环境保护重大战略任务的统筹安排。在规
划指导思想上，紧扣科学发展这个主题和加快转变经济发展方式这条主线，
努力提高生态文明水平，切实解决影响科学发展和损害人民群众健康的突出
环境问题。全面推进环境保护的历史性转变，积极探索代价小、效益好、排
放低、可持续的环境保护新道路，加快建设资源节约型、环境友好型社会。
在规划编制机制上，更加注重开门编制规划，加强基础研究，公开选聘前期
研究承担单位，开展网络征集意见和问卷调查，开展各地规划编制调研和座
谈，广泛听取各行业各领域专家学者的有关意见和建议。在规划内容上，提
出深化主要污染物总量减排、努力改善环境质量、防范环境风险和保障城乡
环境保护基本公共服务均等化四大战略任务。《"十二五"规划》的主要目
标、主要指标、重点任务、政策措施和重点工程项目均被纳入《国民经济和
社会发展第十二个五年规划纲要》。

此间，除国家环保规划外，还有三项规划由国务院印发，七项规划获
国务院批准实施。环境保护部为配合国家主体功能区划的实施，组织开展
了编制全国环境功能区划的工作。国家环境功能区划工作计划分前期研究
（2009~2010 年）和编制应用（2011~2013 年）两个阶段开展。环境保护部选
择河北省、吉林省、黑龙江省、浙江省、河南省、湖北省、湖南省、广西壮
族自治区、四川省、青海省、宁夏回族自治区、新疆维吾尔自治区、新疆生
产建设兵团等 13 个环境功能区划编制试点，并印发了《全国环境功能区划编
制技术指南》（试行）。

"十二五"期间，生态环境质量有所改善，治污减排目标任务超额完成，
《"十二五"规划》确定的 7 项约束性指标中，除了 NO_x 排放总量控制指标之
外，其他指标都已经于 2014 年提前完成。生态保护与建设取得成效。环境风

险防控稳步推进，生态环境法治建设不断完善。[①]"十二五"启动的城市环境总体规划编制试点也取得丰硕成果，全国包括北京、广州、福州、成都、青岛、济南、哈尔滨、乌鲁木齐等40多个城市启动了城市环境总体规划的编制，探索建立起具有基础性、战略性、空间性、协调性、系统性等特征的城市环境总体规划，极大地提高了城市环境管理的系统化、科学化、法治化、精细化、信息化水平。

五　第四阶段：2012年至今

中国共产党第十八次全国代表大会（以下简称十八大）于2012年11月8日在北京召开，会议对中国特色社会主义建设有了新的定位，十六大以前关于中国特色社会主义的建设主要集中于经济、政治和文化建设。十七大的时候，增加了社会建设，十八大报告中增加了生态文明建设，拓展到"五位一体"。生态文明建设上升到国家战略，就是把可持续发展提升到绿色发展高度，为后人留下更多的生态资产。

十八大以来，以习近平同志为核心的党中央先后提出"一带一路"畅议、"新常态"、"供给侧结构性改革"、"三去一降一补"、脱贫攻坚、"互联网＋"等重要论述，为我国经济改革和发展明确了目标，指明了方向，为全面建成小康社会、实现中华民族伟大复兴的中国梦打下了坚实的基础。

现阶段，我国坚持走中国特色新型工业化、信息化、城镇化、农业现代化道路，推动信息化和工业化深度融合、工业化和城镇化良性互动、城镇化和农业现代化相互协调，促进工业化、信息化、城镇化、农业现代化同步发展。

"十二五"以来，坚决向污染宣战，全力推进大气、水、土壤污染防治，持续加大生态环境保护力度，生态环境质量有所改善。"十三五"期间，经济社会发展不平衡、不协调、不可持续的问题仍然突出，多阶段、多领域、多

类型生态环境问题交织，生态环境与人民群众需求和期待差距较大。提高环境质量，加强生态环境综合治理，加快补齐生态环境短板，是核心任务。

国务院于 2016 年 11 月印发《"十三五"生态环境保护规划》（以下简称《"十三五"规划》），以提高环境质量为核心，统筹部署"十三五"生态环境保护总体工作。《"十三五"规划》提出到 2020 年实现生态环境质量总体改善的目标，并确定了打好大气、水、土壤污染防治三大战役等七项主要任务。提出 12 项约束性指标，突出环境质量改善与总量减排、生态保护、环境风险防控等工作的系统联动，将提高环境质量作为核心评价标准，将治理目标和任务落实到区域、流域、城市和控制单元，实施环境质量改善的清单式管理。

《"十三五"规划》呈现新特征，标题由"环境保护"发展为"生态环境保护"，规划内容实现了环境保护与生态保护建设的全面统筹。在规划思路上，坚持以改善生态环境质量为核心，将三大计划的路线图转变为施工图，贯彻环境质量管理的概念。在任务设计上，强化分区分类指导，水环境将全国划分为 1784 个控制单元，对其中的 346 个超标单元逐一明确目标和改善要求；对于京津冀、长三角、珠三角三大区域，分类提出大气改善的目标与任务。将绿色发展和改革作为重要任务，改变以往规划作为保障体系的惯例，显著强化绿色发展与生态环境保护的联动，改变"一拨人搞发展、一拨人搞保护"的分割局面，坚持从发展的源头解决生态环境问题。另外，规划提出了几十项重要的政策制度改革方案，用改革保障规划的实施，通过规划的实施促进改革的推进。

此间，国务院削减各领域规划数量，追求规划高质量与可操作性，除国家环保规划外，还有三项规划获得国务院印发，分别是《水污染防治行动计划》（以下简称"水十条"）、《土壤污染防治行动计划》（以下简称"土十条"）和《"十三五"节能减排综合工作方案》，其中"水十条"、"土十条"和 2013 年印发的《大气污染防治行动计划》（以下简称"气十条"），是十八大以来党中央、国务院向污染宣战的重要文件。以上文件均通过了政治局会议审议，由国务院印发，是生态环境保护领域和规划领域的纲领性文件。

六　未来发展展望

"十三五"以来，尤其是党的十九大以来，以习近平为核心的党中央将生态文明建设和生态环境提升到前所未有的高度，十九大报告将建设生态文明建设设专章阐述，明确提出到2035年，生态环境根本好转，美丽中国基本实现，到21世纪中叶，建成富强民主文明和谐的社会主义现代化强国。党中央印发了《深化党和国家机构改革方案》，组建生态环境部，坚持保护环境的基本国策，强调要像对待生命一样对待生态环境，实行最严格的生态环境保护制度，形成绿色发展方式和生活方式，着力解决突出环境问题。整合分散的生态环境保护职责，统一行使生态和城乡各类污染排放监管与行政执法职责，加强环境污染治理，保障国家生态安全，建设美丽中国，明确拟订并组织实施生态环境规划是生态环境部的主要职责。全国生态环境保护大会强调要全面加强生态环境保护，坚决打好污染防治攻坚战，补齐全面建成小康社会短板，为实现第二个百年目标奠定基础。这段时间内，生态环境保护形势发生了翻天覆地的变化，为未来生态环境保护规划描绘了新的方向。

（一）以生态环境规划为统领，建立统筹推进生态文明建设、全程推进生态环境保护的基础制度

党的十九大报告对生态文明建设和生态环境保护进行了战略部署，提供了生态环境保护规划的基本遵循。生态环境规划根据新时代生态文明建设的战略部署，贯彻新发展理念，针对突出的生态环境问题，坚持以改善生态环境质量为核心，谋划新的规划边界与重点任务。习近平总书记在政治局第四十一次集体学习时发表重要讲话，要求全方位、全地域、全过程开展生态环境保护建设，加快形成有利于资源节约和生态环境保护的空间布局、产业结构、生产方式、生活方式。要求未来一段时期的生态环境保

护规划，要放在社会主义现代化建设的全过程、生态文明和美丽中国建设的全过程、生态环境统筹保护治理的全过程中谋划。生态文明体制改革还在深入推进，相关体制机制与政策改革还在不断完善，生态环境保护规划应充分发挥制度统领的作用，通过规划推进改革，通过改革促进规划实施，在实践中完善制度政策。

（二）从纵向和横向两个尺度，系统构建我国生态环境规划体系

生态环境保护的系统性、整体性特点，决定了生态环境保护需要横向到边、纵向到底，机构改革也赋予生态环境主管部门统筹全地域生态环境保护管理监督的职能。未来，规划体系要按照横向到边、纵向到底，纵横结合两个维度进行设计。横向上，生态环境规划应覆盖所有生态环境保护的内容，覆盖陆地和海洋，覆盖山水林田湖草，覆盖城乡，覆盖所有的排污主体和排污过程，覆盖所有环境介质，覆盖所有的污染物类型，实现生态环境统筹规划、统筹保护、统筹治理、统筹监督。纵向上，改变以往环境规划头重脚轻的局面，建立国家－省－市－县四个层级的生态环境规划体系，重点在市县层级落实。

（三）以生态环境质量为核心，以空间管控为抓手，强化生态环境规划的落地实施

全国国土空间生态环境差异悬殊，具有天然的区域性、流域性特征，生态环境规划应强化区域和空间属性，系统确定全国和重点区域的生态环境保护的基础框架，确定分区域、分领域、分类型的生态环境属性、突出生态环境与分阶段目标与战略任务，建立以改善生态环境质量为核心，以空间管控为抓手，强化分区域、分流域、分阶段实施的规划体系，形成生态环境规划的全国战略框架和重点区域、重点流域、重点领域、重大政策相结合的规划体系。水污染防治规划已经初步形成了以七大重点流域、1784 个控制单元为基础的空间规划体系，大气环境规划也初步形成了以三大区域、"三区十群"等为基础的全国大气环境规划体系，其他要素和领域分区规划体系还需要进一步探索。

（四）完善生态环境规划的全链条管理制度，建立完善的包括编制、实施、评估、考核、监督全过程的规划制度

规划成功与否，与其制定和实施的体制、机制是否完善密切相关，一个完整的规划应包括制定、实施、监督、评估、问责的全过程。在规划制定上，各利益相关者都应当参与环境保护规划相关的决策。包括各级政府机构、公众、相关的污染单位，都要征求其对规划的意见及建议。在规划的实施上，应当明确实施的主导机构以及协作机构，明确各部门的职责，避免职责的交叉及缺位。如在水污染防治规划及政策制定上，生态环境部门应当发挥主导作用，同时水利、交通、农业等部门应当协作配合。规划实施过程中必须制定详尽的计划或行动方案，明确目标、时间及任务，并开启月度或半年的调度机制，随时掌握规划实施进度，及时解决实施过程中出现的难点。在环境规划的评估上，通过建立年度评估机制、跟踪评估机制，实现对评估的全面监控，推动规划实施。最后要建立相应的行政问责制度，确保以此作为政绩考核的依据，督促地方官员重视环境保护、重视规划实施，助力完成规划目标。

（五）从理论方法、技术工具、机构队伍、市场机制等方面，建立适应生态环境规划事业发展的支撑体系

中国环境规划40年来取得了一批理论成果和一些成功的经验，但还不能称其为一门学科，究其原因是当前环境规划的大多数研究成果还是集中在完成一项规划所需的技术方法上，而涉及深层次的、核心层次的关于环境规划方面的理论性研究成果，诸如概念、范畴、功能定位、约束与调控的关系等的并不多。[1] 未来，应着力于解决快速城镇化和工业化过程中的资源环境与生态问题，尤其是应响应当前全面建成小康社会和社会主义现

---

[1] 包存宽、王金南：《基于生态文明的环境规划理论架构》，《复旦学报（自然科学版）》2014年第3期，第425~434页。

代化进程中群众需求发生的层次性变化。目前，我国环境规划研究者都保持着对国外新技术的敏感性，在技术方法的应用上也勇于创新，各个类别环境规划的环境评价和模拟预测相关技术方法都已发展得相对成熟，[①] 未来应加强环境优化和集成等薄弱技术方法的研究，结合不同领域的特点开发出更多适用的有针对性的方法。另外，我国环境规划机构队伍薄弱，各省（自治区、直辖市）设立规划院的屈指可数，环境规划所一般以本省环保系统科研机构内独立部门的形式存在。因此，应加强环境规划研究机构建设，丰富高校环境规划理论教学，充实环境规划编制与实践人才队伍，充分调动各地编制环境规划的主观能动性，实现环境规划的龙头带动作用。

结　语

改革开放 40 年以来，随着我国经济社会进入不同的发展阶段，发展与保护的辩证关系随之不断调整，推动生态环境保护体制机制不断改革，环境保护规划进程也与经济社会发展相辅相成、螺旋演进，取得了一定的实践进展，形成了一批成功经验。

现阶段，我国经济已由高速增长阶段进入高质量发展阶段，正处在转变发展方式、优化经济结构、转换增长动力的攻关期。高质量发展阶段下的环境不能作为无价、低价的生产要素被忽视，也不能仅仅将其作为支撑发展的一个条件，而应把生态环境资源作为稀缺资源要素，予以高标准保护、大力度修复。这是新时代对生态环境保护的定位转变。新时代的环境保护规划应以提高环境质量为核心，统筹推进生态文明建设和生态环境保护，加强管理、强化支撑、保障落实、勇于创新，着力提升环境治理体系和治理能力的现代化水平，推动形成绿色发展的全方位规划体系，助力实现生产发展、生活富裕、生态良好的中国现代化新路径。

---

① 颜小品、张祯祯、刘永：《中国环境规划技术方法使用现状评估与分析》，《环境污染与防治》2013 年第 4 期，第 104~109 页。

附　表

附表：改革开放以来各时期重要生态环境保护规划清单

时间		规划名称	印发部门
"五五"期间（1975~1980年）		国家环境保护十年规划	国务院环境保护领导小组
"六五"期间（1980~1985年）		"六五"计划中有专章，未单独印发	国家计委
"七五"期间（1986~1990年）	1987	国家环境保护计划（1986-1990）	国家计委、国务院环境保护委员会
	1989	全国2000年环境保护规划纲要	第三次全国环保大会通过
"八五"期间（1991~1995年）	1992	国家环境保护十年规划和"八五"计划纲要	国家环境保护局
	1992	中国环境保护行动计划（1991-2000）	国家环境保护局
	1992	全国城市环境综合整治十年规划和"八五"计划	国家环境保护局、建设部
	1990	全国自然保护区与物种保护十年规划和"八五"计划	国家环境保护局
	1990	全国海洋环境保护十年规划和"八五"计划	国家环境保护局
	1990	全国放射环境管理十年规划和"八五"计划	国家环境保护局
	1990	国家环境噪声污染防治"八五"计划和十年规划纲要	国家环境保护局
"九五"期间（1996~2000年）	1996	国家环境保护"九五"计划和2010年远景目标	国务院批准（首次）
	1996	"九五"期间全国主要污染物排放总量控制计划	九五计划的附件
	1996	中国跨世纪绿色工程规划（第一期）	九五计划的附件
	1998	全国生态环境建设规划	国务院印发
	1996	淮河流域水污染防治规划及"九五"计划	国务院批准
	1998	太湖水污染防治"九五"计划及2010年规划	国务院批准
	1998	滇池水污染防治"九五"计划及2010年规划	国务院批准
	1999	海河流域水污染防治规划	国务院批准
	1999	辽河流域水污染防治"九五"计划及2010年规划	国务院批准
	1994	中国生物多样性保护行动计划	国家环保局、计委等13个部委
	1997	中国自然保护区发展规划纲要（1996-2010）	国家环保局、计委

续表

时间		规划名称	印发部门
"十五"期间（2001~2005年）	2001	国家环境保护"十五"计划	国务院批准
	2001	"十五"全国污染物排放总量控制计划	"十五"计划附件
	2002	国家环境保护"十五"重点工程项目规划	"十五"计划附件
	2001	渤海碧海行动计划（2001–2015）	国务院批准
	2000	全国生态环境保护纲要	国务院印发
	2001	太湖水污染防治"十五"计划	国务院批准
	2002	巢湖流域水污染防治"十五"计划	国务院批准
	2003	滇池流域水污染防治"十五"计划	国务院批准
	2003	淮河流域水污染防治"十五"计划	国务院批准
	2003	海河流域水污染防治"十五"计划	国务院批准
	2003	辽河流域水污染防治"十五"计划	国务院批准
	2003	南水北调东线治污规划（2001–2010年）	国务院批准
	2001	三峡库区及其上游水污染防治规划（2001–2010年）	国家环境保护总局
	2002	两控区酸雨和二氧化硫污染防治"十五"计划	国家环境保护总局
	2004	全国危险废物和医疗废物处置设施建设规划	国家环境保护总局
	2001	国家环境保护总局关于开展环境法制宣传教育的第四个五年规划	国家环境保护总局
"十一五"期间（2006~2010年）	2007	国家环境保护"十一五"规划	国务院印发
	2006	"十一五"期间全国主要污染物排放总量控制计划	国务院批复
	2006	松花江流域水污染防治"十一五"规划	国务院批准
	2008	太湖流域水环境综合治理总体方案	国务院批准
	2006	丹江口库区及上游水污染防治和水土保持规划	国务院批准
	2008	淮河流域水污染防治规划（2006–2010年）	环保部、发改委、水利部、住建部
	2008	海河流域水污染防治规划（2006–2010年）	环保部、发改委、水利部、住建部
	2008	辽河流域水污染防治规划（2006–2010年）	环保部、发改委、水利部、住建部
	2008	巢湖流域水污染防治规划（2006–2010年）	环保部、发改委、水利部、住建部

续表

时间		规划名称	印发部门
"十一五"期间（2006~2010年）	2008	滇池流域水污染防治规划（2006–2010年）	环保部、发改委、水利部、住建部
	2008	黄河中上游流域水污染防治规划（2006–2010年）	环保部、发改委、水利部、住建部
	2008	三峡库区及其上游水污染防治规划	环境保护部
	2006	国家农村小康环保行动计划	国家环境保护总局
	2006	全国生态保护"十一五"规划	国家环境保护总局
	2007	国家重点生态功能保护区规划纲要	国家环境保护总局
	2007	全国生物物种资源保护与利用规划纲要	国家环境保护总局
	2007	全国农村环境污染防治规划纲要（2007–2020年）	国家环境保护总局
	2008	国家酸雨和二氧化硫污染防治"十一五"规划	国家环境保护总局
	2006	国家环境保护"十一五"科技发展规划	国家环境保护总局
	2007	国家环境保护重点实验室"十一五"专项规划	国家环境保护总局
	2007	国家环境保护工程技术中心"十一五"专项规划	国家环境保护总局
	2007	国家环境技术管理体系建设规划	国家环境保护总局
	2006	"十一五"国家环境保护标准规划	国家环境保护总局
	2007	国家环境与健康行动计划（2007–2015）	卫生部
	2005	"十一五"全国环境保护法规建设规划	国家环境保护总局
	2006	国家环境保护总局关于开展环境法制宣传教育的第五个五年规划	国家环境保护总局
	2008	国家环境监管能力建设"十一五"规划	发改委、财政部
	2007	全国城市生活垃圾无害化处理设施建设"十一五"规划	发改委
	2007	现有燃煤电厂二氧化硫治理"十一五"规划	发改委
	2007	能源发展"十一五"规划	发改委
	2005	铬渣污染综合整治方案	发改委与国家环保总局联合
"十二五"期间（2011~2015年）	2011	国家环境保护"十二五"规划	国务院印发
	2012	节能减排"十二五"规划	国务院印发
	2012	"十二五"节能环保产业发展规划	国务院印发
	2011	重金属污染综合防治"十二五"规划	国务院批准
	2011	长江中下游流域水污染防治规划（2011–2015年）	国务院批准
	2011	全国地下水污染防治规划（2011–2020年）	国务院批准
	2012	重点流域水污染防治规划（2011–2015年）	国务院批准

续表

时间		规划名称	印发部门
"十二五"期间（2011~2015 年）	2012	丹江口库区及上游水污染防治和水土保持"十二五"规划	国务院批准
	2012	重点区域大气污染防治"十二五"规划	国务院批准
	2012	核安全与放射性污染防治"十二五"规划及 2020 年远景目标	国务院批准
	2012	"十二五"全国城镇生活垃圾无害化处理设施建设规划	国务院办公厅
	2012	"十二五"全国城镇污水处理及再生利用设施建设规划	国务院办公厅
	2010	中国生物多样性保护战略与行动计划（2011–2030 年）	环境保护部
	2011	生态环境保护人才发展中长期规划（2010–2020 年）	环境保护部
	2011	国家环境保护"十二五"科技发展规划	环境保护部
	2011	国家环境保护"十二五"环境与健康工作规划	环境保护部
	2011	国家环境监测"十二五"规划	环境保护部
	2011	"十二五"全国环境保护法规和环境经济政策建设规划	环境保护部
	2011	环境影响评价"十二五"规划	环境保护部
	2012	全国主要行业持久性有机污染物污染防治"十二五"规划	环境保护部
	2012	全国农村环境综合整治"十二五"规划	环境保护部
	2012	"十二五"危险废物污染防治规划	环境保护部
	2011	全国畜禽养殖污染防治"十二五"规划	环境保护部
	2013	全国生态保护"十二五"规划	环境保护部
	2013	化学品环境风险防控"十二五"规划	环境保护部
	2013	国家环境保护标准"十二五"发展规划	环境保护部
	2013	环境国际公约履约"十二五"工作方案	环境保护部
	2013	国家环境监管能力建设"十二五"规划	环境保护部
	2014	全国生态保护与建设规划（2013–2020）	其他部门联合环保部
	2011	全国城市饮用水卫生安全保障规划（2011–2020 年）	其他部门联合环保部
	2011	国家能源科技"十二五"规划（2011–2015 年）	其他部门联合环保部
	2012	废物资源化科技工程"十二五"专项规划	其他部门联合环保部
	2013	大气污染防治行动计划	国务院印发
	2015	水污染防治行动计划	国务院印发
	2015	京津冀协同发展生态环境保护规划	环境保护部（联合其他部门）

续表

时间		规划名称	印发部门
"十三五"期间 （2016 至今）	2016	"十三五"生态环境保护规划	国务院印发
	2016	土壤污染防治行动计划	国务院印发
	2016	"十三五"节能减排综合工作方案	国务院印发
	2017	重点流域水污染防治规划（2016-2020 年）	环境保护部（联合其他部门）
	2016	全国生态保护"十三五"规划纲要	环境保护部（联合其他部门）
	2016	全国城市生态保护与建设规划（2015-2020 年）	环境保护部（联合其他部门）
	2016	国家环境保护"十三五"科技发展规划纲要	环境保护部（联合其他部门）
	2017	全国农村环境综合整治"十三五"规划	环境保护部（联合其他部门）
	2017	国家环境保护"十三五"环境与健康工作规划	环境保护部（联合其他部门）
	2017	核安全与放射性污染防治"十三五"规划及 2025 年远景目标	环境保护部（联合其他部门）
	2017	国家环境保护标准"十三五"发展规划	环境保护部（联合其他部门）
	2016	全国环保系统"十三五"对口援疆规划	环境保护部
	2016	全国环保系统"十三五"对口援藏规划	环境保护部
	2017	长江经济带生态环境保护规划	环境保护部（联合其他部门）
	2017	"一带一路"生态环境保护合作规划	环境保护部

第五章　保护地建设与生态红线

高吉喜　徐梦佳　许佳宁　邹长新　张建亮[*]

导　读： 历经 60 余年的实践和发展，我国自然保护体系逐步完善。在保护地方面，形成了由自然保护区、风景名胜区、森林公园、地质公园、自然文化遗产、湿地公园、水产种质资源保护区、海洋特别保护区、特别保护海岛等组成的保护地体系。随着生态保护力度的不断加大和分区分类管控政策的持续推进，2011 年，我国首次提出了"划定生态保护红线"这一国家生态保护战略，2015 年，国家公园体制建设正式启动，两大举措进一步丰富了中国自然保护地体系，显著推进了国家生态安全格局的构建进程。就学术研究而言，生态保护红线是一个全新的概念并具有中国特色，作为一项新生事物，生态保护红线也需要借鉴其他各类保护地建设与管理的经验。在此基础上，

* 高吉喜，博士，研究员，生态环境部南京环境科学研究所所长，致公党中央环境与发展工作委员会副主任，主要从事区域生态、区域生态承载力评估、生态保护红线划定与管控、国土生态安全格局构建、退化生态系统修复模式、区域可持续发展研究等工作。徐梦佳，生态环境部南京环境科学研究所助理研究员，研究领域为生态保护红线划定与管控、生态系统修复。许佳宁，生态环境部南京环境科学研究所助理工程师，研究领域为自然保护地建设和管理。邹长新，生态环境部南京环境科学研究所研究员，研究领域为生态保护红线划定与管控、区域生态安全、生态承载力评估与预警。张建亮，生态环境部南京环境科学研究所助理研究员，研究领域为自然保护地建设和管理。

结合我国实际国情，生态保护红线形成了内涵更丰富、组分更完备、管理更严格的保护地体系。本章对我国保护地体系以及生态保护红线的发展历程进行系统梳理。与此同时，从理论基础、概念内涵、组成结构等方面对当前的生态保护红线体系进行剖析。最后提出，未来需要重点关注理论探索、制度保障、监管体系等方面，以提升生态保护红线体系在我国保护地建设进程中的地位和影响力。

引 言

各类自然保护地对于生态文明和美丽中国建设具有极其重要的意义。几十年来，党中央、国务院和各级地方政府及有关部门十分重视自然环境和自然资源的保护与持续利用，抢救性地划建了一大批自然保护地。作为国家和国际实施保护战略的重要基础，自然保护地因其资源特征、管理机构等的不同而具有物种多样、类型复杂、社会经济因素多等特点。单个和零散的自然保护地难以满足全面生态需求，为了更有效地实现生态保护目标，在不同空间尺度和管理层级上合作并运行若干数量的自然保护地，形成有机联系的统一整体，以实现自然生态系统保护的功能和生物多样性保护的目标，从而形成了自然保护地体系。党的十九大报告明确提出要"建立以国家公园为主体的自然保护地体系"。建立并完善我国的自然保护地体系是一项复杂的系统工程，需要拥有自我改革的决心和魄力，以及功成不必在我的精神境界。

党的十九大报告也指出，要完成生态保护红线、永久基本农田、城镇开发边界三条控制线划定工作。作为国土空间的"三条线"之一，生态保护红线是生态空间范围内具有特殊重要生态功能、必须强制性严格保护的区域，是保障和维护国家生态安全的底线和生命线。划定并严守生态保护红线，是贯彻落实主体功能区制度、实施生态空间用途管制的重要举措，是提高生态产品供给能力和生态系统服务功能、构建国家生态安全格局的有效手段，是健全生态文明制度体系、建设美丽中国的有力保障，我们必须正确认识和理解生态保护红线的重大意义和深刻内涵，确保这条线能够划好守牢。

一　发展历程概述

随着人类社会对自然开发强度的不断加大和自然生态认知水平的不断提高，人们逐渐认识到保护代表性自然生态系统、濒危动植物及其栖息地对于保障区域生态安全和维持人类社会可持续发展的重要性。19世纪末期，世界各国开始尝试通过设立自然保护地，约束人类对自然的开发以及实现对自然的保护。世界自然保护联盟（IUCN）将保护地定义为"通过法律及其他有效方式用以保护和维护生物多样性、自然及文化资源的土地或海洋"。1872年美国政府批准建立的黄石国家公园，成为世界上最早的自然保护地之一。

我国自1956年建立第一个自然保护地——鼎湖山自然保护区开始，历经60余年的实践和发展，自然保护体系逐步完善。在保护地方面，形成了由自然保护区、风景名胜区、森林公园、地质公园、自然文化遗产、湿地公园、水产种质资源保护区、海洋特别保护区、特别保护海岛等组成的保护地体系。在此基础上，相继提出了重要生态功能区（2008年）、生态脆弱区（2008年）、重点生态功能区（2011年）等生态保护关键区域概念，进一步完善了国家生态安全屏障体系。随着生态保护力度的不断加大和分区分类管控政策的继续推进，2011年，我国首次提出了"划定生态保护红线"这一国家生态保护战略，2015年，国家公园体制建设正式启动，两大举措进一步丰富了中国自然保护地体系，显著地推进了国家生态安全格局的构建进程（见图1）。

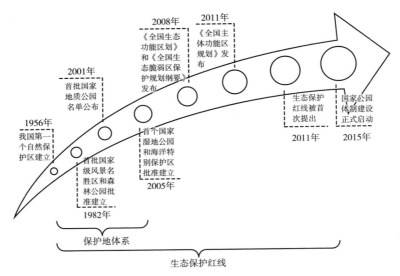

图1 我国保护地和生态保护红线发展重要时间节点

进入 21 世纪，我国生态保护工作得到了迅速发展。2008 年 7 月，环保部联合中科院发布《全国生态功能区划》，提出了 50 个国家重要生态功能区，总面积达 237 万平方公里，占全国陆地面积的 24.8%，这标志着生态保护工作由经验型管理向科学型管理转变、由定性型管理向定量型管理转变、由传统型管理向现代型管理转变。加强生态脆弱区保护是为了控制生态退化、恢复生态系统功能、改善生态环境质量，2008 年 9 月《全国生态脆弱区保护规划纲要》发布，明确了全国 8 个生态脆弱区的地理分布、现状特征及其生态保护的指导思想、原则和任务，为恢复和重建生态脆弱区生态环境提供科学依据。2011 年 6 月《全国主体功能区规划》发布，将我国国土空间分为以下主体功能区：按开发方式，分为优化开发区域、重点开发区域、限制开发区域和禁止开发区域；按开发内容，分为城市化地区、农产品主产区和重点生态功能区。《全国主体功能区规划》系统而全面地提出了我国以"两屏三带"为主体的生态安全战略格局，充分体现了尊重自然、顺应自然的开发理念。

早在 2000 年，浙江省安吉县在编制《安吉生态县建设规划》时就提出了"生态红线控制区"概念，将 15% 的生态空间划为生态红线，实施严格保护。至 2008 年编制《安吉生态文明建设规划》时，生态红线控制区保护良好且格局更加优化，切实发挥了"绿水青山就是金山银山"的实效。为了更好地保护我国生态环境、处理好开发与保护的关系，经过多年的探索与实践，2011 年我国首次将"划定生态红线"作为国家的一项重要战略任务（《国务院关于加强环境保护重点工作的意见》，国发〔2011〕35 号），在重要生态功能区、陆地和海洋生态环境敏感区及脆弱区划定生态保护红线并实行永久保护，体现了在国家层面以强制性手段强化生态保护的政策导向与决心。[①]2017 年 2 月 7 日，中共中央办公厅、国务院办公厅印发《关于划定并严守生态保护红线的若干意见》（以下简称《若干意见》），明确了生态保护红线工作的总体要求和具体安排。此后，生态保护红线研究由单一的区划研究向基础理论、划定方法，特别是管理措施等方向发展，研究趋势更加具有综合性、多维性与实用性，由生态保护的理念转变为国家意志主导下的划定实践。[②]与国内外已有的保护地相比，生态保护红线体系以生态服务供给、灾害减缓控制、生物多样性维护为三大主线，整合了现有各类保护地，补充纳入了生态空间内生态服务功能极为重要的区域和生态环境极为敏感脆弱的区域，构成更加全面，分布格局更加科学，区域功能更加凸显，管控约束更加刚性，可以说是国际现有保护地体系的一个重大改进与创新。通过划定生态保护红线，将最具保护价值的"绿水青山"和"优质生态产品"，以及事关国家生态安全的"命门"保护起来，保护了 98% 以上的国家重点保护物种、90% 以上的优良生态系统和自然景观、210 条三级以上河流源头区、23 片生态敏感脆弱区，维系了中

---

① 高吉喜、邹长新、杨兆平等：《划定生态红线保障生态安全》，《中国环境报》2012 年 10 月 10 日第 2 版。

② 万军、于雷、张培培等：《城市生态保护红线划定方法与实践》，《草地学报》2015 年第 41 期。

华民族永续发展的绿水青山，为维护国家生态安全、促进经济社会可持续发展提供了有力保障，不仅有效保护了生物多样性和重要自然景观，而且对净化大气、扩展水环境容量具有重要作用，同时，也是我国国土空间开发的管控线。因此，生态保护红线被称为我国"继耕地红线之后的又一条生命线"。

二 保护地建设与管理

据统计，目前我国已建立了超过十类自然保护地，主要包括：自然保护区、风景名胜区、森林公园、地质公园、湿地公园、海洋特别保护区（含海洋公园）、种质资源保护区、国家公园（试点）等。[1] 截至目前，各类自然保护地总数达 10000 多处，其中国家级 3766 处。各类陆域自然保护地总面积约占陆地国土面积的 18%，已超过世界平均水平。其中自然保护区面积约占陆地国土面积的 14.8%，占所有自然保护地总面积的 80% 以上，风景名胜区和森林公园约占 3.8%，其他类型的自然保护地面积所占比例则相对较小。各类自然保护地主要是按行业和生态要素分别建立的，由环保、林业、农业、国土、住建、水利、海洋、中科院等部门和单位进行业务指导。自然保护地管理机构基本实行属地管理，地方政府负责自然保护地的"人、财、物"管理。

多年来，自然保护地在保护生物多样性、自然景观及自然遗迹，维护国家和区域生态安全，保障我国经济社会可持续发展等方面发挥了重要的作用（见表 1）。

---

[1] 陈建伟：《保护地分级分类分区管理》，《人与生物圈》2016 年第 6 期。

表 1　自然保护地及其业务管理部门

序号	自然保护地类型	业务管理部门
1	自然保护区	环保部门负责综合管理，林业、农业、国土、住建、水利、海洋、中科院等部门和机构在各自职责范围内管理
2	风景名胜区	住建部门
3	森林公园	林业部门
4	地质公园	国土部门
5	湿地公园	林业部门
6	海洋特别保护区（含海洋公园）	海洋部门
7	水利风景区	水利部门
8	矿山公园	国土部门
9	种质资源保护区	农业部门
10	沙化土地封禁保护区	林业部门
11	国家公园（试点）	建立国家公园体制领导小组、相关部委
12	沙漠公园（试点）	林业部门

（一）自然保护区

自然保护区是指对具有代表性的自然生态区域、珍稀濒危野生动植物物种的天然集中分布区、有特殊意义的自然遗迹等保护对象所在的陆地、陆地水体或者海域，依法划出一定面积予以法定保护和管理的区域。随着全球生物多样性保护运动的兴起以及人类环境保护意识的提高，自然保护区建设普遍得到世界各国的高度重视，已成为一个国家文明和进步的标志。

1. 自然保护区建设管理概况

1956 年，广东鼎湖山自然保护区的建立，标志着中国现代自然保护区事业的起步。60 多年来，党中央、国务院和各级地方政府及有关部门十分重视自然环境和自然资源的保护与持续利用，抢救性地划建了一大批自然保护区。[①] 我国自然保护区经历了从无到有、从小到大、从单一到综合，逐步形成

---

① 王智、柏成寿、徐网谷等：《我国自然保护区建设管理现状及挑战》，《环境保护》2011 年第 4 期。

了布局基本合理、类型较为齐全、功能渐趋完善的体系。①②

自然保护区分为国家级和地方级两大类。③ 国家级自然保护区有 446 个，面积为 9695 万公顷，数量仅占全国自然保护区总数的 16.2%，但面积占全国保护区总面积的 65.8%，陆地国土面积的 9.97%。地方级自然保护区总数达 2304 个，面积为 5039 万公顷。其中，省级自然保护区 870 个，面积为 3756 万公顷，分别占全国自然保护区总数和总面积的 31.6% 和 25.5%；市级自然保护区 414 个，面积为 496 万公顷，分别占全国自然保护区总数和总面积的 15.1% 和 3.4%；县级自然保护区 1020 个，面积为 786 万公顷，分别占全国自然保护区总数和总面积的 37.1% 和 5.3%（见图 2）。

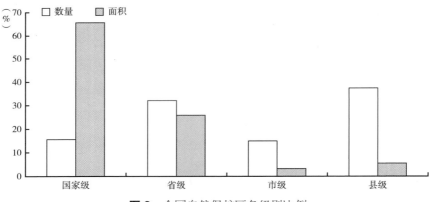

图 2 全国自然保护区各级别比例

统计表明，广东省自然保护区数量最多（384 个），数量第二的是黑龙江省（250 个），其次是江西省（200 个）、内蒙古自治区（182 个）、四川省（169 个）、云南省（160 个）、湖南省（128 个）等。上述七个省区的自然保护区总数达 1473 个，占全国自然保护区总数的一半以上。

① 王智、蒋明康、秦卫华等：《我国自然保护区的问题分析与对策》，《生态经济》2008 年第 6 期。
② 闫颜、王智、高军等：《我国自然保护区地区分布特征及影响因素》，《生态学报》2010 年第 30 期。
③ 蒋明康、王智、秦卫华等：《我国自然保护区分级分区管理制度的优化》，《环境保护》2006 年第 11 期。

从面积来看，西藏自治区的自然保护区面积最大，达到 4137 万公顷，居全国之首。自然保护区面积第二至第六的省份分别是青海省（2177 万公顷）、新疆维吾尔自治区（1958 万公顷）、内蒙古自治区（1270 万公顷）、甘肃省（892 万公顷）、四川省（830 万公顷）等西部省区。上述六个省区自然保护区面积占全国自然保护区总面积的 3/4 以上。全国 16 个面积超过 100 万公顷的特大型自然保护区中，有 14 个分布在上述六省份（见表 2）。

2. **自然保护区保护成效**

自然保护区是生物多样性保护的核心区域，是推进生态文明、建设美丽中国的重要载体，在涵养水源、保持土壤、防风固沙、调节气候和保护珍稀特有物种资源、典型生态系统及珍贵自然遗迹等方面具有重要作用。自 1956 年建立第一处自然保护区以来，我国已基本形成类型比较齐全、布局基本合理、功能相对完善的自然保护区体系，建立了比较完善的自然保护区政策、法规和标准体系，构建了比较完整的自然保护区管理体系和科研监测支撑体系，有效发挥了资源保护、科研监测和宣传教育的作用，同时以自然保护区为载体，积极参与自然保护的国际合作，树立了重视生物多样性和自然环境保护的良好国际形象。

（1）自然保护区网络。我国自然保护区分为国家级和地方级（含省、市、县三级）。截至 2016 年底，全国（不含香港、澳门特别行政区和台湾地区，下同）共建立各种类型、不同级别的自然保护区 2750 个，保护区总面积达 14733 万公顷（其中自然保护区陆地面积约 14288 万公顷），陆域自然保护区面积占陆地国土面积的 14.88%。其中，国家级自然保护区 446 处，总面积达 9694.6 万公顷；地方级自然保护区 2304 个，总面积达约 5000 万公顷。

（2）法律法规体系。环境保护法、森林法、草原法、海洋环境保护法和野生动物保护法等 10 多部相关法律明确要求对自然保护区进行保护。国务院 1994 年颁布自然保护区条例，建立了环保部门综合管理与林业、农业、国土资源、水利、海洋等行业管理相结合的管理体制，明确分级分区等管理制度。

表 2 全国自然保护区统计表（截至 2016 年底）

省份	数量（个）					面积（公顷）					占陆地面积
	国家级	省级	市级	县级	合计	国家级	省级	市级	县级	合计	（%）
北京	2	12	0	6	20	27956	71413	0	36150	135519	8.26
天津	3	5	0	0	8	37862	53253	0	0	91115	7.65
河北	13	26	2	4	45	261128	415207	8806	24476	709617	3.67
山西	7	39	0	0	46	117468	985832	0	0	1103300	7.04
内蒙古	29	60	23	70	182	4261852	6113178	244633	2083040	12702703	10.74
辽宁	18	30	34	23	105	878573	881688	761445	150946	2672652	13.37
吉林	21	22	4	4	51	1123313	1381965	8782	11964	2526024	13.48
黑龙江	40	84	54	72	250	3347049	2492298	1451170	647116	7937633	16.78
上海	2	2	0	0	4	66175	70644	0	0	136819	5.30
江苏	3	11	9	8	31	299292	94140	76305	66087	535824	3.80
浙江	10	14	0	13	37	146542	30728	0	34911	212181	1.68
安徽	8	30	2	66	106	147125	268255	16054	81259	512693	3.68
福建	17	22	9	44	92	250256	85117	37999	71678	445050	3.16
江西	15	38	2	145	200	244092	382902	24160	574578	1225732	7.34
山东	7	38	21	22	88	219828	552060	220647	126137	1118672	4.90
河南	13	18	0	2	33	447528	327717	0	1400	776645	4.65
湖北	19	28	23	10	80	448965	344512	134820	130544	1058841	5.70
湖南	23	28	1	76	128	635144	383422	464	296224	1315254	6.21

续表

省份	数量（个）					面积（公顷）					占陆地面积（%）
	国家级	省级	市级	县级	合计	国家级	省级	市级	县级	合计	
广东	15	63	114	192	384	326093	528449	383876	611137	1849555	7.14
广西	23	46	3	6	78	390496	814767	67953	77156	1350372	5.51
海南	10	22	6	11	49	158176	2534147	2848	11393	2706564	6.92
重庆	6	18	0	33	57	254938	233743	0	338419	827100	10.04
四川	30	65	28	46	169	2936362	2782366	815036	1765640	8299404	17.08
贵州	9	6	16	93	124	258739	93009	215546	328123	895417	5.08
云南	20	38	56	46	160	1503374	677815	452507	249141	2882837	7.32
西藏	10	13	3	21	47	37241117	4119945	4870	1461	41367393	33.68
陕西	24	29	4	3	60	613346	457995	36940	23076	1131357	5.50
甘肃	20	36	0	4	60	6877444	1923001	0	114900	8915345	20.94
青海	7	4	0	0	11	20733751	1039417	0	0	21773168	30.14
宁夏	9	5	0	0	14	459550	73500	0	0	533050	8.03
新疆	13	18	0	0	31	12233171	7351450	0	0	19584621	11.80
合计	446	870	414	1020	2750	96946705	37563935	4964861	7856956	147332457	14.88

注：（1）本统计不含香港、澳门特别行政区和台湾地区；

（2）自然保护区总面积中陆域面积约为14288万公顷，海域面积约445万公顷；

（3）占陆地面积的比例指该辖区内自然保护区陆地面积占该辖区陆地面积的比例；

（4）长江上游珍稀特有鱼类国家级自然保护区地跨四川、重庆、贵州、云南四省市，数量计入四川，面积分别计入各省市；

（5）各省（区市）面积数据来自中央人民政府网。

有关部门先后发布《地质遗迹保护管理规定》《国家级自然保护区监督检查办法》等规章。全国有 24 个省（区、市）发布自然保护区管理地方法规，有200 多处自然保护区制定了专门的管理规章。

（3）主要保护对象。包括自然生态系统、野生生物和自然遗迹 3 个类别。全国超过 90% 的陆地自然生态系统都建有代表性的自然保护区，89% 的国家重点保护野生动植物种类以及大多数重要自然遗迹在自然保护区内得到保护，部分珍稀濒危物种野外种群逐步恢复。大熊猫野外种群数量达到 1800 多只，受威胁等级由濒危降为易危；东北虎、东北豹、亚洲象、朱鹮等物种数量明显增加；麋鹿曾经在野外灭绝，通过建立自然保护区重新引入，种群数量稳步上升，成为国际生物多样性保护的成功典范。青海三江源等自然保护区的建立，对保护"中华水塔"发挥了重要作用。

（4）管护能力。目前，全国各级各类自然保护区专职管理人员总计 4.5万人，其中专业技术人员 1.3 万人。国家级自然保护区均已建立相应管理机构，多数已建成管护站点等基础设施。自然保护区管理经费由所在地县级以上地方人民政府负责安排，中央财政对国家级自然保护区给予适当补助。以自然保护区为平台，认真履行《生物多样性公约》等生态保护国际公约，与联合国环境规划署等国际组织以及欧盟、俄罗斯等地区和国家开展交流与合作。

（5）国际交流合作。近年来，随着我国自然保护区对外交流活动的广泛开展，加入相关国际保护网络的自然保护区呈逐年增加趋势。截至2016 年底，列入联合国教科文组织"人与生物圈保护区网络"的有内蒙古锡林郭勒、辽宁蛇岛老铁山等 33 处自然保护区。列入《湿地公约》"国际重要湿地名录"的有辽宁双台河口、吉林向海等 46 处自然保护区。作为世界自然遗产组成部分的有福建武夷山、湖南张家界等 37 处自然保护区。列入世界地质公园网络的有黑龙江五大连池、江西庐山等 40 处自然保护区。

（二）国家公园等其他自然保护地

为了更好地保护国家的自然资源、生物多样性和生态环境，除自然保护区外，我国相继建立了一大批风景名胜区、森林公园、地质公园、湿地公园等不同类型的自然保护地。尤其是2013年党的十八届三中全会通过的《中共中央关于全面深化改革若干重大问题的决定》，明确提出要"建立国家公园体制"。构建以国家公园为主体的自然保护地体系成为我国生态环境保护的重要工作内容。

1. 国家公园（试点）

目前，世界上已有100多个国家建立了近万个国家公园，但各国对国家公园的内涵界定不尽相同。[①]中国的国家公园是指由国家批准设立并主导管理、边界清晰、以保护具有国家代表性的大面积自然生态系统为主要目的、实现自然资源科学保护和合理利用的特定陆地或海洋区域。国家公园是我国自然保护地最重要的类型之一，属于全国主体功能区规划中的禁止开发区域，纳入全国生态保护红线区域管控范围，实行最严格的保护。

我国的国家公园坚持生态保护第一，把最应该保护的地方保护起来，给子孙后代留下珍贵的自然遗产；坚持国家代表性，以国家利益为主导，坚持国家所有，具有国家象征，代表国家形象，展现中华文明；坚持全民公益性，坚持全民共享，着眼于提升生态系统服务功能，开展自然环境教育，为公众提供亲近自然、体验自然、了解自然以及作为国民福利的游憩机会。根据《建立国家公园体制总体方案》，到2020年，中国建立国家公园体制试点基本完成，整合设立一批国家公园，分级统一的管理体制基本建立，国家公园总体布局初步形成。

到目前，我国已设立10个国家公园体制试点，分别是三江源、东北虎豹、大熊猫、祁连山、湖北神农架、福建武夷山、浙江钱江源、湖南南山、

① 孟小石：《国家公园什么样》，《时事报告》2017年第12期。

北京长城和云南普达措国家公园体制试点（见表3）。① 目前，各国家公园试点逐步制定并实施了管理条例或管理办法，初步建立了国家公园生态环境保护、生态环境损害责任追究、领导干部自然资源资产离任审计等制度。从生态系统的整体性出发，整合统一了原有的自然保护区、地质公园、森林公园、风景名胜区等各种类型的保护地的管理机构和管理区域，初步实现了"一个保护地、一块牌子、一个管理机构"。国家公园的建设管理取得了积极进展。

表3 国家公园试点及其主要保护对象

编号	名称	主要保护对象
1	三江源国家公园	①草地、林地、湿地、荒漠；②冰川、雪山、冻土、湖泊、河流；③国家和省保护的野生动植物及其栖息地；④矿产资源；⑤地质遗迹；⑥文物古迹、特色民居；⑦传统文化；⑧其他需要保护的资源
2	东北虎豹国家公园	东北虎豹及其赖以生存的大面积的森林、草地以及沼泽地等生态系统
3	大熊猫国家公园	生物资源、景观资源、生态环境等
4	祁连山国家公园	雪豹等珍稀濒危物种及其栖息地
5	湖北神农架国家公园	①自然资源，包括地质地貌奇观、北亚热带原始森林、常绿落叶阔叶混交林生态系统、泥炭藓湿地生态系统、北亚热带古老孑遗、以金丝猴和冷杉及珙桐为代表的珍稀濒危特有物种及其关键栖息地等核心资源；②人文资源，包括神农炎帝文化、川鄂古盐道、南方哺乳动物群化石、远古人类旧石器遗址以及汉民族神话史诗等；③其他需要保护的资源
6	福建武夷山国家公园	①中亚热带原生性的天然常绿阔叶林构成的森林生态系统；②珍稀濒危野生动植物资源；③世界生物模式标本产地；④福建最长的地质断裂带及丰富多样的地质地貌等自然景观；⑤福建闽江和江西赣江重要的水源保护地
7	浙江钱江源国家公园	白颈长尾雉、黑麂等珍稀濒危物种及其栖息地
8	湖南南山国家公园	①珍稀野生动植物资源；②天然的山顶湿地；③迁徙候鸟及其停歇地和觅食地；④山地草甸生态系统
9	北京长城国家公园	长城世界文化遗产及其周边自然生态环境
10	云南普达措国家公园	①水系、湖泊、湿地；②野生动物、植物；③文物古迹和特色民居建筑；④民族民间文化；⑤田园牧场；⑥地质遗迹

① 蔚东英：《国家公园管理体制的国别比较研究——以美国、加拿大、德国、英国、新西兰、南非、法国、俄罗斯、韩国、日本10个国家为例》，《南京林业大学学报（人文社会科学版）》2017年第17期。

2. 风景名胜区

风景名胜区是指具有观赏、文化或者科学价值，自然景观、人文景观比较集中，环境优美，可供人们游览或者进行科学、文化活动的区域，是国家依法设立的自然和文化遗产保护区域，具有生态保护、文化传承、审美启智、科学研究、旅游休闲、区域促进等综合功能及生态、科学、文化、美学等综合价值。[①] 我国的风景名胜区有着鲜明的中国特色，既凝结了大自然亿万年的神奇造化，又承载着华夏文明五千年的丰厚积淀，被誉为自然史和文化史的天然博物馆，是人与自然和谐发展的典范之区，是中华民族薪火相传的共同财富。

我国是世界上风景名胜资源类型最丰富的国家之一，包括历史圣地类、山岳类、岩洞类、江河类、湖泊类、海滨海岛类、特殊地貌类、城市风景类、生物景观类、壁画石窟类、纪念地类、陵寝类、民俗风情类及其他类 14 个类型，基本涵盖了华夏大地典型独特的自然景观，彰显了中华民族悠久厚重的历史文化。

风景名胜资源属于国家公共资源，风景名胜区事业是国家公益事业。1982 年，国家正式建立风景名胜区制度。30 多年来，在党中央、国务院的高度重视和正确领导下，在国家建设行政主管部门、各级地方人民政府和风景名胜区管理部门的辛勤工作以及各相关行业部门的大力支持下，我国风景名胜区事业不断发展壮大，在保护自然文化遗产、改善城乡人居环境、维护国家生态安全、弘扬中华民族文化、激发大众爱国热情、丰富群众文化生活等方面发挥了极为重要的作用。我国正式建立风景名胜区制度 30 多年来，建立了具有中国特色的风景名胜区管理体系和法规制度，保护了自然和文化遗产资源，建立了风景名胜区规划和保护机制，拉动了区域经济和旅游业的发展，树立了良好的国际形象。1982 年国务院审定公布第一批 44 处国家重点风景名胜区（2006 年 12 月 1 日《风景名胜区条例》实施后，统一改称为"国家级风景名胜区"）以来，经过 30 多年的不懈努力，我国已形成覆盖全国的风景名胜区体系。

---

① 邹统钎、吴琼瑶：《风景名胜区管理体制发展探究》，《世界遗产》2013 年第 2 期。

我国风景名胜区分为国家级和省级两个层级。截至 2017 年底，国务院先后批准设立国家级风景名胜区 9 批共 244 处，面积约为 10 万平方公里；各省级人民政府批准设立省级风景名胜区 700 多处，面积约为 9 万平方公里，两者总面积约为 19 万平方公里。其中，有 32 处国家级风景名胜区和 8 处省级风景名胜区，已被列为世界遗产地。这些风景名胜区基本覆盖了我国各类地理区域，遍及除香港、澳门、台湾和上海之外的所有省份，占我国陆地总面积的比例由 1982 年的 0.2% 提高到目前的 2.02%。

在保护实践中，风景名胜区不仅展示了生态、科学、美学、历史文化等本底价值，还充分体现出科研、教育、旅游、实物产出等直接利用价值和促进产业发展、社会进步等衍生价值，这种多元价值使其成为我国各类遗产保护地中保护管理最复杂、功能最综合的法定保护区。在国家自然和文化遗产保护体系中，风景名胜区占重要地位，与自然保护区、文物保护单位 / 历史文化名城并列为国家三大法定遗产保护地。

风景名胜区逐步实现由注重视觉景观保护向视觉景观、文化遗产、生物多样性、自然生态系统等方面综合保护转变，由点状保护向网络式、系统式保护转变，由注重区内保护向区内区外协调保护、共同发展转变。风景名胜区的设立，不仅有效地保护了丹霞地貌、喀斯特地貌、花岗岩地貌、火山地貌、雪山冰川及江河湖泊等最珍贵的地质遗迹、最典型的地貌类型和最美的自然景观，还为我国及世界生物多样性保护做出了积极贡献。①

3. 森林公园

森林公园是以大面积森林为基础，生物资源丰富，自然景观、人文景观相对集中的具有一定规模的生态郊野公园。它以保护为前提，利用森林的多种功能为人们提供各种形式的旅游服务并可进行科学文化活动的经营管理区域。②

---

① 王智、蒋明康、秦卫华等：《对"禁止开发区"规划和管理的几点思考》，《生态与农村环境学报》2009 年第 25 期。
② 王兴国：《森林公园建设与生态旅游管理》，《中国林业产业》2005 年第 1 期。

森林公园分为国家级、省级和市县级三级，分别由国家林业局和相应的省级或者市县级林业主管部门审批。1982 年 9 月，我国正式批建第一处森林公园——湖南张家界国家森林公园。^①截至 2017 年底，国家级森林公园总数达 881 处，总规划面积为 1278.62 万公顷，占全国国土面积的 1.3%。同时，各地建立了一大批省级和市县级森林公园。截至 2015 年底，我国共建立各级森林公园 3234 处，规划总面积为 1801.71 万公顷^②，分布遍及除台港澳的 31 个省、自治区、直辖市。其中，国家级森林公园 827 处，省级森林公园 1402 处和县（市）级森林公园 1005 处。森林公园位于我国森林和生态状况优良的地区，茂密的森林植被、有益人类身心健康的植物精气、高浓度的负氧离子和清新空气，造就了一个个天然的氧吧，同时森林、山水、生态和人文之美，使之成为养生保健、休憩旅游的理想之地。

2011 年国务院印发的《全国主体功能区规划》明确将森林公园列为禁止开发区域，要求依据法律法规和相关规划实施强制性保护。自 1995 年起，湖南、四川、安徽、贵州、广东、江西、黑龙江、陕西、甘肃、山西 10 省相继出台森林公园条例，内蒙古自治区、福建省政府出台了森林公园管理办法，广州、南昌、洛阳、青岛 4 市人大出台森林公园管理条例，东莞、安阳、三亚 3 市政府出台森林公园管理办法，江苏、重庆林业局出台森林公园管理办法。其他省份依据森林法实施办法、相关林业法规或省政府决定，对省级及以下森林公园进行审批。

省级林业部门均明确由专门机构或专人负责森林公园管理，其中山西、黑龙江、安徽、湖北、内蒙古森工、吉林森工成立专门的森林公园管理机构，内蒙古、浙江、江西、湖南、广东成立专门的国有林场和森林公园管理机构，其他省份一般在造林、保护等处室明确专人负责管理。经过多年的发展，森林公园的基础设施建设、旅游接待能力与服务管理体系趋于完善。截至 2015 年底，森林公园共拥有游步道 8.17 万公里，旅游车船 3.55 万台（艘），接

---

① 杨超：《中国的森林公园》，《森林与人类》2014 年第 1 期。
② 王瑞红：《森林公园已成生态旅游主力军》，《生态文化》2016 年第 4 期。

待床位 92.8 万张，餐位 177 万个。从事管理与服务的职工达 17.23 万人，导游 1.67 万人。2962 处森林公园（含白山市国家级森林旅游区）共接待游客 7.95 亿人次，旅游收入 705.6 亿元，分别比 2014 年度增长 11.97% 和 23.33%。2015 年，国家花木专类园接待游客 1002.19 万人次，综合收入达 3.78 亿元。据测算，全国森林公园创造社会综合产值近 7500 亿元。

目前，我国森林公园已初步形成了对我国林区独具特色的以森林景观为主体，地文景观、水体景观、天象景观、人文景观等资源有机结合而形成的多样化的森林风景资源的保护管理和开发建设体系。这一体系的建立与发展，不仅使我国林区一大批珍贵的自然文化遗产资源得到有效保护，而且有力地促进了国家生态建设和自然保护事业的发展，在有效保护森林风景资源、弘扬传播生态文化、满足公众美好生活需求、助力精准扶贫等方面发挥了重要作用。

4. 地质公园

我国是世界上地质遗迹资源丰富、分布地域广阔、种类齐全的少数国家之一。对其进行保护与管理，并进行合理有效的开发利用，是国务院赋予国土资源部的重要职能。地质公园概念的提出可以追溯到 20 世纪 80 年代，1999 年 2 月，联合国教科文组织（UNESCO）提出了地质公园计划，同时诞生了地质公园（Geopark）这一新名称。[1] 遵循"在保护中开发，在开发中保护"的原则，地质公园在地质遗迹与生态环境保护、地球科学知识普及、增加就业机会、倡导科学旅游、提高公众科学素养等方面发挥了巨大的促进作用，综合效益显著，得到了地方政府和社会各界的普遍认可。地质公园已经成为一种可持续利用自然资源的最佳方式。

地质公园是 2000 年才涌现出来的新生事物，是指以地质景物为主要观赏游览对象的公园。地质景物是指由地质作用形成的山、水、洞、峡、古生物等自然景物。地质公园是以具有特殊的科学意义、稀有的自然属性、优雅的

---

[1] 方世明、李江风：《地质遗产开发与保护研究》，中国地质大学出版社，2011。

美学观赏价值的地质景物为主题，并融合其他有历史价值的人文景观和具有重要生态价值的生物景观，具有一定规模，以保护地质遗产、保护自然环境、普及科学知识、支持和促进地方经济发展为宗旨而建立的自然科学公园。[1] 它具有观赏旅游、休闲度假、健身康体、科学教育、文化娱乐的功能，同时也是科学研究与科学普及的基地。

地质公园分为世界地质公园（联合国教科文组织批准）、国家地质公园（国土资源部批准）、省级地质公园和县市级地质公园（省市级国土资源部门批准）。截至 2017 年，我国已建立 239 处国家地质公园（含授予资格），建立省级地质公园 100 余处，其中 35 处已被联合国教科文组织收录为世界地质公园。我国台湾省还建立了村级地质公园。一个地质门类齐全、管理等级有序、分布宽广的中国地质公园体系已初步建立。从保护对象来看，以地质（体、层）剖面为主的国家地质公园有 27 家、地质构造类 14 家、古生物类 40 家、矿物和矿床类 1 家、地貌类 211 家、水体景观类 20 家、环境地质遗迹类 8 家。

联合国教科文组织官员赞扬说，"中国在地质公园建立这一工作中起到了开拓性的推动作用"，并将世界地质公园网络办公室设立在中国国土资源部。"世界地质公园"是在联合国教科文组织"地质公园署"领导下建立的一种新的公园体系。第一批世界地质公园建立于 2004 年，先后批准了 111 处世界地质公园，其中中国 35 处。

中国已成为地质公园数量最多的国家，而且还有强劲的发展势头，有效地保护了近 3000 处重要地质遗迹，向超过 11 亿次的游客宣传了地球科学知识，已建立和在建 100 多处博物馆，出版了 500 余种、500 余万册地学科普读物。作为一种新的资源利用方式，中国的地质公园在地质遗迹与生态环境保护、地方经济发展与解决群众就业、科学研究与知识普及、提升原有景区品位和基础设施改造、国际交流和提高全民素质等

---

[1]　韦复才：《中国世界地质公园简介》，《中国岩溶》2009 年第 28 期。

方面，日益显现巨大的综合效益，为生态文明建设和地方文化传承做出了重要贡献。

5. 湿地公园

根据《湿地公约》，湿地是指天然的或人工的、永久的或暂时的沼泽地、泥炭地和水域地带，带有静止或流动的淡水、半咸水及咸水水体，以及低潮时水深不超过 6 米的海域。[①] 湿地公园是指拥有一定规模和范围，以湿地景观为主体，以湿地生态系统保护为核心，兼顾湿地生态系统服务功能展示、科普宣教和湿地合理利用示范，蕴含一定文化或美学价值，可供人们进行科学研究和生态旅游，予以特殊保护和管理的湿地区域。[②] 湿地公园适应于城市的自然生态系统，是兼具多种功能的社会公益性公园，与此同时，也是保障城市生态平衡和可持续发展的重要的开放体系，其功能主要包括科普教育功能、资源合理利用功能以及景观、休闲设施营造功能。国家湿地公园是指依照相关程序申报，经国家林业局批准建立的国家级湿地公园。湿地公园是介于自然保护区与传统意义的城市公园之间、具有一定规模的自然湿地区域，同时也是基于生态保护的一种可持续的湿地管理和利用方式。

湿地公园是国家湿地保护体系的重要组成部分，与湿地自然保护区、保护小区、湿地野生动植物保护栖息地、湿地多用途管理区等共同构成了湿地保护管理体系。建设湿地公园是湿地保护与合理利用的一种成功模式，也是《湿地公约》所提倡的发展方向。

近年来，国外湿地公园建设发展迅速，如美国、日本、澳大利亚等国家湿地公园建设已取得了成功，并得到广泛赞誉和认可。而我国湿地公园建设起步较晚，始于 20 世纪 90 年代以后，落后欧美约 40 年，可借鉴的经验和模式较少。自 1992 年加入国际《湿地公约》以来，我国把加强湿地保护，发挥湿地综合效益，实现湿地资源永续利用、造福当代、惠及子孙确定为湿地保

① 闫敏华：《中国湿地保护事业的发展与未来》，《地理教育》2014 年第 z2 期。
② 王永明：《湿地公园建设中的湿地保护与恢复措施》，《资源节约与环保》2016 年第 9 期。

护与合理利用的总目标。2003 年国务院批准了《全国湿地保护工程规划》，国家林业局提出鼓励在四个特殊地域优先建设湿地公园，2004 年建设部批准首个国家城市湿地公园——荣成市桑沟湾城市滨海湿地公园，2005 年国家林业局批准首个国家湿地公园——西溪国家湿地公园，从此我国湿地公园建设进入实质性发展阶段。

"十二五"期间，我国湿地保护面积增加了 200 万公顷，自然湿地保护率提高到 46.80%。[①] 自 2005 年西溪国家湿地公园正式成为国家湿地公园试点建设以来，截至 2017 年，我国自然湿地保护面积达 2185 万公顷，全国共批准国家湿地公园试点 706 处，其中通过验收并正式授予国家湿地公园称号的达 98 处，指定国际重要湿地 49 处。[②] 保护的主要湿地类型有：沼泽（森林、灌丛、苔草）、河流、湖泊、水塘、水库、浅海滩涂、稻田、红树林，涵盖了我国主要湿地类型。目前，以自然保护区为主体，湿地公园、湿地保护小区等多种保护管理形式并存的保护管理体系已逐步形成。

6. 饮用水水源地

我国是一个水资源既丰富又短缺的国家。水资源丰富是指我国水资源总量丰富，我国淡水资源总量约为 2.8 万亿立方米，占全球水资源的 6%，仅次于巴西、俄罗斯和加拿大，居世界第四位。[③] 但是我国又是水资源短缺的国家，我国人均水资源占有量只有 2200 立方米，仅为世界平均水平的 1/4、美国的 1/5，名列世界第 121 位，是联合国认定的"水资源紧缺"国家。[④] 经济的快速发展和城市化的迅速扩张更加剧了经济发展与城市用水之间的矛盾，使得城市用水问题尤为凸显。因此，水源地的保护工作显得尤为重要。

饮用水水源保护区分为地表水饮用水源保护区和地下水饮用水源保护区。

---

① 绿文：《我国湿地保有量将稳定在 8 亿亩》，《国土绿化》2016 年第 1 期。
② 绿文：《我国湿地保有量将稳定在 8 亿亩》，《国土绿化》2016 年第 1 期。
③ 宋群：《我国节水工作存在的问题与对策》，《宏观经济管理》2002 年第 9 期。
④ 历非：《我国水资源面临严峻挑战》，《瞭望新闻周刊》2005 年第 14 期。

地表水饮用水源保护区包括一定面积的水域和陆域。地下水饮用水源保护区是指地下水饮用水源地的地表区域。据不完全统计，约有 3/4 为地表水水源地，1/4 为地下水水源地。南方地区以地表水水源地（含河流型与湖库型）为主，北方地区以地下水水源地为主。从取水量来看，湖库型水源地取水量最大，地下水型水源地取水量相对较小。

我国现有的饮用水水源保护法律法规主要有《中华人民共和国水污染防治法》《中华人民共和国水法》《饮用水水源地污染防治管理规定》，以及《国务院办公厅关于加强饮用水安全保障工作的通知》（国办发〔2005〕45 号）、《国务院关于实行最严格水资源管理制度的意见》（国发〔2012〕3 号）和《国务院关于印发水污染防治行动计划的通知》（国发〔2015〕17 号）等政策，各地也颁布实施了多个饮用水水源环保法规及规范性文件。

2016 年有调查表明，全国设立的地表水型水源地超过 2400 个，并对全国供水人口 20 万以上的地表水饮用水水源地及年供水量 2000 万立方米以上的地下水饮用水水源地进行了核准（复核），将全国 618 个饮用水水源地纳入《全国重要饮用水水源地名录（2016 年）》管理。超过 93% 的地表水水源地水质达标，84.6% 的地下水水源地水质达标。但是，随着经济社会的发展，水源地面临的环境压力显著增大，饮用水水源水质总体呈下降趋势。部分水源因水质下降，不得不更换取水口位置（向上游迁移），甚至关闭水源地。

2010 年，环境保护部会同国家发改委、住建部、水利部、卫生部五部门联合印发了《全国城市饮用水水源地环境保护规划（2008-2020 年）》。这是我国第一部饮用水水源地环境保护规划。《规划》的实施有效指导了各地开展饮用水水源地环境保护和污染防治工作，进一步改善了我国城市集中式饮用水水源地环境质量，提升了水源地环境管理和水质安全保障水平。

7. 海洋特别保护区（含海洋公园）

海洋特别保护区是指具有特殊地理条件、生态系统、生物与非生物资源及海洋开发利用特殊要求，需要采取有效的保护措施和科学的开发方式进行特殊管理的区域。[①] 根据《海洋特别保护区管理办法》，分为海洋特殊地理条件保护区、海洋生态保护区、海洋公园和海洋资源保护区四种类型。与海洋自然保护区的禁止和限制开发不同，海洋特别保护区按照"科学规划、统一管理、保护优先、适度利用"的原则，在有效保护海洋生态和恢复资源的同时，允许并鼓励合理科学地开发利用，从而促进海洋生态环境保护与资源利用的协调统一。

为落实党的十七大提出的"建设生态文明"战略方针，推进海洋生态文明建设，加大海洋生态保护力度，促进海洋生态环境保护与资源可持续利用，2010 年海洋局修订了《海洋特别保护区管理办法》，将海洋公园纳入海洋特别保护区的体系中。国家级海洋公园的建立，进一步充实了海洋特别保护区类型，为公众保障了生态环境良好的滨海休闲娱乐空间，在促进海洋生态保护的同时，也促进了滨海旅游业的可持续发展，丰富了海洋生态文明建设的内容。

自 2005 年中国建立第一个国家级海洋特别保护区以来，海洋特别保护区经历了跨越式发展。目前已初步形成了包含特殊地理条件保护区、海洋生态保护区、海洋资源保护区和海洋公园等多种类型的海洋特别保护区网络体系。至 2014 年，中国已有国家级海洋特别保护区 56 处，总面积达 6.9 万平方公里，其中包括海洋公园 30 处。[②]

8. 世界遗产

世界遗产是指列入联合国教科文组织《世界遗产名录》的具有突出价值的自然区域和文化遗存。自 1972 年 11 月 16 日联合国教科文组织大会通过《保护世界文化和自然遗产公约》（以下简称《世界遗产公约》）和建立《世界遗产名录》以来，保护世界范围内具有突出价值的自然和文化遗产的理念作为人类应对生态危机和文化危机最具认同感的战略，在全球得到广泛传播。

---

① 刘旗开：《海洋特别保护区》，《海洋技术学报》1998 年第 3 期。
② 纪岩青：《我国新增 11 个国家级海洋特别保护区》，《广西水产科技》2014 年第 2 期。

中国作为一个文明古国，1985 年加入世界遗产公约组织，至 2017 年 7 月共有 52 个项目被联合国教科文组织列入《世界遗产名录》，与意大利并列世界第一。[①] 其中世界文化遗产 32 处，世界自然遗产 12 处，世界文化和自然遗产 4 处，世界文化景观遗产 4 处。源远流长的历史使中国继承了一份十分宝贵的世界文化和自然遗产，它们是人类的共同瑰宝。1987 年中国首次成功申报世界复合文化遗产泰山，随后黄山、峨眉山—乐山大佛、武夷山分别于 1990 年、1996 年、1999 年以复合遗产入选《世界遗产名录》。而武陵源、九寨沟和黄龙同时于 1992 年被批准为世界自然遗产，2003 年三江并流因具有突出、普遍价值以世界自然遗产进入《世界遗产名录》。

中国的世界自然遗产囊括了自然遗产、双遗产和文化景观等以自然特征为基础的全部遗产类型，涵盖了自然美、地质地貌和生物生态三大突出价值的全部方面。中国自古"天人合一"的理念，在双遗产、文化景观遗产中得到充分体现，泰山、黄山、峨眉山—乐山大佛、武夷山、五台山、西湖、庐山等所具有的自然与文化和谐交融的突出特点，很好地丰富了世界遗产的科学价值和人文内涵。

2014 年游客达到 1.05 亿人次，其中境外游客达 812.4 万人次，为地方带来直接旅游收入 73 亿元。各遗产地还坚持资源保护与民生发展相结合，通过特许经营、利益共享、生态补偿、生活补助等多种方式惠及民众。截至 2014 年，各遗产地共为遗产地及其缓冲区范围内的居民提供就业岗位 8.8 万个。

法制建设方面形成了由国家、省、遗产地有关法律、法规、规章构成的制度体系；管理机构上建立了由住房和城乡建设主管部门、地方人民政府及其主管部门、遗产地管理机构构成的三级管理体制。

世界遗产理念与生态文明理念高度契合。严格保护和永续传承世界遗产，

① 董静纹、任成好、刘冰冰等：《中国世界遗产的保护与利用》，《科学导报》2016 年第 6 期。

是践行生态文明理念的生动实践和典型示范。30多年来，中国世界自然遗产的保护理念不断升华，管理水平不断提升，实现了由主管部门保护向全社会共同保护的转变、由注重遗产资源本体保护向遗产环境整体保护的转变、由国内保护向国际合作共同保护的转变，较好地实现了自然文化遗产的严格保护和永续利用。

世界遗产有效保护了重要自然生态系统和珍贵自然遗产。18项自然遗产、双遗产、文化景观遗产中，5项位于全球生物多样性热点地区，10项属于《中国生物多样性保护战略与行动计划》确定的中国生物多样性保护优先地区，5项列入联合国教科文组织"世界生物圈保护区"，有效保护了大熊猫、滇金丝猴等濒危珍稀物种栖息地和自然生态系统，最具代表性的丹霞地貌、喀斯特地貌、花岗岩地貌、砂岩地貌、古生物化石群等地质遗迹，最优美的山岳、湖泊、森林等自然景观和独特的宗教、山水、古建、耕作等文化景观，完美地诠释了"尊重自然、顺应自然、保护自然""发展与保护相统一""绿水青山就是金山银山""山水林田湖是一个生命共同体"等生态文明核心理念的重大价值和现实意义，是划定生态红线和构建生态安全屏障的战略支撑点，为推动生态文明建设发挥了特殊作用。

（三）保护地面临的主要问题及未来发展方向

1. 面临的主要问题

当前，我国仍处在工业化、城镇化快速发展阶段，生态环境保护压力依然很大，自然保护地在建设和管理中还存在一些问题，面临严峻挑战。

一是保护与开发矛盾突出。以自然保护区、森林公园等为代表的自然保护地大多处于老少边穷地区，经济发展、生态保护、脱贫攻坚任务繁重。有的地方为追求经济利益，多次不合理调整甚至撤销自然保护区；一些地方在自然保护区内，甚至在核心区和缓冲区内盲目开发建设，导致生态系统"碎片化"，影响了自然保护区的生态功能和价值。部分建立时间较早的自然保护区将一些村镇、农田、工矿企业划入其中，制约了自然保护区的健康发展。

二是管理机制有待健全。某些风景名胜区、森林公园、地质公园、湿地公园与自然保护区交叉重叠，存在多头管理等问题。一些自然保护区按照行政区界划建，导致同一生态系统内分设不同的自然保护区，影响了生态系统的完整性。部门间的协作配合还须进一步加强。多数自然保护区管理机构集行政、事业和企业职能于一身，政企不分、事企不分。现有法律法规对自然保护地的一些规定过于原则，可操作性不强，处罚标准偏低。

三是基础工作比较薄弱。大部分省级以下自然保护地的管理机构建设不能满足实际需要，有的甚至没有专门的管理人员。部分地区对国家级自然保护地的生态保护补偿资金尚未到位，一些自然保护地运行管理经费不足，相关支持资金分散。部分自然保护地还没有建立完善的科研监测系统，或仅开展了部分科研监测内容。还有许多自然保护地的土地权属问题没有得到有效解决，勘界立标等工作尚未全面完成。

四是区域布局尚须完善。与陆地生态系统相比，水生生物和海洋生态系统保护不足，包括海洋类型自然保护区在内的海洋保护面积约占我国主张管辖海域面积的 4%，距《生物多样性公约》提倡的到 2020 年 10% 的目标仍有明显差距。一些生物多样性丰富、生态系统功能重要的地区还没有建立自然保护地。

2. 未来发展方向

党的十八届三中全会通过的《中共中央关于全面深化改革若干重大问题的决定》中明确提出要"建立国家公园体制"，中共中央、国务院印发的《加快推进生态文明建设的意见》和《生态文明体制改革总体方案》对建立国家公园体制提出了具体要求。习近平总书记等中央领导多次就建立国家公园体制做出重要指示与批示，强调建立国家公园的目的是保护自然生态系统的原真性和完整性，给子孙后代留下一些自然遗产，指出要把最应该保护的地方保护起来，解决好跨地区、跨部门的体制性问题。

习近平总书记在党的十九大报告中明确提出，要"建立以国家公园为主体的自然保护地体系"。2018 年，十三届全国人大一次会议审议通过《国务院机构改革方案》，中共中央印发了《深化党和国家机构改革方案》，明确提出"将国土资源部、住房和城乡建设部、水利部、农业部、国家海洋局等部门的自然保护区、风景名胜区、自然遗产、地质公园等管理职责整合，组建国家林业和草原局，加挂国家公园管理局牌子"。

今后一段时间，我们将紧紧围绕"五位一体"总体布局和"四个全面"战略布局，牢固树立和贯彻落实创新、协调、绿色、开放、共享的新发展理念，认真落实党中央、国务院决策部署，坚持保护优先、自然恢复为主，以提高管理水平和改善保护效果为主线，以防止不合理的开发利用为重点，注重改革创新，严格执法监管，以"建立以国家公园为主体的自然保护地体系"为核心工作，推进自然保护地建设和管理，从数量型向质量型、从粗放式向精细化转变，大力推进自然生态系统保护与修复。今后我们应该重点做好以下工作。

（1）加强法制建设。按照依法管理的准则，完善法律体系，出台国家公园或自然保护地专门法律，对国家公园及自然保护地保护和管理做出原则性规定。结合各自然保护地自然资源特征，制定相应的管理规章，实行"一地一法"，明确国家公园等自然保护地生态保护责任、资产权属、管理权限、运营机制、监督机制、资金投入及分配、社区权责、执法规范等，控制开发利用强度和人类活动强度。

（2）加快建立以国家公园为主体的自然保护地体系。研究制定自然保护地分类标准、不同类型自然保护地监督管理办法、自然保护地自然资源管理办法，加快制定相关配套规章和制度。根据管理目标、代表性和面积适宜性等，确定各类各级自然保护地的准入标准；结合全国主体功能区规划、生态功能区划、生物多样性优先保护区域、生态保护红线等重要规划区划，编制全国自然保护地发展规划，形成以国家公园为主体的自然保护地总体布局，指导自然保护地优化整合。组织对现有各类各级自然保护地（包括国家公园、自然保护区、风景名胜区、森林公园、地质公园、湿地公园、农业野生植物原生境保护区、水产种质资源保护区、海洋特别保护区等）逐一进行评估，结合全国自然保护地发展规划，提出每一个自然保护地隶属类型和级别建议。

（3）深化自然保护地管理体制改革。积极推进三江源等国家公园体制试点，形成符合我国国情的自然保护地分类体系和管理体制，逐步解决多头管理、碎片化等问题。落实领导干部自然资源资产离任审计试点方案，严格执行生态环境损害责任追究制度，强化环境保护督察，督促地方政府和相关部门落实自然保护地管理主体责任，进一步明确自然保护地管理机构的性质和职责定位。科学划定生态保护红线，将各级各类自然保护地纳入红线范围。加快构建自然资源资产产权制度，健全自然保护地生态保护补偿机制，有效调动各方面积极性，形成"政府主责、部门协同、社会监督"的管理格局。

（4）夯实基础工作。建成自然保护地天地一体化监测核查体系，健全自然保护地生态监测网络。加强自然保护地基础数据汇总、分析和整合，构建自然保护地信息化管理平台。督促有关地方政府加快健全自然保护地管理机构，加强人员和经费保障，强化一线科研监测工作；明确自然保护地范围，加快进行勘界立标，完善区界标识和警示设施。

（5）严格监督管理。定期开展自然保护地监督检查，对自然保护区等各类自然保护地开展遥感监测，对重点区域加大遥感监测频次。提高涉及自然保护地建设项目的准入门槛，制定负面清单，强化规划环评约束，细化项目环评要求。严肃查处各类违法行为，采取约谈、挂牌督办、曝光等手段，强化问责监督。组织开展自然保护地内人类活动排查，规范旅游等开发活动，对存在的问题进行治理整改。加强信息公开，引导公众参与对自然保护地的监管。

三　生态保护红线

（一）生态保护红线提出背景

1. 生态保护红线提出的战略背景

（1）划定生态保护红线是党中央、国务院的重要决策部署。2011 年，《国务院关于加强环境保护重点工作的意见》（国发〔2011〕35 号）首次提出要"在重要生态功能区，陆地和海洋生态环境敏感区、脆弱区等区域划定生态保护红线"，随后《国家环境保护"十二五"规划》（国发〔2011〕42 号）也将划定生态红线列为重点任务。2013 年，党的十八届三中全会通过了《中共中央关于全面深化改革若干重大问题的决定》，将"划定生态保护红线"作为改革生态环境保护管理体制、推进生态文明制度建设的重点内容。2015 年，《中共中央国务院关于加快推进生态文明建设的意见》明确指出，"在重点生态功能区、生态环境敏感区和脆弱区等区域划定生态红线，确保生态功能不降低、面积不减少、性质不改变"；同年，中共中央、国务院印发的《生态文明体制改革总体方案》中也提出，"划定并严守生态红线，严禁任意改变用途，防止不合理开发建设活动对生态红线的破坏"。2016 年，《中华人民共和国国民经济和社会发展第十三个五年规划纲要》中提出，"划定并严守生态保护红线，确保生态功能不降低、面积不减少、性质不改变"。中央全面深化改革领导小组 2016 年的工作要点也提出了"制定划定并严守生态保护红线的若干意见"。2017 年 2 月 7 日，中共中央办公厅、国务院办公厅向社会公开发布《关于划定并严守生态保护红线的若干意见》（以下简称《若干意见》）。

（2）划定生态保护红线上升到立法高度。2014 年 4 月 24 日，第十二届全国人民代表大会常务委员会第八次会议审议通过《中华人民共和国环境保护法》，新修订的环保法明确规定，"国家在重点生态功能区、生态环境敏感区和脆弱区等区域划定生态保护红线，实行严格保护"。新环保法界定了生态保护红线的划定范围，标志着划定生态保护红线任务由国家政策要求上升到立法层面，增强了执行的强制性，为实施生态保护红线划定与监管工作提供了法律保障。

（3）划定工作与监管要求的结合更为紧密。自 2012 年环保部正式启动生态保护红线划定工作以来，以识别与划定全国生态功能重要区域为核心工作，基于生态保护重要性的科学评估开展划定试点工作，不断完善生态保护红线划分建议方案。随着生态保护红线受重视程度的日益提高，地方政府更加关注生态保护红线的监管工作，生态保护红线在落地过程中也不断与经济发展相博弈，因此生态保护红线划定以后的监管显得尤为重要。在当前形势下，生态保护红线划定需要与管理紧密结合，同步开展。

2. 生态保护红线提出的科学背景

（1）国家生态环境形势日益严峻。我国生态资源丰富，森林、湿地、草地面积约占国土面积的 63.8%，在保障国家生态安全和社会经济可持续发展方面起到了关键作用。但是，自 20 世纪 50 年代以来，由于资源与能源的过度利用和无序开发，我国生态环境面临严峻挑战，具体表现为：生物栖息地遭受破坏和威胁，物种濒危程度加剧，生物多样性锐减；长江、黄河、嫩江等大江大河水系涵养水源、保持水土等生态服务功能被极大削弱；重要的生态功能区、陆地和海洋生态环境敏感区、脆弱区等区域生态保护与修复力度不够，生态服务和调节功能持续下降，山洪、泥石流、旱涝等自然灾害频发。生态安全已上升为国家安全问题，其态势已经制约经济的增长和社会经济的可持续发展。

（2）国家生态安全格局尚未形成。目前我国自然保护区面积约占陆地总面积的 15%，这一比例已经达到甚至超出了发达国家水平，但自然保护区建设情况具有明显的地域特征和不平衡性，部分自然生态系统及珍稀濒危物种并未得到有效保护，30% 的自然生态系统类型、20% 的野生动物、40% 的高等植物尚处于保护区以外。早期建立的一些自然保护区，因科学论证不足，规划不合理，片面追求面积规模等问题并未得到有效管控。即使是在目前保护最为严格的保护区，仍存在执法不严、违法建设、开发与保护混杂的局面。

此外，我国还划建了风景名胜区、森林公园、湿地公园、地质公园等各级各类保护地，虽然大多数区域也具有重要的生态功能，但其管理目标定位多以旅游开发目的为主，对于生态保护重视程度明显不足。各类保护地也存在空间重叠、布局不够合理、保护目标单一、划分不够科学系统、生态保护效率不高等问题，一些线性网状的生态功能区域由于没有受到重视而不断受到侵蚀、干扰而断裂、消失和退化。

总体而言，我国生态保护区域类型多、面积大、覆盖广，但是划定科学性不足，缺乏严格的生态保护标准和管理措施，当前生态环境保护投入难以支撑有效管护，我国高效稳定的国家生态安全格局尚未正式建立。

（3）生态保护统一监管机制尚未建立。生态环境管理体制作为国家环境保护工作的支撑和中枢，在生态保护中发挥着极为重要的作用。然而，随着时代发展，特别是在环境保护实现历史性转变的关键时期，生态环境管理体制中存在的问题不断显现，许多问题已开始制约生态保护工作的推进。

由于历史和现实的原因，我国的生态环境保护体制建设落后于污染控制，政府的生态保护管理职能分散在各个部门，采取按生态和资源要素分工的部门管理模式，缺乏强有力的、统一的生态保护监督管理机制，存在政府部门职能错位、冲突、重叠等体制性障碍，造成国家公共利益和部门行业利益的冲突；各部门都从本部门利益出发，积极推动制定本部门所管理的资源法律，并通过法律加强自身的授权和权力，造成法律法规之间的矛盾，"政出多门"加大了基层部门执行有关法律法规的难度；在规划和政策制定上各自为政，相互衔接不够，使生态保护的标准各异，划建生态保护地的目的与分类体系不同，措施综而不合，极不利于国家对生态保护的宏观调控。

（二）生态保护红线概念、特征与类型

1. 生态保护红线概念与内涵

根据国内各相关部门的工作实践，"红线"一般指严格管控事物的空间

界线，包含数量、比例或限值等方面的管理要求。"红线"概念已被多个管理部门广泛使用。对生态保护红线概念的界定，在科学研究领域尚无统一定论。一般把"生态保护红线"理解为必须严格保护的空间区域。

在生态管理领域，决策者更关注生态保护红线划定后的管控。2013 年 5 月，习近平总书记强调，要划定并严守生态保护红线，提出了"保障国家和区域生态安全，提高生态服务功能"的重要内涵。生态保护红线是继"重要亿亩耕地红线"后又一条被提到国家层面的"生命线"。

党的十八大以来，习近平总书记多次从生态文明建设的宏阔视野提出"山水林田湖是一个生命共同体"的论断，强调"对山水林田湖进行统一保护、统一修复是十分必要的"。生态系统具有整体性特征，生态保护也应实现一条红线管控重要生态空间。中央全面深化改革领导小组 2016 年的工作要点提出《制定划定并严守生态保护红线的若干意见》后，针对相关部门的不同意见，2016 年 8 月 18 日，又和生态文明体制改革专项小组召开专题会议，研究生态空间和生态保护红线等改革任务。会议明确，国土空间分为城镇、农业和生态空间，生态保护红线是生态空间的重要组成部分。需要指出的是，我们通常所说的"生态红线"就是指"生态保护红线"。

2017 年 5 月，习近平总书记在中共中央政治局第四十一次集体学习时强调，加快构建生态功能保障基线、环境质量安全底线、自然资源利用上线三大红线，全方位、全地域、全过程开展生态环境保护建设。"三大红线"是保护生态环境的防线，也是推动绿色发展方式和绿色生活方式的起点。这里提到的"三大红线"可以理解为大的生态红线概念范畴，生态功能保障基线也就是我们通常所指的"生态保护红线"。环境保护部曾于 2014 年编制印发《国家生态保护红线——生态功能基线划定技术指南（试行）》，经过试点试用、地方和专家反馈、技术论证，最终将生态功能红线更名为生态保护红线，并于 2017 年 5 月修订形成《生态保护红线划定指南》，这与习总书记对于生态保护红线的有关要求一致。

在科学研究和生态管理领域，诸多学者和管理者从不同角度强调了生态保护红线的某些特征和内涵，但并没有给出一个确切定义。笔者认为，《若干意见》较好地给出了生态保护红线定义，即在生态空间范围内具有特殊重要生态功能、必须强制性严格保护的区域，是保障和维护国家生态安全的底线和生命线，通常包括具有重要水源涵养、生物多样性维护、水土保持、防风固沙、海岸生态稳定等功能的生态功能重要区域，以及水土流失、土地沙化、石漠化、盐渍化等生态环境敏感脆弱区域。这里提到的生态空间是指具有自然属性、以提供生态服务或生态产品为主体功能的国土空间，包括森林、草原、湿地、河流、湖泊、滩涂、岸线、海洋、荒地、荒漠、戈壁、冰川、高山冻原、无居民海岛等。

　　这一定义既体现了《环境保护法》的有关规定，又突出了生态保护红线的深刻内涵。分析其内涵，生态保护红线包括森林、草原、湿地、荒漠等生态要素，但并不是将各类红线空间和数量总和简单叠加，是维护和改善重要生态系统服务功能持续发挥的关键生态用地，需要在一定基础理论的支持下，通过系统方法划定的维护国土生态安全的特定位置和一定面积比例的国土生态空间，在此区域内禁止工业化和城镇化建设，限制资源开发活动，明确责任主体，对生态环境施行严格的保护和恢复管理措施。生态保护红线遵循了生态学的基本原理，作为其关键内容的生态系统恢复及重建，实质上是人为干预条件下的生态系统演变过程，这其中包含了群落演替、物质循环和能量流动、生态系统生态学、景观生态学、生态系统服务等多项生态学基本原理。

2. 生态保护红线特征

生态保护红线具有以下特征。

（1）生态保护的关键区域。生态保护红线极为重要的生态功能区和生态敏感区、脆弱区，是保障人居环境安全、支撑经济社会可持续发展的关键生态区域。

（2）空间不可替代性。生态保护红线具有显著的区域特定性，其保护对象和空间边界相对固定。

（3）经济社会支撑性。划定生态保护红线的最终目标是在保护重要自然生态空间的同时，实现对经济社会可持续发展的生态支撑。

（4）管理严格性。生态保护红线是一条不可逾越的空间保护线，应实施最为严格的环境准入制度与管理措施。

（5）生态安全格局的基础框架。生态保护红线区是保障国家和地方生态安全的基本空间要素，是构建生态安全格局的关键组分。

3. 生态保护红线类型

"十一五"以来，我国政府主推主体功能区战略，不断优化国土空间开发与保护格局。我们认为，划定生态保护红线能够起到保护核心生态空间的积极作用，对进一步规范开发建设活动具有重要意义。《中华人民共和国环境保护法》（2014年修订版）明确界定了生态保护红线的划定范围，即在重点生态功能区、生态环境敏感区和脆弱区等区域划定生态保护红线。生态保护红线是对目前保护地体系（包括各类禁止开发区）的有机整合，对未实施保护的关键生态区域进行的科学划定。上述各类区域尽管在空间上可能存在部分重叠，但基本囊括了我国重要的生态保护区域。通过不同类型生态保护红线的划分，最终将可以实现关键生态区域的"应保尽保"，并有利于实施差异化管理。

依据生态保护红线的科学内涵和我国生态保护需求，生态保护红线主要有三大保护功能：一是保护重要生态功能，维护自然生态系统的服务功能，保障生态产品供给，为经济社会可持续发展提供生态支撑；二是保护生态环境敏感区域，减缓与控制生态灾害，构建人居环境生态屏障；三是保护关键物种与生态系统，维持生物多样性，促进生物资源的可持续利用。[1] 相应地，生态保护红线体系可划分为重点生态功能区红线、生态屏障区保护红线、关键物种生境与自然景观保护红线三大类型（见图3）。根据生态服务功能类型和生态敏感性特征，三大类型生态保护红线又可细分为若干小类。其中，重点生态功能区

---

① 高吉喜：《国家生态保护红线体系建设构想》，《环境保护》2014年第1期。

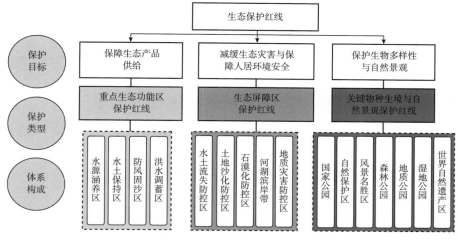

图 3 生态保护红线体系构成

保护红线主要包括水源涵养生态保护红线、水土保持生态保护红线、防风固沙生态保护红线等陆地和海洋重要生态功能区红线；生态屏障区保护红线主要包括水土流失防控生态保护红线、土地沙化防控生态保护红线、石漠化防控生态保护红线、河湖滨岸带生态保护红线等陆地和海洋生态环境敏感区红线；关键物种生境与自然景观保护红线主要包括国家公园、自然保护区等各类生态保护地。需要说明的是，在不同地区和不同地域，保护的类型和对象应有所不同。

4. 生态保护红线划定进展情况

《若干意见》发布后，京津冀 3 省（市）、长江经济带 11 省（市）和宁夏回族自治区（省级空间规划试点）加快推进划定工作，共组织 200 多个技术单位、1500 余人参与工作，收集和处理数据达 350 TB（1TB=1024GB），开展科学评估，加强部门衔接、规划衔接、上下衔接、跨区域衔接和陆海衔接，形成生态保护红线划定方案，先后通过专家论证和省（区、市）人民政府审议。2017 年 11 月 28~30 日，国家环保部和发改委会同有关部门审核并原则通过了 15 省份的划定方案。根据审核意见，15 省份对划定方案作了修改，形成了报批稿。

2018 年 2 月 7 日，国务院批准了京津冀 3 省（市）、长江经济带 11 省（市）和宁夏回族自治区共 15 省份生态保护红线划定方案。北京市等 15 省份划定生态保护红线总面积约 61 万平方公里，占 15 省份总面积的 1/4 左右，主要为生态功能极重要和生态环境极敏感脆弱地区，涵盖了国家级和省级自然保护区、风景名胜区、森林公园、地质公园、世界文化自然遗产、湿地公园等各类保护地，基本实现了"应划尽划"。北京市等 15 省份生态保护红线共涉及 291 个国家重点生态功能区县域，县域生态保护红线面积平均占比超过 40%。

按照《若干意见》的有关要求，北京市等 15 省份将陆续发布实施本行政区域生态保护红线。国家环保部、发改委将督促指导山西等省份于 2018 年底前完成生态保护红线划定，并做好衔接、汇总，按要求最终形成生态保护红线全国"一张图"。

下一步，国家环保部、发改委将会同国务院有关部门和地方，按照《若干意见》的部署，深入推进生态保护红线划定与严守工作。启动生态保护红线勘界定标，在重要位置和拐点竖立标识标牌，实现生态保护红线准确落地。研究制定生态保护红线严守政策，根据生态功能定位，明确生态保护红线差别化的用途管控、准入清单、生态保护补偿、评价考核等政策措施，最终建立生态保护红线制度。

（三）生态保护红线划定的作用与意义

生态红线是最为严格的生态保护空间，是确保国家和区域生态安全的底线，其作用和意义可概括为以下"四条线"。

1. 生态保护红线是生物多样性保护基线

我国是世界上生物多样性最为丰富的国家之一，具有种类丰富、起源古老，且多古老、孑遗种和特有种等特征，是世界上保存相对完整的古老区系之一。为加强对自然生态系统与动植物物种的保护，我国自 1956 年以来建立了各级各类自然保护区，但据不完全统计，仍有 10%~15% 的国家重点保护动植物尚未得到有效保护。农业垦殖、森林采伐、城市化、工业化等人为活动割裂了野生动植物栖息地，部分野生动植物种群数量受到威胁。为此，划定生态保护红线需要特别关注珍稀濒危物种，通过科学评估与实地调查，以生态完整性为原则识别生物多样性保护的空缺地区并将其纳入生态保护红线，确保国家重点保护物种保护率达 100%。所以说，生态保护红线是一条生物多样性保护基线。

2. 生态保护红线是优质生态产品供给线

党的十九大报告明确指出，中国特色社会主义进入新时代，我国社会主要矛盾已经转化为人民日益增长的美好生活需要和不平衡不充分发展之间的矛盾。优质的生态产品是人民群众美好生活的必需。人与自然和谐共生的现代化要求既要创造更多物质财富和精神财富以满足人民日益增长的美好生活需要，也要提供更多优质生态产品以满足人民日益增长的优美生态环境需要。生态保护红线划定的区域（系统）都是优质生态产品的"生产地"和"发源地"。划定并严守生态保护红线，就是要为人民群众提供清新的空气、清洁的水源和宜居的环境，所以说，生态保护红线是一条优质生态产品的供给线。

3. 生态保护红线是人居环境安全保障线

我国地形地貌复杂，山地多，平原少，生态环境本就脆弱。由于不合理的人类开发建设活动，近年来我国自然灾害发生频率和受灾影响在一定程度上呈加重趋势，人居环境安全面临严峻威胁。在生态保护红线划定过程中，除了将具有重要生态功能的区域纳入红线外，还要通过科学评估涵盖水土流失、土地沙化、石漠化、盐渍化等生态环境敏感脆弱区域，确保为减缓自然灾害影响、改善人居环境质量、保障人居安全提供生态支撑。所以说，生态保护红线是一条人居环境安全保障线。

4. 生态保护红线是国家生态安全底线

生态安全是国家安全的重要组成部分。2014 年 4 月 15 日，习近平总书记在主持召开国家安全委员会第一次会议时，首次提出了总体国家安全观，明确将生态安全列入国家安全体系。2015 年 7 月 1 日，《中华人民共和国国家安全法》发布实施，并对生态安全做出明确规定，要"加大生态建设和环境保护力度，划定生态保护红线，强化生态风险的预警和防控"。《国家生态安全政策》提出国家生态安全是指一国具有支撑国家生存发展的较为完整、不受威胁的生态系统，以及应对国内外重大生态问题的能力。只有守住生态保护红线，确保生态功能不降低、面积不减少、性质不改变，使生态系统不受威胁，才能维护国家和区域的基本生态安全。所以说，生态保护红线是生态安全不可突破的底线。

（四）生态保护红线未来的发展重点

划定并严守生态保护红线是中共中央、国务院站在对历史和人民负责任的高度，为推进生态文明建设做出的战略部署和制度安排。《若干意见》中明确要求，2020年底前，全面完成全国生态保护红线划定，勘界定标，基本建立生态保护红线制度，国土生态空间得到优化和有效保护，生态功能保持稳定，国家生态安全格局更加完善。到2030年，生态保护红线布局进一步优化，生态保护红线制度有效实施，生态功能显著提升，国家生态安全得到全面保障。笔者认为，建立生态保护红线制度的关键在于实现三个"落地"，即边界落地、政策落地、管控落地，这也是生态保护红线未来发展的三个重点方向。

1. 科学划好一条线，促进"边界落地"

《生态保护红线划定指南》针对科学划定原则与生态保护红线边界精度提出了明确要求，目的就是要确保生态保护红线落实到国土空间。为此，必须坚持科学的划定理念，采用科学的划定技术方法，使红线分布合理、边界清晰、切合实际、便于管理。

（1）遵循规范的技术程序。在科学评估基础上，经过一系列规范化技术流程，形成生态保护红线划定方案。为此，需要做好"五个衔接"。一是部门衔接。环保部、发改委应与有关部门通力合作，发挥各自优势，在数据共享共用、关键技术研讨、重大问题决策等方面密切配合，扎实做好大量烦琐和细致工作，形成部门联动的生态保护红线划定工作合力。二是规划衔接。划定工作过程应充分与主体功能区规划、空间规划与"多规合一"、生态环境保护规划、土地利用规划、城乡规划、生态功能区划、水功能区划、矿产资源规划、交通等各类基础设施规划相衔接，处理好生态保护与发展建设的关系，确保生态保护红线划得实，能落地。三是上下衔接。为加快生态保护红线在县级行政区精准落地，各省（区、市）与所辖市县级行政区要反复多次进行对接，针对生态保护红线涉及的城镇建设区、工矿开发区、基础设施建设区、旅游开发区等重点区域，充分开展沟通衔接，切实解决红线落地问题。四是跨区域衔接。为确保生态保护红线划定的整体性和连续性，相邻省份之间要重点针对跨行政区域的重要自然地理单元，如重要的山脉、丘陵、高原、河流等开展划定结果比较分析，查明不匹配、不连续区域，分析具体原因，视具体情况进行修改完善。五是陆海衔接。对于沿海地区，生态保护红线划定应实现陆海统筹，将陆域和海洋生态保护红线划定成果充分对接，确保陆海红线划定保持边界清晰与协调一致，形成划定"一张图"。

（2）开展勘界定标落地。勘界定标是划定生态保护红线的深化和细化，是确保红线边界精准落地的最后一步。《若干意见》要求，2018年全国各地要完成生态保护红线划定工作，要将生态保护红线落实到国土空间。2020年前要完成勘界定标，按照勘界定标的技术规范，将红线边界在具体地块上精准落地。2018年形成的"全国一张图"，其图件精度为省级层面不低于1∶10000，这种精度与当前地理国情普查和土地利用调查保持一致。因生态保护红线具有鲜明的管控要求，必须明确落实到具体地块。所谓勘界定标，就是以生态保护红线斑块为研究单元，以地理国情普查数据、土地利用调查数据为基础，以高清正射影像图、地形图和地籍图等相关资料为辅助，开展地面调查与核查，勘定生态保护红线边界走向和拐点坐标，确定土地权属、测定界桩位置、标定用地界线、埋设界碑界桩、进行面积量算汇总等，确保将生态保护红线落实到具体地块，实现从"图上红线"到"地块红线"的转变。

2. 完善配套制度体系，促进"政策落地"

生态保护红线划定以后，更加重要的是如何严守。严守生态保护红线的关键在于底线意识的树立、用途管制制度的落实与生态保护补偿机制的建立。

（1）落实用途管制制度。作为生态空间的重要组成部分，严守生态保护红线是建立国土空间开发保护制度的基础。《若干意见》明确要求强化生态保护红线的用途管制，只有对土地用途实施严管，才能从源头上杜绝不合理开发建设活动对生态保护红线的破坏。实施用途管制的关键在于建立产业准入制度和责任追究制度，实行清单化管理，提高准入门槛，严禁不符合生态保护红线主体功能定位的开发建设项目。对于违法违规任意改变土地用途导致生态破坏的行为和个人，要严肃追究责任。

（2）建立生态保护补偿机制。习近平总书记的"绿水青山就是金山银山"的理论已经深入人心。划定红线绝不是单纯地为了保护，更应该让保护者受益。生态保护红线为支撑经济社会发展提供了优质的生态产品，是具有重要价值的生态资产，需要在科学评估的基础上，建立政府转移支付、发展绿色产业、政策与人才倾斜等多渠道生态保护补偿机制，真正使绿水青山变成金山银山。

3. **建立严密监管体系，促进"管控落地"**

生态保护红线重在监管，要实现生态功能不降低、面积不减少、性质不改变的保护目标，必须创新生态环境监管机制，切实建立严密的监管体系。

（1）建立天地一体的监测监管网络。生态保护红线范围大、分布广、系统复杂，完全依靠人力开展地面监管难以实现。当前，大数据、云计算、物联网、新媒体技术为生态保护红线监管提供了全新的监管手段。结合相关部门和科研院所的基础条件，建设和完善生态保护红线综合监测网络体系，使对红线范围开展实时监控成为可能。国家层面要建立统一监管的多功能平台系统，各省（区、市）作为国家统一监管平台的重要节点，要在划定工作基础上切实加强能力建设，纳入国家平台系统，实现国家和地方的互联互通。

（2）创新监管制度建设。为确保监测网络和监管平台的顺畅运行，提升生态保护红线管理决策的科学化水平，要不断强化监管制度建设，形成实时监控、发现问题及时通报、现场核查、依法处于一体的生态保护红线监管制度安排。在此基础上，还要建立生态保护红线预测预警体系，识别与预测生态保护红线区域的生态风险，综合判断警兆、警源与警度，建立警情评估、发布与应对平台，逐渐形成预测预警、决策与技术支持一体化，以及具有充分技术、人力和物力保障，兼有处理突发事件能力的生态保护红线预警体系，维护国家和区域生态安全。

划定并严守生态保护红线是生态文明制度建设的一项基础任务，是"功在当代、利在千秋"的大事，意义重大，影响深远。我们要按照党中央、国务院的总体部署，在科学划定基础上落实生态保护红线边界，加快制定配套政策，构建长效监管机制，促进生态保护红线早日"落地"。

结　语

截至目前，我国各类陆域自然保护地总面积占陆地国土面积的 18% 左右，已超过世界平均水平。自然保护地在保护生物多样性、自然景观及自然遗迹，维护国家和区域生态安全，保障我国经济社会可持续发展等方面发挥了重要的作用。党的十九大报告明确提出"建立以国家公园为主体的自然保护地体系"。今后一段时间，我国自然保护地体系建设应紧紧围绕"五位一体"总体布局和"四个全面"战略布局，以提高管理水平和改善保护效果为主线，以防止不合理的开发利用为重点，以"建立以国家公园为主体的自然保护地体系"为核心工作，推进自然保护地建设，使管理从数量型向质量型、从粗放式向精细化转变，大力推进自然生态系统保护与修复。

我国自 2017 年全面实施生态保护红线划定，以各省级行政区为单元推动该项工作，已取得明显进展。2017 年底，京津冀地区、长江经济带沿线和宁夏回族自治区共 15 省份完成划定。2018 年，全国完成生态保护红线划定，形成"一张图"。与此同时，制定生态保护红线相关政策也为实施生态保护红线长效监管提供了制度保障。通过理论研究与实践推动，生态保护红线在如何更好实施生态空间保护与管理方面积累了经验，进一步丰富了中国自然保护地体系，奠定了国家生态安全格局基础。

"生态兴则文明兴。"只有坚持保护优先、自然恢复为主的基本方针，以山水林田湖草生命共同体的思想划定并严守生态保护红线，建立完善的自然保护地体系，优化国土生态空间格局，保障生态空间对社会经济发展的承载能力，确保国家和区域生态安全，才能为人民群众提供更多的优质生态产品，为实现绿水青山、建设美丽中国添砖加瓦，为子孙后代留下天蓝、地绿、水净的美好家园。

第六章　污染防治

张修玉　施晨逸[*]

导　读： 近年来，在我国经济高速发展的同时环境问题也日益突出，各类环境问题亟待解决。本章从水、大气、固体废弃物三个方面对近年来我国污染防治的各类方法及发展历程进行了综合性陈述，分析了不同污染物的具体防治方法，阐述了近年来各类污染防治的发展进程，对具体污染的防治方法进行了展望并提出了相关建议。

引　言

中国的特色社会主义经济发展大概始于 20 世纪 70 年代末。从 1979 年开始，中国进入了改革开放时代，中国经济很快步入了高速发展时期，现在仅

---

[*]　张修玉，2009 年博士毕业于中山大学，主要研究方向为生态文明与环境战略。现任环境保护部华南环境科学研究所生态文明研究中心副主任，美国后现代发展研究院研究员。施晨逸，2017 年硕士毕业于中山大学，研究方向为生态文明与环境战略，现就职于环境保护部华南环境科学研究所生态文明研究中心，主要进行生态文明规划相关工作。

次于美国，成为全球第二大经济体。正是这一阶段的发展，巩固并且提升了我国的国际地位。所以，必须肯定，经济是我国过去以及未来很长时间都要坚持的根本，是其他一切的基础。

但是，在经济快速发展的同时，生态环境也发生了巨大变化，从污染物低排放走向高排放，从环境状态的低恶化走向环境状态的高恶化，从局部型、单一型污染走向全局型、复合型污染，付出了高昂的环境与资源代价。至此，我们认识到一味地发展经济已经不是上策，经济的持续、健康发展必须要充分考虑环境问题。

40年来，中国领导决策层在发展的政策思路上有着显著的变化。在20世纪80年代初就提出了经济发展、社会发展和环境发展同步进行，经济效益、社会效益和环境效益协调统一的发展观和环境观；热忱接受了国际社会共同倡议和制定的可持续发展理念，并相继提出了科学发展的观念和战略，倡导建设资源节约型和环境友好型社会；倡导发展循环经济和低碳经济，推进生态文明建设。不过，这些发展战略只停留在理念层面上，停留在文字上和口头上，很少见诸行动。

从无到有，40年来中国环境保护经历了以下几个阶段。[①]

1. 第一阶段：环境保护意识启蒙阶段（1972~1978年）

这7年，中国正处于整治混乱时期，也是环境问题开始暴露、环境保护意识萌生、传播和普及时期。当时，工业化还处于初期阶段，但环境污染开始在局部地区特别是城市暴露出来，污染事件陆续出现。但当时国人对环境污染、环境公害还了解甚少。

而此时的西方世界则是另一番景象。20世纪50~60年代，西方世界以及日本的经济正在高速发展，同时环境问题也开始迅速暴露，日本为此付出了沉痛的代价。从20世纪60年代后期，西方世界的公众终于醒悟，展开了大规模的环境保护抗议运动。而在日本，也展开了大规模的环境诉讼

---

① 煜龙集团：《中国近40年环保史——经验与反思，不忘初心》，搜狐新闻，2017年10月23日。

活动和反对公害的舆论浪潮。1970年，美国开展了旨在保护环境的"地球日"活动，喊出了"不许东京悲剧重演"的口号。1972年，联合国为顺应全球兴起的环保浪潮，在斯德哥尔摩召开了人类环境会议，拉开了全球环境保护运动的序幕。当时，《纽约时报》评论称，这次会议是一场"思想的革命"。西方发达国家的这场环境运动，为中国启动环境保护提供了契机。

1970年底周总理在听取了一位日本记者介绍日本公害特别是"公害病"情况后，要求国家机关对此进行研讨。之后，他指示要把日本记者的报告作为会议交流材料发给那一年参加全国计划会议的人员。可以说，这是在高层次的会议上出现的第一份有关环境保护的文件。中国的环境保护的启蒙就是由上而下、逐步开展起来的，实际上是周恩来总理推动起来的。

1972年，中国政府决定派团参加联合国人类环境会议。尽管在当时特殊的时代背景下，代表团是在以"阶级斗争"为主导思想的情形下出席会议的，但是这次会议还是开阔了民众的视野，让民众了解到环境保护究竟是怎么一回事，认识到并不像极"左"思潮宣扬的那样"社会主义没有污染"，而是"中国城市存在的环境污染，不比西方国家轻；自然生态方面的破坏程度，中国远在西方国家之上"。之后环保问题受到中国政府重视。

1973年8月召开全国环境保护会议，这是中国第一次召开环境保护会议。当时，各地方和有关部委负责人、工厂代表、科学界人士300多人参加了会议。会议通过摆环境污染事实，分析其危害，提高了大家对环境保护的认识。这次会议解决了几个主要问题：一是对中国环境污染有了一个初步认识，中国不是没有污染，有些方面还相当突出；二是通过了中国环境保护方针，即"全面规划、合理布局、综合利用、化害为利、依靠群众、大家动手、保护环境、造福人民"；三是通过了《关于保护和改善环境的若干规定》，对十个方面的环境保护工作提出了要求，并做出了部署。

全国环境保护会议之后，国务院环境保护领导小组迅即成立，并督促各地成立相应的环保机构，对环境污染状况进行调查评价，开展以消烟除尘为中心的环境治理。同时，对污染严重地区开展了重点治理，包括官厅水库、富春江、白洋淀、武汉鸭儿湖以及北京、天津、淄博、沈阳、太原、兰州等城市的大气污染治理。其中，对官厅水库和桂林漓江环境治理的决心最大，成效也最突出，为此后的江河和城市污染治理摸索出一些经验。

周恩来总理以他的远见卓识，敏感地意识到环境问题的严重性，以及对于未来中国的紧迫性，适时地抓住这个问题，未雨绸缪，开启了中国环境保护事业的航程。所以说，周恩来总理是中国环境保护事业的开创者和奠基人。

2. 第二阶段：环境污染蔓延和环境保护制度建设阶段（1979~1992年）

这一阶段是中国环境保护事业经历的第二个历史时期。1979年是一个标志性年份。从这一年开始，中国开始实行改革开放政策，经济发展由此驶上高速增长的轨道，并迎来了长达30多年的高速增长期。也是在这一年，《环境保护法》正式颁布，这标志着中国环境保护开始迈上法制轨道。关于制定"环境基本法"，美国是1970年，日本是1967年，法国是1976年，英国是1974年，瑞典是1969年。就时间而言，中国环境基本法建设比一些发达国家也晚不了几年，差别是中国"有法不依"。这一时期中国环境保护的理论体系、制度政策体系、法律法规体系和管理体制开始形成，初步确立了中国特色的环境保护道路。

一是确立了环境保护的基本国策地位。1983年在第二次全国环境保护会议上，环境保护被确立为中国的一项基本国策。国策地位的确立，使环境保护从经济建设的边缘地位转移到中心位置，为环保工作的开展打下了一个坚实基础。摒弃了"先污染、后治理"的老路，体现了走有中国特色环保之路的要求。这与国际上20世纪80年代后期提出的可持续发展战略是遥相呼应的，并更加切合中国的实际。可以说中央对环境问题是有先见之明的。

二是制定了环境保护的政策制度体系。1989年，在第三次全国环境保护会议上提出了环境保护三大政策和八项管理制度。同时还出台了包括"三同时"制度、环境影响评价制度、排污收费制度、城市环境综合整治定量考核制度、环境目标责任制度、排污申报登记和排污许可证制度、限期治理制度和污染集中控制制度。强化环境管理政策，是我国环境政策中最具特色的一条。20世纪80年代我国环境已经面临比较严峻的形势，在科技发展水平不高、国力有限的情况下，不可能靠高科技、高投入解决环境问题。而调查研究表明，造成环境问题特别是环境污染的重要原因是管理不善。因此，最现实、最有效的办法，是靠政府采取行政、法律和经济手段，强化环境管理，以监督促治理，以监督促保护。实践证明这是一条富有成效的道路，是我国环保工作在指导思想上具有历史意义的转变，如果没有这种转变，环保工作将无所作为，环境形势将更趋恶化。

三是构筑了环境保护法律法规和标准体系。1979年《环境保护法》首次颁布，1989年又作了修订。同期，还陆续制定并颁布了污染防治方面的各单项法律和标准，包括《水污染防治法》《大气污染防治法》《海洋环境保护法》；同时还相继出台了《森林法》《草原法》《水法》《水土保持法》《野生动物保护法》等资源保护方面的法律，初步构成了一个环境保护的法律框架。

四是确立了可持续发展的国家战略地位。1992年，联合国在里约热内卢召开了环境与发展大会。会后，中共中央、国务院颁布了《环境与发展十大对策》，在中国首次提出实施可持续发展战略。1995年，国家在"九五"规划中，明确将科教兴国和可持续发展战略列为国家战略。同时还颁布了《中国21世纪议程》，制定了中国实施可持续发展战略的国家行动计划和措施。

五是环境管理机构由临时状态转入国家编制序列。1982年国家设立城乡建设环境保护部，内设环保局，从而结束了"国环办"10年的临时状态。1988年，环保局从城乡建设环境保护部分离出来，成立了直属国务院的"国家环保局"。至此，"环境管理"才成为国家的一个独立工作部门。以后的环保总局、环境部都是在这个基础上的延伸和发展。可以说目前环境保护机构在政府编制中是到位了。1993年，全国人大设立"环境与资源委员会"，全国政协也相应设立了"环境与人口委员会"。上行下效，各省、市、区也都相继建立这种机构，环境保护在国家各级管理层面上得到了重视。

3. 第三阶段：环境污染加剧和规模化治理阶段（1993~2001年）

1993年是我国由计划经济向市场经济转轨的一年，也是中国环保历程中环境污染加剧和规模治理时期，是以总量控制为核心的环境保护制度开始落实和完善的时期。1992年邓小平南方谈话后，中国掀起了新一轮的大规模经济建设，各地上项目、铺摊子热情急剧高涨，加上20世纪80年代全国乡镇企业无序发展，中国环境污染到了一个无以复加的地步。许多江河湖泊污水横流、蓝藻大暴发，甚至舟楫难行、沿江沿湖居民饮水发生困难；许多城市雾霾蔽日、空气混浊，城市居民呼吸道疾病急剧上升。在这种情况下，国家环保部门启动了"三河（淮河、海河、辽河）三湖（滇池、太湖、巢湖）一市（北京）一海（渤海）"治理工作，通过制定区域和流域污染防治规划，实施重点污染物总量控制，拉开了规模污染治理的序幕。

4. 第四阶段：科学发展、生态文明建设思想提出并发展阶段（2002~2012年）

2002年11月，中共十六大提出要全面建设小康社会，将"可持续发展能力不断增强，生态环境得到改善，资源利用效率显著提高，促进人与自然的和谐，推动整个社会走上生产发展、生活富裕、生态良好的文明发展道路"作为主要内容之一。

经济发展强调又好又快，环境问题被纳入经济可持续发展的重点考虑因素。强调走中国特色社会主义建设道路不能忽视生态建设和环境保护；提出要用科学发展观指导人口资源环境工作；强调以人为本，将统筹人与自然和谐发展作为构建社会主义和谐社会的目标之一；强调经济增长方式转变的重要性，提出要坚持节约资源和保护环境的基本国策，加快建设资源节约型、环境友好型社会。

中共十七大进一步提出"建设生态文明"的战略目标，报告指出要"基本形成节约能源资源和保护生态环境的产业结构、增长方式、消费模式。循环经济形成较大规模，可再生能源比重显著上升。主要污染物排放得到有效控制，生态环境质量明显改善。生态文明观念在全社会牢固树立"。首次明确提出了建设生态文明的战略任务，之后又清晰界定了建设生态文明的具体内涵，同时还探索了生态文明建设与经济建设、政治建设、文化建设、社会建设的关系，赋予了生态文明建设与其他建设在全面建设小康社会进程中同等重要的地位，为中共十八大提出中国特色社会主义"五位一体"的总布局和生态文明建设思想的成熟与完善提供了良好前提。

5. 第五阶段：生态文明建设思想成熟，全面、深度治污阶段（2013年至今）

中国经济高速飞驰的列车，在2012年忽然慢了下来，增速跌破了8%。从那时起，环保工作也进入了全面治理的新阶段。2013年至今，中共十八大报告把生态文明建设放在突出地位，并将其纳入中国特色社会主义事业"五位一体"的总布局，还对生态文明建设的具体政策和制度进行了阐述，体现了党在生态文明建设理念、方针和政策方面的日趋成熟。全面打响了蓝天保卫战，生态文明建设力度空前，发展取向从追求"数量"变成注重"质量"，政绩考核，去除"GDP紧箍咒"，生态文明建设取得了巨大成绩。

全面治理环境污染的标志性事件是国务院先后发布三个"十条"。2013年9月，《大气污染防治行动计划》（又称"大气十条"）印发，吹响了气、水、土"三大战役"的号角。2015年《水污染防治行动计划》（又称"水十条"）和2016年《土壤污染防治行动计划》（又称"土十条"）的印发，使得"三大战役"的大招终于凑齐。

2017年底是"大气十条"第一阶段的考核节点。各项数据显示，"大气十条"第一阶段的目标全面实现，"三大战役"初战告捷。不过，接下来的任务更加艰巨。党的十九大提出，要用3年时间打赢污染防治的攻坚战，其中又包括蓝天保卫战、柴油货车污染治理、水源地保护、黑臭水体治理、长江保护修复、渤海综合治理、农业农村污染治理等七大标志性战役。

这一阶段环保工作的特点，就是把生态问题也加入了进来。生态保护与污染防治原本就是密不可分的，生态保护好比是分母，污染防治是分子，环境质量则是商。分母做大，增加容量；分子做小，减少排放，环境质量才能好上去。

2018年3月，第十三届全国人大第一次会议批准国务院机构改革方案，组建生态环境部，不再保留环境保护部。到了5月，全国生态环境保护大会正式召开，会上提出了习近平生态文明思想。而在此前，这个大会的名字一直是"全国环境保护会议"。

由此可见，40年来中国的环保发展一直是一个受重视、不断积累、不断成熟的过程，所以当下的环保风暴也是历史发展的必然，绝不是一阵风，因为生态文明建设已然成为未来国民经济发展的主要内容。

一　水污染防治

（一）水污染防治方法

1. 污染源与污染物

水污染源是造成水域环境污染的污染物发生源。通常是指向水域排放污染物或对水环境产生有害影响的场所、设备和设置。按污染物的来源可分为天然污染源和人为污染源两大类。人为污染源按人类活动的方式可分为工业、农业、生活、交通等污染源；按照排放污染物种类的不同，可分为有机、无机、热、放射性、重金属、病原体等的污染源以及同时排放多种污染物的混合污染源；按照排放污染物空间分布方式的不同，可分为点、线、面污染源。

2. 点源污染防治

水污染点源是指以点状形式排放而使水体造成污染的发生源。一般工业污染源和生活污染源产生的工业废水和城市生活污水，经城市污水处理厂或经管渠输送到水体排放口，作为重要污染点源向水体排放。这种点源含污染物多，成分复杂，其变化规律依据工业废水和生活污水的排放规律，有季节性和随机性。

（1）城市污水处理。城市污水处理是指为改变污水性质，使其对环境水域不产生危害而采取的措施。城市污水处理一般分为三级：一级处理，系应用物理处理法去除污水中不溶解的污染物和寄生虫卵；二级处理，系应用生物处理法将污水中各种复杂的有机物氧化降解为简单的物质；三级处理，系应用化学沉淀法、生物化学法、物理化学法等，去除污水中的磷、氮、难降解的有机物、无机盐等。

城市污水处理工艺仍在应用的有一级处理、二级处理、深度处理，但国内外最普遍的都是以传统活性污泥法为核心的二级处理。

城市污水处理工艺的确定，是根据城市水环境质量要求、来水水质情况、可供利用的技术发展状态、城市经济状况和城市管理运行要求等诸方面的因素综合确定的。工艺确定前一般都要经过周密的调查研究和经济技术比较。最近几年国内应用较多的有 A-O 或 A-A-O 工艺、SBR 工艺、氧化沟工艺等类型。A-O 或 A-A-O 工艺也叫缺氧 – 好氧或厌氧 – 缺氧 – 好氧工艺。这一工艺的开发主要是为了满足脱氮除磷的需要，这是一种经济有效的生物脱氮除磷技术，我国南方不少污水厂就采用这一工艺。

SBR 工艺也叫续批式活性污泥法工艺。这一工艺的构筑物主要是一个池子，既作曝气池又作二沉池，管理简单，特别适合中小城镇的城市污水处理，对于较大水量的连续操作，处理一般要几套池子组合运行。氧化沟工艺是一种延时曝气的活性污泥法，由于负荷很低，而冲击负荷强，出水水质好，污泥产量少且稳定，构筑物少且运行管理简单。氧化沟可以按脱氮设计，也可以略加改造实现脱氮除磷。另外，城市污水处理还有传统活性污泥法的一些变型工艺，以及 A-B 工艺等一些工艺类型。

（2）工业废水处理。工业废水中的杂质有原料及其杂质、中间产物、产品与副产品、辅助剂等。对某些造成严重废水问题的产品或行业，可借助于原料、生产工艺或产品的革新来解除污染问题。例如用没有残毒或残毒量很小的农药取代残毒量大的农药，用生物可降解的甲基苯磺酸钠（"软"洗涤剂）取代生物难降解的甲基苯磺酸钠（"硬"洗涤剂）。又如在电镀液配方中避免使用氰化物。改进生产管理，压缩用水量以减少废水量；降低单耗提高获得率或充分回收废水中的副产品以降低废水浓度；加强管理，防止跑、冒、滴、漏。这些都将降低随后的废水处理要求和费用。

工厂里生产用过的水有三种处置方式。第一，不经过处理或只经过必要的处理后再次使用。有时用于本工艺过程，构成循环用水系统；有时供其他工艺过程使用，构成循序用水系统。第二，在厂内作必要的预处理，满足城市对水质的要求后排入城市污水管道或合流管道。第三，在厂内处理，使水质达到排放水体或接入城市雨水管道或灌溉农田的要求后直接排放。

（3）畜禽养殖场的废水处理。养殖污水具有典型的"三高"特征，即有机物浓度高，COD 高达 3000~12000 毫克/升，氨氮高达 800~2200 毫克/升，悬浮物多，SS 超标数十倍，色度深，并含有大量的细菌，氨氮、有机磷含量高。可生化性好，冲洗排放时间集中，冲击负荷大。

根据水质特点，先去除悬浮物与色度，采用混凝沉淀工艺，有机物、氨氮、有机磷采用生化处理，因污染物浓度高，从成本及处理效果考虑，采用厌氧+好氧处理工艺。污水首先经过收集进入格栅，去除大颗粒的悬浮物，然后进入物化反应沉淀池，去除悬浮物、色度及部分 COD。初沉池出水进入厌氧池，主要是将大分子有机污染物降解成小分子污染物，小分子污染物在接触氧化池内彻底降解。二沉池出水进入清水消毒池，通过消毒达到杀菌效果。

（4）污（废）水深度处理。污水深度处理是指城市污水或工业废水经一级、二级处理后，为了达到一定的回用水标准而使污水作为水资源用于生产或生活的进一步水处理过程。针对污水（废水）的原水水质和处理后的水质要求可进一步采用三级处理或多级处理工艺，可用来去除水中的微量 COD 和 BOD 有机污染物质，SS 及氮、磷高浓度营养物质及盐类。深度处理的方法有：絮凝沉淀法、砂滤法、活性炭法、臭氧氧化法、膜分离法、离子交换法、电解处理法、湿式氧化法、催化氧化法、蒸发浓缩法等物理化学方法与生物脱氮、脱磷法等。深度处理方法费用昂贵，管理较复杂，处理每吨水的费用约为一级处理费用的 4~5 倍。

3. 面源污染防治备用技术

水污染非点源，在我国一般被称为水污染面源，是以面积形式分布和排放污染物而造成水体污染的发生源。坡面径流带来的污染物和农田灌溉水是水体污染的重要来源。目前，湖泊等水体的富营养化主要是由面源带来的过量的氮、磷等所造成。[1]

（1）农村面源治理。村镇居民居住分散，生活污水不能定点排放，应鼓励农户自行建造低能耗小型分散式污水处理设施，如庭院式小型湿地、沼气净化池和小型净化槽等。对于人口相对密集的村落，可采用以下生活污水处理技术。

一是氧化塘技术。氧化塘技术也称生物塘技术，是建造池塘，并设置围堤、防渗层，依靠塘内微生物处理生活污水。氧化塘基建投资和运营费用较低、维修维护简单，能有效去除污水中的有机物和病原体，基本不产生污泥。污水也可实现资源化回收利用，用于农业灌溉和水产养殖。但是氧化塘技术的缺陷在于污水处理效果受气候影响较大，易产生臭味、滋生蚊蝇、可能造成二次污染等。

二是活性污泥法。活性污泥法由曝气池、沉淀池、污泥回流系统和剩余污泥排查系统组成，生活污水和回流的活性污泥进入曝气池形成混合液，通过在曝气池底部设置空气扩散装置，使空气进入污水，增加污水的溶解氧含量，并使活性污泥处于悬浮状态，促进活性污泥反应。一段时间后，好氧微生物繁殖形成污泥状絮凝物，并栖息以菌胶团为主的微生物群，有效吸附与氧化有机物。污泥与水分离后，大部分污泥回流到曝气池，其余部分排出活性污泥系统。

三是生物膜法。生物膜法也称固定膜法，是与活性污泥法并列的废水好氧生物处理技术，用于去除废水中溶解性和胶体状的有机污染物。生物膜是由高度密集的好氧菌、厌氧菌、兼性菌、真菌、原生动物、藻类等组成的生

---

[1] 潘艳艳、陈建刚、张书函、原桂霞、赵飞：《城市径流面源污染及其控制措施》，《北京水务》2008 年第 1 期。

态系统，附着于固体介质（称作滤料或载体）上。生物膜自滤料向外依次分为厌氧层、好气层、附着水层和运动水层，生物膜首先吸附附着水层的有机物，由好气层的好气菌进行分解，再进入厌氧层进行厌氧分解，流动水层可以将老化的生物膜冲掉再长出新的生物膜，如此往复达到净化污水的目的。生物膜法对水量、水质和水温的变化适应能力较强，比活性污泥法的污泥量小且容易固液分离，污水处理效果好。

四是人工湿地法。人工湿地是一个生态系统，人工建造与沼泽地类似的地面，将污水、污泥投配到湿地上，通过土壤、人工介质、植物和微生物作用，对污水污泥进行处理，包括吸附、滞留、过滤、氧化还原、沉淀、微生物分解转化、植物遮蔽、残留物积累、蒸腾水分、养分吸收、各类动物作用等。湿地中的微生物可以降解水体污染物，原生动物、昆虫、鸟类等可以吞食污水沉积的有机颗粒，水生植物能为水体输送氧气、增加水体活性，植物的根茎叶也能吸附和富集重金属和有毒有害物质。在人口密度较低的农村地区，人工湿地比传统污水处理厂更加经济环保，运行管理更加简单方便，也能通过种植水生经济植物在增加景观美感的同时获得可持续的经济效益。

（2）城市面源控制。雨水径流所携带的污染物主要有建筑材料的腐蚀物、建筑工地的淤泥和沉淀物、路面的砂子尘土和垃圾、汽车轮胎的磨损物、汽车漏油、汽车尾气中的重金属、大气的干湿沉降、动植物的有机废弃物、城市公园喷洒的农药以及其他分散的工业和城市生活污染源等。这些污染物以各种形式积蓄在街道、阴沟和其他不透水地面上，在降雨的冲刷下通过不同的途径进入城市受纳河道中。

在排水设施不健全的区域，雨水冲刷地表积蓄的污染物后以地表漫流的形式进入城市河道。雨水排除不畅而形成的地表积水，对路面污染物、生活垃圾以及动植物的有机废弃物等面污染源形成浸泡，浸泡会融出更多污染成分，特别是生活垃圾等有机质在受到较长时间的浸泡后，污染物中 TN 和 TP 析出的更多，增大了雨水污染负荷。在合流制排水系统中，生活污水、工业废水和雨水混合在同一管、渠内排除，雨季时合流排放的污水和雨水超出污水处理厂的处理能力，通过溢流井携带部分污废水排入河道。当雨洪径流流速较大时，管网中无雨期从污水中沉积下来的污染物被冲起随溢流进入河道，成为径流污染物的又一来源。在分流制排水系统中，虽然避免了部分污水不经处理而溢流到河道的可能，但是污染严重的初期雨水不能到达污水处理厂进行处理，造成河道水环境污染。雨水口是城市面源污染物进入城市河道的首要通道。雨水口的垃圾、污水是城区径流污染的重要途径。雨水口的污染可分为三种：人为扫入、丢入的各种生活垃圾，人为倾倒的污水和腐烂变质的沉积物。

一是径流污染源头控制。径流污染源头控制是城市面源污染最有效、最经济的核心控制措施。

新建屋顶需采用环保型无毒材料，建议使用彩色轻钢压型板，对已有的沥青油毡平屋顶进行平改坡工程，并使用环保型涂料。

城市非机动车道、小区内道路、园林道路等尽可能采用透水型铺装。草皮砖开孔率可达 20%~30%，在空隙中种植草类，可延缓径流速度、延长径流时间并截留污染物。透水砖铺装以无砂混凝土和单级配砾石为垫层，对路面径流中悬浮物和颗粒污染物有较好的截留过滤作用，是当前正在推广的一项雨洪利用措施。

建设下凹式绿地用于渗透、积蓄、处理雨水。若草坪低于周围路面10~20 厘米，其入渗量是草坪高于或平于路面入渗量的 3~4 倍。屋顶和道路径流雨水也可引入周围的绿地进行入渗，而且绿地内需做一些增渗设施，如渗沟、入渗槽、入渗池等。

二是雨水口污染控制。雨水口的管理——截断污染源是雨水口污染控制最有效的方法。制定严格的法规，禁止任何人向雨水口内倾倒垃圾和污水，对违反者给予严厉的处罚。每年雨季来临前，对积累在雨水口的杂废物必须进行统一清理；雨季时，清洁工人要及时把污染物清理出去。

雨水口截污挂篮——这种新型雨水口套件由托架、截污铁箅和截污挂篮三个部分和相应的配件组成。截污挂篮是一个开口式矩形筐，四壁和底部开有泄流孔，可拦截尺寸大于等于 2 毫米以上的颗粒物或异形固体污垢，截污挂篮底部铺有厚度适中的吸垢海绵，以缓冲水流和拦截更小的污垢颗粒，挂篮纵向中部装有双向提柄，清洁工人可在路面上很方便地打开截污铁箅，提出截污挂篮进行清洁。

水质型雨水口——也称沉淀或油类分离器，在雨水进入排水管道之前，去除道路径流中的沉积物和油类。这些雨水口一般设计为多格状，沉积物格截留沉积物，撇乳器格截留碳氢化合物。

三是雨洪利用的污染控制措施。径流雨水水质随着降雨历时而变化，初期雨水污染最强，随后趋向一个稳定值，因而可将这部分体积较小、污染严重的初期雨水分离出来进行分散处理或排入污水管道到污水处理厂集中处理，那么雨水径流的污染负荷总量就大大减小了。初期雨水污染控制措施主要有优先流法弃流池、小管弃流池、旋流分离式弃流器、自动翻板式弃流器等。在一般情况下屋顶径流把最初 2 毫米降雨作为初雨量；道路初期径流比屋顶复杂，其水质波动幅度比屋顶雨水要大，污染差别很大，根据不同的路面状况选择最初 2~10 毫米降雨作为初雨量进行分离。

雨水渗透与自然净化利用系统是一种广义的生态型雨水综合利用系统，把人工处理与自然净化、开源节流和改善城市生态水环境相结合，减少雨水资源的流失和水体的污染。该系统在城区充分利用绿地、花坛、池塘、湖泊洼地等人工或天然设施来截纳、净化雨水中的污染物；利用天然土和人工配制土壤对雨水进行净化和再生，以达到较好的水质；采用各种透水性地面、渗透管沟、渗透井、渗透池等技术措施以截留、下渗雨水，补充城区地下水，并保证入渗设施至地下水位有一定厚度的土层，可以防止雨水对地下水的污染。

4. 节水减排技术

近年来，随着城镇化的快速推进和经济社会的稳步发展，我国城市用水人口和用水需求大幅度增长，供水普及率和服务能力不断提高，但是，城市用水总量基本保持稳定，维持在 500 亿立方米 / 年左右。

　　大量数据说明节水工作取得一定成效。从节水总量看，全国城市1991~2008年采用各种节水措施节约水量594.98亿立方米，与2008年全年用水总量（500.1亿立方米）相当。从用水总量来看，与2001年相比，2008年全国城市用水人口增长了36%，城市用水普及率由72.3%增加到94.7%，但城市年用水总量仅增长7%，基本稳定在500亿立方米/年。从人均综合用水量看，全国城市人均综合用水量持续降低，由1998年的556.3升/（人·天）下降至2008年的390.5升/（人·天），下降30%。

　　经过多年的努力，节水已经成为全社会的共识和公德，节水实现了城市涉水节点全覆盖，节水缓解了城市水的供需矛盾，节水成效有目共睹。

　　（1）城市污水回用。所谓城市污水回用就是对城市污水进行深度或者二度处理，使其达到相关水质标准后进行有效利用。[1] 经过深度处理达标的水源可直接用于人们日常饮水，而二度处理后的水资源则可以用于农业灌溉、市政绿化工程、公共娱乐设施、景观设施、工业冷却及生活杂用等方面。除重度工业重金属污染外，一般意义上的城市污水大概含1%的污染物，并且水量大，容易收集，相关设备投资相对于南水北调工程要划算很多，既能缓解目前水资源短缺，又能解决城市水资源污染问题，同时对于整个社会及经济发展都有着重大的意义，可谓"一举多得"，城市污水回用已被世界各国作为解决城市污水和城市水资源短缺的首选方案，并且取得了显著效果。

　　为了进一步提高城市污水回用率，相关政府部门要简化水资源相关部门，避免"政出多门"，建立"一龙管水、多龙治水"的体制，提高相关部门人员对水资源再生回用的认识，部门之间有效配合，明确各自的工作任务范围，加强对相关部门的协调管理工作。[2]

　　制定科学完善的城市污水回用规划，依据城市条件筹建污水处理厂，充

① 王焕丽、张丽莎、柳建设：《城市污水处理回用现状及政策导向》，《2012中国可持续发展论坛2012年专刊（一）》2013年8月。
② 尹华、彭辉：《我国城市污水工业回用的现状及存在问题的探讨》，《重庆环境科学》2000年第3期。

分考虑污水回用问题，使污水回用和处理同步进行，避免后期重复投放资源。

水资源的价格要进行调整，长期以来，水资源的供给都属于国家的一项公益事业，直来水价格普遍偏低，自来水和再生水之间的价格差异又非常小，造成水资源浪费现象普遍存在，因为大家普遍的认识就是水便宜。

技术落后、缺乏资金保证是制约城市污水回用的一个关键因素，为了有效推动污水再生利用，我们要不断借鉴和吸收国内外的先进技术，加大对科学技术的投入和资金投入，组建专门的研发机构，在科学实验和监察的基础上，提高污水回用技术水平，提高城市污水处理回用能力，保证污水回用的合理性与安全性。

污水回用是利国利民的事业，投资大，但回报率也是很高的，这就决定了污水回用今后必须走市场经济的道路，前期通过国家的扶持，不断完善相关法规以及相关技术，制定出一套具有我国特色的污水回用体制，先把框架建好，成熟后就把相关框架模板下放分包出去，让各级地方政府解决本区域的水资源污染问题，从而达到城市污水回用的可持续发展。

（2）工业节水。一般而言，工业节水可分为技术性和管理性两类。其中技术性措施包括以下内容。一是建立和完善循环用水系统，其目的是提高工业用水重复率。用水重复率越高，取用水量和耗水量越少，工业污水产生量也相应降低，从而可大大减少水环境的污染，减缓水资源供需紧张的压力。二是改革生产工艺和用水工艺，其中主要技术包括采用省水新工艺、采用无污染或少污染技术、推广新的节水器。

（3）农业节水。节水农业是提高用水有效性的农业，是水、土、作物资源综合开发利用的系统工程。衡量节水农业的标准是作物的产量及其品质、用水的利用率及其生产率。节水农业包括节水灌溉农业和旱地农业。节水灌溉农业是指合理开发利用水资源，用工程技术、农业技术及管理技术达到提高农业用水效益的目的。旱地农业是指降水偏少而灌溉条件有限而从事的农业生产。节水农业是随着节水观念的加强和具体实践而逐渐形成的。它包括四个方面的内容。一是农艺节水，即农学范畴的节水，如调整农业结构、作物结构，改进作物布局，改善耕作制度（调整熟制、发展间套作等），改进耕作技术（整地、覆盖等）；二是生理节水，即植物生理范畴的节水，如培育耐旱抗逆的作物品种等；三是管理节水，即农业管理范畴的节水，包括管理措施、管理体制与机构，水价与水费政策，配水的控制与调节，节水措施的推广应用等；四是工程节水，即灌溉工程范畴的节水，包括灌溉工程的节水措施和节水灌溉技术，如精准灌溉、微喷灌、滴灌、涌泉根灌等。

（二）水污染防治发展进程

1. 我国水污染防治发展阶段（1978~1998年）

我国水污染防治事业始于 20 世纪 70 年代，1972 年大连湾涨潮退潮黑水黑臭事故和北京官厅水库污染事故，为中国水环境保护敲响了警钟，标志着我国水污染防治工作正式起步。[①]

20 世纪 80~90 年代是我国经济社会发展相当好的一个时期，也是我国水污染防治工作发展最快和最好的时期，较为完整的环境保护法律法规、政策、制度等管理体系在此时得以形成。1992 年联合国环境与发展大会后，中国政府秉承"可持续发展"思想，率先制定了可持续发展行动计划——《中国 21 世纪议程》，确立了中国的可持续发展战略，使中国的经济社会发展迈入了新的纪元。但是，在这个历史时期我国的水污染防治工作偏重于工业污染防治，城市生活污水处理和流域、区域污染源的综合防治尚未受到重视。

20 世纪 70 年代以前，我国仅颁发了《工业企业设计暂行卫生标准》（1956 年）和《生活饮用水卫生规程》（1959 年）等技术规范，对工业和生活污染只有非强制性的约束。这种局面直到 1972 年才有所改变。1973 年，我国首个环保标准《工业"三废"排放试行标准》实施；1979 年，环保领域的第一部法律《环境保护法（试行）》颁布施行，确立了国家环境保护的基本方针

---

① 徐敏、王东、赵越：《我国水污染防治发展历程回顾》，《环境保护》2012 年第 1 期。

和政策。

1984 年颁发的《水污染防治法》是水污染方面的专业性法律，国水污染防治工作从此有了坚实的法制基础，该法对水污染防治工作做面规定，确立了水污染防治的管理体制和基本制度，规定了污染物排放限制、排污收费、限期治理、排污申报、法律责任以及沿用至今的水污染防治基本制度和环境标准体系。

1996 年第一次修订的《水污染防治法》实现了水污染防治工作的战略转移：从单纯点源治理向面源和流域、区域综合整治发展；从侧重污染的末端治理逐步向源头和工业生产全过程控制发展；从浓度控制向浓度和总量控制相结合发展；从分散的点源治理向集中控制与分散治理相结合转变。

2008 年第二次修订的《水污染防治法》，突出了"强化地方政府水污染防治的责任、完善水污染防治的管理制度体系、拓展了水污染防治工作的范围、突出饮用水水源保护、强化环保部门的执法权限和对环境违法行为的处罚力度"等内容。此外，20 世纪 90 年代以后，我国还颁布了《清洁生产促进法》和《循环经济促进法》，从源头污染产生、预防和末端治理等方面加强对污染物产生和排放的全过程管理。

2. 我国水污染防治快速发展阶段（1998年至今）

进入 21 世纪后，我国开始了实现科学发展的战略转变，国务院发布了《关于落实科学发展观加强环境保护的决定》，强调要把环境保护摆在更重要的战略位置，统筹考虑社会经济、人口、资源与环境保护发展的关系。

2006 年第六次全国环境保护大会针对经济发展与环境保护的关系，提出新形势下的环保工作关键是要加快实现"三个转变"，这表明我国政府对社会经济发展与环境保护的关系有了深刻认识。

（1）水污染治理行业现状。近几年来，我国水污染治理产业的发展取得了显著进步[①]，产业规模迅速壮大。2014 年，我国从事水污染治理产业的单位

---

① 宋旭、孙士宇、张伟、陈瀛：《水污染防治行动计划实施背景下我国水环境管理优化对策研究》，《环境保护科学》2017 年第 2 期。

总计 0 余个（年销售/经营收入 200 万元以上的法人单位），其中从事水
污染 服务业的约 5000 个，占整个环保领域环境服务单位总量的 60% 左右；
从事 染治理产品生产经营的单位约 2500 个，占整个环保领域环境保护
产品 经营单位总量的 50% 左右。我国水污染治理产业总的销售收入约为
2500 ，其中产品制造业的销售收入约为 875 亿元，占行业总收入的 35%；
环境 业总收入约为 1625 亿元，占行业总收入的 65%。从从业单位数量和
单位 来看，我国水污染治理产业结构合理、发展健康，产品制造业增长
稳定 础坚固；环境服务业经营规模扩展迅猛、态势良好；本行业在全国
环保 中独占半壁江山，远大于环保产业的其他行业。

年 4 月 2 日，国务院发布《关于印发水污染防治行动计划的通知》
（国发 2015〕17 号）。对于历时两年、30 次易稿的《水污染防治行动计划》
（以 称"水十条"），业内期待已久。"水十条"展示了国家对水环境污染
治理 伟计划，彰显了中央政府治理水环境污染的决心。

"水十条"与水污染治理行业发展。"水十条"从全面控制污染物排
放、 经济结构转型升级、着力节约保护水资源、强化科技支撑、充分发
挥市 制作用、严格环境执法监管、切实加强水环境管理、全力保障水生
态环 全、明确和落实各方责任、强化公众参与和社会监督十个方面部署
了水 防治行动，共制定了 10 条、35 款、76 项、238 个具体措施。

于以往的环境保护规划，"水十条"对工业废水处理、城镇污水处理
提标 、污泥无害化处理处置、河流黑臭治理、农村畜禽养殖污染防治等
均以 的量化指标做出了详细的要求，这标志着我国以环境质量和环境效
果为 的环保新时代即将到来。

标约束和经济刺激的双重影响下，水污染治理行业发展全面利好，
迎来 巨大商机。"水十条"规定了工业废水治理、城镇生活污水治理、农
业污 理、港口水环境治理、饮用水安全、城市黑臭水体治理、环境监
管等 的相应目标。到 2020 年，将完成环境保护建设资金投入 40000
亿 ~5 亿元（前三年的资金投入约为 20000 亿元，其中中央财政的资金投

入约为 5000 亿元，需要各级地方政府的资金投入约为 15000 亿元）。如此巨大的投资规模是我国水污染治理行动的历史新高，必将带动我国环保产业及其水污染治理行业市场销售取得更快的发展。

（3）"水十条"将引导水处理细分领域技术的发展方向。与市政污水处理相比，我国的重污染行业的工业废水排放远未得到有效控制，近年来比较严重的环境污染事件和曝光的环境违法事件基本都与工业废水超标排放有关。工业废水的环境危害远远高于生活污水，对流域环境及居民健康造成的影响不可低估，且有随工业化进程趋于严重恶化之虞。这就意味着，随着环境保护法"长牙"，一旦政府的环境监督管理真正到位，长期掩盖的工业废水污染超标排放情况将迎来集中曝光的"汛期"。此外，我国将进一步严格工业行业的废水排放标准，将不断提高工业废水污染治理对高新技术的市场需求。由于重污染工业行业排放的工业废水成分复杂、有毒有害、难以生物降解，这就对工业废水处理技术研发行业提出严峻的挑战，给从事工业废水治理技术咨询的环保企业带来新的发展机遇。

重污染工业行业排放的工业废水将更多地依赖常规生物处理以外的废水处理技术，包括：特效生物降解技术、物理法分离技术、物化法分离技术、化学法分离技术以及降解技术等。新材料在水处理技术中的应用，将开辟水污染治理技术的能力空间。

重污染工业行业排放的工业废水污染治理应选择正确的污染防治技术路线，应更多地采用清洁生产技术、过程减排技术和物料回收的资源化综合利用技术，要从单纯的末端治理走向全过程的污染控制。

（三）水污染防治发展展望

1. 城镇生活污水处理技术发展展望

污水处理厂的"提标改造"与"提效改造"是对部分已建污水处理设施进行的升级改造，可以进一步提高对主要污染物的削减能力。大力改造除磷脱氮功能欠缺、不具备生物处理能力的污水处理厂，重点改造设市城市和发达地区、重点流域以及重要水源地等敏感水域地区的污水处理厂，重点发展膜技术、脱氮除磷技术、高效节能曝气技术等。

城镇污水处理厂进行"提标改造"和"提效改造"，其技术路线不能简单地建立在污水处理工艺单元的累加式长流程的工艺路线上，而应强调技术有效、经济合理，积极发展高效、低耗的污水处理新技术。

（1）围绕"提标改造"的要求，广泛应用膜技术、高效节能曝气技术、生物膜法污水处理工艺、物化–生化法脱氮除磷工艺，确保重点流域、环境敏感地区和二级污水处理厂的升级改造。同时，推广应用臭氧氧化技术及大型臭氧发生器、好氧生物流化床成套装置、好氧膜生物反应器成套装置、溶气供氧生物膜与活性污泥法复合成套装置、污泥床、膨胀床复合厌氧成套装置等新设备、新装备。

（2）积极开发污水处理厂"提效改造"新技术。我国超常规发展的污水处理事业，面临亟待解决效能提升和适应未来发展的迫切需求，将迎来以可持续发展为核心的全新时期。在污水处理厂新功能的需求下，相关污水处理技术也将面临新变革。要重点进行城市污水处理厂的优化运行和节能降耗技术的研发，主要包括：污水处理系统的在线监测技术、精确曝气技术、化学除磷及反硝化碳源的加药控制技术及污水处理工艺优化运行模型等。

2. 农村污染防治的技术发展展望

我国农村生活污水处理尚处于起步阶段。一方面，村镇缺乏排水设施规划，设施建设跟不上农村经济社会发展的要求，排水能力不足，管网建设水平低，维护管理不善，造成输水堵塞，污水漫流；另一方面，农户在新建房屋和旧房卫生设施改造中，建设标准过低，绝大部分生活污水不经任何处理直接排入河道或排出室外空地后任其渗入地下，而少部分建有"三格式"化粪池经简单处理后外排或渗入地下的，也没有集中处理设施。尤其是近些年随着农村水冲厕所的广泛使用，大量污水未经处理直接排入沟渠河道，农村生活污水排放已经成为水体富营养化的一个重要污染来源。

从目前已有的工程实践来看，我国农村生活污水的处理可以考虑进一步向高端水处理技术和互联网监控技术发展。生活污水高端处理技术，是指高效生物反应器的应用，不仅应具有较高的污染物去除效率，还应具有自动化运行和免维护的性能，并且不排放剩余污泥；物联网监控技术，是为了适应农村生活污水处理设施规模小、布局分散和无人值守的特点，可采用多点联网远程监控技术。

农村生活污水处理事业发展的难点在于没有建立污染治理的责任主体，没有建立符合市场经济的付费制度，没有明确可持续发展的村镇生活污水处理设施建设投资和日常运行管理费用的有效机制。现阶段，在没有进行农村经济体制改革前，由各级政府包干的办法将继续执行。

3. 工业用水循环利用技术的发展展望

（1）在我国工业行业建立"水管理"。从石化、钢铁、电力、化肥、造纸、印染等重点行业切入，开发工业行业水管理系统，制定相应的支持政策，编制工业行业水管理技术规范和行业推广应用技术指南等技术文件，深入推进"超低排放"工业废水处理技术的开发和应用，促进工业废水回用发展。

在石化行业，废水回用与循环冷却水系统面临腐蚀、结垢、有机物和盐分浓缩等问题，应重点开展生物过滤、高级氧化、脱盐软化等处理工艺的筛选研究，突破石化循环冷却水单纯依靠投加药剂处理的技术局限，移植现代废水处理技术处理循环冷却水。构建运行成本低、处理效果好、自动化程度高的石化行业废水处理回用的成套技术，提升我国石化行业废水利用和循环利用的技术水平。

在钢铁冶金行业，针对行业水资源配置不合理、用水浪费、废水排放量大的问题，重点研究开发节水减排关键技术，推广原水水质调控、循环水高浓缩倍数运行、综合废水安全回用和废水近零排放等支撑技术；将污染物资源化回收利用技术、污染物排放全过程控制技术、深度催化氧化技术和膜分离技术、回用水含盐量调控技术等污水深度处理技术进行集成，形成综合废水处理与回用零排放技术；发展以先进技术为支撑的 EPC（Engineering

Procurement and Construction，工程总承包）和环保设施投资运营，推进环境服务业在钢铁冶金行业的发展；建立行业节水减排技术支持体系，指导企业节水减排基础设施建设，使行业吨钢新水取水量和排水总量大幅降低，大幅提升我国冶金行业废水利用的水平。

（2）工业园区污水处理厂处理出水的规模化利用是今后工业废水回用应重点发展的方向。其最大的特点：一是用户集中，输运管线较容易到位，容易上规模；二是可以实行集约化管理，为用户提供全面服务；三是再生水供水的可靠性、稳定性、个性化容易得到保证。当前应积极进行工业园区集中式污水处理规模化工业利用平台建设试点，选择不同类型（单一行业和综合性行业）的工业园区进行包括系统运行管理模式和经济管理服务模式两个方面的试点。运行管理，通过试点建立包括工业废水排放清单与排放监控、企业废水预处理与污水处理厂集中处理系统的运行管理、再生水生产与输送的管理、再生水用户管理等方面的系统化的水管理制度和系统水管理规程；根据国家和地方的有关规定，经济管理应针对试点园区的具体情况，对排污收费、再生水水费、系统管理服务费以及相应的再生水利用优惠政策做出具体规定。

二　大气污染防治

（一）大气污染防治方法

1. 大气污染概念

大气污染由天然污染物和人为污染物两类构成，但往往能够真正引起危害的是人为污染物，它的主要来源是大规模的工矿企业和燃料的燃烧。

我国是一个占世界总人口20％以上的发展中大国，在工业化持续快速推进的过程中，能源消费量持续增长，以煤为主的能源消费排放出大量的烟尘、二氧化硫、氮氧化物等大气污染物，大气环境形势十分严峻。而且伴随着居民收入水平的提高和城市化进程的加快，城市机动车流量迅猛增加，机动车尾气排放进一步加剧了大气污染。我国大气污染比较严重地集中在经济发达的城市地区，城市也是人口最密集的地方，我国城市严重的大气污染对居民健康造成了巨大的危害，已经成为人们广泛关注的热点问题之一。

近年来，随着城市工业的发展，大气污染日益严重，空气质量进一步恶化，不仅危害人们的正常生活，而且威胁人们的身心健康。

（1）大气污染的成因。我国大气污染的主要来源是生产和生活用燃煤，主要污染物是二氧化硫和烟尘。在某些城市，除燃煤污染外，还有与当地工业污染和气象地理条件密切关联的地方特点。城市大气污染因人类活动及当地特殊的地理位置综合影响形成，沙尘天气加重了北方的大气污染。

（2）我国大气污染的特点。中国是一个发展中国家，城市化正在加速发展，由于过去对环保认识不足，大气污染近几年有进一步加重的趋势。具体来说，我国城市大气污染具有以下特点。

第一，总悬浮颗粒物和可吸入颗粒物含量高。我国城市空气质量恶化的趋势有所减缓，总悬浮颗粒物和可吸入颗粒物成为影响城市空气质量的主要污染物，部分地区二氧化硫污染严重，少数大城市氮氧化物浓度较高。

第二，含菌量大。由于城市人均绿地面积小，人口密集，大气中的细菌含量高。个别城市街道每立方米空气中含菌量达数十万个，商场每立方米空气中含菌量达数百万个。

第三，煤烟型污染严重。燃煤是形成我国大气污染的根本原因。我国能源结构中煤炭占 76.12%，工业能源结构中燃煤占 73.9%，在工业燃煤的设备中又以中小型为主。有预测表明，我国国内生产总值每增加 1%，废气排放量增长 0.55%。

第四，具有时空分布规律。我国城市大气污染时空分布特征明显。从季节变化来看，冬季污染最严重，其次是春季和秋季，夏季空气最好。在一年四季中，空气污染指数按冬＞春＞秋＞夏的顺序排列。从空间区域来看，总体呈现北方污染高于南方的趋势。

第五，新兴城市和小城市大气污染也日益严重。由于前几年一些小城市和新兴城市在追求经济增长速度的同时，没有把环境保护放在同等重要的地位，搞粗放经营，浪费资源，耗能过大，污染严重。尤其是二氧化硫和悬浮颗粒物严重超标，甚至出现了酸雨现象。

第六，部分城市污染转型。随着城市机动车辆的迅猛增加，我国一些大城市的大气污染正在由煤烟型向汽车尾气型转变。有资料报道，在我国多数大城市中，机动车尾气排放造成的污染已占城市大气污染的60%以上。以上海和广州为例，上海机动车尾气排放污染分担率CO为86%。NO_x为56%；广州CO为89%，NO_x为79%。以上数据表明，机动车排放污染已成为部分大气污染的主要来源。

此外，我国城市大气污染还具有产煤区重于非产煤区；大城市污染最严重，特大城市次之，中等城市和小城市再次之的特点。

2. 我国大气污染的防治措施

（1）提升群众保护意识。从群众角度来说，要鼓励公众参与，各级政府、环保部门通过多途径、多渠道加大环保宣传，使群众对环境污染，特别是大气污染有一个清醒的认识，争取不但从自身做起爱护环境，更要积极地监督、举报环境违法案件。

（2）加大政府监督力度。从政府角度来说，各级政府要加大对本地区大气污染的治理力度，并制定切实可行的治理措施，减轻大气污染。加强执法力度，提高违法成本；完善大气污染控制的经济政策；严格遵守《中华人民共和国大气污染防治法》和《大气污染防治行动计划》的规定；从源头减少污染物的排放。

（3）提高防治技术水平。从技术层面来说，要做到以下三点。

第一，控制燃煤源点源和面源。燃煤产生的颗粒物和SO_2及NO_x几乎对中国所有的城市都有较大影响。因此，强化燃煤控制是进行城市大气质量管理的重点。建议对大型锅炉进行脱硫脱硝与除尘改造，减少并逐步替代没有进行烟气处理的中小锅炉，淘汰工艺落后、污染严重的工业。进一步推行热电联供，煤气化工程等措施，推广使用清洁能源。

第二，机动车尾气排放的治理。近年来，随着私家车、农用车数量的快速增加，尾气排放已成为大气污染的重要组成部分。可以采取以下应对措施：提高大家的环保意识，号召大家重视机动车的日常保养，定期清洗发动机，减少积碳，达到减排效果；完善机动车的尾气检测体系，促进机动车尾气保养；在机动车排气系统中安装催化器，使燃料充分燃烧；推行、开发新型燃料，如甲醇、乙醇等含氧有机物。有效控制私家车的发展，扩大地铁、公共汽车的运输范围和能力，大力推行步行或绿色环保的自行车。

第三，加大绿化面积、植树造林。植物是空气的天然过滤器，各地区应加大绿化面积，这是减轻大气污染最经济有效的措施。绿化造林是大气污染防治的一种经济有效的措施。植物有吸收各种有毒有害气体和净化空气的功能。

（二）大气污染防治发展进程

1. 我国大气污染防治发展起步阶段（1970~1989年）

1970~1989年是我国大气污染防治的起步阶段。在这段时期，我国大气污染防治控制的主要污染源为工业点源，主要控制的污染物是悬浮颗粒物，空气污染范围以局地为主。环境质量管理主要涉及排放浓度控制，消烟除尘，工业点源治理及属地管理。

1973年，我国发布第一个国家环境保护标准——《工业"三废"排放标准》，其中对一些大气污染物规定了排放限值；1987年，我国颁布了针对工业和燃煤污染防治方面的《大气污染防治法》，将法律的手段应用到防治大气污染治理工作中，强化了对大气环境污染的预防和治理。这两项工作对于大气污染防治工作具有里程碑意义。

2. 我国大气污染防治缓慢发展阶段（1990~1999年）

这一阶段的主要污染源为燃煤和工业，主要的污染物是SO_2和悬浮颗粒物，主要污染特征为煤烟尘、酸雨，空气污染范围从局地污染向区域污染扩展。酸雨和二氧化硫污染严重危害居民健康，破坏生态系统，腐蚀建筑材料，造成了巨大的经济损失，当时国务院对酸雨和二氧化硫污染问题十分重视，并将控制酸雨和二氧化硫污染纳入1995年修订的《大气污染防治法》中。1998年1月，国务院批复了酸雨控制区和二氧化硫污染控制区（以下简称"两控区"）划分方案，并提出了"两控区"酸雨和二氧化硫的污染控制目标。并于2000年，要求"两控区"实行SO_2排放总量控制。

在这段时期，《大气污染防治法》于1995年和2000年进行了两次修订。经过这两次的修订，《大气污染防治法》从1987年的41条法律条文，增加到2000年的66条，确立了一些新的制度，充实完善了原有法律规范。这也是从法律层面反映的国家要实现经济和社会可持续发展战略、着力控制大气污染、谋求良好自然环境所做的决策和所采取的积极行动。

3. 我国大气污染防治重大进展阶段（2000~2009年）

2000~2009年，是中国大气污染发生重大进展的时期。在这一阶段，不但对燃煤、工业、扬尘污染提出了控制要求，而且还将机动车的污染控制纳入了议程，将二氧化硫、氮氧化物、PM10列为主要控制对象。空气污染问题主要是煤烟尘、酸雨、PM2.5和光化学污染，大气污染的区域性复合型特征初步显现。

2000年修订的《大气污染防治法》，增列了两控区二氧化硫排放总量控制、机动车排放污染物控制及扬尘污染控制；后来二氧化硫排放总量控制范围扩大到全国，并列入"十一五"国家约束性总量控制指标。国家还修订了《火电厂大气污染物排放标准》和《锅炉大气污染物排放标准》，在全国范围内持续推动机动车污染物排放标准的升级。

此间，我国于2008年举办了北京奥运会、2010年举办了上海世博会和广州亚运会。会议期间的空气质量问题受到社会各界的关注，为了保障会议期间良好的空气质量，在国务院有关部门的领导下，实施了区域联防联控机制，并且取得了显著成效。经过多年的大气污染防治，在中国经济快速发展的背景下，环境空气中一次污染物的浓度得到初步控制。北京环境空气质量管理和二氧化硫排放情况的有关数据表明，在这十年中，北京的经济社会快速发展，虽然环境空气质量仍与人民的期待存在很大差距，但北京环境空气中 PM10、SO_2、可吸入颗粒物、一氧化碳等污染物的浓度都呈下降趋势。

但总体来看，中国面临快速工业化、城镇化进程，能源消耗，特别是煤炭消耗指标快速增长，钢铁等高污染行业不断膨胀，中国汽车生产量和销售量成为世界第一，中国水泥产量占到了世界总量的 50% 以上。这些都对中国的环境空气质量管理带来了巨大挑战。

我国于 2007~2009 年开展了"中国环境宏观战略研究"，战略研究中包括大气污染防治战略。战略研究中提出了中国大气污染防治的路线图，战略研究的总体目标是：到 2050 年，通过大气污染综合防治，大幅度降低环境空气中各种污染物的浓度，城市和重点地区的大气环境质量得到明显改善，全面达到国家空气质量标准，基本实现世界卫生组织（WHO）的环境空气质量的指导值，满足保护公众健康和生态安全的要求。中国空气质量管理应该与世界卫生组织的标准体系接轨，持续改善环境空气质量。

4. 我国大气污染防治取得突破阶段（2010年至今）

2010 年是中国步入"十二五"规划承上启下的关键一年。中国大气污染的两个主要特征：一是主要大气污染物排放量巨大，除了二氧化硫在"十一五"期间有所减少外，其他污染物排放量都呈增加趋势；二是区域性、复合型大气污染特征凸显。

"十二五"规划把 NO_x 和 SO_2 排放总量纳入约束性指标，这是中国大气污染防治的重大进展。同时，以环境标准优化产业升级，继续严格各个行业的污染物排放限值。2011 年再一次修订了燃煤电厂的排放标准，这个标准比较严格。但是我们相信标准可以引领产业发展，引领科技进步。

我国于 2012 年颁布了环境空气质量新标准（GB3095-2012），将 PM2.5 浓度限值纳入空气质量标准，并对多种空气污染物的浓度限值做了新的修订。该标准是中国到目前为止所有环境质量标准中唯一由国务院常务会议讨论后颁布的，这个标准体现了国家的意志和人民的关注，是一个重大的进步。

在这个阶段，中国环境空气质量管理方面发生了四个重大战略性转变。

（1）控制目标由排放总量控制转变为关注排放总量与环境质量改善相协调，不但要考虑总量削减，而且要重视环境空气质量改善。（2）控制对象由主要关注燃煤污染物转变为多种污染物协同控制。（3）控制对象由以工业点源为主转变为多种污染源的综合控制。（4）在管理模式上，从属地管理到区域联防联控管理。国务院连续发布的两个重要文件充分体现了这四大转变。2012年9月，国务院发布了《重点区域大气污染防治"十二五"规划》，这是国务院批准的第一个大气污染综合防治规划。2013年9月，国务院颁布《大气污染防治行动计划》（简称"气十条"），"气十条"是国务院对大气污染防治工作从战略高度做出的顶层设计，突出了重点地区，体现了分类指导的原则，希望在重点地区取得突破。

《大气污染防治行动计划》的目标和原则有三点。第一，加快改善空气质量，基于当时的"十二五"规划，做出实施计划以实现更大程度的改善。第二，强调在重点地区、重点区域实行更高的目标，这些重点区域包括京津冀、长江三角洲和珠江三角洲。第三，控制重点，重点区域的控制重点是PM2.5，其他地区的控制重点是PM10。

奋斗目标是到2017年，用五年左右的时间，较大幅度地减少重污染天气，使京津冀、长三角、珠三角等区域空气质量明显好转。力争再用五年或者更长时间，消除重污染天气，使全国空气质量明显改善。具体指标是到2017年，全国地级及以上城市PM10比2012年下降10%以上，优良天数逐年提高。京津冀、长三角、珠三角等区域细颗粒物浓度分别下降25%、20%、15%左右，其中北京市细颗粒物年均浓度控制在60微克/立方米左右。这些都突出了分区控制、分类指导的思想。

从"气十条"的特征来讲，"气十条"更多地关注了产生大气污染的重要因素。

第一，加快产业的结构调整。从源头控制，加快产业结构调整。中国产业结构不合理是造成大气污染一个重要因素，所以加快产业结构调整是控制大气污染的首要措施。SO_2、NO_x、烟粉尘和VOCs排放量符合要求成为环评审批前置条件；提高环保、能耗、质量等标准，促进"两高"行业过剩产能退出；提前一年完成"十二五"期间21个重点行业的落后产能淘汰目标任务。

第二，加快能源清洁利用。一是优化能源结构。"气十条"提出增加天然气，取代燃煤锅炉，二氧化硫、氮氧化物、烟尘减排潜力非常大。二是推进煤炭清洁利用。提高原煤入选率，减少原煤散烧。三是增加清洁能源供应。新增天然气干线管，新增加的这些天然气供应量，如果用于替代部分燃煤工业锅炉耗煤，可显著减少多种污染物的排放量。四是加快转变能源利用方式，用热电联产替代工业燃煤锅炉，减排的量也非常大。

第三，强化机动车污染防治。包括控制大城市机动车保有量，提升燃油品质，加快淘汰黄标车。加强对机动车污染控制方面的管理，大力推动新能源汽车，加快推进低速汽车升级换代。

"气十条"强调了多种污染物、多种污染源协调控制的机制。联防联控方面由国务院有关部门、省级人民政府组成协调委员会，建立京津冀、长三角区域联防联控协调机制，对重大问题进行协调，并且对京津冀地区提出了特别要求，希望在京津冀地区能够取得突破性进展。

（三）大气污染防治发展展望

1. 持续减少多种污染物的排放总量

中国大气污染控制，不仅要降低单位 GDP 的排放强度，而且也持续减少多种污染物的排放总量。虽然在"十一五"期间二氧化硫的排放总量有所减少，但其他污染物的排放总量还是呈上升趋势。为了确保实现《大气污染防治行动计划》的减排既定目标，需要大大提高多种污染物的减排幅度，远超过历史上任何时期，而且京津冀、长三角、珠三角这些重点区域的减排比例将会更高。必须充分认识任务的艰巨性，下大力气真抓实干。

2. 进一步强调节能对大气污染防治的协同效益

目前我国工业粗放型的发展方式仍没有得到实质性转变，资源消耗高，污染排放大，可持续发展受到严重制约。有调查显示，在中国的终端耗能中，工业消耗约占 2/3。我国的工业结构模式和技术缺陷都是造成我国工业排污量大的重要因素，因此需要提高工业生产过程中的能源利用效率。同时还要加强材料的研发和管理，促进和推动建筑节能；通过建立可持续的现代交通运输体系，加强交通运输行业的节能降耗。

3. 科学谋划，有序推进城镇化

这也是大气污染面临的挑战和管理重点。首先，在城镇化过程中要考虑产业和能源调整，严格产业准入，控制落后产能扩张，强化基础设施建设，保障清洁能源供给。其次，要科学地进行城市规划，合理规划城市布局，慎重发展千万人口级的城市，控制城市煤炭消费量，优化交通体系，减少燃煤和机动车的污染。最后，要关注 O_3 的污染问题，随着对 PM 污染控制的逐渐深入，关注重点区域日益严重的 O_3 问题也显得非常紧迫。

4. 进一步推进移动源污染防治

我国现在面对机动车保有量快速增长、高频使用的压力，需要对机动车增长适当进行控制，并进一步加强机动车污染控制，这样才不至于使我们过去这些年里，为控制氮氧化物、二氧化硫所做的努力被抵消掉，同时还要积极推动非道路移动源污染防治工作。

三 固体废弃物污染防治

（一）固体废弃物污染防治方法

1. 普通固体废弃物

固体废弃物是指人类在生产、消费、生活和其他活动中产生的固态、半固态废弃物质（国外的定义则更加广泛，动物活动产生的废弃物也属于此类），通俗地说，就是"垃圾"。主要包括固体颗粒、垃圾、炉渣、污泥、废弃的制品、破损器皿、残次品、动物尸体、变质食品、人畜粪便等。有些国家把废酸、废碱、废油、废有机溶剂等高浓度的液体也归为固体废弃物。

（1）固体废弃物污染的危害性。固体废弃物进入水体的途径主要是：垃圾、废渣随雨水径流而进入地面水体；垃圾、废渣中的渗漏水，通过土壤进入地下水体；细颗粒的垃圾、废渣还能随风飘扬落入地面水体，有些城市竟将垃圾、废渣直接倒入湖泊、河流或海洋造成更严重的污染，引起对人类健康的威胁。

固体废弃物进入大气的途径主要是：某些有机物在微生物分解过程中发生恶臭；细颗粒的废弃物、运输和处理废渣过程中产生的有害气体和粉尘，随风飘散；工业废弃物煤矸石含硫量达 1.5% 时会自燃，达 3% 以上就会着火，放出大量的二氧化硫。

除此之外，固体废物不加以利用时，需占地堆放。据估算，每堆积 1 万吨废物，约需占地 1 亩。

工业废渣及污泥中的有毒化学物质，医院、屠宰厂废弃物中的病原菌因废物堆放而带入土壤，使土壤遭受污染；在被污染的土壤上种植农作物，不但使土壤肥力下降，而且使作物富集有毒物质，然后通过食物影响人的健康。

不少固体废弃物和垃圾含有有毒有害物质以及病原体，除通过水、气的媒介传播外，还通过生物来传播。目前我国 90% 以上的粪便、垃圾未经无害化处理，直接倾倒，而且医院、传染病院的粪便、垃圾也混入普通粪便、垃圾之中，广泛传播肝炎、肠炎、痢疾以及各种蠕虫病（寄生虫病）等。

（2）固体废弃物的处理方法。一是压实。压实是一种通过对废物实行减容化，降低运输成本、延长填埋场寿命的预处理技术。压实是一种普遍采用的固体废弃物预处理方法。如汽车、易拉罐、塑料瓶等通常首先采用压实处理。适用于压实减少体积处理的固体废弃物还有垃圾、松散废物、纸带、纸箱及某些纤维制品等。对于那些可能使压实设备损坏的废弃物不宜采用压实处理，某些可能引起操作问题的废弃物，如焦油、污泥或液体物料，一般也不宜作压实处理。

二是破碎。为了使进入焚烧炉、填埋场、堆肥系统等的废弃物的外形尺寸减小，预先必须对固体废弃物进行破碎处理。经过破碎处理的废物，由于消除了大的空隙，不仅尺寸大小均匀，而且质地也均匀，在填埋过程中更容易压实。固体废弃物的破碎方法很多，主要有冲击破碎、剪切破碎、挤压破碎、摩擦破碎等，此外还有专用的低温破碎和湿式破碎等。

三是分选。固体废物分选是实现固体废物资源化、减量化的重要手段，通过分选将有用的充分选出来加以利用，将有害的充分分离出来；另一种是将不同粒度级别的废弃物加以分离。分选的基本原理是利用物料的某些性质方面的差异，将其分选开。例如利用废弃物中的磁性和非磁性差别进行分离，利用粒径尺寸差别进行分离，利用比重差别进行分离等。根据不同性质，可以设计制造各种机械对固体废弃物进行分选。分选包括手工拣选与筛选、重力分选、磁力分选、涡电流分选、光学分选等。

四是固化。固化技术是通过向废弃物中添加固化基材，使有害固体废弃物固定或包容在惰性固化基材中的一种无害化处理过程。所用的固化产物应具有良好的抗渗透性、良好的机械特性，以及抗浸出性、抗干—湿、抗冻—融特性。这样的固化产物可直接在安全土地填埋场处置，也可用作建筑的基础材料或道路的路基材料。固化处理根据固化基材的不同可以分为水泥固化、沥青固化、玻璃固化、自胶质固化等。

五是焚烧。焚烧法是固体废物高温分解和深度氧化的综合处理过程。好处是把大量有害的废料分解变成无害的物质。由于固体废弃物中可燃物的比例逐渐增加，采用焚烧方法处理固体废弃物，利用其热能已成为必然的发展趋势。以此种方法处理固体废弃物，占地少，处理量大，在保护环境、提供能源等方面可取得良好的效果。欧洲国家较早采用焚烧方法处理固体废弃物，焚烧厂多设在 10 万人口以上的城市，并设有能量回收系统。日本由于土地紧张，采用焚烧法逐渐增多。焚烧过程获得的热能可以用于发电。焚烧炉产生的热量，可以供居民取暖，用于维持温室室温等。目前日本、瑞士每年把超过 65% 的都市废料进行焚烧而使能源再生。但是焚烧法也有缺点，例如，投资较大、焚烧过程排烟造成二次污染、设备锈蚀现象严重等。

六是热解。热解是将有机物在无氧或缺氧条件下高温（500~1000℃）加热，使之分解为气、液、固三类产物。与焚烧法相比，热解法则是更有前途的处理方法。它的显著优点是基建投资少。

七是生物处理。生物处理技术是利用微生物对有机固体废物的分解作用使其无害化。多种技术可以使有机固体废物转化为能源、食品、饲料和肥料，还可以用来从废品和废渣中提取金属，是固体废物资源化的有效技术方法。目前应用比较广泛的有：堆肥化、沼气化、废纤维素糖化、废纤维饲料化、生物浸出等。

（3）固体废弃物污染的防治措施。一是建立健全相关法规和标准体系。立法管理作为环境管理中的强制性手段，是世界各国普遍采用的一项行之有效的措施。全国人大、国务院、建设部和国家环境保护总局均就城市固体废弃物污染环境的防治制定了相关的法规、条例与标准，但是由于缺少相应的"子法"与实施细则，依法管理有一定困难。建议固体废弃物污染环境防治法与资源综合利用的相关法共同强调一个原则，城市垃圾的处置应以回收利用为手段，并颁布实现城市垃圾资源化、减量化与无害化的细则。

二是推行清洁生产、清洁生活。清洁生产是促进环境保护和经济协调发展的一种全新的思维方式，它要求将整体预防的环境战略持续应用于生产过程、产品和服务中，以提高生态和资源效率，减少对人类及环境的损害。因此清洁生产是促进工业发展和深化工业污染综合防治、实现工业可持续发展的最佳选择，可通过推行"清洁生产"有效地控制产业垃圾。推广符合可持续发展的"清洁生活"是实现固体废弃物减量化的起点。"清洁生活"的推广、实施将使社会生产结构发生一系列的良性转变，人们的素质将得到全面的提高，日益恶化的环境也将出现新的转机。"清洁生活"观念将引导人们遵循适度生产、适度消费和健康生活的方式，最终实现垃圾产生与处理的动态平衡。清洁生活观念涉及社会生活的诸多方面，如衣、食、住、行、保健医疗等。当务之急是建议有关部门在具备条件的城市或市区进行源头分类、集中收运的试点，将固体废弃物分类袋装。

三是废物利用。固体废弃物的产生、贮存、运输、处理全过程不仅需要高难度的技术、巨额的资金，而且因为处理容量有限，焚烧、填埋等处理场地的选择也比较困难。但是，通过优惠政策等措施激励危险废物在产生和处理环节充分进行资源化利用，鼓励回收利用企业的发展和规模化，既减少原料和能源的消耗，又可以减少进入焚烧、填埋处理的危险废物数量，所以固体废物的资源化处理具有重要意义。但是，如果没有完善的收集运输网络及先进的回收再生工艺，一些工业固体废物，特别是危险废物的资源化也可能产生新的、严重的二次污染。对于具有有害特性的固体废物，在推进废物资源化的同时，必须加强对资源化全过程的管理，避免产生二次污染。

四是提升废物处置能力。当前很多地区的企业实际处置能力不足以满足现实需要，每年都有不少固体废物需要通过跨境转移达到安全处理处置的目的。随着经济的快速发展，各类型企业相继投产，固体废物的种类和数量逐年增加，随之而来的安全规范处置问题日益突出，废物处置能力亟待提高。因此，一方面要积极引导和帮助处置企业加强管理，改进技术，进一步拓宽废物处置范围。另一方面还要加强调研，对当地产生的废物的种类、产废量进行科学的统计分析，对新上的处置项目或扩容项目提出合理化建议，有针对性地进一步提升处置能力，努力使处置单位的处置能力能够始终适应社会需求，在固体废物管理中发挥中坚作用。

2. 生活垃圾

生活垃圾是指人们在日常生活中或者为日常生活提供服务的活动中产生的固体废物，以及法律、行政法规规定视为生活垃圾的固体废物。主要包括居民生活垃圾、集市贸易与商业垃圾、公共场所垃圾、街道清扫垃圾及企事业单位垃圾等。

（1）生活垃圾处理的 3R 原则。一是减量化（Reducing）。减量化是指通过适当的方法和手段尽可能地减少废弃物的产生和污染排放的过程，它是防止和减少污染最基础的途径。

二是再利用（Reusing）。再利用是指尽可能多次以及尽可能多种方式地使用物品，以防止物品过早地成为垃圾。

三是再循环（Recycling）。再循环是把废弃物品返回工厂，作为原材料融入新产品生产之中。

（2）生活垃圾处理方法。一是填埋处理。填埋是一种比较古老而又广泛地被采用的垃圾处理方法。从古希腊时代起，迄今世界各国仍在用此方法处置垃圾。为防止二次污染和填埋方便，填埋物必须符合下列要求。

首先，严禁含有有毒有害物。包括有毒工业制品及其残物、有毒药物，有化学反应并产生有害物的物质、有腐蚀性或有放射性的物质，易燃、易爆等危险品、生物危险品和医院垃圾及其他污染物。

其次，填埋物的含水率在20%~30%，无机成分大于60%，密度大于0.5吨/立方米。

最后，在降雨量大的地区，填埋物的含水率允许适当增大，但以不妨碍碾压施工为宜。填埋是一种工程处理工艺，场址选择应符合当地城乡建设总体规划要求，并与当地的大气防护、水资源保护、大自然保护及生态平衡要求相一致。填埋场应设在交通方便、运距较短、征地费用少、施工方便的地方，并充分利用天然的洼地、沟、峡谷、废坑等。为防止对地下水形成污染，必须进行人工防渗，即场底及四壁用防渗材料做防渗处理。在进行垃圾填埋时，采取层层压实的方法，压实后密度大于0.6吨/立方米，每层垃圾厚度为2.5~3米，一次性填埋处理，垃圾层最大厚度为9米，垃圾压实后必须覆土20~30厘米。

填埋处理可分为卫生填埋、压缩垃圾填埋和破碎垃圾填埋三种。煤矿区可充分利用塌陷区或废弃矿井作为垃圾填埋场地，既不占地，对矿区环境影响也较小。

二是焚烧处理。焚烧的实质是将有机垃圾在高温及供氧充足的条件下氧化成惰性气态物和无机不可燃物，以形成稳定的固态残渣。首先将垃圾放在焚烧炉中进行燃烧，释放出热能，然后将余热回收供热或发电。烟气净化后排出，少量剩余残渣排出、填埋或作其他用途。其优点是迅速的减容能力和彻底的高温无害化，占地面积不大，对周围环境影响较小，且有热能回收。

因此，对 MSW（Municipal Solid Waste）实行焚烧处理是无害化、减量化和资源化的有效处理方式。随着人们环境意识的不断增强和热能回收等综合利用技术的改进，世界各国采用焚烧技术处理生活垃圾的比例逐年增加。

三是堆肥处理。堆肥法是利用垃圾中存在的微生物，使有机物质发生生物化学反应，生成一种类似腐殖质土壤的物质，它既可用作肥料，又可用来改良土壤。

垃圾堆肥在中国农村已有数千年的历史，也是处理垃圾的主要方法之一。堆肥法按分解作用原理可分为好氧和厌氧两种，多数采用高温好氧法；按堆积方法可分为露天堆肥和机械堆肥两种。好氧堆肥一般在露天进行，其占地面积较大，成肥时间，冬季需一个月，夏季约半个月。工业发达的国家采用机械堆肥作业，成肥时间仅需 3~4 天，占地面积比常规法减小 4/5。用机械化装置堆肥，初期常采用堆垛法，不需预先加工或粉碎，但必须把不能成肥的物质分离出去。目前，主要采用固定塔、固定室或滚筒进行垃圾堆肥处理，其中卧式滚筒使用最多，多层立式发酵塔使用也占一定比例。

在堆肥处理过程中，可养殖蚯蚓，蚯蚓既能消化垃圾又可喂鱼、养鸡。垃圾与污泥一起处理或垃圾与粪便混合堆肥，既可减少环境污染，还能提高肥效，是发展中国家最有前途的生活垃圾处理方法。

（二）固体废物污染防治发展进程

1. 固废处理起步阶段（1978~1998年）

我国固体废物污染控制工作起步较晚，开始于 20 世纪 80 年代初期。由于技术力量和经济能力有限，近期内还不可能在较大范围内实现"资源化"。我国于 20 世纪 80 年代中期提出了以"资源化""无害化""减量化"作为控制固体废物污染的技术政策，并确定较长一段时间内应以"无害化"为主。我国固体废物处理利用的发展趋势必然是从"无害化"走向"资源化"，"资源化"是以"无害化"为前提的，"无害化"和"减量化"则以"资源化"为条件。

1995 年，我国颁布了《中华人民共和国固体废物污染环境防治法》，除此之外，我国也积极制定与固废防治有关的相关法律法规以及防治标准。

2. 固废处理发展阶段（1999~2008年）

中华人民共和国第十届全国人民代表大会常务委员会第十三次会议于2004年12月29日修订通过了《中华人民共和国固体废物污染环境防治法》。

在这个阶段，我国对固废处理制度进行了完善和修订，并积极监督管理危废经营单位，建设固体废物的集中处置设施，逐渐建立起固废的专业管理机构和队伍，开始排查历史遗留问题并逐步解决。

3. 固废处理逐步完善阶段（2009年至今）

随着国家对环保产业的高度重视，民众环保意识不断增强，针对固废每年巨大的产量、处理设施能力严重不足的现实情况，近年来我国陆续出台了一系列法律法规和相关政策，加大了对固体废物治理行业的扶持力度，促进了行业的发展。《国务院关于加快培育和发展战略性新兴产业的决定》更是将节能环保作为现阶段重点培育和发展的战略性新兴产业之一。[①, ②]

近年来出现了一批先进的固废处理技术，这些技术在未来会有较大发展空间，具备一定的投资价值。

一是水泥窑垃圾处理系统。水泥窑协同处理城市垃圾是垃圾处理方面的新技术，在我国现阶段，垃圾本身的特点和水泥窑法低投资、无二噁英等优点，使得该方法较适合我国城市生活垃圾的处理。

二是垃圾填埋沼气发电。是指将垃圾填埋场中的有机物经降解后产生的填埋气（富含甲烷）作为燃料进行发电的技术，这是一种将垃圾清洁化、资源化处理的利用方式。由于这一过程达到了温室气体减排的目的，因此符合相关清洁发展机制（CDM），并可以进行碳交易以取得除发电外的第二重收入。由于此类业务在国内尚处于实践初期，现有项目盈利能力差异较大，但从市场容量来看，由于目前国内接近80%固废处置采取简单填埋，全国有多少填埋场就存在相应比例的填埋沼气发电市场空间，所以未来这一市场空间广阔。

---

① 再协：《我国固废治理行业现状分析》，《中国资源综合利用》2016年第8期。

② 刘成东：《我国固废处置技术现状与发展》，《资源节约与环保》2017年第4期。

三是垃圾焚烧热电联产。目前，垃圾焚烧发电效率仅能达到焚烧供热效率的 30%，热电联产即供暖季节主要供热而在非供暖季节主要用于发电的模式，该模式具有显著的经济效益，这一业务模式虽仍处于前期探索阶段，但发展前景广阔。

（三）固体废弃物污染防治发展展望[①]

1. 垃圾焚烧延续较快发展趋势

垃圾焚烧与填埋法相比，环境保护程度和综合效益更高，因而垃圾焚烧成为近年来国家提倡的无害化处理方式，占比逐年上升。

垃圾焚烧在我国公用设施中最早采用 PPP 模式，占比超过 80%，日前，四部委联合发文，鼓励在垃圾处理领域全面实施 PPP 模式，将终端设施建设扩展至收集、转运、处理、处置各环节。

国家财政部 PPP 中心入库环保项目总计 1969 个，总投资达 10700 亿元，其中垃圾焚烧项目 152 个、总投资金额 731.6 亿元。

垃圾焚烧发展趋势预测。（1）污染排放标准提升、环境补偿措施实施、地方政府积极推进、高标准垃圾焚烧厂增多，跨行政区域垃圾运输开口，有望逐步缓解垃圾焚烧厂落地难的"邻避"困境。（2）国家技术、产业、价格、财政和环保等政策，总体有利于促进和保障垃圾焚烧产业的长期发展。（3）成熟的商业模式、长期的投资回报和紧缺的项目资源，将使得核心企业之间"跑马圈地"式的市场竞争更趋激烈，并从城市向县镇延伸。（4）预计垃圾焚烧产业将呈"两低三高"的发展趋势，即年均增量降低、平均规模降低，建设标准提高、运营水平提高、行业集中度提高。

2. 卫生填埋仍有较多发展机会

垃圾卫生填埋场因具有适应性较强、运行成本较低等特点，今后将是中小城市、中西部地区、新型城镇化地区垃圾处理的主要方式之一。

---

① 张益：《我国固废处理领域现状和发展趋势》，《360 图书馆》2017 年 7 月 27 日。

"十二五"期间县城生活垃圾无害化技术处理比例中，填埋比例一直稳定在89%左右。①

当前，填埋处理设施投资建设运营由政府主导逐步转向市场化，填埋建设运营、渗沥液处理设施以及填埋气发电三大市场初步形成。其中，以PPP模式为主导建设运营的生活垃圾卫生填埋场占比已逐步提高，约占总量的40%。

卫生填埋发展趋势预测。（1）"新型城镇化"和"城乡一体化"进程将促进中小型垃圾卫生填埋场的进一步发展。（2）垃圾卫生填埋场在升级改造过程中的"焚烧化、综合化、园区化"现象，或将呈现逐渐增多的发展趋势，现有卫生填埋场有望成为热门资源。（3）作为城市垃圾处理的托底保障和最终出路，垃圾卫生填埋场今后仍将在大城市占有重要地位。（4）国家政策鼓励大城市原生垃圾"零填埋"，未经分类和预处理的原生垃圾直接进入卫生填埋场将逐步受到限制，而污泥、残渣和飞灰等特种填埋场将呈上升趋势。

3. 生活垃圾处理将有较大发展空间

和城市相比，人们对于农村生活垃圾的综合管理关注度较低，在中西部等地域偏僻、居住分散的地区，基础设备的规划建设比较落后、管理相对缺失，垃圾依旧存在上山、下地、进流水的乱扔乱放状态。

2015年底，约60%村镇生活垃圾得以处理，仍有40%约0.7亿吨垃圾未做任何处理，无害化处理率更低。量大面广、长期积累的村镇存量生活垃圾的整治任务相当艰巨和繁重。

村镇垃圾发展目标和趋势。（1）村镇垃圾处理模式主要包括城乡一体化集中处理模式、就地就近处理模式、分片分区处理模式、共存处理模式等。（2）住建部等启动农村生活垃圾5年专项治理，要求到2020年全国90%村庄的生活垃圾得到处理。（3）行政管理制度、财政投入力度、督察考核强度、垃圾分类程度、商业模式创新、适宜技术装备等是制约村镇垃圾处理发展的关键因素。

---

① 程绍强：《我国固废产业的现状及前景》，《工业》2017年第2期。

4. 餐厨垃圾处理面临机遇

"十二五"和"十三五"期间，国家分别计划对餐厨垃圾处理投资110亿元和184亿元。截至2016年底，100个试点项目中处在前期的约30个、在建的约20个、建成的约50个。

我国餐厨垃圾整体上具有起步晚、运营模式和盈利模式尚不成熟、处理工艺比较单一的特点。对已知投融资模式的84座处理设施的统计表明，BOT是餐厨垃圾处理设施最常见的建设运营模式。

餐厨垃圾发展趋势。（1）"十二五"期末，全国投产和在建的餐厨垃圾处理设施约为150座，日处理能力约为2.5万吨，"十三五"期间有望新增日处理能力3.0万吨。（2）部分非试点城市也在积极筹建餐厨垃圾处理项目，加上因垃圾分类产生的"湿垃圾"亟须解决出路问题，餐厨垃圾处理市场或将在未来几年加速释放。（3）可以在工艺路线、产品方案优化、多个产业链结合上着力，实现长期可持续发展。

5. 建筑垃圾资源化任重道远

我国建筑垃圾的主要来源是拆除和新建，主要成分为渣土。近几年，我国每年产生的建筑垃圾总量为15.5亿~24亿吨，占城市垃圾30%~40%，相当于城市生活垃圾产量的8倍左右。其中，黑龙江的建筑垃圾年均产生量最多，为22000万吨；西藏最少为71万吨。垃圾产生量以每年10%的速度持续递增，至2020年左右，我国建筑垃圾产生量可能达到峰值。

建筑垃圾趋势预测。（1）从设施的处置方式来看，处置方式有露天堆放、填坑、堆山造景、资源化利用等。在统计的867座建筑垃圾消纳设施中，填坑设施数量占比为83%，仍是最主要的处置方式，资源化利用率处于很低水平，市场需求和发展空间均很大。（2）因需经过分拣、破碎、搅拌、养护和检测等环节，建筑垃圾再生骨料等资源化相对于天然材料加工的成本更高。（3）产业发展亟待国家加大扶持力度，包括对企业提供财政补贴、设立产业发展基金和对企业提供税费优惠等。（4）未来的发展包括加快建筑垃圾资源化利用的法规和标准体系建设、推进建筑垃圾资源化利用的试点和推广工作、探索多种形式的市场化运作机制和投融资模式。

6. 危险废物处理处置亟待解决

我国危废处理行业自 2001 年左右起步，经过十多年的发展，庞大的危险废物产生量及其造成的处理需求是危险废物行业的主要推动力。目前行业进入快速增长阶段，在国家层面，污染防治规划、危险废物目录、污染控制标准与技术规范、集中处置收费制度等危险废物规范化管理体系已基本形成。

2016 年，危废真正实现集中处置的比例估计不到 35%；2017 年，危废产生量超过 6000 万吨，危废处理市场的挑战和机遇并存。

危险废物处理发展趋势分析。（1）天津港爆炸事故将促进大型化工厂的搬迁或改造、危险化学品管理等工作加快和升级。（2）随着环保督察力度的加大，中小型化工厂的关闭、入园、改造或转型等比例将大幅增加。（3）行业门槛较高，尽管危废处理市场参与者众多，但整体规模和生产能力偏小，具有核心竞争力的企业也较少，市场潜力巨大。

结　语

改革开放 40 年，既是中国经济高歌猛进的 40 年，也是中国环保山重水复、柳暗花明的 40 年。

在改革开放 40 年间，全国环保工作以建设资源节约型和环境友好型社会为目标，以正确处理经济增长与环境保护的关系作为治理环境战略的切入点，生态环境质量实现了从量变到质变的跨越，这 40 年是科学发展大转变的 40 年、污染治理大突破的 40 年、环境管理大创新的 40 年、环境质量大跨越的 40 年，实现了社会主义现代化新征程的开门红。回首过去，我国的环保工作取得了辉煌成就，但在环保人面前永远没有句号。为了天蓝水碧山青地绿，为了中国的持续发展和繁荣，为了人民群众的幸福安康，我们应牢记"绿水青山就是金山银山"的正确理念，以生态环境建设为依托，把中国建设成社会和谐、经济繁荣、生态宜居、特色鲜明的美丽中国！

第七章　循环经济发展

齐建国　王颖婕　马晓琴 *

导　读: 改革开放以来, 中国的循环经济发展经历了古典、过渡和现代循环经济崛起三个阶段, 循环发展理念已深入人心。40 年来, 中国不断开展各类循环经济试点和示范工作, 形成了一系列成熟的先进模式, 大大提高了资源利用效率, 减少了环境污染和温室气体排放。当前, 循环经济发展面临成本增加、市场竞争加剧、政策落实不到位等问题, 需要构建与循环经济发展相适应的制度体系, 促进循环经济服务模式创新, 全面推广成功模式, 推动循环经济在生态文明建设大战略中发挥更重要的支撑作用。

引　言

1978 年开始改革开放的时候, 中国总体上还是一个农业经济国家, 超过

---

 * 齐建国, 中国社会科学院数量经济与技术经济所研究员, 中国循环经济协会首席政策专家。王颖婕, 中国社会科学院研究生院博士生。马晓琴, 中国社会科学院研究生院博士生。

80%的人口居住、生活在农村。全国人均GDP为381元，按当时汇率计算，折合226美元。城镇居民人均年可支配收入为343元，农村居民人均年纯收入为133元。人均物质产品消费水平很低，人民生活总体水平没有达到温饱状态，居民家庭除了自然环境完全能够消纳的数量有限的垃圾以外，没有多少可回收利用的废弃物。那个年代，绿水青山不能填饱肚子，暖和身子。

改革开放以后，随着经济的发展，工业生产产生的废弃物和人均消费的物质产品日益增加。工业废弃物、家庭废弃物、各种服务业产生的废弃物、农业种植养殖业的废弃物、废旧纺织品、生活垃圾、餐厨垃圾、包装废弃物等种类增长了20~30倍。特别是与1978年相比，废弃物的种类不断增加，许多人们在1978年还没有听说过的新型废弃物数量持续高速增长，例如，废旧手机、废旧充电电池、废旧锂离子电池、各种各样的废弃电子产品等。过去，对于固体废弃物的处理方式主要是填埋，结果造成大中城市垃圾围城，无处可埋。废水随意排放，导致地表水有水皆污，湖泊富营养化，河流黑混，地下水有味有毒。废气排放致使雾霾频发。绿水青山变得千疮百孔，大好河山污浊不堪。经济增长面临悖论的考验：为什么要发展经济？为了幸福！经济增长了30倍以后我们幸福了吗？没有，因为环境日益变差，生态不断遭到破坏。不发展经济太穷，发展经济太污。

到了21世纪，一个严峻的问题摆在我们的面前：我们需要找到一个途径，既保持经济快速增长，又使生态环境不断改善，要让绿水青山变成金山银山，要让祖国的大好河山变得美丽富饶，要让人民过上美好的生活。

这个途径就是大力发展循环经济，建设生态文明。

一 循环经济的发展取向

（一）古典循环经济

古典式循环经济生产模式早已经存在。最具典型意义的古典循环经济生产方式，是一千多年前我国南方形成的桑基鱼塘模式。在我国珠三角地区，古代逐步发展起来一种桑鱼联产的产业链模式，即充分利用土地，在平地挖深鱼塘、垫高基田、塘基植桑、塘内养鱼的高效人工生态系统。桑树之叶为蚕饲料，蚕的粪便落入鱼塘为鱼食，鱼的排泄物沉于塘底为泥，塘底之泥为种桑之肥。形成了一种闭合的生态型经济循环圈。结果是桑多、蚕多、蚕沙多、塘鱼多。人类得到了更多的蚕丝和鱼。这个循环系统之外是丝绸纺纱产业链。这就是典型的古典循环经济模式。经济持续增长却没有废弃物产生。

这个循环圈中，太阳光、水、二氧化碳及土壤中的微量元素是物质循环的基础，鱼和蚕茧是最终产品，成为人类的经济产品。这是产业生态学思想诞生之前已客观存在的。后来发展起来的产业生态学的基本原理是：在自然生态系统中，废弃物的产生者与废弃物的分解者之间构成一个平衡的自然生态链，保持大自然的物种与物质关系稳定平衡。鱼是蚕的排泄物的分解者，桑树是鱼的排泄物的分解者，蚕是桑叶的分解者。

与自然生态系统相同的是，人类发展经济组建的生产系统也产生废弃物，也有以废弃物为原料的废弃物"分解者"。但是，与自然生态系统不同的是，如果废弃物的分解者不能获取经济效益，这种分解者就会消失，废弃物的累积就会越来越多，直到废弃物积累的数量对环境造成的污染威胁到人类的生存，人类才会把废弃物的分解作为经济社会活动的一个组成部分加以解决。

最早系统性分析工业废弃物循环利用的是无产阶级伟大的革命导师马克思。他指出："生产排泄物（废弃物），即所谓的生产废料再转化为同一个产业部门或另一个产业部门的新的生产要素……排泄物就再回到生产从而消费（生产消费或个人消费）的循环中………只有作为大规模生产的废料……才仍然是交换价值的承担者。这种废料——撇开它作为新的生产要素所起的作用——会按照它可以重新出售的程度降低原料的费用，在可变资本的量已定，剩余价值率已定时，不变资本这一部分费用的减少，会相应地提高利润率。"① 显然，马克思从节约资本和提高利润率的角度论述了循环经济思想，但马克思没有使用循环利用这个概念。可见，100 多年前，马克思就已经观察到，资本主义生产方式中存在工业排泄物的"分解者"，但只有当分解者即循环利用废弃物的企业可以通过利用废弃物提高利润率时，才会为之，并不是为了减少废弃物排放及生产的环境污染才循环利用废弃物。

到了 20 世纪 60 年代，发达国家的工业化进程接近完成，在当时的技术水平下，世界不可再生资源供给出现短缺态势。美国经济学家 K. 鲍尔丁提出了"宇宙飞船理论"。受发射到太空的宇宙飞船的启发，鲍尔丁认为，地球跟飞船一样都是孤立无援的系统，靠不断消耗内部资源才能生存，最终将因资源耗尽而毁灭。因此，必须不断地循环利用有限的资源，减少废弃物排放，人类才能长久地生存下去。

1972 年罗马俱乐部发布了著名的研究报告——《增长的极限》，论证了因资源有限，经济增长存在极限，提醒人们必须节约利用资源。

从上面的分析可以看出，直到 20 世纪 70 年代初期，人们对资源利用方式引发的后果，主要还是从资源的有限性和资源利用的经济效率角度认知的。无论是提高资源利用效率，还是循环利用废弃物，都是从实现资源供给的可持续性和资源利用的经济效率角度出发的，因此，我们可以将这种古典式的循环经济称为资源导向的循环经济。在这一阶段，人们对于资源利用的环境效果一直没有给予足够的关注。

直到 20 世纪 70 年代初期，发达国家环境污染日益严重，学者们总结之前著名的八大污染事件时，人类才开始关注环境问题。但是，关注的焦点仍然限于末端治理，即对排放的污染进行环境无害化处置，较少关注从源头预防污染物产生。

---

① 《马克思恩格斯全集》（第 25 卷），人民出版社，1979，第 95 页。

（二）现代循环经济

现代循环经济是指发达国家在 20 世纪 70 年代完成工业化，以环境保护为目标对废弃物进行管理的循环经济模式。1989 年英国学者皮尔斯等发表了《绿色经济的蓝图》[①]一书，首次使用了循环经济一词。1990 年，他又和特纳共同发表了《自然资源与环境》一书，用循环经济一词对资源循环利用进行定义。尽管他们也是把循环经济与资源循环利用看成是等价的，却是从环境保护角度来研究循环经济。

德国是世界上最早针对废弃物的综合利用发展循环经济的国家。德国也是较早地针对废弃物的安全处理和环境保护制定法律的国家。1994 年，德国正式颁布了《循环经济与废弃物管理法案》，并于 1996 年正式实施。这是世界上第一部关于循环经济的国家立法。随后到 2000 年，日本制定了《循环型社会形成推进基本法》。这两部法律开创了国家循环经济立法先河。随后很多国家也针对废弃物的回收和综合利用制定了不同类型的法律和法规。这标志着循环经济发展开始由资源导向型转变为环境导向型。我们称其为现代循环经济。

国内很多学者从哲学角度、资源利用角度、环境保护角度、物质流角度、生态学角度、技术范式角度对现代循环经济进行了不同的定义。把这些定义进行综合，可以认为，现代循环经济是在深刻认识经济增长与资源约束、环境污染之间矛盾的基础上，以提高资源利用率与保护环境为目标，以节约资源与废弃物循环利用为手段，以技术创新为依托，以制度创新为推动力，在技术上可行、经济上合理和满足社会市场需要的前提下，以废弃物排放最小化、资源效率最大化来实现经济可持续增长的一种生态型经济发展模式。

在技术层面上，现代循环经济首先强调运用资源高效利用的生产技术，

[①]〔英〕大卫·皮尔斯等：《绿色经济的蓝图》，何晓军译，北京师范大学出版社，1996。

减少单位产出的资源消耗，节约使用资源；其次，通过生产技术与环境保护技术相融合，形成清洁生产体系，减少生产过程中污染物的产生和排放，甚至近"零"排放；再次，通过废弃物综合回收利用和再生利用，实现物质资源的循环使用；最后，通过垃圾无害化处置，实现生态环境的平衡，从而最终实现经济和社会可持续发展。

（三）循环经济研究的理论基础分析

理论来源于实践，又反过来指导实践。循环经济理论和思想的形成与发展是人类经过长期实践总结的结果。循环经济发展涉及的内容十分广泛，其理论也必然是多学科交叉的结果。从目前学术界研究的结果来分析，它涉及生态学、生态经济学、资源经济学、环境经济学、技术经济学、制度经济学、工程科学、系统科学、协同科学等多个学科。

1. 循环经济与生态学理论

生态学最早是对动物进行研究的一门学科，后来发展到对生态系统的研究。所谓生态系统是指在一定空间内，生物成分与其环境通过能量流、物质流、信息流、价值流形成一个有机集合体。生态系统是一个不断演化的动态系统。[1]

生态系统的良好运行就是生态平衡，在维护生态平衡的过程中，人与其赖以生存的环境之间发生联系，并相互影响。人类文明史就是一部人与自然环境、社会环境竞争与共存、改造与适应的发展史或生态演变史。人与资源、环境之间矛盾的实质，就是生态系统中各个子系统之间关系的失调。人既是生态系统的成员，受一般自然规律的制约，又是支配生态系统的最积极、最活跃的因素。人类一旦认识和掌握了生态系统的特性并运用科学方法实行管理，就能防止生态系统的逆向演化，维持其平衡或创造出具有更高的生态效益与经济效益的新系统，实现新的生态平衡。

---

[1] 王军:《循环经济的理论与研究方法》，经济日报出版社，2007。

循环经济是因资源环境问题日益严重，威胁人类可持续发展而产生的经济发展模式，是对传统经济发展模式反思后的创新。它将社会经济系统设定为生态系统的一个子系统，按照生态学规律，以技术为手段，寻求经济系统与自然系统协调运行的新途径，实现生态系统的平衡。因此，生态学所倡导的人与自然和谐发展，生态系统的物质能量转换和生态平衡的朴素思想，成为循环经济理论的重要思想基础。

2. 循环经济与生态经济学理论

生态经济学是生态学和经济学交叉形成的科学，是研究生态系统和经济系统相互作用所形成的生态经济系统良性运行的科学，其具体研究对象是社会物质资料再生产过程中经济系统与生态系统之间物质交换、能量流动、信息传递、价值转移和增值以及四者之间的内在联系的一般规律。

生态经济学认为，生态系统存在生态阈值，即生态环境的自净力和承载力是有限的。经济系统作用于生态系统时，如果没有超过生态系统阈值，则系统会在经济活动的相互反馈调节下得到恢复；相反，如果人类经济活动超过生态系统阈值，生态系统就会出现失衡、失控，甚至发生波及整个人类的灾难性后果。也就是说，生态经济复合系统的结构和生态经济的相互作用、演化及经济活动规模在生态系统的稳定性和可恢复性中起着非常重要的作用，这些为循环经济理论的应用研究奠定了一定的基础。循环经济主要研究经济体与其环境之间的相互作用，主张在尊重自然的基础上提高和保护生态系统的自组织能力，强调通过资源的循环利用和废弃物的回收利用，减少废弃物排放，使经济活动对生态造成的干扰低于生态阈值，实现经济发展、环境保护的双赢。

3. 循环经济与资源经济学理论

资源是人类赖以生存和发展的物质基础。资源经济学与循环经济在物质层面上都以资源的配置效率和可持续利用为主要内容，传统的资源经济学主要针对自然资源，循环经济则主要针对废弃物资源和可再生资源。从可持续发展角度看，资源经济学关注的是自然资源的可持续供给，循环经济则更关注资源利用引起的环境可持续性。在制度的依赖性上，资源经济学对资源开采政策更敏感，而循环经济对资源政策和环境政策都很敏感。

4. 循环经济与环境经济学理论

环境经济学是人类经济社会活动排放的废弃物接近生态阈值，使得环境具有了资源属性以后产生的一门学科。它认为环境是一种资源，具有稀缺性、多用途、增殖性和计量的困难性等特性。它研究的核心问题是认识和妥善处理环境保护与经济发展之间的相互关系。循环经济则是处理经济发展与环境之间矛盾的一种技术途径，旨在寻求实现经济发展和自然环境之间的良性循环，只有当环境成为一种短缺资源时，循环经济才显示出其价值，否则它就仅仅是资源可持续供给的一种技术解决方案。从这个意义上说，循环经济是资源经济学和环境经济学两个学科托起的一种优化解决方案。

5. 循环经济与技术经济学理论

技术经济学研究技术与经济之间的关系，研究经济活动的投入产出关系，即经济活动的技术方案的成本与收益之间的对比关系。循环经济是建立在废弃物循环利用技术和再生利用技术基础之上的。按照技术经济学原理，循环经济必须建立在资源循环利用技术具有可行性的基础上，同时还必须具有经济上的合理性。两者缺一不可。在现实中，资源循环利用往往因技术效率不高而在经济上不具有合理性，即所谓的循环不经济，使得循环利用资源无法在市场环境下得以实现。在这种背景下，研究与开发更高效率的技术就成为关键。这里的技术不仅仅指生产上应用的硬技术，也包括要素优化组合的管理技术。从技术经济学的角度看，循环经济是一种以废弃物替代新资源的技术方案的比较与优化。

6. 循环经济与制度经济学理论

废弃物资源是一种非传统资源，如果不循环利用就会被排放到环境中形成污染。这是废弃物资源的基本特性。因此，废弃物资源的利用不仅仅涉及利用的直接成本与效益，还与环境资源发生直接关系，即废弃物资源的循环利用具有强外部性。外部性问题一般需要通过制度创新来解决。这就决定了循环经济与制度经济学具有内在的联系。

循环经济作为一种新的经济发展模式，在物质层面上的主要特征是用废弃物替代新资源，这种替代能否可持续发展，取决于其成本和效益与利用新资源是否具有比较优势。在很多情况下，利用废弃物资源的核心问题是废弃物的回收和将其变为再生资源的成本要高于新资源，如果不考虑废弃物资源排放的环境成本，利用废弃物在成本效益上就不具有比较优势。但是，如果将新资源开发的负外部性和废弃物资源利用的正外部性纳入经济核算，则情况就会逆转，利用废弃物资源就会具有比较优势。

因此，发展循环经济需要通过制度创新，将废弃物资源利用的外部性内部化。实践中，这种制度创新主要体现在生产者责任延伸、对排放废弃物征收环境税等方面。生产者责任延伸制度的精髓是，生产者对其生产的产品经过市场消费变为废弃物后的回收和处理承担经济责任。对废弃物循环利用主体进行适当补偿，可以有效地提高废弃物资源回收利用的比较优势，从而对废弃物循环利用的行为形成激励。对废弃物排放征税，也可以将负外部性内部化。利用废弃物而不是排放，可以节省排放成本，激励废弃物循环利用。这里的废弃物生产者既可以被定义为物质产品的直接生产者，也可以是产品的消费者。不管是哪一方承担废弃物处理费用，都可降低废弃物利用者的成本。

二　发展的历程

循环经济一词在 1998 年以后才出现在中国学术界的文献中。但循环经济实践活动早已存在。例如，"桑基鱼塘""鸭稻共生"等典型古朴的农业循环经济模式在中国古代就已经存在，只是没有冠以循环经济的名称。因此，我们可以把循环经济在中国的发展进程划分为古典阶段、过渡阶段和现代循环经济崛起阶段。每个大阶段又可以分为几个小的阶段。

（一）资源导向型的古典模式阶段（1998年以前）

1. 固废资源利用为主导的古典循环经济阶段（1978年以前）

1978年以前，中国还处于农业主导的经济发展阶段。虽然已经提出四个现代化的战略，工业占国民经济的比重也已经超过40%，但是工业规模仍然不大，环境压力不是十分突出。相反，因为生产力落后，社会不能提供足够的资源生产和足够的消费商品供给，民众和企业不得不利用一切可以再利用的资源，包括废弃物资源。1978年以前国家还没有设立具有独立功能的环境保护机构，只有1973年成立的国务院环境保护领导小组办公室负责环境管理的一些重大事务。当时在城市政府一般设有三废（废水、废气和固废）利用办公室。回收利用的废弃物包括动物骨头、废旧金属等多种固体废弃物，但主要集中于废旧金属回收利用。国家物资部和全国供销社系统都设有废旧资源回收利用系统。

2. 废弃物利用转变为环境末端治理手段之一（1979~1997年）

改革开放后，经济增长速度加快，资源消耗量开始上升，废弃物产生量和排放量开始增加，环境保护问题逐步浮出水面。随着工业化进程的推进，尤其是大量技术水平落后、分散布局的乡镇企业如雨后春笋般地涌现出来，环境污染问题日益凸显。1992年邓小平南方谈话将中国推入第二次工业化建设高潮期以后，中国开始真正步入大规模工业化的轨道。1996年以后，我国经济基本结束了工业加工产品数量短缺的历史，进入了"相对过剩时代"，但基础原材料供给不足的矛盾日益突出。工业化快速发展的直接后果是，中国进入了发达国家传统工业化的技术经济范式轨道，即大规模生产、大规模消费、大规模排放废弃物，环境污染急剧恶化。这一时期的废弃物循环利用既是增加原材料供给的重要补充，也开始向着减少污染物排放的重要途径发展。

从环境保护角度分析，这一阶段是中国环境保护战略的形成阶段。

为适应环境保护需求不断提高的客观变化，1982 年国家实行机构改革，将当时的国家建委、国家城建总局、国家测绘局、国务院环境保护领导小组办公室等合并，组建国家城乡建设环境保护部，部内设立了环境保护局，这是一个部属局。到 1984 年，部内环境保护局升格为国家环境保护局，但仍从属于国家城乡建设环境保护部。1988 年，国家环境保护局从城乡建设环境保护部中分离出来，正式成为国务院直属管辖的环境保护局（副部级），1998 年国家环境保护局升格为国家环境保护总局（正部级）。

在这一时期，环境保护逐步得到强化，资源综合利用在解决资源供给不足问题的同时，也成为环境末端治理模式的重要手段之一，得到发展。

1989 年 12 月 26 日，我国颁布首部《环境保护法》，其第二十五条规定，"新建工业企业和现有工业企业的技术改造，应当采用资源利用率高、污染物排放量少的设备和工艺，采用经济合理的废弃物综合利用技术和污染物处理技术"。1995 年国家又正式出台了《中华人民共和国固体废物污染环境防治法》，其第三条规定，"国家对固体废物污染环境的防治，实行减少固体废物的产生、充分合理利用固体废物和无害化处理固体废物的原则"。第四条规定，"国家鼓励、支持综合利用资源，对固体废物实行充分回收和合理利用，并采取有利于固体废物综合利用活动的经济、技术政策和措施"。

上述两部法律的颁布执行，使得废弃物综合利用成为污染预防和环境保护的重要手段之一。虽然还没有直接提出循环经济这一概念，但作为循环经济重要内容的资源综合利用和废弃物回收利用，都进入了法律提倡和促进的范畴。

（二）资源与环境双导向：从古典走向现代的阶段（1998~2004 年）

1. "淮河治污零点行动"的启发

源自 1989 年淮河首次重大污染事故（自来水厂被迫关闭，几百万人生活受到严重威胁），始于 1994 年 5 月国务院环委会召开的淮河流域污染治理执法检查现场会，结束于 20 世纪末子夜零点水质变清神话的"淮河治污零点行动"，持续数年，以无果而告终。以至于 2005 年又引发淮河治污十年，600亿元投资付诸东流的大讨论。

"淮河治污零点行动"结果不尽如人意，给环境保护管理当局带来的重大启示是，靠关停并转等行政强制手段治理环境，不仅不能建立长效机制，而且成本巨大，效果不可持续。

唯有从源头入手，推进清洁生产和资源高效利用技术，对生产和生活废弃物进行回收和循环利用，才能在经济增长的同时减少污染物的产生和排放。因此，资源高效安全循环利用与环境保护和人民追求美好物质生活的诉求高度契合。2000 年前后，中国环保管理当局的这一结论性认识，促使其将环境保护手段转向了引导企业进行资源循环利用的循环经济发展模式。

2. 从末端治理走向清洁生产、推进循环经济阶段（1998~2002年）

针对末端治理的低效率、高成本弊端，国内学者在 20 世纪 90 年代引入清洁生产理念的基础上，又于 2000 年前后将德国和日本发展循环经济和循环型社会的理念引入中国。2002 年 6 月 29 日第九届全国人民代表大会常务委员会第二十八次会议，正式通过颁布《中华人民共和国清洁生产促进法》。促进在中国"不断采取改进设计、使用清洁的能源和原料、采用先进的工艺技术与设备、改善管理、综合利用等措施，从源头削减污染，提高资源利用效率，减少或者避免生产、服务和产品使用过程中污染物的产生和排放，以减轻或者消除对人类健康和环境的危害"。这是中国第一部以预防污染为主要内容的专门法律。在推进清洁生产的同时，当时的国家环保总局开始着手推进循环经济发展模式，组织各种培训班、研讨会，普及宣传循环经济理念和知识，着手在一些企业和工业园区进行试点。

与发达国家的循环经济主要聚焦于废弃物处理和综合利用不同，针对当时我国环境污染主要源自工业生产的国情，首先在重点工业领域从资源配置和企业布局开始，按照循环经济原理，构建基于产业链的物质循环利用联合体，按照减量化、再利用和资源化的原则，发展资源循环利用型产业体系。

针对生活废弃物建设专业化的再生资源产业园区，在全国范围内掀起了循环经济发展热潮。

3. 资源与环境双导向的现代循环经济战略初步形成（2002~2004年）

2001年，我国经济发展逐步从亚洲金融危机中恢复，自2002年开始进入新一轮高速增长周期。这一经济增长周期的基本特征是城镇化加快与消费结构升级，无论是投资需求还是消费需求都是以重化工产业为基础。因此，经济总量的快速增长拉动资源消耗快速增长和废弃物产生量急剧上升，资源供给短缺与环境污染加剧同时出现，以废弃物为原料的再生资源价格持续走高，环境负荷日益接近超饱和状态。这一背景与循环经济理念引入并开始走入实践的时间点相契合，使得发展循环经济成为既可以增加再生资源供给，又可以从源头预防污染排放的有效路径，坚定了决策层将大力发展循环经济作为解决经济增长与资源短缺、环境污染之间日益尖锐矛盾的决心。2002年10月16日，时任中共中央总书记江泽民同志在全球环境基金第二届成员大会上的讲话中指出："只有走最有效利用资源和保护环境为基础的循环经济之路，可持续发展才能得以实现。"2003年，时任中共中央总书记胡锦涛同志在中央人口资源环境工作座谈会上强调："要加快转变经济增长方式，将循环经济的发展理念贯穿到区域经济发展、城乡建设和产品生产中，使资源得以最有效地利用。最大限度地减少废弃物排放，逐步使生态步入良性循环，努力建设环境保护模范城市、生态示范区、生态省。"党的十六届四中全会通过《中共中央关于加强党的执政能力建设的决定》，正式将"节约资源和保护环境，大力发展循环经济，建设节约型社会"作为坚持科学发展观，提高党驾驭社会主义市场经济能力的重要内容之一。

在当时国家环保当局的大力推进下，大力发展循环经济成为举国共识。但是，环保部门的职能，决定了它无法解决发展循环经济遇到的一系列经济政策和利益关系协调问题，因此，到2004年下半年，国务院决定，将发展循环经济的管理职能从国家环保总局转移到国家发改委。管理体制和机制的这一转变，使发展循环经济进入国家核心战略，开启了中国循环经济发展的新阶段。

（三）现代循环经济崛起的快速发展阶段（2005年至今）

1. 发展循环经济由废弃物管理方法转向经济发展模式

2004年9月国家发改委召开首届全国循环经济工作会议，提出以循环经济理念指导"十一五"规划的编制。2005年3月，温家宝总理在《政府工作报告》中提出把发展循环经济作为贯彻落实科学发展观、转变经济发展方式、解决资源与环境压力的措施。2005年7月，国务院正式发布了《关于加快发展循环经济的若干意见》，对中国发展循环经济的目标、重点领域、管理措施等提出了原则性指导方针。借此，循环经济在中国被确立为新的经济发展模式和重大发展战略中的一个重要环节。

2. "十一五"规划：循环经济进入国家战略

2006年3月，全国人大批准的《中华人民共和国国民经济和社会发展第十一个五年规划纲要》专门设立发展循环经济一章，对"十一五"期间发展循环经济、建设节约型社会做出了全面部署。纲要指出，"大力发展循环经济、加快建设节约型社会，是落实以人为本、全面协调可持续的科学发展观的重大举措，是实现经济增长方式转变，从根本上缓解资源约束，减轻环境压力，推动国民经济又快又好发展，实现全面建设小康社会目标和可持续发展的必然选择"。依据"十一五"规划纲要，国家发改委全面普及循环经济理念，组织在全国展开大规模试点示范工作，使发展循环经济从理念和理论研究转入大规模实践阶段。

3. 依法推进循环经济发展

为使循环经济发展有章可循，有法可依，构建适合循环经济发展所需要的长效机制，2008年8月29日，十一届全国人大常委会第四次会议表决通过了《中华人民共和国循环经济促进法》（简称《循环经济促进法》），从2009年1月1日起正式实施。这是世界上第三部国家循环经济立法，也是发展中国家的第一部促进循环经济发展的国家立法。《循环经济促进法》明确提出，要坚持"减量化、再利用和资源化"的基本原则，建立包括编制循环经济发展规划、总量控制、发展评价、生产者责任延伸、重点监督以及能源统计和循环经济标准体系等一系列重大制度安排，为加快循环经济发展提供了法律层面的制度保障。《循环经济促进法》将发展循环经济提升到了国家经济社会发展的重大战略高度。

4. 制定循环经济发展专项国家计划

2012 年 12 月 12 日，国务院常务会议专门研究部署发展循环经济。会议指出，发展循环经济是中国经济社会发展的重大战略任务，是推进生态文明建设、实现可持续发展的重要途径和基本方式。会议讨论通过了《循环经济发展战略及近期行动计划》，并于 2013 年 1 月公开发布。该计划提出了"十二五"期间国家发展循环经济的四大任务，即构建循环型工业体系、构建循环型农业体系、构建循环型服务业体系、开展循环经济示范行动。该计划还提出了完善财税、金融、产业、投资、价格和收费政策，健全法规标准，建立统计评价制度，加强监督管理，积极开展国际交流与合作，全面推进发展循环经济的保障机制。

5. 制定国家《循环发展引领行动》计划

为全面贯彻落实创新、协调、绿色、开放、共享发展理念，推动发展方式转变，提升发展的质量和效益，引领形成绿色生产方式和生活方式，促进经济绿色转型，根据党的十八届五中全会精神和《国民经济和社会发展第十三个五年规划纲要》，国家发改委组织制定了"十三五"时期《循环发展引领行动》计划。

该引领行动计划重点强调了在新时代发展循环经济的新任务、新目标、新路径。其核心内容概括为：第一，从更高层面推动循环经济体系的完善，构建循环型产业体系和强化制度供给；第二，将发展循环经济作为实现经济增长新动能的重要内容，紧密结合新时代经济发展的新特点，促进循环经济不断发展壮大；第三，启动循环经济发展十大行动。

该行动计划充分体现了发展循环经济对推进供给侧结构性改革、提升发展质量的重要作用，强调了加强制度供给要和发挥市场机制作用相结合，明确政府、企业、个人在循环经济发展中的责任义务，建立激励与约束相结合的长效推进机制。提出了推行生产者责任延伸制度、建立再生产品和再生原料推广使用制度、完善一次性消费品限制使用制度、深化循环经济评价制度、强化循环经济标准和认证制度、推进绿色信用管理制度。

计划提出了"十三五"期间引领循环经济发展的十个重大专项行动。

（1）园区循环化改造行动：到2020年重点支持100家产业园区进行循环化改造，推动75%的国家级园区和50%的省级园区开展循环化改造。

（2）工农复合型循环经济示范区建设行动：建设20个工农复合型循环经济示范区。

（3）资源循环利用产业基地建设行动：在100个地级及以上城市布局城市资源循环利用产业基地。

（4）工业废弃物综合利用产业基地建设行动：建设50个工业废弃物综合利用产业基地，开展工业废弃物综合利用重大示范工程。

（5）"互联网＋"资源循环行动：制定发布《"互联网＋"资源循环行动方案》，支持回收行业建设线上线下融合的回收网络，推广"互联网＋回收"新模式。

（6）京津冀区域循环经济协同发展行动：统筹规划京津冀地区的再生资源、工业固废、生活垃圾资源化利用和无害化处置设施，建设一批跨区域资源综合利用、协同发展重大示范工程。

（7）再生产品、再制造产品推广行动：建设30个左右再生产品、再制造产品推广平台和示范应用基地。

（8）资源循环利用技术创新行动：以提高资源利用效率、资源循环利用水平为核心，开展循环经济重大共性或瓶颈技术装备研发，加强典型区域循环发展集成模式示范。

（9）循环经济典型经验模式推广行动：总结凝练循环经济试点示范典型

经验、重点行业循环经济发展模式及典型模式案例，结合工作实际向全社会推广发布。

（10）循环经济制度创新试验行动：选择若干地区、行业开展循环经济制度创新试验区建设，探索形成循环经济核心制度，逐步在全国范围内推广。

三 主要成效

（一）循环发展观念普及，中国理念引领世界

经过近 20 年理论研究和实践探索，中国已经形成了大力发展循环经济，实现绿色循环低碳发展，建设生态文明和美丽中国的思想体系。建立在这个思想体系基础上的中国发展道路，为广大发展中国家实现清洁发展，与发达国家携手应对气候变化，探索出了一条成功的道路。这条道路已经得到全世界的认可。

中国在短短的 40 年内，经过自上而下与自下而上相结合的不断探索，在中央决策层直接领导和推动下，通过普及循环经济知识、提升环境保护意识、建立健全法律制度、全面推进技术创新、试点推动示范引领、典型推广全面推进的中国特色发展道路，在压缩型工业化模式下，实现了快速增长进程中的持续转型，兼顾了经济增长、节能降耗、保护环境多方面需求，实现了多方面共赢，对形成中国道路自信、理论自信、制度自信、文化自信做出了重要贡献。

2005 年以来，经国务院批准，国家发改委等相关部门先后组织各类循环经济试点和示范，涉及近 1000 家单位，各地也开展了相应的试点示范工作，广泛涵盖不同层次行政区域、全部重点行业、重点领域和重点企业，涌现了一批循环经济典型单位、典型模式和典型经验。国家发改委总结和凝练了 60 个可复制、可推广的循环经济典型模式案例和八大类典型试点示范经验进行推广。依托试点示范带动，初步形成了以源头减量、过程控制、末端再生利用为特征的，覆盖工业、农业、服务业各领域，生产、流通、消费各环节，

企业、行业、园区、社会等各层面的循环经济发展模式。

近年我国加大对发展中国家工业化智力援助，其间对广大发展中国家数以千计的中层以上公务员进行了循环经济专题培训。2008年金融危机爆发后，发达国家在所谓"再工业化"的结构调整中，高度认可我国经验并逐步接受我国循环经济理念。例如，达沃斯世界经济论坛接受循环经济的概念，近年接连举办循环经济专题论坛活动，并不断发布研究报告，宣传推广循环经济。著名国际咨询公司麦肯锡认为，循环经济是工业革新的机遇，建议欧洲加速向循环经济转变。2015年欧盟委员会向欧洲议会、欧盟理事会等提交了《闭环——欧盟面向循环经济行动计划》，间接承认了中国的循环经济的理念。2016年，国际著名科学杂志《自然》封面文章介绍循环经济，重点介绍中国循环经济发展经验，并承认从线性经济向循环经济转变是解决全世界面临的资源安全问题的唯一途径，而中国的循环经济战略是弥合全球经济发展和生态保护之间矛盾的重要一步。

循环经济理论已经成为中国引进、消化、吸收、再创新、再输出的思想体系。

（二）开展试点示范工作，形成一系列先进模式

循环经济是一种资源高效循环利用和环境保护高度统一的经济发展模式，中国不断开展各类循环经济试点和示范工作，形成了一系列成熟的先进模式。

1. 企业循环经济发展模式

企业循环经济发展模式是指以单一或骨干企业为主，从生态设计和源头减量入手，优化过程控制和末端再生利用，重组企业内部各工艺和生产单元之间的物料循环，延长生产链条，构建物质循环利用和能量梯级利用网络，提高资源能源利用效率，减少物料和能源投入，减少废弃物和有毒物质排放，提高企业竞争力的生产模式。

例如，传统上认为污染最严重的钢铁产业，通过发展基于长流程钢铁企业循环经济联合体，技术上在原料入口烧结和焦化工序实现脱硫脱硝，大大

降低了钢铁产业链 SO_2 和 NO_x 等污染气体排放强度；焦炉煤气、高炉煤气和转炉煤气全部回收发电或作为化工原料；高炉水渣和转炉钢渣全部回收高效利用；全部水资源分级循环利用；全部污泥回收作为原料回炉利用；余热余压梯级利用。废弃物、余热余压余能等回收综合利用已经成为钢铁联合体主要盈利来源。通过发展循环经济和技术创新，我国生产 1 吨钢材的综合能耗已经从 1978 年的 2.35 吨标煤降低到 0.6 吨左右，1 吨钢耗新水从几十吨降低到 3 吨左右。钢铁企业的大烟囱从过去的黑烟滚滚变为白烟（水蒸气）飘荡。钢铁厂已经从过去的钢锭单一产品，变为"板管线棒"钢材、发电、建筑材料和其他循环经济产品生产的联合体。

2. 园区循环经济发展模式

产业在园区内集聚发展已经成为中国工业化的生产力布局的基本模式。全国有省级以上各种产业园区数千家，地市县级产业园区数以万计。曾经有一种说法——"产业集聚区也是污染的集聚区"。为了解决产业集聚带来的污染排放集聚问题，2005 年以来，国家始终把"产业园区存量循环化改造和增量循环化构建"作为发展循环经济的重点工作加以推进。

产业园区循环化改造和构建的核心是：在优化园区功能布局、产业布局和企业布局的基础上，通过延长和拓展产业链条，在企业内部和不同企业之间构建物质循环利用和能量梯级利用网络，建立不同企业间和不同产业间的物质代谢和共生耦合关系，并共享环境基础设施，建设废弃物、能量交换平台和管理平台，促进原料投入和废物排放的减量化、再利用和资源化，以及危险废物的资源化和无害化处理，最大限度降低园区物耗、能耗和水耗，推进环境污染治理和减排，提高园区综合资源产出率和综合竞争力。经过 10 年推进，园区循环经济发展取得显著成效，污染集聚的问题得到了较大缓解。

3. 跨产业的农工服复合循环经济发展模式

传统模式的农业循环经济主要是农业内部在种植业、畜牧养殖业和林果业等之间，以有机肥和沼气为纽带，对农业有机废弃物简单转换形成的物质循环，如秸秆还田、养殖粪便堆肥利用等，比较普遍的模式如"猪沼果""猪沼菜"等。由于在家庭联产承包经营责任制的土地利用制度下，农业主体规模小，废弃物资源化价值低，物质虽然得到循环利用，但经济价值不高。2010年以来，在国家示范指引下，各地形成了一批农业种植、养殖、农产品加工、有机肥料制造、生物质能源利用、食品工业、建筑材料制造、旅游餐饮服务、康养服务等产业集成发展的循环经济联合体。电子商务及大数据等互联网技术也在农工服复合循环经济体系中得到了大量应用。这或许是未来农村和农业转型发展的一个大趋势。

4. 专业化社会废弃物资源再生循环利用模式

随着生活水平的日益提高，以家庭废弃物为主的各种废弃物资源数量日益增大，已经成为环境污染的重要来源。这些废弃物包括废弃电器电子产品、废旧汽车、废塑料、废橡胶、废纸、废旧纺织品、餐厨垃圾、包装废弃物、废玻璃，以及城镇工业和服务业产生的废旧机电设备、废旧电子电器设备、废旧金属、污水处理厂的污泥、医疗垃圾等。过去对这些废弃物的处理方式以填埋为主，但随着城市化的发展，垃圾围城现象日益严重，居民环境意识不断提高，因此垃圾处理的邻避效应不断增强。对这些废弃物进行循环利用和安全处置，已经面临越来越大的压力。

2005年以来，在学习发达国家经验的基础上，中国探索出了利用"互联网＋"等技术建立废旧资源回收体系，建立专业化的城市矿产基地，专业化的城镇废旧资源安全处置与循环利用基地等模式。实践证明，这是处理和循环利用城镇低值废弃物的有效模式。

5. 再制造模式

再制造模式是产品或设备整体损坏后，利用高技术对设备受损工作面或零部件进行修复，使之在原有制造基础上重新具备使用功能或延长使用寿命的一种废旧资源再利用模式。再制造出来的零部件或产品无论是性能还是质量都不亚于原有部件或产品。以济南复强的发动机再制造为例，再制造的汽车发动机质量和功能不低于甚至高于新发动机，与制造新发动机相比，再制造的发动机成本只需50%，能源消耗只有60%，材料消耗只有 30%，具有非常高的经济效益和生态环境效益。目前再制造产业已经成为循环经济的高端产业，在全国各地都有布局。再制造产品也已经扩展到矿山机械、冶金装备、石油化工设备、交通设备、机电设备等所有领域。

（三）资源环境效益显著[①]，贡献应对气候变化

发展循环经济大大提高了资源利用效率，降低了新增原始资源开采量，减少了环境污染和温室气体排放。

1. 资源节约效果明显

据 2015 年的不完全统计，全年利用工业固体废弃物总量超过 31 亿吨，比 2005 年增加近 24 亿吨。2005~2014 年，累计利用废钢 7.9 亿吨，再生铜、再生铝、再生铅、再生锌四种再生有色金属 8085 万吨。2016 年综合利用大宗工业废弃物总量超过 20 亿吨，其中粉煤灰 4.32 亿吨、煤矸石 4.77 亿吨、冶金渣 3.53 亿吨、废塑料 1808 万吨。综合利用秸秆等农林废弃物 8 亿吨，养殖业粪便 21 亿吨。估计从废弃物中回收能源总量折合标煤超过 4 亿吨。

2. 环境效益突出

2016 年综合利用各种固体废弃物资源总量估计超过 60 亿吨，中水回用超过 90 亿吨，脱硫脱硝和各种废气烟粉尘回收利用量超过 5000 万吨。对改善生态环境起到了至关重要的作用。特别是，对废弃物资源的回收利用提供了大量资源供给，减少了原始资源的开采，从源头减少了对生态环境的破坏。

3. 对温室气体减排贡献巨大

对我国 2014 年循环经济发展的温室气体减排效果的初步测算表明，仅矿产资源综合利用、工业废弃物资源化利用、农业废弃物资源化利用、再生资源回收利用和垃圾资源化利用这五个领域折合 CO_2 减排量就高达 13 亿吨，相当于当年全国 CO_2 排放量的 12%，对单位 GDP 温室气体排放强度下降的贡献

---

① 本节数据均来自中国循环经济协会。

率达到 16%。其中矿产资源综合利用减排 2900 万吨，工业废弃物资源化利用减排 11 亿吨，农业废弃物资源化利用减排 3900 万吨，再生资源回收利用减排 3800 万吨，垃圾资源化减排 7800 万吨。同时，2014 年通过资源循环利用减排其他五种温室气体达到 1.7 亿吨 CO_2 当量。由此可见，发展循环经济是减少温室气体排放、应对气候变化的重要手段和主要途径之一。例如，与过去的非循环经济模式相比，典型的长流程钢铁循环经济模式可以使生产单位钢材的温室气体排放量减少 70% 以上。利用冶金渣制造水泥可以使单位水泥生产的温室气体排放量减少 80% 以上。

四 面临的问题

发展循环经济涉及产业组织形式变革、资源配置方式创新、资源价格体系及价格形成机制、环境保护标准、技术结构、管理体制、废弃物回收体系及其运行机制、废弃物产生者与循环利用者之间的利益关系、国家政策协调等方方面面，要使各方面都适合循环经济发展要求需要相当长时间的调整。因此，循环经济发展过程中也面临一些问题。

（一）长效机制尚待完善，制度需要继续创新

虽然国家已经颁布了《循环经济促进法》，各省（区、市）也分别制定了适合本地区的循环经济促进法规和政策，但是，在某些制度层面上还存在阻碍循环经济发展的问题。

首先，《循环经济促进法》不是一部强制性的实体法律，与之相配套的具体下位实体法律和法规体系还不完善。例如，针对生产者责任延伸制度、大宗废弃物循环利用等方面的专项法律尚未建立。政府支持发展循环经济的财政补贴和税收优惠制度还处于临时应对状态，没有形成相应的规范化制度体系。

其次，税收体系有待完善。我国资源使用费较低，导致初始资源价格水

平偏低，从而影响了废弃物资源循环利用的比较经济效益。

最后，环境末端治理的倒逼机制还不完善。2018 年起，我国结束了企业免费达标排污的历史，开始实施环境保护税制度。但居民和非企业排放废弃物依然免费。目前针对居民和非企业收取的垃圾费只是垃圾清运费，而不是垃圾排放处理费。对非企业免费排放废弃物的制度安排，导致废弃物处理和循环利用的成本补贴完全靠政府支付，而政府支持废弃物处理和循环利用的支出没有相应的法律给予硬约束，这就使得循环经济发展缺乏可靠的资金支持。

（二）发展循环经济成本增加，企业经济效益下降

中国经济发展进入了"新常态"，其表现特征是，经济发展进入工业化的后期阶段，人口红利消失，过去支撑经济增长的重化工业和房地产业增长放缓，经济增长的资源环境硬约束越来越硬，经济增长速度进入下行通道。与此同时，以石油和矿产品为代表的国际大宗商品供过于求，价格持续走低。在此背景下，劳动力价格增加，环境保护成本上升，市场资源价格持续下降，再生资源和产品的价格随之不断降低。从事再生资源循环利用的企业利润受到成本和效益双重夹击，处境越来越困难，严重制约循环经济的发展。例如，废旧钢铁、再生塑料、建筑材料等的市场价格比 2007 年降低了近 50%，这使得相关循环经济企业的经济效益大幅度下滑，甚至严重亏损。

（三）环境保护日益严格，市场竞争加剧

随着我国生态文明建设的加强，环境保护的要求更为严格，对循环经济发展也产生了一定的影响。

首先，环境保护日益严格，导致废弃物资源再生利用的环境保护投资强度上升，废弃物转变为再生资源的环境成本日益增长，对循环经济产品的利润形成严重侵蚀和挤压，从事循环经济资源综合利用企业的生存环境变差。2017 年，国务院印发禁止洋垃圾入境的相关通知，境外废弃物资源的供给渠

道被堵，废弃物资源来源减少，直接导致国内再生资源加工制造业市场竞争加剧，企业经济效益下滑。这需要相当长的时间进行调整。

其次，市场竞争加剧，导致循环经济产业链的风险日益加大。越是紧密型循环经济联合体，或者循环经济产业链越长，面临的市场风险就越大。因为，若循环经济体系或循环经济产业链上任何一个环节的企业因产品市场萎缩而倒闭，整个循环经济体系和产业链都会发生断裂，使循环经济体系运行发生困难。

（四）存在技术瓶颈，制约循环经济发展

循环经济作为一种新技术经济范式，它首先必须在技术上具有可行性，同时在经济上具有合理性和盈利性。资源循环利用的经济效率往往取决于技术效率的高低。技术必须使循环利用资源和废弃物比利用新资源具有更高的效益，至少是在制度确定的优惠政策情况下具有更高的效益，循环经济才具有可持续性。目前，中国许多废弃物资源循环利用领域还存在技术瓶颈，使得循环利用资源成本过高，制约循环经济的发展。例如，在废旧电子产品循环利用、废旧电池循环利用、利用尾矿进行矿井回填、有毒有害的有色金属矿渣再生利用、粉煤灰高值化利用等领域，都存在技术瓶颈制约经济效益问题。

（五）政策落实不到位，影响企业发展

由于循环经济发展涉及全社会的各个方面，政府制定的短期循环经济优惠政策涉及政府的各个部门，牵扯许多利益主体，有些政策会增加一些部门的成本，降低现行考核指标下的部门业绩，因此，一些政策在实践中难落实，大大影响了循环经济主体企业的积极性。国家财政对循环经济的优惠政策缺乏法律约束，执行的随意性很强。例如，国家已经制定将废旧电子电器产品处理基金从过去的"四机一脑"扩大到14种电子电器产品的政策，但政策虽已经发布一年多，却未执行，即使是针对"四机一脑"的补贴，也常常是拖

欠不拨，致使企业的财务成本大大上升。财政部 2015 年就出台了针对废弃物回收企业的部分增值税即征即退优惠政策，但很多省市根本不执行。

针对循环经济的政策存在缺乏立法依据、随意性强、执行不严肃等问题，严重制约循环经济的发展。

五 未来发展方向

（一）支撑生态文明建设

早在 2005 年，习近平在浙江省循环经济工作会议上就指出："要深刻认识发展循环经济的重大战略意义。发展循环经济是落实科学发展观、构建和谐社会的具体实践，是转变增长方式、实现可持续发展的必然选择，是应对经济全球化挑战、提高国际竞争力的迫切需要。"习近平对于发展循环经济的论述与生态文明建设是一脉相承的。

党的十九大报告明确指出，中国特色社会主义进入新时代，我国社会主要矛盾已经转化为人民日益增长的美好生活需要和不平衡不充分的发展之间的矛盾。

十九大报告第九章确定了"加快生态文明体制改革，建设美丽中国"的大战略。这一战略目标就是要解决经济发展与生态环境之间的不平衡，解决人民群众美好生活需要与环境供给的不平衡不充分之间的矛盾。

按照习近平对发展循环经济的论述，中国未来循环经济发展将在生态文明建设大战略中发挥重要的支撑作用。按照十九大报告提出的建设美丽中国的任务，未来循环经济发展首先要支撑绿色发展，建立健全绿色循环低碳发展的经济体系，推进资源全面节约和循环利用，实施国家节水行动，降低能耗、物耗，实现生产系统和生活系统的循环链接。

（二）构建与循环经济发展相适应的制度体系

按照十九大报告提出的加快生态文明体制改革、建设美丽中国的战略要求，构建适合循环经济发展与生态文明建设需要的制度框架和法律保障，是未来循环经济发展的重要依托。因此，修改和完善《循环经济促进法》，制定与之相配套的具体下位实体法律和法规体系，将是未来体制改革的重要方向。具体包括：继续完善和执行环境保护税法；建设和完善生产者责任延伸制度；建立有法律约束力的国家财政税收支持循环经济发展的优惠制度，降低政策执行的随意性；完善针对大宗废弃物循环利用等方面的专项法律和法规制度；建立具有法律约束力的全民参与制度等。

（三）全面推广成功的循环经济发展模式

对过去十几年发展循环经济实践中形成的成功模式进行总结、完善和提升，在未来经济发展的实践中进行全面推广扩散。按照习近平在浙江省循环经济工作会议上所讲的，将循环经济的发展理念贯穿到经济发展、城乡建设和产品生产中，积极推进循环经济发展，加快增长方式转变，走出一条科学发展之路。

特别要在城乡建设规划和产业园区建设中，充分体现资源循环利用和环境保护的客观需求，构建循环型基础设施体系；建设基于园区存量循环化改造、增量循环化构建的绿色工业体系和与田园综合体特色小镇相契合的绿色农业体系；倡导和普及绿色消费模式；大力发展绿色建筑体系；大力推进低碳技术的应用；科学实施生态整治和生态修复工程等。

（四）促进循环经济服务模式创新

循环经济涉及每一个企事业单位和社会组织，涉及每一个公民。全民协调行动，才能使各种废弃物资源得到有效管理和利用。市场经济机制在废弃物回收和处理的多个环节是失灵的。在通过制度创新弥补市场失灵的同时，还需要完善的循环经济服务体系和模式的配套支撑。其中最重要的服务体系是废弃物资源的回收体系。

废弃物回收体系包括完善充分的信息服务体系、收集和分类运输服务体系、资源交易服务体系、循环经济产品市场营销服务体系等。与一般的商品流通服务体系不同的是，废弃物分布于每一个家庭，每一个社会组织，废弃物收集和分类涉及每一个废弃物产生主体，他们充分配合才能使回收服务具有效率。而这是一个老大难问题。我国垃圾分类试点进行了十几年，但效果不佳。未来的循环经济持续高效发展需要在政府扶持下，利用"互联网＋"等先进技术体系，通过技术创新和模式创新，在全国范围内建立一个完善高效的废弃物回收体系。

结　语

中国循环经济发展已经从废旧资源回收利用转变为资源利用模式；从资源导向为主转变为环境保护导向为主；从示范试点转变为经济发展的普适模式；从关注经济效益为主转变为环境效益和经济效益兼顾。中国循环经济发展的理念已经获得世界的承认。但是，随着中国经济发展阶段的转变，循环经济发展开始面临新的考验。一是谁来为废弃物循环利用支付成本。随着工业化接近完成，资源型产品的需求增长速度下降，甚至一些基础资源消费总量开始下降，各种生产和生活废弃物在数量上不断增长，但作为资源的价值开始下降，回收和循环利用这些废弃物的成本在增长，效益在不断下降，循环经济的环境属性越来越强，但谁为废弃物回收利用支付成本的问题在广大居民中还没有引起积极的关注和反馈。废弃物的循环利用正面临成本支付制度创新的理念和现实的考验。二是在废弃物回收和循环利用的技术创新方面，还面临新技术、新机制、新模式、新业态创新的集成能力建设的考验。这需要在生态文明建设和生态文明体制创新的大战略背景下进行深入研究。

第八章　水资源利用与保护

夏　军　左其亭[*]

导　读： 水资源是人类赖以生存和发展不可或缺的一种宝贵资源，水资源
可持续利用是人类社会发展和经济建设的基础支撑条件。我国自
1978 年改革开放以来，经济社会发生天翻地覆的变化，对水资源
的开发利用与保护行为、理念、理论研究与应用实践等也随之发生
很大的变化。因此，系统总结中国水资源利用与保护过去 40 年的
发展历程、展望未来面向国家新时代发展需求，具有十分重要的意
义。通过查阅文献资料，本章系统梳理了我国水资源利用与保护的
发展过程，划分出 3 个阶段，即开发为主阶段、综合利用阶段和保
护为主阶段；在对我国新时代发展需求分析的基础上，对未来水资
源利用与保护新阶段进行展望，认为"保护为主阶段"将会继续延
续一段时间（预计到 2025 年前后），提出"未来将发展到智慧用
水阶段"的新研判；对未来几个热点领域中水资源利用与保护发展

---

* 夏军，博士，中国科学院院士，武汉大学教授，研究领域为水文学及水资源，提出了水文
非线性系统识别理论与方法，揭示了径流形成与转化的水文非线性机理，发展了时变增益
水文模型与水系统方法。左其亭，博士，郑州大学教授，研究领域为水文学及水资源，提
出了水资源可持续利用、人水和谐论量化研究方法，构建了水科学学科体系、最严格水资
源管理制度理论体系，发展了水资源适应性利用理论。

方向进行分析，提出其展望。研究成果可以为适应国家新时代发展对水资源利用与保护的需求提供参考。

引　言

　　水是生命之源、生产之要、生态之基。包括人类在内的一切生物的生存都离不开水，工业、农业等生产离不开水，维持生态环境良性循环也离不开水。水是人类生存和发展不可或缺的一种宝贵资源。人类从一出现就与水打交道，在漫长的发展历程中积累了丰富的水资源开发利用的经验和知识，也为进一步开发利用水资源提供动力和支持。特别是近代以来，随着经济社会发展，人类改造自然界的生产力越来越大，改造自然的愿望越来越大，水资源开发利用规模也越来越大。同时也出现了一系列因开发利用造成的水问题，又迫使人们不得不抑制开发利用水资源的无节制需求，开始保护水资源。因此，人类对水资源的"利用"与"保护"是一对既有联系又有矛盾的两个方面，在利用的同时要重视保护，在保护中合理利用，最终保障水资源可持续利用。

　　我国自 1978 年改革开放以来，经济社会发生天翻地覆的变化。1978 年全国人口为 96259 万人、GDP 为 3678.7 亿元、人均 GDP 为 385 元；2016 年，全国人口为 138271 万人、GDP 为 744127.2 亿元、人均 GDP 为 53980 元，分别是 1978 年的 1.4 倍、202 倍、140 倍。[①] 与此同时，对水资源的开发利用也有较大变化，1978 年全国农业用水为 4195 亿 m^3、工业用水为 523 亿 m^3；2016 年，全国农业用水为 3768 亿 m^3、工业用水为 1308 亿 m^3，[②] 与 1978 年相比，农业用水减少了 10%，工业用水增加了 1.5 倍。1978~2018 年改革开放 40 年，中国水资源利用与保护行为、理念、理论研究与应用实践都发生了很大的变化，因此，总结改革开放 40 年来水资源利用与保护历程、展望未来发

---

① 数据来自《中国统计年鉴 2016》。
② 数据来自《2016 年中国水资源公报》。

展远景，对科学认识水资源、合理利用水资源、有效保护水资源以及保障经济社会可持续发展具有重要意义。

关于我国水资源利用与保护发展阶段分析的文献不多，与此内容接近的关于水利发展阶段划分的文献也不多，但都有一些相关的论述。比如，夏军等对水资源研究和水资源学形成阶段进行划分，分别阐述了古代水资源知识积累阶段（1860 年洋务运动以前）、近代水资源研究萌发阶段（1860~1949 年）、现代水资源学建立阶段（1949 年以后）的相关内容[①]；曹型荣把水资源开发利用划分为三个阶段：初级阶段、基本平衡阶段、水荒阶段[②]。此外，还有些成果对具体区域水资源利用阶段进行分析，比如，曲耀光等将我国西北干旱区水资源开发利用划分为三个阶段：地表水开发利用阶段、地表水与地下水联合开发利用阶段、可用水资源的经济利用阶段[③]；朱美玲把新疆哈巴河流域水资源开发利用分成生态自然平衡、失衡、恶化、恢复四个阶段，判断未来第五阶段是良性发展阶段[④]。关于我国水利发展阶段的研究，王亚华等把水利发展分成四个阶段：大规模水利建设时期（1949~1977 年）、水利建设相对停滞期（1978~1987 年）、水利发展矛盾凸显期（1988~1997 年）、水利改革发展转型期（1998~2010 年）[⑤]；左其亭把我国 1949 年以来的水利发展阶段划分三个阶段，分别为工程水利阶段（水利 1.0）、资源水利阶段（水利 2.0）、生态水利阶段（水利 3.0），并判断下一个阶段是智慧水利阶段（水利 4.0），提出水利 4.0 战略[⑥]。此外，也有专门对我国改革开放以来水利发展阶段的研究，如陈雷把 1978~2008 年的水利改革发展

---

① 夏军、左其亭、沈大军:《水资源学》，中国科学技术出版社，2018。

② 曹型荣:《浅谈水资源开发利用新阶段》，《水利发展研究》2010 年第 4 期。

③ 曲耀光、马世敏、刘景时:《西北干旱区水资源开发利用阶段及潜力》，《自然资源学报》1995 年第 1 期。

④ 朱美玲:《新疆哈巴河流域水资源开发利用阶段和适宜节水灌溉途径》，《国土与自然资源研究》2002 年第 3 期。

⑤ 王亚华、黄译萱、唐啸:《中国水利发展阶段划分：理论框架与评判》，《自然资源学报》2013 年第 6 期。

⑥ 左其亭:《中国水利发展阶段及未来"水利 4.0"战略构想》，《水电能源科学》2015 年第 4 期。

历程划分为三个阶段：水利改革发展艰难起步阶段（1978~1987 年）、水利改革发展逐步深入阶段（1988~1997 年）、水利改革发展加快推进阶段（1998~2008 年）[①]。

从目前的文献来看，缺少对改革开放 40 年的水资源利用与保护发展历程的总结和阶段划分。因此，本章基于前期研究成果，在查阅和分析大量文献的基础上，阐述中国水资源利用与保护 40 年的发展历程，并基于对国家新时代发展新需求的分析，对未来水资源利用与保护新阶段进行展望。

一 发展历程

（一）发展阶段划分及主要特征

根据 1978 年改革开放以来的经济建设、社会进步、水资源利用、水环境变化的趋势分析，至少可以总结得出以下演变过程和规律。（1）1978 年提出改革开放的伟大战略部署，解放了思想，开放了市场，搞活了经济，出现大规模、快速的经济建设，经济增量翻了一番又一番，对自然界的改造、工程建设规模不断扩大。改革开放刚开始的十几年，以经济建设为主，为了保障经济快速增长，大规模开发利用自然资源。接着，为了保护资源、提高经济增长质量，就放慢了经济增长速度，经济总体稳步增长。（2）在水资源利用方面，改革开放一开始，就出现水资源无节制的开发利用，随意性比较大，水资源乱开、乱用的现象时有出现，水资源利用效率较低，水资源受到极大的破坏甚至严重污染。随后，为了保护水资源，开始限制水资源利用总量，提高水资源利用效率，促进水资源可持续利用。（3）在水环境变化方面，改革开放带来大规模经济建设，水资源大规模使用和污水随意排放，导致水环境急剧恶化，严重影响水资源利用和人们的身体健康及生产生活，也迫使人们限制自己的发展行为，保护水资源，保护水环境。

[①] 陈雷：《继往开来与时俱进在新的历史起点上推进水利又好又快发展——在水利部纪念改革开放 30 周年干部大会上的讲话》，《中国水利》2008 年第 24 期。

基于以上发展事实，分析不同时代的主要代表事件，我们把1978~2018年我国水资源利用与保护发展阶段划分为三个阶段。（1）开发为主阶段（1978~1999年）：以水工程建设、水资源开发为主要特征；（2）综合利用阶段（2000~2012年）：以重视水资源综合利用、实现人水和谐为目标来利用水资源；（3）保护为主阶段（2013~2018年）：以保护水生态、建设生态文明为目标来利用水资源（见表1）。

表1 中国水资源利用与保护发展阶段及代表事件

时间	阶段及其特征	重要经历（代表事件）
1978~1999年	以水工程建设、水资源开发为主的开发为主阶段	<ul><li>1978年中共中央第十一届三中全会，提出了改革开放，以经济建设为中心，开始了大规模的经济建设</li><li>20世纪80年代完成了全国第一次水资源评价和规划工作。在摸清家底的情况下开始规划水资源的利用，但此次的工作仍然是以水资源开发为主</li><li>1998年长江、嫩江－松花江发生了历史罕见洪水，暴露出水工程建设是薄弱环节，与经济建设速度对比明显滞后</li><li>此间经济建设飞速发展，但水工程投资少，主要目标是对水资源的开发利用。水工程建设速度远滞后于当时我国经济建设的速度</li></ul>
2000~2012年	以重视水资源综合利用、实现人水和谐为目标的综合利用阶段	<ul><li>2000年前后，水资源可持续利用思想开始应用于水资源开发利用的实践</li><li>2001年人水和谐思想正式被纳入现代治水思想，2004年中国水周活动主题为"人水和谐"</li><li>2009~2010年我国出现大范围、多次、严重的水旱灾害，让国人震惊，2011年中央一号文件做出了《关于加快水利改革发展的决定》</li><li>2012年1月，国务院发布了《关于实行最严格水资源管理制度的意见》，对实行最严格水资源管理制度做出全面部署和具体安排</li></ul>
2013~2018年	以保护水生态、建设生态文明为目标的保护为主阶段	<ul><li>2013年1月水利部印发了《关于加快推进水生态文明建设工作的意见》，提出加快推进水生态文明建设的部署</li><li>2015年4月，国务院发布《关于印发水污染防治行动计划的通知》，即"水十条"，出重拳解决水污染问题</li><li>2017年中共十九大报告提出，"坚持节约资源和保护环境的基本国策，像对待生命一样对待生态环境"</li></ul>

（二）以水工程建设、水资源开发为主的开发为主阶段（1978~1999年）

1949年中华人民共和国成立时，国家贫穷落后，百废待兴。特别是由于受资本主义国家的经济封锁，全国基础建设和工农业生产举步维艰。为了尽快恢复生产，国家集中力量整修加固江河堤防、农田水利工程，开展了大规模的水工程建设，取得了建设新中国的伟大成就。防洪、抗旱、农田水利、城市供水、水力发电等各项水利事业蓬勃发展，其在我国国民经济和社会发展中发挥的作用越来越大，占据重要的地位。但在"文化大革命"时期，全国形势总体比较混乱，经济发展停滞甚至有些工程遭到一定的破坏，人民生活得不到保障，贫穷落后是当时社会发展的现实。1978年召开的十一届三中全会，提出了改革开放、以经济建设为中心的战略部署，开始了轰轰烈烈的经济建设。这是在当时国内经济比较落后、人民生活非常艰难的背景下做出的伟大选择。

在改革开放的前十年，国家的工作重心主要放在对内改革、对外开放搞活、主抓经济建设，把抓经济建设作为解决人民群众温饱问题、改善生活质量的重要举措。经济建设日新月异，快速增长，而相应的水资源开发利用工程建设速度并没有那么快，相对滞后，并且工作重心主要在水资源开发利用方面，还没有太多考虑水资源保护。

1988~1999年，经历了10多年的改革开放、经济建设后，积累了大规模开发的经验，经济建设速度又进一步加快，带来了大规模开发利用水资源的局面，导致水资源利用量过大、污水排放量超出水环境容量，出现了水资源短缺、水环境污染、水土流失、生态恶化问题，洪涝、干旱、污染灾害时有发生。特别是1998年长江、嫩江－松花江发生了历史上罕见的全流域性洪水灾害，造成了严重的生命和财产损失。

这期间，为了开发水资源、防止水患、支撑经济建设，修建了一些水工程。比如，全国范围内开展的农田水利建设、城乡供水建设、水电开发、水土保持建设以及防洪堤建设等，都有较快的发展；引滦入津工程于 1982 年 5 月动工、1983 年 9 月建成，长江三峡水利枢纽工程于 1994 年底正式开工建设（2009 年竣工），黄河小浪底水利枢纽工程于 1994 年开工建设（2001 年全部竣工）。总体来说，这一阶段对水工程投入不够，主要目标是对水资源的开发利用，远滞后于当时我国经济建设的速度。

此间，我国在水资源利用与保护科技支撑方面做了大量工作，特别是在改革开放思想的指引下，解放了思想，拓展了学术研究领域，出现了欣欣向荣的局面。（1）我国于 20 世纪 80 年代开展了第一次水资源评价工作，开始思考水资源的科学利用问题，为我国水资源利用和经济社会发展相协调研究奠定了基础。1985 年提出全国性成果，1987 年出版《中国水资源评价》。在 1984 年和 1996 年先后完成了两次全国水质评价，并在 1996 年正式出版了《中国水资源质量评价》。1999 年，发布了行业标准《水资源评价导则》。（2）水资源系统研究方面，1987 年，陈守煜把模糊理论引入水资源系统中，提出模糊水文学方法；1988 年，丁晶等把随机性理论引入水资源系统中，出版《随机水文学》一书；1985 年，夏军把灰色系统理论引入水资源系统中，后来出版了《灰色系统水文学》一书。（3）开始了气候变化下水文水资源影响的研究，但并未受到足够重视，落后于国外同行的研究。（4）遥感技术在 20 世纪 80 年代初开始应用于我国水利行业。（5）伴随模拟技术的迅速发展及其在水资源领域的应用，水资源优化配置理论的研究成果不断增多，在 20 世纪 80 年代以后得到广泛和深入的应用。（6）开始在我国进行水资源可持续利用理论研究，已经有一些初步研究成果，但没有得到广泛和深入的应用。（7）提出水资源承载力的概念和计算方法，并应用于水资源管理实践，成为当时水资源研究的热点。（8）随着水资源供需矛盾不断加剧，传统的"以需定供"原则已不再适用，单纯依靠增加供水能力已无法满足社会对水资源的需求，由被动供给管理转变为主动的需求管理，开启水资源需求管理模式。

总体来看，在改革开放的前 20 年中，基本以经济建设为主，以开发水资源、提高经济收入和 GDP 为主攻目标，对水资源保护考虑不足，这与我国大规模经济建设、解决人民温饱问题的国家目标一致，同时也与当时人们的认识水平有关，还没有从传统的"水资源取之不尽、用之不竭"的观念中快速转变过来。20 世纪末期国际上讨论的"水资源可持续利用"理念刚开始传入中国，还没有在实际工作中得到很好的贯彻，没有把水资源保护放到应有的重要位置上。

（三）以重视水资源综合利用、实现人水和谐为目标的综合利用阶段（2000~2012年）

20 世纪末出现的一系列水灾害、水事活动和水形势变化，为进入 21 世纪后对水资源利用与保护的理念、行为和工作带来新的需求和动力。（1）2000 年前后，在国际上逐步得到认可的水资源可持续利用思想，开始指导和影响我国水资源利用与保护实践。比如，2002 年开始的全国水资源规划工作的主要指导思想就是水资源可持续利用思想。此外，国际上流行的水资源综合管理思想也在影响我国的水资源管理工作。（2）1998 年长江、嫩江－松花江大洪水之后，我国政府和学术界痛定思痛，认真分析面临的水形势和应对措施，中央做出灾后重建、整治江湖、兴修水利的重大战略部署，改变了一些传统的认识。特别是，人们逐渐认识到，无限制地利用水资源是不行的，不能把水资源看成是"取之不尽、用之不竭"的资源，开发利用不能超过水资源承载能力。（3）随着人民生活水平的改善，基本解决了温饱问题，我国社会的主要矛盾从人民日益增长的物质文化需要同落后的社会生产之间的矛盾，开始向人民日益增长的美好生活需要和不平衡不充分发展之间的矛盾转化，人民群众对美好生活需要日益广泛，希望生活的环境更加美好，更加迫切希望走人与自然和谐相处的道路。在这些形势下，人类在利用水的过程中必须对水进行有效保护，人水和谐治水思想的提出就适应这一形势。

2001 年人水和谐思想被正式纳入现代治水思想中，成为我国新世纪治水思路的核心内容。2004 年中国水周活动的主题为"人水和谐"，通过水周活动的大量宣传，更多的人对人水和谐思想有了深刻认识。在 2001 年以后的数年中，我国治水实践中始终坚持人水和谐思想，在现代水资源管理工作中以实现人水和谐为目标，重视水资源综合利用、合理利用、科学利用。在学术界，从 2005 年开始，不断涌现一些有关人水和谐的研究成果，早期主要集中在人水和谐概念、理念及定性应用研究，随着定量研究的展开，慢慢形成了以定量研究为主要特色的人水和谐论理论体系[1]，目前已成功应用于水资源规划、水资源配置、水资源调度、水资源管理、最严格水资源管理制度、水环境容量分配、跨界河流分水等许多方面。

历经 21 世纪第一个 10 年的发展，虽然重视水资源综合利用和保护，但由于国家和地方投入有限，对水资源保护力度不足，仍存在一系列问题。2009~2010 年，我国出现大范围、多次、严重的水旱灾害，比如，2009~2010 年出现的全国大旱，包括北方 30 年罕见秋冬连旱，南方 50 年罕见秋旱，西藏 10 年罕见初夏旱、湖南和湖北大旱；2010 年 8 月 7 日突发甘肃舟曲特大泥石流灾难，造成严重的人员伤亡和财产损失。这些重大水旱灾害让国人震惊，中央做出"水利欠账太多"、"水利设施薄弱仍然是国家基础设施的明显短板"的科学判断，2011 年中央一号文件做出了《关于加快水利改革发展的决定》，特别强调要合理利用水资源，实现人与自然和谐相处。

2012 年 1 月，国务院发布了《关于实行最严格水资源管理制度的意见》，对实行最严格水资源管理制度做出全面部署和具体安排。其核心内容是"三条红线"、"四项制度"。为了进一步遏制水资源短缺、水环境污染局面，从"源头管理－过程管理－末端管理"上提出了水资源开发利用控制红线、用水效率控制红线、水功能区纳污控制红线（即"三条红线"）。这是对水资源管理制定"红线"，提供管理的"抓手"，为水资源综合利用、实现人水和谐提供支撑。

此间，为了利用和保护并举，特别是在人水和谐思想的指引下，进行了

---

[1] 左其亭：《人水和谐论——从理念到理论体系》，《水利水电技术》2009 年第 8 期。

一系列水工程建设。特别是在 1998 年长江大洪水后，党中央、国务院和全国人民对水资源合理利用与有效保护给予高度重视，开始了大江大河治理、病险水库除险加固、重点城市防洪工程建设、行蓄洪区安全建设等，我国大江大河防洪体系得到很大的改善，但中小河流治理不足，农田水利建设压力较大。南水北调东线、中线工程相继建成，主要解决我国北方地区尤其是黄淮海流域的水资源短缺和生态环境恶化问题。此外，为了改善水资源条件、遏制水环境恶化趋势，我国政府尝试实施了一些生态调水工程，比如，2000 年开始的多次从博斯腾湖向塔里木河下游生态输水，2001 年启动的从嫩江向扎龙湿地应急生态补水，2002 年启动的从长江向南四湖应急生态补水，2004 年完成的"引岳济淀"生态应急补水工程，2006 启动的"引黄济淀"（白洋淀）生态补水工程。在人水和谐思想的指引下，重视水资源综合利用，在重视水资源利用的同时，更加重视水资源保护。

此间，在新世纪治水新思想的指引下，我国在水资源利用与保护科技支撑方面取得了重大进展。（1）2002 年开展了全国水资源综合规划工作，对水资源评价、规划的技术、方法进行了完善，并在全国范围内推广应用。（2）水资源可持续利用理论全面指导水资源规划和管理工作。（3）2005 年开始人水和谐理论及应用研究。2006 年 9 月，在郑州以"人水和谐"为主题成功召开了第四届中国水论坛，并出版了《人水和谐理论与实践》论文集。自 2006 年以来，关于人水和谐研究涌现出大量的研究成果。（4）2002 年启动全国节水型社会试点工作，开始节水型社会建设理论与实践工作。（5）伴随着工程水利向资源水利观念的转变，水资源管理向水资源综合管理转变。2012 年实行的最严格水资源管理是我国推行的水资源管理新模式。（6）关于气候变化和人类活动变化环境下水资源演变规律的研究，成为研究的热点，取得了大量的研究成果。

回顾 21 世纪前十多年的发展，我们应该更加重视水资源综合利用，追求实现人水和谐的目标，从用水总量控制、用水效率控制、排污总量控制全过程进行水资源的开发利用与保护，为实现水资源有效保护提供保障。

（四）以保护水生态、建设生态文明为目标的保护为主阶段（2013~2018年）

2012年11月8日，党的十八大报告中全面阐述了"大力推进生态文明建设"的号召。2013年1月水利部印发了《关于加快推进水生态文明建设工作的意见》，提出加快推进水生态文明建设的部署，并在全国范围内选择两批共105个试点城市进行试点建设工作。除水生态文明建设试点工作以外，在水工程建设领域特别强调了水生态的作用，可以说，此后的所有水工程规划、建设和管理中都要考虑生态的约束作用和保护需求，进入以保护水生态、建设生态文明为目标的水资源保护为主阶段。

2015年4月国务院发布《关于印发水污染防治行动计划的通知》，即"水十条"，出重拳解决水污染问题。以改善水环境质量为核心，在污水处理、工业废水处理、全面控制污染物排放等多方面进行强力监管并启动严格问责制，系统推进水污染防治、水生态保护和水资源管理，为建设"蓝天常在、青山常在、绿水常在"的美丽中国提供保障。

2016年12月5日，国务院印发了《"十三五"生态环境保护规划》，提出了以提高环境质量为核心，实施最严格的环境保护制度，打好大气、水、土壤污染防治三大战役，加强生态保护与修复，严密防控生态环境风险，加快推进生态环境领域国家治理体系和治理能力现代化。

2016年12月11日，中共中央、国务院办公厅印发了《关于全面推行河长制的意见》，要求两年之内全面建立河长制。各省市相继出台相关文件落实河长制，开启"一河一策"管理模式，并取得了一系列的成效，有效改善了河湖的水生态环境状况。

2017年中共十九大报告中提出"坚持节约资源和保护环境的基本国策，像对待生命一样对待生态环境"，再一次强调"建设生态文明是中华民族永续发展的千年大计"。保护生态是水资源利用的前提条件。

此间，围绕水生态文明建设、水生态保护、最严格水资源管理，国家实施了一系列工程建设和制度建设。首先，在全国范围内开展了 105 个水生态文明试点城市建设，部分省市也开展了省级水生态文明试点城市建设，取得了显著成效。其次，在全国推行最严格水资源管理制度，确定"三条红线"，制定"四项制度"。完成《国家水资源监控能力建设项目（2012–2014 年）》，建成了取用水、水功能区、大江大河省界断面等三大监控体系，实现了对全国 75% 以上河道颁证取水许可水量的在线监测，80% 以上国家重要江河湖泊水功能区的水质常规监测，重要地表水饮用水水源地水质基本在线监测，大江大河省界断面水质监测全覆盖。

此间，在保护水生态、建设生态文明的大背景下，我国在水资源利用与保护科技方面取得了重大进展。（1）在水生态文明试点城市建设的过程中，提出了水生态文明建设理论体系和技术方法，并在实践中推广应用。（2）提出了最严格水资源管理理论体系、支撑体系、制度体系以及"三条红线"指标确定方法，开展了应用实践研究。（3）此外，在水资源可持续利用、水资源承载力、人水和谐、节水型社会建设、水资源优化配置，以及水资源评价、论证、规划与管理等方面继续开展研究，并取得一些新成果。

总体来看，自 2013 年提出水生态文明建设以来，加大了保护水生态的宣传力度，出台了一系列保障生态文明建设的文件，特别强调了各种人类活动都要考虑生态环境的影响和制约，在生态环境约束下开展工作。这时期水资源利用明显表现出"以保护为主的特性"。

二　新时代发展对水资源利用与保护需求分析

2017 年 10 月 18 日，中国共产党第十九次全国代表大会报告（以下简称"十九大报告"）指出，"经过长期努力，中国特色社会主义进入了新时代，这是我国发展新的历史方位"；提出了"新时代中国特色社会主义思想"。新时代中国特色社会主义思想"是全党全国人民为实现中华民族伟大复兴而奋斗的行动指南"。在这个新时代，我国发展面临许多新的需求，下面从社会关注的几个主题词来分析新时代对水资源利用与保护的新需求。

1. 改革开放

改革开放是 1978 年 12 月中共十一届三中全会提出的对内改革、对外开放的政策，是我国的一项基本国策。改革开放 40 年的伟大成就证明，改革开放符合时代的特征和世界发展的大势，是我国强国之路，是社会主义事业发展的强大动力。十九大报告对此也给予充分肯定，"只有改革开放才能发展中国、发展社会主义、发展马克思主义"。

新时代中国特色社会主义思想进一步"明确全面深化改革总目标"，坚持全面深化改革。改革开放是社会主义现代化建设的总方针、总政策，必须长期坚持。改革开放对水资源利用与保护工作带来新的需求和机遇。

（1）适应改革开放带来的快速发展对水资源的需求。在改革开放初期，改革先从农村开始，实行家庭联产承包责任制，提高了农田耕作效率和用水效率，农田用水量略有减少。随后带动国有企业改革，企业拥有更大的自主权，激活了市场，带动了工业发展，对水资源需求大幅度增加，因此也带来了用水量过大导致的水资源短缺、污水排放量增加导致的水环境污染等问题，为 21 世纪初期以来水资源利用与保护工作带来了严峻挑战。在未来几年，我国政府提出的"生态文明建设"、"奔小康"、"脱贫攻坚"、"土地流转"以及"乡村振兴战略"等，必将带来更大的经济布局变化和发展需求，对水资源利用与保护工作提出更高的要求，包括需要水资源配置与发展相适应，需要在开发的同时优先保护水资源，需要更合理、更精准、更智慧的水资源管理模式。

（2）改革开放制定的"一带一路"、"长江经济带"、"京津冀协同发展"、"雄安新区"以及各地市经济开发新区建设对水资源的特殊需求。为了推动我国经济建设、社会发展，推动形成全面开放新格局，实施区域协调发展战略，建设现代化经济体系，我国政府提出了一系列战略、倡议和建设规划，对水资源利用与保护都提出新的需求。原来的水资源空间分布、水资源配置格局不可能完全适应这些大战略和建设的变化，需要重新研究和论证，以做到科学配置、合理利用、节水优先、保护为主。

（3）改革开放带来的水资源管理机构和管理体制的理顺和自身改革，促进了水资源学科发展和业务水平的提高。改革开放不仅是针对经济领域的，也包括管理机构、管理体制和制度的改革。为了适应改革开放、适应经济社会发展需求，一方面，要不断理顺水资源管理机构和管理体制。比如，为了适应2018年国家提出的机构改革，要及时理顺水资源管理机构，更好地服务于经济社会发展和人民安居乐业；为了适应国家提出的最严格水资源管理制度和推行的河长制，要及时调整水资源统一管理体制，保障水资源利用和保护工作。另一方面，需要自身改革，不断完善水资源管理机构和管理体制。比如，推行河长制、自然资源统一管理机构改革、制定最严格水资源管理制度、水权交易制度、农业水价改革和补贴制度等，不断丰富水资源利用与保护业务工作和学科发展内容。

2. 创新

创新是人类特有的认识能力和实践能力，是推动民族进步和社会发展的动力，是创新思维形成、新产品研发、科技进步、管理效率提高、服务质量改善的活力。十九大报告指出，"创新是引领发展的第一动力，是建设现代化经济体系的战略支撑"，"必须坚定不移贯彻创新、协调、绿色、开放、共享的发展理念"，"不断推进理论创新、实践创新、制度创新、文化创新以及其他各方面创新"，建设创新型国家，提出到2035年跻身创新型国家前列。创新型国家建设对水资源利用与保护提出新的需求，同时也带来了活力和发展机遇。

（1）创新发展对水资源利用与保护提出更高的要求。随着人口增长和经济发展，水资源供需矛盾凸显，水资源安全和生态保护面临更加严峻的挑战，只有不断创新水资源管理模式，转变传统的水资源管理理念，革新用水技术，提高用水效率，实现水资源供需平衡，才能实现创新发展背景下的水资源利用与保护均衡发展。

（2）创新型国家建设本身就包括水资源利用与保护理论创新、技术创新、实践创新、制度创新、文化创新。水资源是人类生存和发展不可或缺的一种基础资源，水资源利用与保护创新建设必须走在前列，以支撑创新型国家建设。比如，防洪除涝技术、节水技术、污水处理技术、水资源管理模式和制度、水资源管理技术和系统平台建设、智慧水务等，都是创新型国家建设的重要部分和支撑基础。

3. 绿色发展

改革开放的前30年，我国经济取得了举世瞩目的巨大成就，但也带来资源过度消耗、环境污染、生态恶化的严重后果，威胁到人类的生存环境、美好家园和身体健康。为了扭转这一局面，必须转变为以绿色发展为核心的经济发展方式。

绿色发展是在传统发展模式基础上强调生态环境容量和资源承载力的约束，以环境保护为优先目标建立的一种新型可持续发展模式。只有大力推行绿色发展经济，才能既发展经济又保护环境，绿色发展已经成为当今世界发展的主流趋势。十九大报告指出，"全党全国贯彻绿色发展理念"，"形成绿色发展方式和生活方式"，"构筑尊崇自然、绿色发展的生态体系"，"推进绿色发展"。绿色发展本身就要求对水资源可持续利用、合理利用、保护水环境，因此对水资源利用与保护提出了更高的要求。

（1）水资源可持续利用是绿色发展的基本支撑条件。水资源是经济社会发展的支撑条件，是生产、生活、生态的重要物质基础，实现绿色发展离不开水资源可持续利用这一基础条件。确保水资源可持续利用是贯彻落实绿色发展理念的前提。

（2）绿色发展需要用好水资源。一定区域、一定时间内可更新的淡水资源是有限的，要想保障经济发展又不破坏水资源，就必须用好水资源。一方面，控制无节制的需求，推行节水优先策略，控制用水总量；另一方面，优化水资源配置，让优水优用，充分发挥水资源综合效益。另外，加大治污力度，减少污染物排放量，减少对原本可以利用的水资源系统的污染，实际上就是间接增加了水资源可利用量。与此同时，还要开发利用非常规水资源，比如，中水回用、雨水收集利用、海水淡化利用等。

（3）绿色发展体系中应包括水资源高效利用体系。绿色发展体系包括绿色生产和消费、绿色低碳循环发展、绿色金融、绿色创新技术、节能环保产业、清洁生产产业、清洁能源产业、资源节约和循环利用、绿色低碳生活方式、绿色家庭、绿色学校、绿色社区和绿色出行等。这其中包括水资源高效利用、水资源节约、节水环保产业、节水行动、节水型社会建设，以及节水型企业、高校、社区、家庭等。

（4）实现水资源可持续利用，需要贯彻落实绿色发展理念。实现水资源可持续利用是一个系统工程，需要从用水理念、工程投资、法律制度、政策导向、经济手段、技术体系、产业发展、生活方式、消费观念等方面展开行动，崇尚绿色发展。

4. 生态文明建设

生态文明是继原始文明、农业文明和工业文明之后逐渐兴起的社会文明形态。生态文明是人类发展历史的一个"文明阶段"，十分漫长。生态文明建设是实现这个文明阶段的过程。2012 年 11 月 8 日，十八大报告中提出，建设生态文明，是关系人民福祉、关乎民族未来的长远大计，要把生态文明建设放在突出地位。这是面对资源约束趋紧、环境污染严重、生态系统退化的严峻形势的必然选择。水资源安全是建设生态文明的重要保障，建设生态文明对水资源利用与保护提出更高的要求。

（1）水资源是生态文明建设的核心制约因素，是生态文明的根本基础和重要载体。水是一切生命之源，是生态与环境的控制性要素，是人类生活和生产活动中必不可少的物质，同时也是文明之魂。通过水工程对水资源进行合理开发、优化配置、节约利用、有效保护和科学管理，实现用水安全，增强水资源对经济社会可持续发展的保障能力，实现人水和谐，是践行生态文明建设的重要基础。[①]

（2）水资源节约和水生态保护是生态文明建设的重要方面。节约资源是保护生态环境的根本之策，良好的生态环境是人类社会经济持续发展的根本

---

① 左其亭：《水生态文明建设几个关键问题探讨》，《中国水利》2013 年第 4 期。

基础。建设生态文明的直接目标是保护好人类赖以生存的生态与环境。水资源节约是解决水资源短缺的重要之举，保护水生态是保护生态的重要因素，两者都是构建人与自然和谐的生态文明局面的重要措施。

（3）实现水资源可持续利用是建设生态文明的必备条件。建设生态文明，必须切实加强水资源管理，保障水资源可持续利用，强化水资源在生态文明建设中的资源基础功能。否则，也就谈不上保护生态环境，更谈不上生态文明。

5. 保护生态环境

生态环境是人类赖以生存的有机结合体，包括生物性的生态因子和非生物性的生态因子，如草木植被、河流湖泊、土地、气候等自然地理条件和人为条件，都是人类所赖以生存和发展的环境基础。[①] 十九大报告多次提到生态保护的要求，指出"生态环境保护任重道远"，"像对待生命一样对待生态环境，统筹山水林田湖草系统治理，实行最严格的生态环境保护制度"，"为人民创造良好生产生活环境，为全球生态安全做出贡献"。

水是生态环境的重要组成部分，又是生态系统良性运转的重要载体。生态环境的好坏与可利用的水量和水质有密切的关系。由于自然界中的水资源是有限的，某一方面用水多了，就会挤占其他方面的用水，特别是忽视生态环境用水的需求，就很容易引起河流断流、湖泊干涸、湿地萎缩、土壤盐碱化、草场退化、森林破坏、沙质荒漠化等生态环境问题，严重制约经济社会发展，破坏人类生存环境。因此，保护生态环境对水资源利用与保护都有明确的要求。

（1）生态环境保护包括水资源保护，水资源保护是保护生态环境的主要方面。水资源是生态环境的重要组成部分，是生态系统和自然环境中不可替代的要素，一个地方具有什么样的水资源条件，就会出现什么样的生态环境，保护水资源是生态环境保护的重要内容。

（2）新时代提出的生态环境保护对水资源利用与保护提出更高的要求。

---

① 左其亭、王中根：《现代水文学》（第二版），黄河水利出版社，2006。

新时代中国特色社会主义建设对生态环境保护提出更高的期待，因此对水资源利用与保护也提出更高的要求，包括对生态用水、生态基流、生态水位、河流径流过程、水资源配置、水环境等的要求。

6. 实现中国梦

中国梦是十八大提出的重要指导思想和重要执政理念，实现中华民族伟大复兴是近代以来中华民族最伟大的梦想。十九大报告中指出，"中华民族伟大复兴的中国梦终将在一代代青年的接力奋斗中变为现实"。

中国梦关乎中国未来的发展方向，凝聚了中国人民对中华民族伟大复兴的憧憬和期待。它是整个中华民族不断追求的梦想，是亿万人民世代相传的夙愿，每个中国人都是中国梦的参与者、创造者。

中国梦描绘的蓝图是一个充满活力、脚踏实地、开拓创新、一心为民、国家富强、民族复兴、人民幸福、社会和谐、家园美好的憧憬。中国梦首先要保护好祖国的绿水青山，树立和践行绿水青山就是金山银山的理念。

（1）保护好水资源，是实现中国梦的前提基础和重要内容。水是生命之源、生产之要、生态之基，是人类生存和发展不可替代的一种基础资源。保护好水资源就是保护好生态环境，就是保护好人类自己，是中国梦的重要组成部分，也是中国梦实现的重要物质基础。

（2）实现中国梦，对水资源保护提出更高的要求。中国梦是一个宏伟蓝图，包括自然资源保护、人类社会发展的方方面面，是一个十分美好的发展目标。经济发展、社会进步、生态保护都离不开水资源的支撑，因此对水资源提出更高的要求，包括科学合理利用水资源、优化分配水资源、保护好水环境等许多方面。

三　面向我国新时代发展需求的水资源利用与保护展望

根据前述对改革开放 40 年水资源利用与保护发展历程的分析，考虑到当前新时代中国特色社会主义建设的需求，笔者认为，目前水资源利用与保护仍处于"保护为主阶段"，估计会延续到2025年前后；研判此后的下一个阶段将会是"智慧用水阶段"，将会充分利用现代信息通信技术和网络空间虚拟技术，向智慧化用水转型。为适应新时代中国特色社会主义建设，我国政府提出了一系列战略举措，如"一带一路"倡议、长江经济带战略、京津冀协同发展、雄安新区建设、乡村振兴战略等。这些战略部署将是水资源利用与保护发挥作用的新领域。据此对面向我国新时代发展需求的水资源利用与保护进行展望，如图1所示。

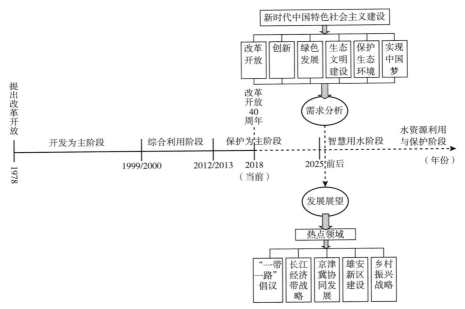

图1 1978~2018年中国水资源利用与保护及未来发展展望

（一）水资源利用与保护新阶段展望

1. 继续延续保护为主阶段（预计延续到2025年前后）

如上述分析，我国从1978年实行改革开放以来，经历了40年的国家建设，水资源利用与保护工作取得了举世瞩目的成就，大致经历了开发为主阶段、综合利用阶段、保护为主阶段。其中，保护为主阶段始于 2013 年，国家大力提倡生态文明建设，包括水生态文明建设，特别强调水生态保护的地位、建设生态文明的目标。这是当前我国社会主义建设对水资源利用与保护的需求，是新时代水资源利用与保护的指导思想。根据笔者的分析，这一指导思想将会继续发挥重要作用，目前水资源利用与保护所处的保护为主阶段仍会持续一段时间，至少会延续到 2025 年前后。到那个时候，基本上扭转了水生态恶化的趋势，水资源安全形势得到有效保障；基本上理顺了水资源利用与保护的政策制度，有利于保障生态文明建设；基本上解决了与水有关的一些难点问题，包括水资源利用规划、水资源保护技术、水系统自动监控与优化管理等。

笔者根据对这一阶段发展目标和研究进展的分析，认为在保护为主阶段延续的几年中，将围绕水生态保护、生态文明建设目标，重点研究以下水资源利用与保护问题。

（1）支撑生态文明建设和水生态保护的基础理论研究。包括生态工程建设的影响和作用机理，生态水文过程与机理，生物多样性作用机理与分析方法，维持生态系统稳定的水文阈值和机理，污染物运移过程、累积过程机理与模拟，水生态红线理论与方法，生态需水量计算方法，生态水文学、城市水文学、生态工程学研究等。

（2）水污染治理、水生态修复技术研发与实践。水污染治理技术包括人工曝气增氧、跌水曝气、生物膜、生物景观塘、人工湿地、生物浮床、生态沟渠等。水生态修复技术包括河流蜿蜒度构造、河流横断面多样性修复、河道内栖息地营造、过鱼设施建设、水系连通、河湖岸线控制、生态型边坡、水景观营造、生态清淤等。

（3）综合节水技术与节水型社会建设。包括农业节水、工业节水、生活节水等技术，污废水再生回用、雨水利用、海水淡化等技术，综合节水自动监控与精确管理系统，节水型社会建设的规划、设计、行动等。

（4）水资源与经济社会和谐发展理论与方法。包括水资源与经济社会和谐发展的理论方法、调控模型、调控方案生成与评估，基于和谐发展的水资源优化配置、水资源综合规划方法，河湖水系连通与水工程优化布局理论方法。

（5）适应生态文明建设的水资源管理政策制度和体制。包括生态文明建设（水资源领域）技术大纲、导则，适应新时代发展需要的水资源管理法律体系、制度体系，适应国家机构改革的水资源管理体制，水生态补偿机制，水权、水价和水市场建设等。

2. 接下来将迎来智慧用水阶段（预计在2025年以后）

从水资源利用与保护发展趋势出发，考虑到我国新时代建设需求和"互联网＋"发展动力，特别是受信息通信技术和网络空间虚拟技术的影响，笔者研判，下一个水资源利用与保护发展阶段应该为智慧用水阶段，时间上预计在2025年以后。

该阶段的特点是：以丰富的水资源利用与保护经验为基础，充分利用信息通信技术和网络空间虚拟技术，使传统水资源利用与保护工作向智能化转型。一方面，20世纪末发展起来的现代信息通信技术、网络空间技术，为传统手段向智慧化转型奠定基础。另一方面，从20世纪中期以来特别是我国改革开放以来，水资源利用与保护理论、方法、应用实践积累了丰富的成果，再加上最近几年以及延续到2025年前后经历的保护为主阶段，积累了深入的水文学、水资源、水环境、水安全、水工程、水经济、水法律、水文化科技成果，具备了必需的"丰富的水资源利用与保护经验知识"。这一长期的知识储备，可以认为是智慧用水阶段的前期准备，预计到2025年真正进入以"智慧水"为主的新时代。参考"智慧水利"的论述[①]，对智慧用水阶段的轮廓框架做如下描述。

（1）水资源利用与保护各项工作以充分利用信息通信技术和网络空间虚拟技术为主要手段，以智慧化为主要表现形式。

---

① 左其亭：《中国水利发展阶段及未来"水利4.0"战略构想》，《水电能源科学》2015年第4期。

（2）实现水资源系统监测自动化、资料数据化、模型定量化、决策智能化、管理信息化、政策制度标准化。

（3）建成集"河湖水系连通的物理水网、空间立体信息连接的虚拟水网、供水－用水－排水调配相联系的调度水网"为一体的水联网基础平台，实现"水资源实时监测、信息快速传输、水情准确预报、服务优化决策、水量精准调配、水资源综合管理"为一体的功能集成体系。

笔者根据对这一阶段的轮廓框架描述，认为在智慧用水阶段，将重点研究以下水资源利用与保护问题。

（1）信息通信技术和网络空间虚拟技术在水资源利用与保护领域中的进一步推广与应用研究。这是智慧用水基础平台的关键技术、标志性技术，应用该技术构建"物理水网、虚拟水网、调度水网"于一体的水联网基础平台。

（2）水资源快速监测、大数据传输与存储技术、基于云技术的快速计算、智能水决策和水调度研究，这是智慧中枢。

（3）智慧用水执行服务系统。构建基于通信技术和虚拟技术的智慧用水执行服务，实现"水资源实时监测、信息快速传输、水情准确预报、服务优化决策、水量精准调配、水资源综合管理"为一体的功能集成体系，随时为客户提供个性化订单式服务，实现精准投递，涉及水循环模拟、水资源高效利用、防洪抗旱减灾、水环境保护、水安全保障、水工程科学规划、水权交易、水法律政策制度建设、水文化传承建设等需求。

（二）未来几个热点领域水资源利用与保护展望

1. "一带一路"倡议

"一带一路"倡议，即"丝绸之路经济带"和"21世纪海上丝绸之路"的合称，简称"B&R"，是我国政府提出的一个开放的、面向全世界的合作倡议。"一带一路"横跨亚洲、欧洲、非洲大陆，旨在通过政策、设施、贸易、民心和资金等发展，促进沿线国家交流合作，倡导"人类命运共同体"意识，促进各国共同发展，是我国的国家顶层设计，大国之担当。

一带一路沿线大部分国家为中等偏下收入国家，中欧和西欧各国的人均收入水平较高，北非、东非和南亚各国的人均收入水平较低，部分非洲国家仍处于低收入水平。另外，沿线大部分国家经济社会发展存在诸多瓶颈，其中水问题尤为突出。其水问题可以归结为洪灾、旱灾、水资源短缺、水污染、供水不足等类型。不同区域的主要水问题不同，解决这些问题面临的困难也不尽相同。① 为了保障"一带一路"国家倡议顺利实施，促进各国共同发展、可持续发展，需要基于水安全支撑。因此，"一带一路"水资源利用与保护研究一定是未来一段时间内大家关注的热点。

笔者基于对"一带一路"水资源问题分析和未来发展需求的判断，对"一带一路"水资源利用与保护研究热点和相关重点工作展望如下。

（1）"一带一路"沿线分区水资源安全风险评估体系。"一带一路"涉及区域广，水资源条件差异大，经济发展水平不平衡，社会状况特别是民族风俗差异大，各地区出现的水资源灾害、突发水安全事件也有较大差异，抵御这些灾害或事件的风险能力各有不同。因此，需要对沿线分区水资源安全状况进行评估，对其产生的风险以及抵抗风险的能力进行动态评估，最终建立完善的风险识别和评估体系。

（2）建立区域水资源配置网络系统。"一带一路"涉及区域的水资源利用与供给状况差异较大，供需水不平衡状况凸显，为了适应区域发展，需要通过水资源合理配置，实现均衡发展。其中，河湖水系连通工程建设和实施是其中一种工程性措施。通过水资源配置，借助河湖水系连通工程建设，逐步建成区域水资源配置网络系统。

（3）水资源与经济社会协调发展空间均衡研究。"一带一路"倡议的实施，扩大了人文交流、技术交流，慢慢缩小地区之间、国家之间的差异，让水资源与经济社会协调发展，让这种发展在分区间实现空间均衡，为沿线人民造福，符合"人类命运共同体"的倡议。

---

① 左其亭、郝林钢、马军霞、韩春辉：《"一带一路"分区水问题与借鉴中国治水经验的思考》，《灌溉排水学报》2018 年第 1 期。

（4）建立"一带一路"沿线水资源安全监测预警机制。沿线水资源不安全因素很多，水资源灾害时有发生，为了保障"一带一路"倡议的顺利实施，需要加强安全监测预警，实时动态监测可能发生的水资源灾害，对可能出现的水资源灾害提前预警，可在很大程度上预防或减少水资源灾害的发生。

（5）开发、利用、节约、保护、处理水等技术在"一带一路"沿线国家的交流、推广、研发和应用。由于不同国家发展水平不一样，技术水平也有差异，特别是某些技术可能有很大的互补性，因此加强交流、合作研发，促进共同发展，对各国都有益处。这也正是我国倡导"一带一路"的重要意图。

（6）水科学交流、合作、共享机制建设。通过部门、高校、研究机构、实验室合作，互派学生，共同培养人才等途径，开展国际合作，促进文化、科技交流，提高公众珍惜水、保护水的意识，提高水资源利用效率，保护好水资源，为"一带一路"倡议的实施提供水安全保障。

2. 长江经济带

长江流域自然条件优越，发展水平比相邻流域高，在中华民族的历史和当代都有着重要的地位。其中，沿长江附近的经济圈，被称为长江经济带，是依托长江的发展高地，覆盖上海、江苏、浙江、安徽、江西、湖北、湖南、重庆、四川、云南、贵州等 11 省市，面积约为 205 万平方公里，也是目前我国综合实力最强、战略支撑作用最大的区域之一，是我国东中西互动合作的经济走廊。

长江经济带沿长江布局，长江水资源丰富，承载能力大，但随着经济社会的快速发展，长江水资源消耗量剧增，水环境污染日益加剧，水生态恶化趋势凸显，对新时期该区域经济社会发展造成严重制约。为了破解这一困局，我国政府提出了"共抓大保护，不搞大开发"的方针，坚持低碳、绿色发展。在当前形势下，寻求长江经济带开发与保护协调、水资源利用与保护协调的和谐发展之路具有重要意义，同时也面临严峻挑战，这必将是未来一段时间内大家关注的热点。

笔者基于对长江经济带水资源问题分析和未来发展需求的判断，对长江经济带水资源利用与保护研究热点和相关重点工作展望如下。

（1）面向长江经济带发展需求和学术前沿的水资源利用与保护基础理论研究。长江流域历来是我国的重点发展区域之一，资源开发利用程度和经济发展水平相对较高，当然也带来一系列问题，其核心问题是资源开发过度、生态环境恶化趋势明显。为了揭示开发与保护之间的关系，探索其可行性，需要进一步深入研究人类社会活动与自然资源系统之间的互动关系、作用机理和演变规律，为水资源利用与保护提供研究基础。

（2）保护与开发和谐发展理论及应用。长江经济带发展困局的根源在于开发与保护间的矛盾。一般认为开发与保护自然就是一对矛盾。开发就会带来问题，影响保护；要保护就会限制某些开发工作，可能会影响经济收入。既要开发又要保护，就存在协调问题，因此和谐发展理论就自然有了较好的应用领域。在目前已有的理论和实践的基础上，逐步构建长江经济带保护与开发和谐发展理论，并在实践中检验和发展。

（3）长江经济带生态文明建设理论与实践。大力推进生态文明建设是长江经济带"共抓大保护、不搞大开发"方针的基础和保障，是作为重要发展区域引领我国绿色发展、保护生态环境的具体抓手，需要在实践的基础上不断探索长江经济带生态文明建设理论，形成符合该经济带独特特征的建设理论和实践经验。

（4）技术创新与应用，推动水资源高效利用和经济社会可持续发展。发展节水、用水、水生态保护与修复、科学调度、智慧水网等技术，通过技术创新与应用，提高节水水平，提高水资源利用效率，促进在保护水资源的基础上发展经济。

（5）最严格水资源管理制度、河长制等制度体系研究与落实。为了落实长江经济带开发与保护的方针，必须制定一系列严格的管理制度，包括最严格水资源管理制度、河长制等。这是和谐发展、生态文明建设的前提和制度保障。

3. 京津冀协同发展

京津冀协同发展，是指京、津、冀三地作为一个整体协同发展，是我国的一个重大国家战略。其核心是，有序疏解北京非首都功能，解决北京"大城市病"问题，调整优化城市布局和空间结构，打造现代化新型首都圈。2015 年 4 月 30 日，中共中央政治局审议通过了《京津冀协同发展规划纲要》，确定了京津冀协同发展的顶层设计，明确了京津冀协同发展实施方案细则和路线图。

京津冀协同发展，面向未来打造新的首都经济圈，实现京津冀优势互补，完善优化都市群布局，对全国城镇群地区可持续发展具有重要示范意义；将带来巨量投资，极大地改变京津冀三省市的产业格局，带动该区域北方腹地的协调发展。因为该区域是我国政治、经济、文化中心，人口密度大，经济高速发展，资源紧缺，生态环境容量不足，开发与保护矛盾突出，如何协调好水资源利用与保护一直是该区域发展的关键问题，这必将是未来一段时间内大家关注的热点。

笔者基于对京津冀协同发展的水资源问题分析和未来发展需求的判断，对京津冀协同发展中水资源利用与保护研究热点和相关重点工作展望如下。

（1）面向京津冀协同发展的水资源优化配置和河湖水系连通体系建设。基于京津冀协同发展的需求，考虑当地水、南水北调水、海水淡化、中水利用等多种水源，研究水资源与国土资源空间匹配相适应的优化配置。构建面向智慧水利建设需求的河湖水系连通体系，提高水资源调控水平和供水保障能力，实现河湖水系"蓄泄兼筹、丰枯调剂、引排自如、多源互补、生态健康"。

（2）京津冀水资源一体化规划、配置、调度、保护、监控和考核。为了支撑京津冀协同发展，必须实现水资源一体化管理，包括规划、配置、调度、保护、监控和考核。

（3）落实节水优先方针，建设京津冀一体化节水型社会。京津冀是我国缺水地区，水资源供需矛盾突出，破解的首选措施是加大节水力度，从节水中找出路、找效益，尽快建成京津冀一体化节水型社会。

（4）建设京津冀一体化智慧水网。京津冀是我国政治、经济、文化中心，也是经济发展水平较高的地区，有能力、有条件建设京津冀一体化智慧水网，从国家层面看也有必要率先实施智慧水利战略，起引领示范作用。

（5）生态保护、绿色发展目标下的水资源管理制度体系研究。一方面适应新时代发展需求，加强生态保护，选择绿色发展道路；另一方面，需要建立适应这些发展需求的水资源管理制度，建立完善的制度体系，支撑和保障新时代发展道路的顺利实施。

4. 雄安新区建设

2017年4月1日，中共中央、国务院决定设立雄安新区，这是继深圳经济特区和上海浦东新区之后又一个国家级新区，是党中央做出的一项重大历史性战略选择。雄安新区位于中国河北省保定市境内，地处北京、天津、保定腹地，涵盖河北省雄县、容城、安新3个小县及周边部分区域。

雄安新区建设响应京津冀协同发展，对有序疏解北京非首都功能、调整优化城市布局和空间结构、培育创新驱动、发展新引擎具有重要意义。雄安新区是在新时代建设的一个国家级新区，自然就会在新思想指导下高起点、高标准、高水平建设，会全面贯彻中央治理国家的新思想，比如，建设绿色生态宜居新区、创新驱动引领新区、改革开放发展先行新区、经济社会－资源环境协调发展新区。雄安新区地处华北平原，水资源禀赋较差，水资源供需矛盾目前就很突出，在此基础上再建一个规模超大的新城，如何科学合理地利用当地水、外调水、非常规水源，保障新区水资源可持续利用，必将是未来一段时间内大家关注的热点。

笔者基于对雄安新区水资源问题分析和未来发展需求的判断，对雄安新区水资源利用与保护研究热点和相关重点工作展望如下。

（1）面向改革开放、创新发展、绿色发展、生态文明建设、实现中国梦等新时代新需求的水资源学理论基础研究。雄安新区是在一个开发程度较低的地区快速建设一个高强度活动的城市区，改变了原有的水资源系统、生态系统，改变程度之大与改变速度之快，是一般区域所不能及的。因此，在这一快速开发区域，面向新时代新需求，需要加强水资源学理论基础研究，包括水资源系统和生态系统演变机理、人类活动影响作用机理及科学调控机制、水资源利用阈值、生态系统阈值等。

（2）面向新时代新需求的雄安新区多水源、多目标、高要求的水资源优化配置和智慧水网建设。需要研究雄安新区在人类活动快速、大规模干扰下的多水源、多目标、高要求的水资源优化配置方法及方案，并在此基础上研究和制定智慧水网建设规划方案。

（3）水资源利用和保护高新技术创新研发与应用。雄安新区是一个创新驱动引领的示范新区，同时水资源节约、利用、保护也需要高新技术研发和应用，以提高水资源利用效率，促进新区高效、快速、绿色发展。

（4）满足国家级新区特殊发展需求的水资源管理制度体系建设。一般区域或流域的水资源管理制度，不一定适应雄安新区高标准、高要求的需求，需要针对新区发展的定位、功能和约束条件，制定一套新的水资源管理制度体系，包括用水指标控制、节水普及要求、水价制度、初始水权分配、水权交易、排污权分配和交易、水资源保护法律等。

5. 乡村振兴战略

2017年10月18日，党的十九大报告中提出"实施乡村振兴战略"，2018年中央一号文件《中共中央国务院关于实施乡村振兴战略的意见》全面部署乡村振兴战略实施方案，明确了时间表，2020年乡村振兴将取得重要进展，2035年乡村振兴取得决定性进展，2050年乡村振兴全面实现。最终目标是实现农业强、农村美、农民富，确保当地群众长期稳定增收、安居乐业。

我国是农业大国，2017年乡村常住人口占全国总人口的41.48%，农业是第一产业，生产的粮食要养活全国13亿多人口。"三农"（即农业、农村、农民）问题是关系国计民生的根本性问题，也是脱贫攻坚、全面建设小康社会的重点。农业也是我国用水最多的行业，2016年全国农业用水量占用水总量的62.4%，因此，乡村振兴战略必然涉及一系列与水有关的改革、创新、发展等问题，必将是未来一段时间内大家关注的热点。

笔者基于对乡村振兴战略的水资源问题分析和未来发展需求的判断，对乡村振兴战略中水资源利用与保护研究热点和相关重点工作展望如下。

（1）城乡融合发展背景下的城乡水务一体化建设。重塑城乡关系、实现城乡融合发展，是实施乡村振兴战略的大趋势，水务一体化建设是水资源统一管理的需要。

（2）水资源与土地资源协调开发的政策选择和发展途径。水资源利用政策改革与土地改革密切相关。水资源利用效率、水价制度、水权交易等工作，都与土地利用政策相关。选择适合本地区农村发展的政策和途径，是乡村振兴战略实现的重要因素。

（3）乡村绿色发展、生态文明建设需求的水资源利用与保护。乡村振兴战略要求的农村发展一定是绿色发展，必须传承发展提升农耕文明，走生态文明之路。在这种背景下优选水资源利用与保护工作思路、方案及保障措施。

（4）面向乡村治理体系、精准脱贫攻坚战、中国特色减贫等需求的水资源管理制度体系建设。在新时代新需求下，构建新型的乡村水资源管理制度体系，包括节约用水制度、最严格水资源管理制度、河长制、农民用水协会制度、水价制度、水权交易制度等。

结　语

本章通过对我国水资源利用与保护过去 40 年发展历程的回顾，把我国改革开放 40 年的水资源利用与保护工作划分为三个阶段，分别是开发为主阶段（1978~1999 年）、综合利用阶段（2000~2012 年）、保护为主阶段（2013~2018 年），并认为保护为主阶段将会延续一段时间，预计延续到 2025 年前后。在新时代中国特色社会主义思想的指引下，从改革开放、创新、绿色发展、生态文明建设、保护生态环境、实现中国梦等主题词出发，系统分析了我国新时代发展对水资源利用与保护的新需求。提出下一步将迎来"智慧用水阶段"

（预计在 2025 年以后）的新判断，并对这一阶段的发展轮廓框架进行描述，分析认为，智慧用水阶段将以充分利用信息通信技术和网络空间虚拟技术为主要手段，以智慧水网为载体，以智慧化用水为主要表现形式。在需求分析和发展阶段研判的基础上，对"一带一路"倡议、长江经济带、京津冀协同发展、雄安新区建设、乡村振兴战略五个未来热点领域的水资源利用与保护进行展望，提出了水资源利用与保护研究热点和相关重点工作，为进一步布局水资源利用与保护的工作和研究方向提供参考。

本章仅从宏观上对改革开放 40 年的水资源利用与保护以及未来发展趋势做出分析和研判，对某一具体领域的分析可能不全面、不具体，仅仅是初步的分析，也可能存在一些有争议的结论，有待进一步研究，期待更多的学者参与讨论，为改革开放、创新、绿色发展、生态文明建设、实现中国梦提供支持。

第九章　可再生能源开发利用历程

娄　伟[*]

导　读：开发利用可再生能源是中国保护生态环境、保障能源安全的需要。中国可再生能源资源丰富，具有较大的开发利用潜力，1978 年以来，中国在开发利用可再生能源方面取得了巨大的进展，但同时也面临一些问题与挑战，例如成本高问题、产能过剩问题、弃风弃光弃水问题、骗补问题等。在发展历程方面，整个可再生能源行业有着体系性的发展阶段，同时，不同类型的可再生能源也有着各自的发展阶段。本章既综述了可再生能源行业的开发利用历程，又分别介绍了生物质能、水能、太阳能、风能，以及地热能的开发利用历程。既归纳了取得的成绩，又分析了存在的问题。

引　言

可再生能源是指来自大自然的能源，例如太阳能、风能、潮汐能、地热能等，是取之不尽、用之不竭的能源，会自动再生，是相对于会穷尽的不可再生能源而言的一种能源。国际能源署可再生能源工作小组认为，可再

---

*　娄伟，博士，中国社会科学院城市与环境研究所区域与城市管理研究室副主任、副研究员，研究领域为环境经济、能源经济，出版专著 4 部，发表各类论文 70 多篇。

生能源是指"从持续不断地补充的自然过程中得到的能量来源"。

在 19 世纪中叶煤炭发展之前，所有使用的能源都是可再生能源，其主要来源是牛、骡、马等动物，以及水能（水磨）、风力（风磨）、太阳光和生物质能（柴火）。只是工业革命后，随着石油、煤炭等化石能源的大规模使用，可再生能源才退居次要地位。近年来，在化石能源面临日益紧迫的枯竭问题，以及化石能源带来的环境问题日益突出的大背景下，可再生能源才又重新引起人们的关注。

本章所讨论的可再生能源的开发利用，不是传统利用模式的再现，而是利用新技术、新方法对可再生能源进行开发利用，是"新可再生能源"。传统可再生能源的开发利用模式主要是直接利用，而现代可再生能源开发利用模式主要是转化成电力、热力、燃料等二次能源后再进行利用。

一 综述

从 20 世纪 70 年代开始，世界上多个国家开始重视可再生能源的开发利用，以保障社会的可持续发展。我国开发利用可再生能源的时间较早，但明确提出并作为国家战略予以定位的时间相比国外一些国家要晚一些。根据各个时期的发展重点及特点，可把 1978 年以来我国可再生能源的发展历程划分成三个阶段。

1. 第一阶段：以沼气、水力发电为主阶段（1978~1994年）

这一阶段的主要特点是，我国可再生能源的开发利用以生物质能及水能为主，新型生物质能的开发利用主要是指沼气，水能的开发利用主要是水电。太阳能、风能、地热能、海洋能等其他类型的可再生能源则较少涉及。

20 世纪 60 年代初期，按照毛泽东主席关于"沼气又能点灯，又能做饭，又能作肥料，要大力发展，要好好推广"的指示，以及国务院批转农业部等部委《关于当前农村沼气建设中几个问题的报告》的精神，各地大力推进沼气建设。一直到 2000 年之前，我国生物质能的开发利用都是以沼气为主。

中国的水电^①行业已走过了百年发展历程。中国第一座水电站是 1908 年 8 月开工，1912 年 5 月发电的云南石龙坝水电站，至今仍在正常运行。不过，受多种因素的制约，当时发展较慢，截至 1949 年底，全国水电装机容量仅为 36 万千瓦，年发电量为 18 亿千瓦时。中华人民共和国成立后，水电行业开始快速发展。截至 1978 年底，全国水电装机容量达到 1867 万千瓦，年发电量达 496 亿千瓦时。1978 年以后，水电依然保持快速发展态势，在多个领域都处于世界领先位置。

2. 第二阶段：全面发展的起步阶段（1995~2007年）

这一阶段的主要特点是，国家密集出台了一系列的政策法规，以推动可再生能源产业的全面发展。除生物质能、水能外，其他类型的可再生能源的开发利用也开始起步。

20 世纪 90 年代初，我国开始重视太阳能、风能、地热能的开发利用工作。1995 年，在党的十四届五中全会上通过的《中共中央关于制定国民经济和社会发展"九五"计划和 2010 年远景目标的建议》要求，"积极发展新能源，改善能源结构"。国家计委、国家科委、国家经贸委在 1995 年发布的《1996-2010 年新能源和可再生能源发展纲要》中也提出，"要按照社会主义市场经济的要求，加快新能源的发展和产业建设步伐"。

但由于可再生能源开发利用工作刚刚起步，不仅缺乏经验，相关政策法规特别是法律也处于空白状态。为弥补这一缺失，适应时代发展的需要，有关部门开始重视制订相关法律。1998 年实施的《中华人民共和国节约能源法》明确提出，"国家鼓励开发利用新能源和可再生新能源"。2005 年，中华人民共和国第十届全国人民代表大会常务委员会第十四次会议通过了《中华人民共和国可再生能源法》，自 2006 年 1 月 1 日起施行。

同时，在规划方面也开始细化，任务、目标等要素越来越完善。2006 年通过的《国民经济和社会发展第十一个五年规划纲要》明确提出，"实行优惠

---

① 在一般的可再生能源分类中，可再生能源只考虑小水电。实质上，无论是大中规模的水电，还是小水电，都属于可再生能源。本章所说的可再生能源包括所有水电。

的财税、投资政策和强制性市场份额政策，鼓励生产与消费可再生能源，提高在一次能源消费中的比重"。2007 年，国家发改委印发了《可再生能源中长期发展规划》，提出了从当时到 2020 年，我国可再生能源发展的指导思想、主要任务、发展目标、重点领域和保障措施等。

3. 第三阶段：不断调整过程中的快速全面发展（2008年至今）

我国可再生能源产业在快速发展的同时，也开始不断出现新的问题，如产能过剩、弃风弃光弃水等。因此，这一阶段的主要特点是，边快速发展边调整。

尽管在发展可再生能源产业伊始，我国就重视开发利用，但由于国内应用范围较小，加上在 2000 年前后，国际市场特别是欧洲市场对可再生能源设备需求量较大，我国在相关装备产品的生产方面发展迅速，但很快就出现了产能过剩的问题。"2008 年我国多晶硅产能 2 万吨，产量 4000 吨左右，在建产能约 8 万吨，产能已明显过剩。风电产业也出现了风电设备投资一哄而上、重复引进和重复建设现象，若不及时调控和引导，产能过剩将不可避免。"[①]为抑制可再生能源产业的产能过剩问题，有关部门出台了一系列的政策措施。如 2009 年，国务院批转了发改委等部门的《关于抑制部分行业产能过剩和重复建设引导产业健康发展若干意见的通知》。

为消化可再生能源产业的产能过剩问题，国家还加大了对可再生能源资源开发利用的支持力度，于是一大批风力发电、光伏发电，以及生物质发电等可再生能源发电项目纷纷上马，很快又出现了弃风弃光问题。如，"2016 年 1~10 月，全国弃风弃光弃水电量达到 980 亿千瓦时，超过三峡电站全年发电量。其中，2016 年前三季度，新疆、甘肃弃风分别高达 41% 和 46%；2016 年上半年，西部五省区弃光率为 19.7%，其中新疆弃光率为 32.4%，甘肃弃光率为 32.1%。"[②]再加上云南、四川等地的弃水问题，形成了各方关注的弃风弃光弃水问题。

---

① 《关于抑制部分行业产能过剩和重复建设引导产业健康发展若干意见的通知》（国发〔2009〕38 号）。

② 《遍地开花暗藏消纳困境 清洁能源疾呼破局良方》，中国环保在线，http://www.hbzhan.com/news/detail/114661.html。

为应对这一问题，2016 年，国家发改委出台了《新能源发电全额保障性收购管理办法》，国家能源局也发布了《关于做好风电光伏发电全额保障性收购管理工作有关要求的通知》。2017 年，国家发改委、国家能源局印发了《解决弃水弃风弃光问题实施方案》《关于促进西南地区水电消纳的通知》。国家发改委和国家能源局督促各省（区、市）和电网企业制定年度目标任务，采取多种措施，确保弃水弃风弃光电量和限电的比例逐年下降，计划到 2020 年在全国范围内有效解决弃水弃风弃光问题。

尽管中国开始出现产能过剩、弃风弃光弃水等问题，但从资源可开发量的角度来看，目前被开发利用较多的主要是水能，其他可再生能源资源依然有着较大的开发潜力。

二　历程

（一）中国生物质能的开发利用历程

我国生物质资源丰富，能源化利用潜力大。"全国可作为能源利用的农作物秸秆及农产品加工剩余物、林业剩余物和能源作物、生活垃圾与有机废弃物等生物质资源总量每年约 4.6 亿吨标准煤"[①]，"今后随着造林面积的扩大和经济社会的发展，生物质资源转换为能源的潜力可达 10 亿吨标准煤"[②]。近几十年，我国生物质能的开发利用经历了四个阶段：

1. 第一阶段：重点发展沼气（1978~1999 年）

从 20 世纪 50、60 年代开始，我国就重视开发利用沼气，到 80 年代，我国沼气技术进入成熟阶段。在各级政府的大力支持和科研人员的共同努力下，沼气工艺不断完善，综合效益开始显现，影响逐步扩大。2000 年以后，随着技术的完善，我国沼气产业进入快速发展阶段，项目规模也开始从过去的以家庭小沼气池为主逐步转向大规模的企业化运作模式。

---

① 国家能源局：《生物质能发展"十三五"规划》。
② 国家发改委：《可再生能源中长期发展规划》。

2. 第二阶段：重视发展燃料乙醇（2000~2004年）

中国政府推广燃料乙醇的最初设想出现在 1999 年，当时中国的粮食严重积压，这样的情况在北方尤为严重，如何解决陈化粮问题成了当务之急。2001 年，当时的国家计委等五部委颁布了《陈化粮处理若干规定》，规定陈化粮必须在县级以上粮食批发市场公开拍卖，确定陈化粮的用途主要用于生产酒精、饲料等。在几个粮食主产区，国家规划了几个大的乙醇生产项目，用陈化粮来生产乙醇。先后批准建立了 4 个燃料乙醇企业：安徽丰原生物化学股份有限公司、中粮生化能源（肇东）有限公司（当时名为华润酒精）、吉林燃料乙醇有限责任公司、河南天冠企业集团有限公司。

但随着陈化粮被使用完，对新粮食的需求迅速增加，这就产生了一个粮食安全问题。2007 年，国家发改委明确表示，将不再利用粮食作为生物质能源的生产原料，取代粮食的将是非粮作物。财政部印发的《可再生能源发展专项资金管理暂行办法》也明确提出，"石油替代可再生能源开发利用，重点是扶持发展生物乙醇燃料、生物柴油等。生物乙醇燃料是指用甘蔗、木薯、甜高粱等制取的燃料乙醇。生物柴油是指用油料作物、油料林木果实、油料水生植物等为原料制取的液体燃料。"

3. 第三阶段：关注生物质发电（2005~2008年）

早在 20 世纪 80 年代，我国开始尝试利用生物质发电，如黑龙江、四川等地的糖厂利用制糖产生的甜菜渣或蔗渣发电，2005 年则是我国生物质发电的重要节点。为进一步促进生物质资源的利用，国家发改委在 2005 年批复了山东单县、江苏如东、河北晋州等 3 个地区若干生物质发电示范工程。自 2006 年下半年开始，随着国家对节能减排力度的加大，生物质发电产业受到了研究机构以及投资者的更大关注。2006 年 12 月，山东单县生物质发电厂顺利建成投产，成为我国生物质发电建设的典型企业。随后几年里，江苏海安、黑龙江庆安等地的一大批生物质发电项目陆续获得批准。

4. 第四阶段：综合快速发展阶段（2009年至今）

2009 年，我国出台了《可再生能源中长期发展规划》，随后又出台了

《"十二五"国家战略性新兴产业发展规划》《可再生能源发展"十二五"规划》《生物质能发展"十二五"规划》等政策文件，这些文件均推动生物质能的开发利用向综合性方向发展。

2016 年，国家能源局组织印发了《生物质能发展"十三五"规划》，该规划明确提出，要"推进生物质能规模化、专业化、产业化和多元化发展"。

目前，我国生物质能的产业化条件已基本成熟：生物质发电技术基本成熟；生物质成型燃料供热产业尽管处于规模化发展初期，但日益成熟的技术为规模化、产业化发展提供了有利的基础；沼气正处于转型升级关键阶段；生物柴油处于产业发展初期；纤维素燃料乙醇处于加快示范阶段。根据《生物质能发展"十三五"规划》，到 2020 年，生物质能基本实现商业化和规模化利用。

我国生物质能的开发利用现状及发展目标参见表 1。

表 1　我国生物质能的开发利用现状及发展目标

类别		规模
开发利用规模（截至 2015 年）	总量	生物质能利用量约为 3500 万吨标准煤，其中商品化的生物质能利用量约为 1800 万吨标准煤
	生物质发电	生物质发电总装机容量约为 1030 万千瓦，其中农林生物质直燃发电约为 530 万千瓦，垃圾焚烧发电约为 470 万千瓦，沼气发电约为 30 万千瓦，年发电量约为 520 亿千瓦时
	生物质成型燃料	生物质成型燃料年利用量约为 800 万吨，主要用于城镇供暖和工业供热等领域
	生物质燃气	全国沼气理论年产量约为 190 亿立方米，其中户用沼气理论年产量约为 140 亿立方米，规模化沼气工程约为 10 万处，年产气量约为 50 亿立方米
	生物液体燃料	燃料乙醇年产量约为 210 万吨，生物柴油年产量约为 80 万吨
2020 年发展目标	总量	生物质能年利用量约为 5800 万吨标准煤
	生物质发电	总装机容量达 1500 万千瓦，年发电量为 900 亿千瓦时，其中农林生物质直燃发电 700 万千瓦，城镇生活垃圾焚烧发电为 750 万千瓦，沼气发电为 50 万千瓦
	生物质成型燃料	年利用量为 3000 万吨
	生物天然气	年利用量为 80 亿立方米
	生物液体燃料	年利用量为 600 万吨

资料来源：《生物质能发展"十三五"规划》。

尽管我国的生物质能产业发展取得了很大成绩，但也面临一些问题及挑战，如原料供给风险、成本较高（包括原料成本、工人工资、设备维修、运行耗材、管理费用等）、政策体系不完善（主要是财税政策变化）、技术创新不足、电力上网困难、投融资难、运营管理效率低、自然灾害等。

（二）中国水能的开发利用历程

"我国水能资源可开发装机容量约为 6.6 亿千瓦，年发电量约为 3 万亿千瓦时，按利用 100 年计算，相当于 1000 亿吨标煤，在常规能源资源剩余可开采总量中仅次于煤炭。"[①]

1978 年以来，中国水电开始进行市场化改革，相继引进了业主制、招投标制、监理制等机制，一大批水电站相继建成投产。截至 2000 年底，中国水电装机容量达 7700 万千瓦，超过加拿大居世界第二位。

近年来，中国水电行业不仅在水电工程建设方面屡创世界纪录，在技术方面也开始赶超世界先进水平。2008 年全面投产的水布垭水电站拥有世界最高的混凝土面板堆石坝；2009 年全面投产的龙滩水电站拥有世界最高的碾压混凝土坝；2010 年全面投产的小湾水电站拥有当时世界最高的混凝土拱坝；2014 年全面投产的糯扎渡水电站是亚洲第一、世界第三高的黏土心墙堆石坝。

同时，水电行业的装机规模也开始领先世界。2004 年，以公伯峡水电站 1 号机组投产为标志，中国水电装机容量突破 1 亿千瓦，超越美国成为世界第一；2012 年，三峡水电站最后一台机组投产，成为世界最大的水力发电站和清洁能源生产基地。

我国水能的开发利用现状及发展目标参见表 2。

---

① 国家能源局：《水电发展"十三五"规划》。

表2 我国水能的开发利用现状及发展目标

类别	规模
开发利用规模	到2015年底，全国水电总装机容量达到31954万千瓦，其中大中型水电达22151万千瓦，小水电达7500万千瓦，抽水蓄能达2303万千瓦，水电装机占全国发电总装机容量的20.9%
"十三五"的发展目标	2020年水电总装机容量达到3.8亿千瓦，其中常规水电达3.4亿千瓦，抽水蓄能达4000万千瓦，年发电量达1.25万亿千瓦时，折合标准煤约3.75亿吨，在非化石能源消费中的比重保持在50%以上。"西电东送"能力不断扩大，2020年水电送电规模达到1亿千瓦

资料来源：国家能源局发布的《水电发展"十三五"规划》。

目前，我国水电开发也面临一些挑战：一是由于开始加大生态文明建设力度，对生态环境保护的要求也会相应提高，水电开发将面临更高的生态环保要求；二是由于我国对公众利益的保护逐步加强，这给水电开发过程中的移民工作带来更大的压力；三是随着各种成本的增加，水电的市场竞争力逐步降低；四是抽水蓄能总量偏小，目前仅占全国电力总装机的1.5%，规模亟待扩大。

（三）中国太阳能的开发利用历程

"我国2/3的国土面积年日照小时数在2200小时以上，年太阳辐射总量大于每平方米5000兆焦，属于太阳能利用条件较好的地区。"[1] 我国现代开发利用太阳能的工作主要经过了三个阶段。

1. 第一阶段：太阳能热水器及太阳能设备生产为主阶段（1978~2007年）

20世纪70年代初，面对能源危机，世界上开始出现了开发利用太阳能的热潮，受其影响，我国一些科研单位及科技人员开始从事太阳能方面的研究。20世纪80、90年代，在国家相关部门的支持和领导下，有关研究机构开始从事太阳能热水器的研究，早期开发以平板式太阳能热水器为主。2000年以后，太阳能热水器行业进入高速发展时期。

---

[1] 国家发改委：《可再生能源中长期发展规划》。

1998 年，中国政府开始关注太阳能发电，拟建第一套 3MW 多晶硅电池及应用系统示范项目，现在的天威英利新能源有限公司的董事长苗连生在太阳能光伏产业发展前景尚不明朗的情况下，积极争取到了这个项目的批复。2002 年 9 月，尚德第一条 10MW 太阳能光伏电池生产线正式投产，产能相当于此前四年全国太阳能光伏电池产量的总和。2005 年，国内第一个 300 吨多晶硅生产项目建成投产，拉开了中国多晶硅大发展的序幕。2007 年，中国成为生产太阳能光伏电池最多的国家。

2. 第二阶段：太阳能发电产业化建立阶段（2008~2012 年）

在这一阶段，由于多晶硅等产品开始出现产能过剩问题，我国政府开始引导企业把建设重点由设备产品的生产转向应用。

在政策的支持引导下，国内的光伏发电项目快速走向市场，装机容量保持每年 100% 以上的增长。同时，并网项目开始取代离网项目，占比由 2006 年的 5.1% 增加至 2010 年底的 80%，这表明光伏项目在社会中发挥的作用与其地位发生了变化。2011 年以后，并网型光伏项目成为主流，离网型所占比例几乎可以忽略。

3. 第三阶段：太阳能产业规模化稳定发展阶段（2013 年至今）

在《可再生能源法》的基础上，国务院于 2013 年发布《关于促进光伏产业健康发展的若干意见》，进一步从价格、补贴、税收、并网等多个层面明确了光伏发电的政策框架，地方政府相继制定了支持光伏发电应用的政策措施。

目前，中国在太阳能开发利用方面取得的成效主要有以下几点。光伏发电成本快速下降，在"十二五"期间的总体降幅超过 60%；随着国内光伏装机总量和增长速率的快速增长，世界每年新增的装机量中，中国所占的比例越来越重，逐渐成为光伏发电大国；光伏发电应用逐渐形成东中西部共同发展、集中式和分布式并举的格局；光伏制造的大部分关键设备已实现本土化并逐步推行智能制造；我国不断拓展光伏产品的国际市场，在传统欧美市场与新兴市场均占主导地位。

我国太阳能的开发利用现状及发展目标参见表 3。

表3 我国太阳能的开发利用现状及发展目标

类别		规模
开发利用规模及装备制造	光伏发电规模快速扩大	全国光伏发电累计装机从 2010 年的 86 万千瓦增长到 2015 年的 4318 万千瓦，累计装机居全球首位
	光伏制造产业化水平不断提高	2015 年，多晶硅产量为 16.5 万吨，占全球市场份额的 48%；光伏组件产量为 4600 万千瓦，占全球市场份额的 70%
"十三五"发展目标		到 2020 年，太阳能年利用量达到 1.4 亿吨标准煤以上
		到 2020 年底，太阳能发电装机达到 1.1 亿千瓦以上。其中，光伏发电装机达到 1.05 亿千瓦以上，太阳能热发电装机达到 500 万千瓦，太阳能热利用集热面积达到 8 亿平方米

资料来源：《太阳能发展"十三五"规划》。

目前，我国在开发利用太阳能方面面临的挑战主要有以下几点：一是成本依然较高，市场竞争力有待进一步加强；二是弃光问题突出，并网及消纳工作有待进一步加强；三是面对国际上越来越严重的贸易保护主义，太阳能产品的外销压力较大；四是光热利用有待深化，太阳能热发电产业化能力较弱，太阳能热利用产业升级缓慢；五是全国装机量分配不均匀，造成制造端和应用端、发电大省和用电大省的地理不匹配等。

（四）中国风能的开发利用历程

"我国陆地可利用风能资源为 3 亿千瓦，加上近岸海域可利用风能资源，共计约 10 亿千瓦。"[①] 中国风能的开发利用特别是风电的发展可分为三个阶段。

1. 第一阶段：早期示范阶段（1978~1993年）

中国的风力发电开始于 20 世纪 50 年代后期，最初的发展重点是离网小型风力发电，主要是为了解决海岛和偏远农村牧区的用电问题。70 年代末，开始进行并网大型风力发电场的建设。

从 20 世纪 70 年代末到 80 年代末，我国各地相继开始研制或引进国外风电机组，建设示范风电场，开展试验研究、示范发展。由于处于起步阶段，10 年间，全国虽没有建成一座商业化运行的风电场，但通过摸索，为我国的

---

① 国家发改委：《可再生能源中长期发展规划》。

风电事业的发展奠定了基础。

1981 年，中国风能协会成立。1986 年 4 月，我国第一个风电场在山东荣成并网发电，共安装 3 台 55 千瓦进口风电机组，装机总容量为 165 千瓦。同期国产单机 55 千瓦风电机组在福建平潭岛并网成功，此为当时国内自行设计制造并运行的最大风电机组。

2. 第二阶段：产业化探索阶段（1994~2003年）

1994 年，原电力工业部发布了《风力发电场并网运行管理规定（试行）》，规定电网公司应允许风电场就近上网，全额收购风电场上网电量，对高于电网平均电价部分实行全网分摊的鼓励政策。同年，龙源集团、南澳风能开发总公司和广电集团汕头供电分公司联合成立了汕头福澳风力发电有限公司，开始运作我国第一个按商业化模式开发的风电项目。

3. 第三阶段：产业化发展阶段（2003年至今）

从 2003 年起，随着国家连续五年组织风电特许权招标、规划大型风电基地、开发建设大型风电场等措施的出台，特别是在 2006 年实行了《可再生能源法》，并在一年之内制定颁布了包括优惠电价政策在内的一系列法规、政策措施，我国风电开发建设进入了跨越式的发展阶段。

在大力推进陆上风电开发建设的同时，2008 年以国家能源局核准上海东海大桥 10 万千瓦海上风电示范项目开工建设为标志，我国风电开发建设开始了大规模向海上推进的历程。

目前，风电已成为我国继煤电、水电之后的第三大电源，并取得以下成效：产业技术水平显著提升；风电全产业链基本实现国产化，产业集中度不断提高，多家企业跻身全球前 10 名；风电设备的技术水平和可靠性不断提高，基本达到世界先进水平。但同时，也面临一些问题及挑战，主要表现是：现有电力运行管理机制不适应大规模风电并网的需要，发电成本高，地方保护主义严重等。

我国太阳能的开发利用现状及发展目标参见表 4。

表 4　我国太阳能的开发利用现状及发展目标

类别		规模
开发利用规模		到 2015 年底，全国风电并网装机达到 1.29 亿千瓦，年发电量为 1863 亿千瓦时，占全国总发电量的 3.3%，比 2010 年提高 2.1 个百分点
"十三五"目标	总量目标	到 2020 年底，风电累计并网装机容量确保达到 2.1 亿千瓦以上，其中海上风电并网装机容量达到 500 万千瓦以上；风电年发电量确保达到 4200 亿千瓦时，约占全国总发电量的 6%
	消纳利用目标	到 2020 年，有效解决弃风问题，"三北"地区全面达到最低保障性收购利用小时数的要求
	产业发展目标	风电设备制造水平和研发能力不断提高，3~5 家设备制造企业全面达到国际先进水平，市场份额明显提升

资料来源：《风电发展"十三五"规划》。

（五）中国地热能的开发利用历程

"初步估算，全国可采地热资源量约为 33 亿吨标准煤。其中，发电方面的可装机潜力约为 600 万千瓦。"[①] 我国地热能开发主要经历了两个阶段。

1. 第一阶段：地热发电为主阶段（20世纪70年代初至80年代末）

我国从 20 世纪 70 年代开始进行地热的普查、勘探和利用，先后在广东丰顺、河北怀来、江西宜春等 7 个地方建设了中低温地热发电站。1977 年，我国在西藏羊八井建设了 24 兆瓦中高温地热发电站。

在地热发电方面，高温干蒸汽发电技术最成熟、成本最低，高温湿蒸汽次之，中低温地热发电的技术成熟度和经济性有待提高。由于我国地热资源特征及其他热源发电的需求，近年来全流发电在我国取得快速发展，干热岩发电系统还处于研发阶段。

2. 第二阶段：供暖与制冷为主阶段（20世纪90年代初至今）

自 20 世纪 90 年代以来，北京、天津、保定、咸阳、沈阳等城市开展中低温地热资源供暖、旅游疗养、种植养殖等直接利用工作。进入 21 世纪以来，

[①]　国家发改委：《可再生能源中长期发展规划》。

热泵供暖（制冷）等浅层地热能开发利用逐步加快发展。

目前，浅层和水热型地热能供暖（制冷）技术已基本成熟。浅层地热能应用主要使用热泵技术，2004年后年增长率超过30%，应用范围扩展至全国，其中80%集中在华北和东北南部，包括北京、天津、河北、辽宁、河南、山东等地区。

在"十三五"时期，随着现代化建设和人民生活水平的提高，以及南方供暖需求的增长，集中供暖将会有很大的增长空间。同时，各省（区、市）面临压减燃煤消费、大气污染防治、提高可再生能源消费比例等方面的要求，这给地热能发展提供了难得的机遇。但同时也存在诸多制约因素，如资源勘查程度低、管理体制不完善、缺乏统一的技术规范和标准等。

在地热能开发利用方面，我国已取得的成效及"十三五"发展目标参见表5。

表5　地热能的开发利用成效及"十三五"发展目标

类别		规模
开发利用规模	浅层和水热型地热能供暖（制冷）	2015年底，全国浅层地热能供暖（制冷）面积达到3.92亿平方米，全国水热型地热能供暖面积达到1.02亿平方米。地热能年利用量约为2000万吨标准煤
	地热发电	2014年底，我国地热发电总装机容量为27.28兆瓦，居世界第18位
"十三五"发展目标		到2020年，地热供暖（制冷）面积累计达到16亿平方米，地热发电装机容量约为530MW，地热能年利用量为7000万吨标准煤，地热能供暖年利用量为4000万吨标准煤

资料来源：《地热能开发利用"十三五"规划》。

三　成效、存在的问题及发展趋势

（一）中国可再生能源开发利用的成效

随着政策法规体系的不断完善，以及实践活动的不断深入，我国在可再生能源开发利用方面取得了明显成效。首先，可再生能源开发利用规模不断扩大，总量位居全球首位。其次，可再生能源技术装备水平也得到显著提升，我国已具备成熟的大型水电设计、施工和管理运行能力；风电技术水平明显提升，关键零部件基本国产化；光伏电池技术创新能力大幅提升，创造了晶硅等新型电池技术转换效率的世界纪录，建立了具有国际竞争力的光伏发电全产业链。

在未来发展方面，我国又提出了 2020 年、2030 年非化石能源占一次能源消费比重分别达到 15%、20% 的总体战略目标。

我国在可再生能源开发利用方面取得的成效及"十三五"发展目标参见表 6。

表 6 可再生能源开发利用取得的成效及"十三五"发展目标

类别		规模
开发利用规模及技术装备水平	可再生能源开发利用规模	2015 年，我国商品化可再生能源利用量为 4.36 亿吨标准煤，占一次能源消费总量的 10.1%；如将太阳能热利用等非商品化可再生能源考虑在内，全部可再生能源年利用量达到 5.0 亿吨标准煤；计入核电的贡献，全部非化石能源利用量占到一次能源消费总量的 12%，比 2010 年提高 2.6 个百分点
		到 2015 年底，全国水电装机为 3.2 亿千瓦，风电、光伏并网装机分别为 1.29 亿千瓦、4318 万千瓦，太阳能热利用面积超过 4.0 亿平方米。全部可再生能源发电量为 1.38 万亿千瓦时，约占全社会用电量的 25%，其中非水可再生能源发电量占 5%。生物质能继续向多元化发展，各类生物质能年利用量约为 3500 万吨标准煤
	可再生能源技术装备水平	到"十二五"末，我国自主制造投运了单机容量 80 万千瓦的混流式水轮发电机组，掌握了 500 米级水头、35 万千瓦级抽水蓄能机组成套设备制造技术
		到"十二五"末，我国 5 兆~6 兆瓦大型风电设备已经试运行，特别是低风速风电技术取得突破性进展，并广泛应用于中东部和南方地区
		到"十二五"末，我国多晶硅产量已占全球总产量的 40% 左右，光伏组件产量达到全球总产量的 70% 左右。技术进步及生产规模扩大使"十二五"时期光伏组件价格下降了 60% 以上，显著提高了光伏发电的经济性

续表

类别		规模
"十三五"可再生能源发展指标	总量指标	到 2020 年，全部可再生能源年利用量为 7.3 亿吨标准煤。其中，商品化可再生能源利用量为 5.8 亿吨标准煤
	发电指标	到 2020 年，全部可再生能源发电装机为 6.8 亿千瓦，发电量为 1.9 万亿千瓦时，占全部发电量的 27%
	供热和燃料利用指标	到 2020 年，各类可再生能源供热和民用燃料总计约替代化石能源 1.5 亿吨标准煤
	经济性指标	到 2020 年，风电项目电价可与当地燃煤发电同平台竞争，光伏项目电价可与电网销售电价相当
	并网运行和消纳指标	结合电力市场化改革，到 2020 年，基本解决水电弃水问题，限电地区的风电、太阳能发电年度利用小时数全面达到全额保障性收购的要求
	指标考核约束机制指标	建立各省（区、市）一次能源消费总量中可再生能源比重及全社会用电量中消纳可再生能源电力比重的指标管理体系。到 2020 年，各发电企业的非水电可再生能源发电量与燃煤发电量的比重应显著提高

资料来源：《可再生能源发展"十三五"规划》。

（二）中国可再生能源开发利用过程中存在的主要问题

可再生能源具有能量密度较低、高度分散，且太阳能、风能、潮汐能等资源存在间歇性和随机性等资源缺陷，开发利用的技术难度大。再加上开发利用时间短，经验不足等因素，这就决定了我国开发利用可再生能源的工作一定会面临诸多问题与挑战。主要表现在以下几个方面。

（1）可再生能源在能源消费总量中占比较低。2015 年，德国绿色发电量和消费量均创历史新高。据位于柏林的 Agora 能源研究所测算，2015 年德国约 1/3 的电力消费来自风力、太阳能、水力和生物质能发电，2014 年这一比例还仅为 27.3%；2015 年风电发电量增长 50%，总发电量则达到 647 太瓦时，创历史新高；电力出口 60.9 太瓦时，占总发电量的 1/10 左右；2016 年欧洲超过 90% 的能源来自可再生能源。

与世界可再生能源开发利用较先进的国家相比较，我国尚存在一定的差距。尽管我国可再生能源产业发展迅速，但由于中国能源消费总量大，以及人口基数大，可再生能源的占比上升难度大。以光伏为例，截至 2016 年底，中国光伏发电新增装机容量为 34.54GW，累计装机容量为 77.42GW，新增和累计装机容量均为全球第一。就发电量而言，中国现在是全球最大的太阳能发电国，但就人均来算仍然不及德国、日本和美国。

（2）部分行业产能过剩。近年来，各地一窝蜂地发展可再生能源产业，不仅带来巨大的浪费，也影响了整个产业的有序发展。特别是在多晶硅与风电设备方面，出现了明显的产能过剩问题。"现在 50% 以上的城市都在做可再生能源产业，包括多晶硅的生产，太阳能电池的生产等，但是推广应用做得不够。很多地方都去投资搞设备，进行零部件生产，单纯卖产品。但可再生能源应用却重视不够。如果以这种趋势发展下去，可再生能源产业就无法真正形成和发展。"[①] 据统计，"2014 年，全球晶硅电池及组件需求量约为 35GW（吉瓦），而中国晶硅电池及组件产能达到 40GW，仍然超过全球需求量。"[②]

导致中国可再生能源部分产业出现产能过剩的原因很多，但主要有以下两点。一是暴利的诱发。暴利是中国多晶硅产业一夜兴起的强大推动力，但也造成了多晶硅产业泡沫的出现。二是机制的推动。由于中国行政体制的原因，地方官员都追求 GDP，而可再生能源产业的高投入是增加 GDP 的最好路径。同时，中国行政管理体制缺乏决策监管机制，以及决策失误的追究机制，使得决策成本很低。

为抑制可再生能源产业的产能过剩问题，国务院等部门出台了一系列的政策措施。主要包括：严格市场准入、强化环境监管、严格依法依规供地用

---

① 丁吉林、连希蕊：《新能源城市建设任重道远——专访国家能源局新能源司副司长史立山》，《财经界》2012 年第 9 期。

② 王晔君：《光伏行业在"十三五"会好吗》，北京商报网，http://www.bbtnews.com.cn/2015/0720/20287.shtml。

地、实行严格的有保有控的金融政策、建立信息发布制度等，但从实施效果来看，与目标尚存在一定的差距。

（3）弃风、弃光、弃水问题严重。近年来，中国可再生能源发展中弃风弃光弃水现象不断蔓延，且呈加剧态势。面对越演越烈的弃风弃光弃水问题，国家不断采取措施进行化解。

导致弃风、弃光、弃水问题的原因主要有以下几点：用电需求增长放缓、消纳市场总量不足；可再生能源发电增速太快、电网调峰能力不足；通道建设与电源建设不匹配、电网送出能力有限；电网存在薄弱环节、部分区域受网架约束影响消纳等问题。

（4）市场失灵。一般来说，"导致市场失灵的因素主要有缺乏需求、价格波动性和风险、协调失败等。"[1]而导致目前可再生能源市场失灵的主要原因是成本因素。当前，除核能、水能外，其他类型可再生能源的开发成本普遍高于化石能源，这导致可再生能源的市场竞争力较弱，成本成为制约可再生能源大规模普及的重要因素。

目前，大量研究都倾向于认为，到2020年，太阳能、风能的开发利用将取得竞争优势。这一分析主要是基于化石能源成本逐步上升或不变得出的，但如果化石能源成本出现大幅度下滑的情况——例如，国际原油、煤炭价格持续下跌，美国大规模利用页岩气后导致天然气价格大幅度下降，可再生能源取得成本优势的时间将大幅度后延。因此，在可再生能源开发过程中，成本问题将是长期需要优先考虑的问题。

根据市场失灵理论，当市场失灵时，政府应主动出来治理市场的失灵。但在降低成本的路径上，需要引导可再生能源企业降低成本，而不是一味帮助企业降低成本。这样的成本降低才具备可持续性。

（5）骗补问题严重。在可再生能源产业发展过程中，层出不穷的骗补现

---

[1]　Ottmar Edenhofer, Lion Hirth, Brigitte Knopf, Michael Pahle, Steffen Schlömer, Eva Schmid, Falko Ueckerdt, On the economics of renewable energy sources, *Energy Economics*, Volume 40, Supplement 1, December 2013, PS21.

象也在一定程度上影响了可再生能源产业的健康发展。

以金太阳示范工程为例。2009 年 7 月 21 日，财政部、科技部、国家能源局联合发布了《关于实施金太阳示范工程的通知》，决定综合采取财政补助、科技支持和市场拉动方式，加快国内光伏发电的产业化和规模化发展。三部委计划在 2~3 年内，采取财政补助方式支持不低于 500 兆瓦的光伏发电示范项目。由于"金太阳"政策采用的是事前补贴方式，项目通过评审后就给补贴，这种模式易产生骗补、先建后拆、报大建小等问题，难以监管。在金太阳工程刚刚起步时，就有业内人士担心，光伏企业会利用政策漏洞，使用质量较低的库存电池建设光伏电站并申报财政补贴。

事实也证明，这种担心不无道理。国家审计署 2013 年发布的《2013 年第 25 号公告：5044 个能源节约利用、新能源和资源综合利用项目审计结果》显示，在国家推行的节能补贴政策上，企业存在的骗补现象严重。有 348 个项目单位存在挤占挪用、虚报冒领"三款科目"，金太阳示范工程骗取补助资金 2.07 亿元。自 2013 年开始，太阳能光伏"金太阳示范工程"不再进行新增申请审批，而是随着光伏初装补贴。

（6）民众参与不足。可再生能源无处不在且分散的特点打破了开发者与消费者之间的界限，使能源具备了双向流动的特性，也使每一个社区、每一个村庄、每一个家庭参与可再生能源的开发利用成为可能。同时，在可再生能源开发利用成本高、大规模集中式开发项目数量有限的大背景下，开发利用可再生能源也需要全社会的参与，需要来自民众的大力支持。

近年来，一场由公民投资、生产、消费可再生能源的公民能源运动正在世界范围内兴起。其中，德国的公民能源运动开展得较好。在我国，民众参与可再生能源开发利用的活动则刚刚起步。

（7）产品质量问题。可再生能源的初次投入大，成本回收相对较慢，如果产品质量再存在问题，那么将严重影响各主体开发利用可再生能源的积极性，而且我国可再生能源产品及安装均存在诸多质量问题。如，"高衰减率组件等频发的质量问题正在中国西部光伏电站蔓延。有机构在对国

内 32 个省（区、市），容量 3.3GW 的 425 个包括大型地面电站和分布式
光伏电站所用设备检测后发现，光伏组件主要存在热斑、隐裂、功率衰减
等问题。"[①]

（三）中国可再生能源开发利用的发展趋势

通过对我国多部可再生能源发展规划、相关政策及大量技术走势等要素
进行分析可知，我国可再生能源开发利用主要呈现以下发展趋势。

一是 2020 年后，我国可再生能源的开发利用将呈现爆发式的发展态势。
2020 年以后，我国多种可再生能源将具备市场竞争力，风电、光电等将逐步
实现平价上网，这将推动可再生能源开发利用的快速发展。

二是新能源上网电价补贴的资金压力将持续存在。我国对于新能源上网
电价的补贴资金全部来自可再生能源电价附加，但随着可再生能源电力规模
的快速增长，截至 2017 年底，可再生能源补贴缺口已达千亿元。目前，光伏
发电上网电价的补贴主要由各电力公司先行垫付，由于财政拖欠，一些电力
企业已不堪重负。尽管以后新开发利用的可再生能源电力将逐步实现平价上
网，但平价上网之前开发的可再生能源电力依然需要大量补贴资金。

三是分布式开发模式将逐步得到推广。可再生能源大都适合分布式开发
模式，但分布式开发存在后期运营维护难问题。不过，随着分布式能源的大
面积推广与普及，这些问题将逐步得到解决。

四是弃风弃光、垃圾电等问题将逐步得到解决。太阳能、风能、潮汐能
等多种可再生能源资源不能存储，这就需要对发出的电进行存储，或转化成
氢能等能源，或进行远距离传输。未来，随着这些技术问题得到解决，弃风
弃光、垃圾电等问题将得到缓解。

五是智慧化将逐步解决可再生能源供给不稳定问题。太阳能、风能的供
给是不稳定的，这给电网的安全带来一定的风险。随着智慧电网等智慧技术

[①] 《光伏组件质量隐患重重或大幅降低投资收益》，搜狐网，http://roll.sohu.com/20141103/
n405735079.shtml。

的进步及应用，这方面的问题也将逐步得到解决。

六是可再生能源建筑一体化技术将得到大面积的推广与应用。随着透明太阳能光伏玻璃、外墙涂料等技术的成熟，可再生能源设备与建筑材料结合的成本将逐步降低，不便于清洁等问题也将得到解决，这将推动可再生能源设备与建筑的结合日益密切，可再生能源城市也将普遍存在。

结　语

从我国可再生能源的开发利用历程可以看出，我国在可再生能源的开发利用方面呈现以下几个显著特征：一是从重视生物质能、水能等少数可再生能源的开发利用，逐步扩展到重视所有可再生能源类型；二是在快速发展的同时，也不断出现新的问题，"摁下葫芦起来瓢"，这就要求相关规划要重视系统性、长远性分析；三是从跟随世界可再生能源开发利用浪潮，到引领世界的可再生能源开发利用。

随着我国生态文明建设工作的全面展开，以及调整能源结构工作的深入，可再生能源将逐步从补充能源变成替代能源，在我国社会经济的发展中将发挥越来越大的作用。深入分析我国可再生能源的开发利用历程，有利于及时总结经验教训，推动我国可再生能源开发利用工作的可持续进行。

第十章　绿色消费与环境文化

李国庆　袁　媛[*]

导　读：　绿色消费属于环境文化范畴，产生于生态环境问题日益严峻和人们
对美好生活的需求日益增长的背景下人类对社会经济发展与自然
环境相互关系的反思过程之中，强调为满足人类生存发展和美好
生活的需要，消费方式必须与自然资源环境的保护相协调。改革开
放 40 年来，中国消费领域经历了由追求物质消费数量到绿色消费
起步、绿色消费发展、绿色消费深化拓展四个发展阶段，与之相对
应的是表征社会经济发展和环境保护相互关系的环境文化异化、环
境文化反思、环境文化再认识、环境文化建设的演变过程。目前存
在的问题主要是缺乏系统的、有针对性的绿色消费相关法律法规，
消费者的绿色消费意识亟待提高，尚未形成统一的绿色产品认证标
准，政府缺乏有效的绿色消费市场监管。因此，要推进绿色消费的
法制体系建设，提升消费者群体的环境公共意识，建立完善和统一

* 李国庆，社会学博士，中国社会科学院城市发展与环境研究所可持续发展经济学研究室主任、研究员、博士生导师，研究领域为可持续发展经济学、城市社会学、日本社会论，出版《京津冀区域协同发展研究》《北京：皇都的历史与空间》等专著。袁媛，中国社会科学院大学（研究生院）城市发展与环境研究系博士生，研究领域为可持续发展经济学、日本社会论。

的绿色产品与服务认证标准体系，鼓励和支持企业优质绿色产品的开发生产，加强对绿色市场的有效监管。

引 言

绿色消费本质上是人类生存发展与自然资源开发、利用、保护之间的相互作用关系，属于人与自然相互关系的环境文化范畴，并随着社会经济发展而不断演进。在社会经济发展的不同阶段，人们对经济发展与自然环境关系的不同认识体现了不同的环境文化，不同的环境文化决定和维持了各具特征的消费行为。

改革开放初期，我国以经济建设为中心，人与自然的平等协调发展处于经济发展的边缘位置，出现了对自然资源过度开发和索取的偏差。同时，随着我国社会经济的快速发展，人们的收入水平和消费水平大幅提升，社会生产力的迅速提高使人们对物质生活资料的需求得以满足，消费模式也不断发生变化。人们对消费数量的追求造成过度消费、大量消费、盲目攀比等非理性消费现象，引发了资源浪费、环境恶化、生态破坏等一系列问题，环境问题日益成为制约我国经济社会可持续发展的一个重要因素。

在对非理性的消费模式与自然环境开发、利用、保护关系的反思过程中，20世纪90年代我国在消费领域提出了"绿色消费"概念，强调消费过程中要最大限度地减少对自然资源的浪费，避免对环境造成污染和破坏。21世纪以来，随着我国社会经济的不断发展和人们生活水平的进一步提高，人们的物质文化需求不断得到满足，对美好自然环境的需求迅速增长。中共十九大报告提出，我国社会的主要矛盾已由人民日益增长的物质文化需要同落后的社会生产之间的矛盾，转化为人民日益增长的美好生活需要和不平衡不充分发展之间的矛盾。我国居民对新鲜空气、干净水源、优美环境等优质生态产品的需求成为一个新的消费趋势，倡导绿色消费、构建环境文化上升到人类命运共同体建设的新高度。

本章通过梳理改革开放以来我国居民消费行为及环境文化的演变历程，分析其在不同社会经济发展时期呈现的阶段性特征，探讨绿色消费在处理人类与环境相互关系中的作用，揭示我国绿色消费发展和环境文化建设中所面临的突出问题，并为今后促进绿色消费、提升环境文化水平提出相应的对策建议。

一　概念界定

（一）绿色消费

"绿色消费"一词最早出现于 20 世纪 60 年代的西方国家，其提出背景是西方发达国家城市化进程加快，大量城市生活垃圾对自然环境产生巨大压力，生活垃圾取代工业废弃物成为主要公害。由于经济发展和生产社会化程度提高，西方发达国家进入消费社会，大量商品消费导致资源大量消耗和浪费，超过生态环境的承载能力，造成生活环境质量的降低。1963 年国际消费者联盟组织（International Organization of Consumers Unions，IOCU）指出消费者需要树立环保意识，"绿色消费"首次作为一种新的消费观念被提出。1987 年，英国学者 John Elkington 和 Julia Hailes 正式提出"绿色消费"概念，从消费对象的视角将绿色消费定义为避免使用下列商品的新型消费方式：（1）对消费者自身或他人健康造成危害的商品；（2）在生产、使用和丢弃过程中造成能源资源大量消耗或环境破坏的产品；（3）由于包装过度或生命周期过短而造成不必要浪费的产品；（4）生产原料成分包含濒临灭绝动植物或稀有资源的产品；（5）出于毒性测试或其他目的残酷或不必要使用动物的产品；（6）对其他国家尤其是发展中国家造成不利影响的产品。[①]1994 年，联合国环境规划署（United Nations Environment Programme，UNEP）在《可

---

① 孙启宏、王金南：《可持续消费》，贵州科技出版社，2001，第 5 页。

持续消费的政策因素》报告中进一步明确了"绿色消费"的概念，指出绿色消费是指所消费的产品及服务以满足消费者的基本需求为基础，在产品生产过程中尽量减少废气和污染物的排放，在产品使用和处理过程中不对生态环境造成污染和破坏的消费。①

中国在20世纪90年代提出"绿色消费"概念。1999年由商务部、中宣部、科技部、财政部、铁道部等十二部门联合实施了以提倡绿色消费、培育绿色市场、开辟绿色通道为主要内容的"三绿工程"建设，这标志着绿色消费在中国进入正式起步阶段。郑时骏认为，绿色消费是指对绿色商品的消费行为，绿色商品是在设计、生产、流通和消费各个环节都符合环境保护条件的商品。②2001年中国消费者协会从消费选择、消费过程、消费观念三个方面提出了绿色消费的三层含义：一是在消费时选择无污染或有助于健康的绿色产品；二是在消费过程中妥善处理废弃垃圾，不对环境造成污染；三是消费者要建立崇尚自然、追求健康、注重环保、节约能源资源的绿色消费观。③2016年2月17日，国家发改委、中宣部、科技部等十部门联合印发了《关于促进绿色消费的指导意见》，将绿色消费定义为以节约资源和保护环境为特征的消费行为，主要表现为崇尚勤俭节约，减少损失浪费，选择高效、环保的产品和服务，降低消费过程中的资源消耗和污染排放。《指导意见》是为了全面贯彻党的十八大和十八届三中、四中、五中全会精神，深入贯彻习近平总书记系列重要讲话精神，落实绿色发展理念，促进绿色消费，加快生态文明建设，推动经济社会绿色发展而制定的首部关于绿色消费的法规，标志着绿色消费上升到政策高度。

虽然目前国内外对绿色消费的概念尚未形成统一的表述，但以上对绿色消费的定义均强调可持续消费观念贯穿整个生产资料消费和生活资料消费过

---

① UNEP，*Element for Polices for Sustainable Consumption in Symposiumon Sustainable Production and Consumption pattern*，1994。

② 郑时骏：《世界主要工业国努力开拓绿色市场》，《国际展望》1991年第12期。

③ 中国消费者协会：《中国消费者协会"绿色消费"年主题宣传提纲》，中国工商出版社，2001。

程，强调产品及服务的生产、选择、使用和处理的各个环节都要注重能源资源节约，降低对环境的污染和破坏。

（二）环境文化

环境文化是一个历史范畴，它表征着人类与自然相互关系的变迁过程，是指一切有关人类认识、适应、利用、改造自然环境的事物和相应的行为、心智状态的总和，由环境技术文化、环境行为文化、环境规范文化与环境心智文化四个子系统构成。环境技术文化是指人类技术活动作用于环境而产生的各种物化形态的文化现象，广义的环境技术文化包括道路、桥梁、运输工具、建筑房屋、转基因生物等构成要素，而狭义的环境技术文化则包括污水处理技术、清洁生产设备、人工林、环境监测仪器等要素。环境行为文化是指人类社会中对环境质量具有一定影响的生存行为，人类为保证其自身生存所进行的生产、生活行为均属于广义的环境文化，而环保宣传、清洁生产、防污治污等改善自身生存环境的行为是狭义的环境行为文化。环境规范文化是指对人们作用于生存环境的行为具有约束、调节作用的社会管理手段，包括与环境和环境保护相关的法律法规、行政管理体制与机构、管理方式与制度等。环境心智文化是指人们对环境状态、环境问题的心理反应以及相应的精神产品，包括环境意识、环境理念、环境科学知识、环境文学艺术等，其中环境意识是环境心智文化的核心，是指人们在社会生活中形成的关于环境的自觉而清醒的感悟和认识。[①]

环境文化的研究对象是整个社会的自然环境，它不仅仅是单纯的自然生态环境，还关注由于人的生产生活活动而遭受破坏的环境，是经过加工、带有人类生产生活活动痕迹、具有文化特征的生态环境，包括生态环境、日常生活环境、生产环境以及历史环境。环境文化需要深入研究人的生活与环境保护之间的理性辩证关系，研究对人的健康和生命造成严重损害的产业公害

[①] 王续琨：《环境文化与环境文化学》，《自然辩证法研究》2000 年第 11 期。

和生活污染问题，探讨造成环境问题的文化因素，从社会意识、社会组织、治理制度、环境技术层面研究破解生态环境问题的有针对性的治理政策和具有解决问题能力的治理举措。环境文化实质上是关于环境的行为规范体系，规范体系成功地介入社会与经济体系，环境理性价值内化于社会价值体系，环境保护纳入社会治理、生产和生活全过程，生态优先、绿色生产、低碳消费成为全民的自觉行为，政府、企业、居民多元主体自觉承担社会责任，是建设生态文明的道德规范保障。

可见，绿色消费属于环境文化这一历史范畴，产生于生态环境问题日益严峻情况下人类对社会经济发展与自然环境相互关系的反思过程，同时由于经济社会发展水平的提升，人的社会意识发生变化，生活环境质量成为美好生活需求的重要内容，人们切身体会到为满足人类自身生存发展需要的消费要与自然资源环境的保护相协调，最大限度地减少自然资源浪费，避免环境污染和破坏。本章从环境文化的视角出发，沿着改革开放以来中国环境文化的变迁，从消费者绿色消费行为和环境意识、企业绿色产品生产、政府部门有关绿色消费的政策法规几个方面分析绿色消费产生的背景及演变历程。

二 演进及其阶段性特征

在改革开放初期，我国经济体制改革把经济发展确定为第一要务。经济发展上升至中心位置，消费成为促进生产发展的重要动力，自然资源环境保护被置于次要地位，从而加剧了环境污染和生态破坏，人类发展优先于自然资源保护，环境文化建设滞后。随着高温热浪、严重雾霾、垃圾围城等生态环境问题的加剧，学界、政府、居民、企业等不同主体开始对自身生存发展和环境保护之间的相互关系进行反思，重新认识两者之间的关系，重视环境保护与社会经济发展的相互协调，倡导绿色消费，强调在产品的设计、生产、运输、使用和后期处理各个环节尽量减少自然资源浪费和生态破坏。本章将改革开放以来的居民消费和环境文化的演进划分为以下四个阶段。

（一）20世纪80年代：消费数量增长和环境文化异化阶段

1978 年，十一届三中全会做出了改革开放和经济体制改革的重大决策，以经济建设为中心，工业化建设从优先发展重工业转为农业、手工业、重工业并举，并明确社会主义生产的目的是不断满足人民日益增长的物质文化需要，居民消费在社会经济发展中的地位越来越突出。

农村经济体制改革和城市国有企业改革使人们的收入水平大幅提升，城乡居民脱离了物质匮乏状态实现了温饱，居民消费水平的提高促使消费需求持续增长，人们追求物质消费的欲望被激发出来，成为这一时期城乡居民消费的主要特点。城镇居民名义人均可支配收入由 1978 年的 343.3 元增加至 1989 年的 1375.7 元；农村居民名义人均纯收入由 1978 年的 133.6 元增加至 1989 年的 601.5 元。城乡居民收入的增加提高了居民消费水平，城镇居民人均消费支出由 1978 年的 311.6 元增加至 1989 年的 1211 元；农村居民人均消费支出由 1978 年的 116.1 元增加至 1989 年的 535.4 元。[①] 收入水平和消费水平的提高使居民物质生活水平得到提升，满足基本生活所需的商品和劳务的消费数量增长。20 世纪 80 年代初我国开始着手建设社会主义市场制度，逐渐取消城市居民的票证配给制度，消费者可以面向市场自由地选购商品和服务，促进了商品流通，蔬果、肉类、蛋奶等食品消费量大幅度增加。[②] 这一时期，城乡居民收入得到大幅提升，消费品数量迅速增长，温饱问题基本解决，城镇居民的消费热点逐渐转向高档耐用消费品。

消费数量增长的实现离不开社会生产力的提高，经济体制改革极大地解放了社会生产力，农业生产迅速增长，农产品供给量逐年增加。1978 年粮食、蔬果、肉类等农产品产量分别达到 186 万吨、182 万吨、11.9 万吨，

---

① 曾国安、胡晶晶：《论 20 世纪 70 年代末以来中国城乡居民收入差距的变化及其对城乡居民消费水平的影响》，《经济评论》2008 年第 1 期。
② 赵吉林：《中国消费文化变迁研究》，经济科学出版社，2009。

至 1989 年，产量分别增长 28.6%、96.5%、95.8%。[①] 随着农村家庭联产承包责任制的实施和农业劳动生产率的提高，农村出现大量剩余劳动力，乡镇企业如雨后春笋般大量涌现，1980 年我国乡镇企业数量为 142.5 万家，1984 年达到 606.52 万家，1985 年增加至 1222.5 万家。[②] 乡镇企业包括农副产品加工、化工、造纸、印染、水泥、砖瓦等劳动密集型工业企业，多为排放污水、废气和固体污染物的重污染企业。1985 年乡镇企业排放的废气和二氧化硫分别为 1.28 万亿标立方米、270.5 万吨，1988 年增加至 1.69 万亿标立方米、359.70 万吨，分别增长 32.03%、32.98%；固体废弃物和工业粉尘由 1985 年的 0.46 亿吨、431.7 万吨增加至 1988 年的 1.16 亿吨、470 万吨，分别增长了 152.17%、8.87%。[③] 乡镇企业在带动农村经济增长、促进农民增收、为社会提供大量消费品的同时，由于生产技术相对落后，依靠资源能源大量投入和粗放消耗，企业整体缺乏环境意识而忽视对自然环境的保护，大量废气、污水和固体废弃物的排放导致河流污染、空气浑浊，加剧了环境污染和生态破坏，自然资源保护让位于经济发展，环境文化被置于边缘地位。

尽管这一时期企业与消费者在生产和消费过程中缺乏环境保护意识，但政府层面开始关注经济发展与自然环境的不平衡问题，出台了一系列环境保护的法律法规。1979 年 9 月出台了《中华人民共和国环境保护法（试行）》，这是中华人民共和国成立以来颁布的第一部有关环境保护的综合性基本法，环境保护法的任务是保障合理利用自然环境，防治环境污染和生态破坏，为人民创造清洁适宜的生活和劳动环境，保护人民健康，促进经济发展。在此基础上又相继颁布了一系列环境保护的法律法规，1982 年颁布了《中华人民共和国海洋环境保护法》，1983 年召开的第二次全国环境保护会议将环境

---

① 北京市统计局：《主要农产品产量（1978-2016）》，http://zfxxgk.beijing.gov.cn/110037/ndsj53/2017-09/11/content_24655bac6674400fb67239205771088a.shtml.
② 汤水清：《"南方谈话"与当代中国的社会变迁》，《江西社会科学》2012 年第 3 期。
③ 李周、尹晓青、包晓斌：《乡镇企业与环境污染》，《中国农村观察》1999 年第 3 期。

保护确立为基本国策，明确经济建设、城乡建设和环境建设同步规划、同步实施、同步发展，实现经济效益、社会效益、环境效益相统一的指导方针。1984 年颁布了《中华人民共和国水污染防治法》和《中华人民共和国森林法》，1985 年通过《中华人民共和国草原法》，1987 年通过《中华人民共和国大气污染防治法》，我国的环境治理法律法规体系逐步得以建立。

（二）20世纪90年代：绿色消费起步和环境文化反思阶段

20 世纪 90 年代以后，随着衣食住行等基本生活条件显著改善，居民消费呈现结构多元化特征，由追求消费数量转为注重消费质量。[①] 随着我国改革开放进程的进一步加快，城乡居民收入持续增长，城镇居民名义人均可支配收入由 1990 年的 1510.2 元增加至 1999 年的 5854.0 元；农村居民名义人均纯收入由 1990 年的 686.3 元增加至 1999 年的 2210.3 元。[②] 随着衣食温饱问题得到基本解决，城乡居民开始注重生活消费质量，冰箱、彩电、洗衣机、空调、相机等高档耐用消费品在城乡居民家庭中逐渐普及。20 世纪 90 年代后期，汽车开始进入城镇居民家庭，1997 年平均每百户城镇居民家庭汽车拥有量为 0.3 辆，标志着消费的升级。[③] 城乡居民的消费结构呈多元化，1990~1997 年城镇居民消费结构中各要素比重依次为食品＞衣着＞文教娱乐＞家庭设备＞居住＞交通通信＞医疗保健，1998~2000 年为食品＞文教娱乐＞居住＞交通通信＞衣着＞医疗保健＞家庭设备；1990~1992 年农村居民消费构成的比重大小为：食品＞居住＞衣着＞文教娱乐＞家庭设备＞医疗保健＞交通通信，1993~1999 年为食品＞居住＞文教娱乐＞衣着＞家庭设备＞医疗保健＞交通通信。[④] 可见，在 20 世纪 90 年代城乡居民消费构成中，食品等物质消费支出仍

---

① 赵吉林：《中国消费文化变迁研究》，经济科学出版社，2009。
② 曾国安、胡晶晶：《论 20 世纪 70 年代末以来中国城乡居民收入差距的变化及其对城乡居民消费水平的影响》，《经济评论》2008 年第 1 期。
③ 国家统计局广东调查总队：《农村居民平均每百户主要耐用物品年末拥有量》，http://gjdc.gd.gov.cn/dcsj/ztlm/ggkfssn/201109/t20110917_16761.html。
④ 赵凯：《我国城乡居民消费量及消费结构特点的实证研究——1990-2007》，《经济问题探索》2009 年第 8 期。

占首要位置，衣着消费支出比重下降，文教娱乐方面的消费支出比重均呈上升趋势。

基于上一阶段居民物质消费数量的迅速增长和企业消费品生产对自然生态环境所造成的严重污染与破坏，在学界出现了针对居民和企业的绿色消费概念，强调在产品的生产、使用和处理过程中要注重对生态环境的保护，进入对环境文化的反思阶段，绿色消费开始萌芽。一些学者提出了绿色消费的概念，例如张树春、张帆认为消费者在选购商品时，不仅要考虑商品的质量和价格，还需考虑商品及其包装从原料到生产、消费各个环节是否对环境产生污染。实现绿色消费的关键首先是企业有绿色产品可供给，绿色产品指可以回收、再利用、可生物降解且在其整个生命周期中不会对环境造成危害的产品；其次是培育消费者绿色意识，理性选购。[①] 人的生活需求层次上升到对自身生存发展与自然环境保护之间的关系进行理性反思的高度。

为鼓励和促进绿色消费，我国政府开始实行绿色食品和环境标志产品计划。1992 年 11 月农业部成立中国绿色食品发展中心，1993 年 1 月通过《绿色食品标志管理办法》，以绿色食品标识来证明无污染的安全食品，保证消费者健康，保护和改善生态环境。至 2000 年，全国绿色食品产品总数达 1831个，参与绿色食品开发的企业达 964 家，绿色食品的开发带来生态效益，绿色食品产地监测面积达 333.3 万公顷，包括农作物、加工产品原料、饲料及饲草等种植面积和水产养殖面积。[②]

在食品领域之外，1993 年 3 月国家环境保护总局出台《关于在我国开展环境标志工作的通知》，1994 年 5 月成立中国环境标志产品认证委员会。环境标志又称绿色标志，是一种贴付于产品之上以证明该产品不仅在质量上符合标准，而且生产程序、使用效能和后期处置的过程也符合环境保护要求的

---

① 张树春、张帆：《清洁生产、环境标志与绿色消费》，《环境保护》1994 年第 7 期。
② 刘连馥：《中国绿色食品的发展历程与前景展望》，《内蒙古自治区发展无公害农产品及绿色食品学术研讨会论文集》，2001。

图标，消费该产品意味着支持和参与了环境保护。[①]绿色标志产品的涵盖范围比绿色食品更为广泛，不仅包括食品饮料，还涉及家用电器、建筑材料、纺织品、办公用品、汽车等。1999年，全国100家企业的268个型号的产品已被授予绿色标志。[②]绿色标志认证产品引导消费者参与符合环境保护目标的绿色消费，并且通过消费者的绿色消费需求促进生产企业采用清洁、节能、低碳的绿色技术来生产对环境无害的产品。

为进一步促进绿色消费，1999年政府启动以"提倡绿色消费、培育绿色市场、开辟绿色通道"为主要内容的"三绿工程"，建立运输网络，确保绿色食品在生产、加工、运输、批发、零售各个环节都符合标准，同时加强绿色消费宣传，引导消费者树立绿色消费观，促进绿色产品的生产和消费。陈涛1999年对武汉市和青山市消费者进行的关于绿色消费与环保问题的调查结果显示，听说过绿色食品的消费者占91.62%，但能正确地列举出具体绿色食品品牌的消费者仅占16.75%；在消费时考虑对环境保护因素的消费者占78.77%，不考虑对环境保护因素的消费者占21.23%。[③]这表明大多数消费者开始了解绿色食品知识，但对绿色食品的印象模糊，消费者环境保护意识正在增强，但对绿色消费的认知尚处于起步阶段。

（三）21世纪初至2011年：绿色消费发展和环境文化再认识阶段

进入21世纪，为促进广大消费者对绿色消费的深入理解，加大对绿色消费的宣传力度，2001年中国消费者协会将年度活动主题定为"绿色消费"，呼吁消费者关注身体健康和自身的生存环境，引导企业开发清洁生产技术。

这一阶段绿色消费受到全社会的广泛关注，一个重要背景是2001年7月北京成功争取到2008年奥运会的举办权。重大历史事件往往是带来城市根本性变化的重要契机，而以绿色奥运、人文奥运、科技奥运为主题的奥运会不仅

---

① 张树春、张帆：《清洁生产、环境标志与绿色消费》，《环境保护》1994年第7期。
② 国家环境保护总局：《我国环境标志产品认证情况》，《中国环保产业》1999年第3期。
③ 陈涛：《绿色消费与环保问题的调查》，《人口与发展》1999年第1期。

仅是一次体育赛事，更是新理念、新文化的传播契机。把绿色奥运作为北京奥运会的三大主题之一是为了满足奥运会比赛对自然环境和卫生环境的基本物质要求，但它在更深的层次上体现的是尊重自然、敬畏自然的文化理念。绿色奥运倡导用保护环境、保护资源、保护生态平衡的可持续发展思想来指导奥运会的场馆建设，旅游市场开发，交通、物流、娱乐、餐饮以及大型活动的组织和管理等，最大限度地减少对城市环境和生态系统的负面影响。发挥奥林匹克运动的广泛影响力，开展环境保护宣传教育，提高全民的环境意识，促进公众参与环境保护工作，将可持续发展的绿色文明理念贯穿于筹办、举办及赛后利用的全过程。

为协调处理好经济发展和环境保护两者的相互关系，2002年中共十六大提出加快建设资源节约型、环境友好型社会，实现经济与环境保护的协调发展。2007年，中共十七大进一步提出建设生态文明的目标，基本形成节约能源资源和保护生态环境的产业结构、增长方式、消费模式，深化了对环境文化的认识。

随着我国消费产品种类的不断丰富，居民对消费产品的标准进一步提高，不仅对产品质量要求更高，同时要求产品的消费和使用尽可能少地影响生态环境。2002年2月，中国环境标志产品认证委员会相继在北京、郑州、上海、武汉、广州等多个城市进行了中国公众绿色消费调查，结果显示，58%的消费者在消费时最关注产品的质量，35%的消费者最关注产品的健康和环保特性，而对价格、品牌和服务的关注度相对较低。其中，在关注产品的环保性能的消费者中，69%的消费者认为产品的环保性能将影响自己与家人的健康，21%的消费者认为产品的环保性能将关系生态环境质量，少数消费者表示是因为受绿色消费趋势的影响而关注的。[1] 可见，消费者的环保意识正在增强，不仅关注产品的质量，还关注产品的健康特性和环保特性。2007年12月，为配合即将举办的北京奥运会，推进绿色奥运，国务院办公厅发布了《关于限

---

[1] 中华人民共和国环境保护部：《中国环境标志巨大成就》，http://kjs.mep.gov.cn/zghjbz/xgzhsh/200611/t20061106_95533.shtml。

制生产销售使用塑料购物袋的通知》，规定从 2008 年 6 月 1 日起在全国范围内禁止生产、销售、使用厚度小于 0.025 毫米的塑料购物袋，并实行塑料购物袋有偿使用制度，遏制塑料袋使用所造成的白色污染。中华环保联合会的调查结果显示，41.6% 的消费者表示使用环保购物袋，21.7% 的消费者表示自带以前用过的塑料袋以循环使用，仍有 35.2% 的消费者表示为了方便可以多花几毛钱购买塑料袋。①

环境标志产品的不断增加为消费者提供了更多的产品选择，促进了绿色消费的发展。截至 2004 年，全国共有 700 多家 8000 余种型号的产品获得了环境标志。② 获得环境标志的重要途径是产品的清洁生产，2002 年 6 月通过了《中华人民共和国清洁生产促进法》，提出通过采取改进设计、使用清洁能源和原料、采用先进设备、改善管理等措施，从生产前端削减污染，减少或避免生产、服务和产品使用过程中污染物的产生与排放。2008 年 7 月通过了《关于进一步加强重点企业清洁生产审核工作的通知》，加强对重点企业清洁生产的监督和管理，进一步发挥清洁生产在污染减排工作中的重要作用，促进环境标识产品的开发和生产。2004~2008 年，全国共有 5018 家重点企业开展清洁生产审核，涉及化工、造纸、制药、汽车、家电、建材、钢铁等多个行业。③

有关促进绿色消费的内容在一些法律法规中得到初步体现。《中华人民共和国清洁生产促进法》第 16 条规定，各级政府应鼓励公众购买和使用节能、节水、废物再生利用等有利于环境与资源保护的优质产品。2007 年 8 月国家发改委会同中宣部、教育部、科技部等联合颁布的《关于印发节能减排全民行动实施方案的通知》提出，在家庭中大力倡导节能环保新理念，重塑家庭

---

① 搜狐：《绿色调查：仅 11% 消费者关心产品是否环保》，http://green.sohu.com/20090508/n263844187.shtml。

② 中华人民共和国环境保护部：《中国环境标志巨大成就》，http://kjs.mep.gov.cn/zghjbz/xgzhsh/200611/t20061106_95533.shtml。

③ 马妍、白艳英、于秀玲等：《中国清洁生产发展历程回顾分析》，《环境与可持续发展》2010 年第 1 期。

生活消费新模式，自觉选购节能家电、节水器具和高效照明产品，减少待机能耗，拒绝过度包装。2008 年 8 月通过的《中华人民共和国循环经济促进法》第 10 条规定，国家鼓励和引导公民使用节能、节水、节材和有利于保护环境的产品及再生产品，减少废物的产生量和排放量。

这一时期的突出特点是绿色产品供给增加，绿色消费在相关法律法规中得以体现，绿色消费由起步阶段进入发展阶段。但在这一阶段，绿色消费者更多考虑的是绿色产品的质量和健康特性，对涉及自然生态环境的环保特性的关注度较低，绿色消费仍然停留在个体理性选择层面，距离形成社会整体的环境公共性共识仍存在一定的上升空间。

（四）2012年至今：绿色消费深化和环境文化建设阶段

2012 年 11 月，中共十八大报告首次将生态文明建设纳入"五位一体"总体布局，把生态文明建设提升至与经济、政治、文化、社会建设并列的高度，进一步明确了生态环境保护和经济发展的同等重要地位。2017 年 10 月，中共十九大提出要加快生态文明体制改革，建设美丽中国，推动环境文化的发展。我国正在大力推进能源生产和消费革命，树立勤俭节约的消费观，加快形成能源节约型社会。绿色消费发展作为推动消费革命的重要因素，被赋予了新的时代要求。"美丽中国"建设首先需要转变社会意识，树立生活环境主义价值观，作为经济发展受益者的消费者不再热衷于追求收入增长，逐渐摒弃高收入、高消费、高污染的价值取向与生活方式，转向追求环境价值和生活品质，自觉选择环境风险最小的物品、服务与生活方式，绿色出行、低碳消费成为全民的自觉行为。生活环境主义取代生活物质主义成为整个社会的核心价值观。

绿色产品标准、认证、标识体系的逐步建立和完善，进一步推动了绿色产品的研发生产供给，促进了绿色消费的发展。2015 年 9 月，中共中央、国务院印发的《生态文明体制改革总体方案》提出建立统一的绿色产品体系，将环保、节能、节水、循环、低碳、再生、有机等产品统一整合为绿色产品，完善对绿色产品研发生产、运输配送、购买使用的财税金融支持和政府采购等政策。2015 年 11 月国务院印发了《关于积极发挥新消费引领作用加快培育形成新供给新动力的指导意见》，再次强调完善绿色产品标准、认证、标识体系，推行绿色产品评价，政府要优先采购绿色产品，引领绿色消费，鼓励消费者购买具有节能环保性能的产品。

2016 年 12 月，国务院办公厅印发了《关于建立统一的绿色产品标准、认证、标识体系的意见》，明确绿色产品应具备以下特征：资源能源消耗少、污染物排放低、低毒少害、易回收处理和再利用、健康安全和质量品质高。提出到 2020 年，初步建立系统科学的绿色产品标准、认证、标识体系，实现一类产品、一个标准、一个清单、一次认证、一个标识的整合目标。研发绿色生产技术、促进清洁生产、开拓绿色消费市场已经成为大势所趋。

2016 年 2 月，国家发改委、中宣部、科技部等十部门联合印发了《关于促进绿色消费的指导意见》，这是我国首次颁布有关绿色消费的专项性文件，提出鼓励和引导消费者树立绿色消费观念、自觉践行绿色消费，促进企业绿色产品的生产研发，目标是到 2020 年形成绿色消费的社会共识，基本建立绿色消费长效机制，有效遏制浪费行为，基本形成勤俭节约、绿色低碳的消费模式。

目前我国绿色消费不断发展，绿色消费者人数大幅度增长。阿里巴巴集团的大数据显示，截至 2015 年，在阿里零售平台购买超过 5 个绿色产品品类的绿色商品的消费者人数超过 6500 万，近 4 年增长了 14 倍。[①] 消费者的绿色消费观念和环境保护意识进一步提高。根据 2013 年 6 月中国环境与发展国际合作委员会开展的绿色产品消费者调查结果，在环境保护和经济发展的关系问题上，近一半的消费者认为环境保护更为重要，45% 的消费者认为两者同等重要，仅有 8% 的消费者认为经济发展更为重要。此外，消费者对大气污染、噪声污染、饮用水安全、电磁污染和固体废弃物污染等环境问题较为关

---

① 阿里研究院、阿里社会公益部：《2016 年度中国绿色消费者报告》，http://www.100ec.cn/detail--6349382.html。

注，其中对大气污染和饮用水安全的关注度最高。消费者绿色消费意愿较为强烈，有 82% 的消费者表示愿意为绿色产品额外支付不超过 10% 的费用；愿意为保护环境而转变生活和消费方式的消费者占 98%。但是，消费者对绿色产品的理解程度有待提高，大多数消费者认为绿色产品是有机产品或健康产品，对绿色产品标签的识别率低于 30%。[①] 与上一阶段相比，消费者对生态环境保护的关注度上升，绿色消费逐渐超越个体理性选择层面，不断深化发展，社会整体的环境公共性共识增强。

由此可见，改革开放 40 年来，中国环境文化经历了对人类发展和环境保护两者之间关系的忽视、反思、重新认识再到重视的过程，消费领域经历了由 20 世纪 80 年代追求物质消费数量的非理性消费阶段到 20 世纪 90 年代以来绿色消费起步、发展、深化阶段的转变。整体而言，我国绿色消费和环境文化处于快速发展与提升阶段，促进绿色消费的政策法规正在逐步形成和落地。发挥绿色消费在生态文明建设过程中的推动作用，促进经济社会与环境保护协调发展是中国经济社会发展的新阶段。

三　面临的挑战

虽然我国在绿色消费和环境文化领域取得了显著成绩，但应认识到我国绿色消费起步比西方发达国家要晚，绿色产品供给市场尚不完善，仍然面临以下几个方面的挑战。

（1）缺乏系统的、有针对性的绿色消费相关法律法规。目前我国制定的与绿色消费直接相关的法律法规很少，已出台的如《绿色食品标志管理办法》《关于促进绿色消费的指导意见》等大多为管理办法或指导意见。与绿色消费相关的理念和要求大多出现在一些环境保护、清洁生产、循环经济等方面的

---

① 李勇、胡冬雯、马啸洋：《绿色消费认知和意愿的行为学调查与分析》，《城市环境与城市生态》2014 年第 2 期。

政策法规中，仅在部分条例中有所体现，尚未形成具有整体性、系统性、针对性的绿色消费法律体系。

（2）消费者的绿色消费意识仍亟待提高。虽然我国消费者的环境意识有很大的提高，对经济发展与环境保护之间关系的认知水平也大幅提升，多数消费者认为环境保护优于经济发展，并表示愿意为购买绿色产品多支付费用，但是消费者对绿色产品的关注更多的是其有益健康的个体特性，其次才是环保的公共特性，说明绿色消费作为个体理性选择，与社会整体环境公共性共识之间仍存在一定差距。此外，相关调查显示，大体了解绿色消费相关知识的消费者占 70%，但是掌握丰富的绿色消费常识的消费者仅占 16%，主动关注绿色消费最新信息的消费者只占 10%。[①] 这说明消费者目前对绿色消费的理解程度偏低，且被动地接受绿色消费理念的情况较多。

（3）尚未形成统一的绿色产品认证标准。虽然我国消费者大多听说过绿色产品，但真正能够识别绿色产品或者能够明确列举出具体的绿色产品的消费者仍占少数，消费市场上绿色产品的标识和认证标准不统一，尚未建立系统性、整体性的绿色产品标准制度体系。绿色消费市场的低成熟度导致绿色产品有效供给和消费者绿色需求之间的不平衡，阻碍了绿色消费的发展。

（4）缺乏有效的绿色消费市场监管。绿色产品所具有的环保特性要求产品在生产、运输、使用各个环节中减少对环境造成的污染和破坏，这就导致企业生产成本提高、产品开发难度增大，使得部分企业为获取利益进行虚假宣传，非法利用绿色产品标志，将普通产品包装成绿色产品出售，造成绿色产品市场秩序混乱，假冒伪劣的绿色产品充斥市场，监管难度增大，影响消费者的判断和决策，反过来又会引起消费者对绿色产品公信力的质疑，不利于绿色市场的建立和完善。

---

① 马维晨、邓徐:《我国绿色消费的政策措施研究》,《环境保护》2017 年第 6 期。

四 强化社会整体公共意识，提升环境文化水平

为进一步促进我国社会、经济、生态的可持续发展，我们需要调动政府、企业、居民多元主体共同承担推动绿色消费、提升环境文化的责任和义务。

（1）推动绿色消费的法制体系建设。绿色消费的发展不仅需要消费者转变消费观念，还需要依靠相关法律对企业和消费者行为进行强制性规范。日本在 20 世纪 60 年代经济高速增长时期经历了严重的工业公害，70 年代以后的大众消费时期又遭遇了生活公害，这促使日本加快开展与绿色消费相关的立法工作。2000 年 5 月，日本制定《绿色消费法》，明确了各级政府、企业、消费者和第三部门等多元主体在推动绿色发展中承担的责任和义务。2000 年 6 月，日本依据《环境基本法》制定并实施了《循环型社会建设推进基本法》，明确规定了国家、地方公共团体、企业与公民共同建设循环型社会的责任与义务。根据《环境基本法》，日本首先对《废弃物管理法》和《资源有效利用促进法》分别进行修订，并于 2001 年 4 月实施了《绿色采购法》。针对各种可再生物质的特性，实施了《促进包装容器分类收集和循环利用法》（2001 年）、《家电再生利用法》（2001 年）、《建筑材料再生利用法》（2002 年）、《食品再生利用法》（2001 年）和《报废汽车再生利用法》（2005 年）等专项法。我国应制定绿色消费基本法及专门法案，对政府采购、企业生产和消费者主体责任提出明确要求，使不同主体的责任和义务有法律依据，为促进绿色消费提供切实可行的法律框架。

（2）培育和强化消费者绿色消费的公共意识。引导消费者逐渐摒弃高收入、高消费、高污染的价值取向与生活方式，向绿色消费主体转变，自觉选择环境负荷与风险小的物品、服务与生活方式，把环保知识转变为绿色消费行为。消费行为范式转变的本质是社会整体共同性与公共性的增强，需要超越个体理性选择的层面，形成消费者群体对环境公共性的共识，全社会共同分担宜居生态家园建设的使命。政府及相关部门应在全社会范围内对有关绿色消费和绿色产品的知识进行广泛宣传，营造积极的绿色消费文化环境。应

在学校思想教育课程中融入绿色消费理念和环境文化宣传教育，引导下一代从小树立正确的绿色消费观念，主动地选择绿色消费。此外，还应鼓励和引导消费者自身主动地了解与绿色产品相关的新信息，提高辨识绿色产品的能力，自觉地践行绿色消费。

（3）建立完善和统一的绿色产品和服务认证标准体系。我国绿色产品和服务认证标准体系的建立仍处于起步阶段，《关于建立统一的绿色产品标准、认证、标识体系的意见》明确提出今后的任务是统一绿色产品评价方法，构建统一的绿色产品标准、认证与标识体系，实施统一的绿色产品评价标准清单和认证目录，健全绿色产品认证有效性评估与监督机制等。提高绿色产品和服务的市场认知度和认可度，这将有利于提高消费者辨别绿色产品的能力，增强绿色产品的公信力，从而推动绿色消费的发展。

（4）鼓励和支持企业优质绿色产品的研发和生产供给。绿色产品和服务的充分供给是实现绿色消费的关键因素，企业应加强生产技术研发，实现清洁生产的绿色转型。在绿色消费浪潮下，企业应抓住绿色消费的市场需求导向，确保产品在原料、生产、运输各个环节符合绿色生产标准，为消费者提供多种可供选择的优质绿色产品。同时，在对绿色产品和服务进行宣传时，企业应秉承客观、诚信原则提供产品信息，保障消费者能做出正确的消费决策。

（5）加强对绿色市场的有效监管。政府应发挥对绿色市场的宏观调控作用，规范市场秩序，整治市场中出现的产品质量不达标或假冒伪劣的绿色产品，对生产者的违法行为予以惩戒。政府应建立健全绿色市场监管机制及相关法规，为维护绿色市场秩序提供强有力的法律保障。

结　语

改革开放 40 年，不仅是我国经济迅速发展的 40 年，也是我国对经济发展过程中存在的人类自身生存发展和自然环境保护的关系问题由忽视到进行反思、重新认识再到重视的四个环境文化演进阶段的 40 年。尤其是中共十八大以来，我国更加重视资源节约和环境保护，并将生态文明建设融入经济建设、政治建设、文化建设、社会建设的各方面和全过程，努力建设美丽中国。

我国消费领域经历了由追求物质消费数量到绿色消费萌芽起步、快速发展、深化拓展四个发展阶段。绿色消费必将超越个体理性行为层面，升华到维护环境共同性与公共性的环境文化新高度，促进消费需求与环境保护相协调，进而推动绿色生产的发展，对生态文明建设发挥至关重要的作用。作为负责任的大国，中国将通过绿色消费实践和环境文化建设，为世界的生态环境治理贡献中国智慧，成为全球生态文明建设的重要参与者、贡献者、引领者。

第十一章 应对气候变化的政策与行动

庄贵阳 薄 凡[*]

导 读：气候变化是最大的全球性危机，中国作为当今全球第一碳排放大国，面临巨大的减排压力和艰巨的转型任务。从 1992 年中国成为《联合国气候变化框架公约》的缔约方起，中国正式围绕应对气候变化建章建制，将应对气候变化与可持续发展进程紧密结合，开展了一系列减缓和适应行动；同时中国积极参与全球气候治理，形成卓有成效的"气候外交"之路。"十一五"期间，中国将能耗强度约束指标纳入国民经济发展规划，"十二五"期间节能减排力度加大，碳排放控制成效初步显现。如今，中国站在建设现代化强国的历史节点上，大力推动供给侧结构性改革，构建绿色低碳发展方式，依靠国内转型的瞩目成就，不断提升综合国力，成为全球气候治理的"引领者"。

* 庄贵阳，经济学博士，中国社会科学院城市发展与环境研究所研究员、中国社会科学院生态文明研究智库秘书长，中国社会科学院研究生院博士研究生导师，研究领域为低碳经济与气候变化政策、生态文明建设与绿色发展，出版《中国城市低碳发展蓝图：集成、创新与应用》《低碳经济：气候变化背景下中国的发展之路》《国际气候制度与中国》等专著。薄凡，中国社会科学院研究生院博士生，研究领域为可持续发展经济学。

引 言

近百年来，中国气候变化的趋势与全球气候变化的总趋势基本一致，持续不断变暖，海平面上升速率高于全球平均速率，极端气候事件频现，雾霾、臭氧污染等新的环境问题出现，向人类发难。气候变化对中国的影响总体上弊大于利，[①] 应对气候变化已成为中国发展道路上面临的一大挑战。中国从 20 世纪 90 年代起参与国际气候谈判，21 世纪之初推进生态文明建设，到如今引领全球应对气候变化，历经三十余年磨砺，成绩可圈可点。然而，我们必须清醒地认识到，中国仍处于城镇化和工业化发展中期，能源资源消耗需求持续攀高，减排压力巨大；国际气候治理格局一再变更、减排目标难以落实，因此，应对气候变化于中国、于世界而言都是一项长期而艰巨的任务。为此，我们需坚定应对气候变化的信心，只有从过去的减缓和适应行动中汲取经验教训，"有所作为"搞好"气候外交"，才能游刃有余地实现中共十九大提出的新要求，"引导应对气候变化国际合作，成为全球生态文明建设的重要参与者、贡献者、引领者"。

一 中国气候政策演进和总体建树

（一）中国气候政策演进

1992 年联合国环境与发展大会通过的《联合国气候变化框架公约》（以下简称《公约》），成为全球首个控制温室气体排放的法律文件，中国积极与会，力促其成，被列入《公约》非附件一国家，就此置身于全球气候治理的潮流，展开应对气候变化的探索、建制、深化和推广。

1. 中国应对气候变化的起步期（1978~2006年）

20 世纪 90 年代以来，中国开始进行气候变化的相关研究，提高科学认

---

① 《第三次气候变化国家评估报告》。

识，初步提出国内节能治污管控目标。中国政府在 1990 年设立国家气候变化协调小组，1998 年改名为国家气候变化对策协调小组，研究审议国际合作和谈判对案，制定气候政策，日常气候工作由国家气象局负责改为由国家发展计划委员会（即现在的国家发展和改革委员会）负责，这表明中国政府将气候问题视为发展问题来应对。[①] 1994 年中国正式通过《中国 21 世纪议程》，作为国内实施可持续发展战略的行动纲领，但强调经济增长是解决发展问题的首要条件。《"九五"规划纲要》首次提出节能率达到平均每年 5%，《"十五"规划纲要》明确要求减少主要污染排放 10% 以上，正式将节能减排列入经济社会发展目标。从 2002 年起，科技部、中国气象局、中国科学院等多个部委共同组织对中国气候变化问题进行全面评估，先后于 2007 年、2011 年、2015 年三次出版了气候变化国家评估报告，为中国气候治理奠定了科学基础。[②]

2. 中国应对气候变化的夯实期（2007~2014 年）

中国从 2007 年起逐步完善应对气候变化的体制机制建设，进入应对气候变化正式建制时期[③]。彼时正值中国经济高速增长期，环境矛盾凸显、减排压力骤增。根据美国能源署的统计，中国于 2003 年以 40.52 亿吨的碳排放量超过欧盟 28 国的 39.42 亿吨，2006 年以 59.12 亿吨超过美国的 56.02 亿吨，成为世界第一碳排放国。[④] 值此转型节点，中共十七大报告指出建设生态文明，深入贯彻落实科学发展观，强调要"加强应对气候变化能力建设，为保护全球气候做出新贡献"。在科学发展观的指导下，2007 年国务院成立国家应对气候变化及节能减排工作领导小组，随即发布《应对气候变化国家方案》，明确提出"到 2010 年，实现单位国内生产总值能源消耗比 2005 年降低 20% 左右，相应减缓二氧化碳排放"的目标。2008 年国家发改委设立应对气候变化

---

① 张海滨：《中国与国际气候变化谈判》，《国际政治研究》2007 年第 1 期。

② 丁一汇、王会军：《近百年中国气候变化科学问题的新认识》，《科学通报》2016 年第 10 期。

③ 李俊峰、柴麒敏、马翠梅、王际杰、周泽宇、王田：《中国应对气候变化政策和市场展望》，《中国能源》2016 年第 1 期。

④ IEA, *CO₂ Emissions from Fuel Combustion* (online data service 2017 edition), http://www.iea.org/statistics/relateddatabases/co2emissionsfromfuelcombustion/.

司负责相关政策制定、国际谈判、能力建设和碳市场建设等具体工作，[①] 多个省市设立了应对气候变化处专项职能机构，自此中国迈出应对气候变化"建章建制"的第一步。中共十八大报告进一步将生态文明建设提升至"五位一体"总布局的国家战略高度，强调"坚持共同但有区别的责任原则、公平原则、各自能力原则，同国际社会一道积极应对全球气候变化"，更加明确了中国应对气候变化的决心和基本路径。

"十一五"和"十二五"期间，能耗、排放控制等约束指标被纳入社会经济发展目标，标准不断提高、要求更加全面，应对气候变化工作从整体布局走向具体落实。《"十一五"规划纲要》要求单位 GDP 能源消耗目标降低20%，主要污染物排放总量减少 10%，森林覆盖率达到 20%，控制温室气体排放取得成效。2009 年哥本哈根气候大会召开前夕中国政府提出，到 2020年单位 GDP 二氧化碳排放比 2005 年下降 40%~45%、非化石能源占一次能源消费比重达到 15% 左右、森林面积比 2005 年增加 4000hm^2、森林蓄积量比2005 年增加 13 亿 m^3，充分表明了中国的减排诚意。《"十二五"规划纲要》进一步提出 2015 年要比 2010 年单位 GDP 能源消耗降低 16%、二氧化碳排放降低 17%、非化石能源占一次能源消费比重达到 11.4% 的硬性要求。2014 年中国在《中美气候变化联合声明》中宣布，于 2030 年左右二氧化碳排放达到峰值并将努力早日达峰，通过绝对量减排的承诺形成转型发展的倒逼机制。

3. 中国应对气候变化的深化期（2015年至今）

随着中国经济进入新常态，经济发展更加注重质量提升、动力转换，力求通过供给侧结构性改革走绿色低碳发展之路，使经济增长摆脱能源消耗路径依赖。这一时期应对气候变化顶层设计逐步完善，国家发改委印发《国家应对气候变化规划（2014–2020 年）》作为指导中国应对气候变化的中长期纲领。《"十三五"规划纲要》设立专章部署"积极应对全球气候变化"，并将资源环境类指标扩大至 10 项，包括单位 GDP 能源消耗降低 15%、非化石能源占一次

[①] 《中国应对气候变化的政策与行动 2008 年度报告》。

能源消费比重增加 3%、单位 GDP 二氧化碳排放量降低 18%。《"十三五"控制温室气体排放工作方案》提出单位 GDP 二氧化碳排放比 2015 年下降 18%，支持优先开发区域率先达峰，加大非二氧化碳温室气体控排力度。在实践方面，全国范围内低碳城市、低碳园区、海绵城市、气候适应型城市等各类试点层出不穷，碳交易市场建设由试点推向全国，探索应对气候变化的可行路径。

面对新阶段、新矛盾、新目标，中国启动了新一轮机构和行政体制改革，改善国家治理体系和治理能力。2018 年十三届全国人大一次会议第五次全体会议通过国务院机构改革方案，将应对气候变化和减排职责划入生态环境部，加大应对气候变化的力度，为环保与气候治理协同规划、统筹推进提供了制度保障。

持续的减排行动为中国经济转型和气候治理积累了丰厚经验，赋予中国更多"底气"，足以在国际气候谈判中发挥引导作用。2015 年巴黎气候大会前，中国政府向《公约》秘书处提交应对气候变化国家自主贡献文件《强化应对气候变化行动——中国国家自主贡献》，明确提出于 2030 年左右二氧化碳排放达到峰值，到 2030 年非化石能源占一次能源消费比重提高到 20% 左右，2030 年单位 GDP 二氧化碳排放比 2005 年下降 60%~65%，森林蓄积量比 2005 年增加 45 亿 m^3 左右，努力实现碳排放强度和总量目标"双控"。除了践行自身承诺，中国还注重提升在国际气候谈判中的话语权，积极斡旋于气候谈判各阵营间，为减排责任划分、资金、技术等谈判难题提出建设性意见，凭借其不懈努力和大国责任担当，肩负起"后 2015 时代"全球气候治理的引领角色。

（二）中国应对气候变化成效

经过多年努力，中国推动应对气候变化工作取得重大进展，成为最大的碳减排国，[①] 各项约束性指标基本如期实现，建立起较为完备的应对气候变化

---

① 薛进军、赵忠秀主编《低碳经济蓝皮书：中国低碳经济发展报告（2012）》，社会科学文献出版社，2012。

顶层设计，能力建设不断提高。

1. 经济增长和碳排放脱钩趋势初步显现

总体而言，"十二五"以来中国节能减排力度加大，碳排放持续增长的势头得以遏制（见图1）。2008年全球性金融危机后中国在强刺激、扩张型经济政策导向下，高能耗、高排放产业势头再度抬升，经济增长轨迹偏离集约型方式，Tapio脱钩指数（碳排放增长率与经济增长率的比值）一度上升。从"十二五"开局之年起（2011年），二氧化碳排放增长率就呈现逐步下降趋势，中国源于化石能源燃烧的碳排放在2015年首次下降0.6%，[①] 扭转了多年来二氧化碳排放快速增长的局面。Tapio脱钩指数从2011年的0.95逐渐减少，至2015年开始呈现负值，2016年仅为 −0.07，经济增长率与碳排放增长率呈反向关系，表明经济增长初步实现与碳排放脱钩。尽管2017年碳排放总量有所增加，减排任务依然艰巨，但碳排放强度仍从2007年的0.34万吨/亿元逐年下降至2017年的0.124万吨/亿元，[②] 可见我国经济增长方式的低碳转型趋势

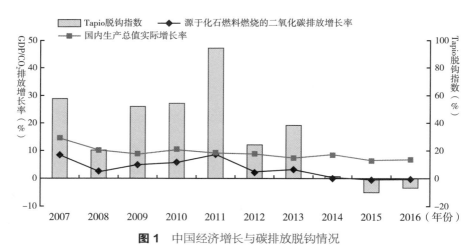

图1 中国经济增长与碳排放脱钩情况

资料来源：《BP能源统计年鉴》（2017）。

---

① 根据《BP能源统计年鉴》（2017）相关数据计算所得。
② 根据《中国2017年国民经济和社会发展统计公报》《BP能源统计年鉴》（2018）相关数据计算所得。

不会改变。

具体来说，2005~2015 年，中国单位 GDP 能耗累计下降 34%，2015 年单位 GDP 二氧化碳排放比 2005 年下降 38.6%，比 2010 年下降 21.7%；[①] 共减少二氧化碳排放 41 亿吨，超额完成了"十二五"应对气候变化目标任务（见表 1）。[②] 能源结构得以优化，煤炭消耗持续下降，并在核能、风能、太阳能等可再生能源领域保持领先地位；森林覆盖率从 16.55% 提升到 21.66%，成为全球森林资源增长最多的国家；大气污染治理成效显著，生态环境状况得以改善，经济效益显著提高。[③]

表 1 五年规划节能减排约束目标及实现情况

	"十一五"规划（2006~2010 年）		"十二五"规划（2011~2015 年）		"十三五"规划（2016~2020 年）	
	规划目标	实现情况	规划目标	实现情况	规划目标	实现情况
单位 GDP 能耗降低（%）	20	19.2	16	累计年均增速 18.2	15	—
单位 GDP 二氧化碳排放降低（%）	同比下降 17	16	17	累计年均增速 20	18	—
二氧化碳排放总量目标（%）	—	—	—	—	2030 年达峰	—
非化石能源占一次能源消费比重（%）	10	8.6	11.4	12	15	—
森林覆盖率（%）	20	20.36	21.66	21.66	23.04	—
森林蓄积量（亿立方米）	137.55	137.21	143	151.37	165	—

资料来源："十一五"、"十二五"、"十三五"规划纲要。

"十二五"规划的多项指标提前完成。"十二五"期间碳强度累计下降 20%，超额完成了"十二五"规划确定的 17% 的目标任务；能源结构进一步优化，2015 年非化石能源占一次能源消费比重达到了 12%，超额完成了

---

① 《中国气候变化第一次两年更新报告》。
② 杜悦英：《气候谈判的波恩"接力"》，《中国发展观察》2017 年第 22 期。
③ 《中国气候变化第一次两年更新报告》。

"十二五"规划所提出的 11.4% 的目标；森林蓄积量比 2005 年增加 26.8 亿立方米左右，提前实现了到 2020 年增加森林蓄积量的目标。

目前实现"十三五"约束目标的进展态势向好。2016 年中国的碳排放强度下降 6.6%，相比 2005 年下降了 42%，超额完成了到 2020 年下降 40%~45% 的目标。[1] 在 GDP 保持中高速增长、经济总量不断增加的同时，煤炭占比持续下降，非化石能源占比持续较快上升；水电装机容量、核电在建规模、太阳能集热面积、风电装机容量、人工造林面积均居世界第一位。[2]

2. 建立起应对气候变化多层级管理体系和政策制度

在组织机构建设上，中国经历了中国气象局、国家发展委到生态环境部的职能变迁，在应对气候变化领域初步形成由国务院生态环境部统一协调管理、有关部门和地方分工负责、智库机构有力支撑、全社会广泛参与的管理体制和工作机制。减排目标责任考核不断强化，根据《"十三五"控制温室气体排放工作方案》建立温室气体排放责任追究制度，要求加强对省级人民政府控制温室气体排放目标完成情况的评估和考核。

在政策体系上，中国不仅批准了《联合国气候变化框架公约》（以下简称《公约》）、《京都议定书》和《巴黎协定》等重要文件，还基于国情制定了各项减缓和适应行动方案。根据《公约》要求，中国分别于 2004 年和 2016 年提交了《中华人民共和国气候变化初始国家信息通报》和《中华人民共和国气候变化第二次国家信息通报》，在温室气体清单、气候变化影响等方面"摸清家底"，明确应对气候变化的方向。2007 年《中国应对气候变化国家方案》发布，成为各项气候政策的基本遵循。从 2008 年开始，中国政府连续发布《中国应对气候变化的政策与行动》年度报告，阐明中国应对气候变化的进程和基本路径。《国家适应气候变化战略（2013-

---

① 《中国应对气候变化的政策与行动 2017 年度报告》。

② IPCC Fifth Assessment Report: *Climate Change 2014 Synthesis Report*, http://www.ipcc.ch/report/ar5/syr/.

2020 年）》和《国家应对气候变化规划（2014–2020 年）》的出台，则将"减缓"和"适应"共同纳入中国应对气候变化政策体系。此外，《可再生能源法》《清洁生产促进法》《固体废物污染环境防治法》《循环经济促进法》等专项立法的出台，以及《"十二五"控制温室气体排放工作方案》《"十三五"控制温室气体排放工作方案》《节能减排"十二五"规划》《节能减排"十三五"规划》等细化行动方案的通过，与国家方案共同构成应对气候变化的制度基础。青海、黑龙江、四川等地应对气候变化的地方立法已启动甚至进入征求意见阶段，为在国家层面研究制定应对气候变化法提供了实践基础。①

3. 应对气候变化能力建设不断加强

在资金方面，中国建立起相对稳定的政府资金渠道，包括国家科技计划投入应对气候变化的经费、节能减排专项资金、低碳产业投资基金等，同时吸引社会资金投入应对气候变化领域，多渠道筹措资金。2010~2014 年，国家财政用于支持减缓和适应气候变化的相关行动支出资金达 8210.69 亿元。②为实现国家自主贡献方案目标，2005~2015 年，中国已投入 10.4 万亿元，2016~2030 年，将继续投入 30 万亿元。③"南南合作基金"是中国自主创立且与发展中国家进行应对气候变化合作的资金机制，帮助发展中国家向绿色气候基金和其他金融机构或国际机构融资。④作为发展中国家，中国符合《公约》气候资金支持的受援国条件，获得了全球环境基金等组织支持的应对气候变化项目。

在科技方面，中国自主编制温室气体清单，开展应对气候变化科技专项行动。按照《公约》要求，中国由国家发改委牵头，连同国内研究机构和高

---

① 《秦大河委员：建议为应对气候变化立法》，2009 年 3 月 11 日，人民网，http://news.sina.com.cn/c/2009-03-11/192017386987.shtml。

② 《中国气候变化第一次两年更新报告》。

③ 解振华：《未来 15 年中国将投入 30 万亿人民币应对气候变化》，2016 年 4 月 23 日，中国新闻网，http://finance.ifeng.com/a/20160423/14341545_0.shtml。

④ 张雪飞、邢建桥：《南南合作对应对气候变化意义重大》，《中国矿业报》2015 年 12 月 9 日第 2 版。

等院校等，建立国家温室气体清单数据库以支持清单编制和数据管理，业已编制成 1994 年、2005 年和 2012 年国家温室气体清单。[①]"八五"以来，中国通过国家科技攻关计划、国家高技术研究与发展计划、国家基础研究发展计划等组织了一系列与气候变化有关的科技项目，参与全球气候变化国际科技合作，夯实气候变化基础研究。[②]《中国应对气候变化科技专项行动》《国家适应气候变化科技发展战略研究》《"十三五"应对气候变化科技创新专项规划》等文件相继出台，成为应对气候变化的科技行动纲领。

在人才方面，经过多年的努力，中国在气候变化领域形成了一支跨领域、跨学科的从事基础研究和应用研究的专家团队，取得一批开创性的研究成果，建成一批国家级科研基地，基本建成国家气候监测网等大型观测网络体系，为中国应对气候变化提供了重要的科技支撑。[③]有关部门通过组织应对气候变化能力培训，全面提升相关领域的应对气候变化工作能力。[④]教育部鼓励中、高等院校自主设置与应对气候变化相关专业，培养气候变化领域的专业人才。[⑤]

二 减缓气候变化行动

"减缓"和"适应"是应对气候变化的双重支柱。中国十多年来强有力的淘汰落后产能、提高能效等政策已取得显著成绩，对生产领域的减排做出巨大贡献。近年来绿色建筑、绿色交通、绿色产品的推广掀起了绿色消费模式的改革，降低生活领域的碳排放将是未来减缓行动的重点任务。适应气候变化强调提高适应能力，灵活应对和管理气候风险，对协同考虑发展需求及气候风险的发展中国家尤为重要。

---

① 《中国气候变化第一次两年更新报告》。
② 《中国应对气候变化科技专项行动》。
③ 《中国应对气候变化科技专项行动》。
④ 《中国应对气候变化的政策与行动 2016 年度报告》。
⑤ 《中国应对气候变化的政策与行动 2017 年度报告》。

（一）去产能、调结构，打造现代化绿色经济体系

从 20 世纪 80 年代后期开始，中国政府更加注重经济增长方式的转变和经济结构的调整，[①] 从淘汰落后产能和大力发展新兴产业双侧发力，促进产业结构升级。

淘汰落后产能，从生产源头上减少碳排放。进入 21 世纪，中国告别了短缺经济时代，转向"买方市场"。面对"低端产能过剩、高端产能不足"的窘况，《"十一五"规划纲要》提出重点整合煤炭产能，化解钢铁、水泥等行业的过剩产能，将去产能作为转变经济发展方式的重要途径。"十二五"期间去产能的力度加大，《"十二五"工业领域重点行业淘汰落后产能目标》确定了 19 个重点行业淘汰落后产能的任务。2013 年以来中国经济进入新常态，更需要以去产能为抓手推动供给侧结构性改革，"消化一批、转移一批、整合一批、淘汰一批"过剩产能。[②] 2016 年，国家发改委发布《关于做好 2016 年度煤炭消费减量替代有关工作的通知》，提出严控钢铁、煤炭、水泥熟料等产能过剩产业和面临潜在过剩风险的煤电行业，控制煤炭消费总量，持续推动传统产业改造升级。

推动产业结构的转换升级，着力降低碳排放强度。中国自"十一五"时期就将循环经济作为重点发展战略，支持了多个循环经济示范试点项目和循环经济产业园区。[③] "十二五"以来，中国服务业和新兴产业发展步伐明显加快。《"十二五"国家战略性新兴产业发展规划》将节能环保、新一代信息技术、生物、高端装备制造、新能源、新材料以及新能源汽车列为战略性新兴产业的重点发展方向。《"十三五"规划纲要》提出推动新能源汽车、新能源和节能环保等绿色低碳产业成为支柱产业，并系统推进"中国制造 2025"和"互联网 +"行动，促进工业内部结构向中高端迈进。2012 年，中国第

①《中国应对气候变化国家方案》。
②《关于化解产能严重过剩矛盾的指导意见》。
③ 解振华:《发展循环经济促进绿色转型》,《经济日报》2014 年 12 月 3 日第 3 版。

三产业增加值占国内生产总值的比重首次与第二产业持平，2015 年达到 50.2% 占据"半壁江山"。[①] 新动能、新产业、新业态快速成长，2013~2017 年，高技术制造业年均增长 11.7%，服务业比重从 45.3% 上升到 51.6%，[②] 成为经济增长的主动力，低能耗、低排放的产业结构将是降低碳排放强度的关键因素。

（二）节能减排，建立清洁化能源体系

强化节能管理。《"十一五"规划纲要》将建设资源集约型、环境友好型社会作为一项重大战略任务。2007 年应对气候变化和节能减排工作小组成立，将节能减排放在突出地位，印发《节能减排综合性工作方案》，全面部署节能减排工作，并建立节能减排目标责任制。《"十二五"节能减排综合性工作方案》提出以节能改造工程、节能技术产业化示范工程、节能产品惠民工程、合同能源管理推广工程和节能能力建设工程等。中国还采取了"万家企业节能低碳行动"、节能标准标识管理、推广节能技术和产品、重点用能单位"百千万"行动、开展公共机构节能考核、严格控制建筑和交通等重点领域能耗等措施。目前中国能源消费总量得到有效控制，能源消耗强度逐步下降，2016 年单位 GDP 能耗同比下降 5%，相当于减少二氧化碳排放 5 亿吨。[③]

推动化石能源清洁化利用，大力发展可再生能源。《可再生能源法》及一系列配置政策措施的出台，为"十一五"期间中国新能源与可再生能源跳跃式发展提供了稳定的支持平台。[④] "十二五"以来，大力推动化石能源清洁化利用，升级改造燃煤电厂，2015 年中国的 6000kW 以上煤电机组平均供电煤耗约 315 克标准煤 / 千瓦时，五年累计降低 18 克标准煤 / 千瓦时。[⑤] 全面推

---

① 《中国统计年鉴》（2013~2016）。
② 《2018 年国务院政府工作报告》。
③ 《中国应对气候变化的政策与行动 2017 年度报告》。
④ 《中国气候变化第一次两年更新报告》。
⑤ 《中国气候变化第一次两年更新报告》。

动资源税改革，煤炭资源税改为从价计征，倒逼企业转变生产方式来解决资源开发负外部性问题。推进"煤改气"工程，实现煤炭消费替代。同时，通过可再生能源费用补偿、深化电力体制改革等政策保障可再生能源优先发展。在能源改革的推动下，中国非化石能源消费占能源消费总量的比重从2000年的6.9%提升到2016年的13.3%，[①]能源结构明显得以优化。

（三）建立绿色消费模式和生活方式

随着第三产业比重和人均收入水平的提高，来自居民生活的碳排放比重快速增加。2008年全球金融危机后，中国经济增长驱动力逐渐由投资转向消费，2017年最终消费对经济增长的贡献率提高到58.8%，[②]十九大报告也指出"增强消费对经济发展的基础性作用"。减少消费环节、生活领域的碳排放将成为未来减排的重心。

《"十五"规划纲要》明确提出"提高全面环保意识，推进绿色消费方式"。1999年国家经贸委、环保总局等部委联合倡议并实施了"提倡绿色消费、培育绿色市场、开辟绿色通道"的"三绿"工程，推动绿色消费理念深入居民生活。此后，节能产品认证、绿色食品认证、节能产品政府采购、限塑令等工作相继推出，依靠制度推动消费领域的节能减排；阶梯电价、阶梯水价的实施，充分反映资源能源稀缺性，促进循环节约利用。在城市建设领域，2006年住房和城乡建设部出台第一部《绿色建筑评价标准》，开启了绿色建筑的开发应用；新能源汽车、公共交通运输体系、绿色物流链等措施的推广，旨在严控交通领域的碳排放，十九大后交通运输部提出，到2020年初步建成布局科学、生态友好、清洁低碳、集约高效的绿色交通运输体系。[③]绿色消费将与绿色生产形成双向约束机制，降低生产和生活领域的碳排放。

---

① 《中国统计年鉴》（2005~2011）。
② 《2018年政府工作报告》。
③ 《关于深入推进绿色交通发展的意见》。

（四）增加碳汇

中国政府自 20 世纪 80 年代以来，持续加大投资绿化项目，动员适龄公民参加全民义务植树。据估算，1980~2005 年中国造林活动累计净吸收约 30.6 亿吨二氧化碳，森林管理累计净吸收 16.2 亿吨二氧化碳，减少毁林排放 4.3 亿吨二氧化碳，有效增强了温室气体吸收汇的能力。[1]《"十二五"规划纲要》将森林增长指标作为约束性指标纳入考核内容，将增加森林碳汇任务完成情况纳入单位 GDP 二氧化碳排放降低目标责任考核评估，[2]并开展了京津冀蒙生态林业建设和三北及长江流域防护林体系等重点工程，5 年共造林 4.6 亿亩。[3]2015 年联合国粮农组织的最新报告显示，"2010~2015 年中国是世界上净增森林面积最多的国家，为全球树立了榜样。"[4]《"十三五"规划纲要》提出全面停止天然林商业性采伐，加大森林生态系统保护力度。

在林业碳汇方面，中国推进森林经营管理，建立健全林业碳汇计量监测体系、加强林业碳汇技术标准管理、编制林业碳汇清单，深入推进林业碳汇交易体系。目前中国主要开展了四类林业碳汇交易项目：清洁发展机制（CDM）、自愿核证减排（CCER）、国际核证减排（VCS）和中国绿色碳汇基金会（CGCF）项目。此外，中国还积极开展湿地保护修复、草原生态保护建设、发展海洋蓝色碳汇等行动，保证从多渠道增加碳汇。

---

[1]《中国应对气候变化的政策与行动 2008 年度报告》。
[2]《林业应对气候变化"十三五"行动要点》。
[3]《中国气候变化第一次两年更新报告》。
[4]《联合国粮农组织最新报告显示：近五年中国净增森林面积全球居首》，2015 年 11 月 5 日，中国政府网，http://www.gov.cn/xinwen/2015-11/04/content_2960277.htm。

三　适应气候变化行动

《中国 21 世纪议程》首次提出适应气候变化的概念。2007 年《公约》缔约方第 13 次会议通过的《巴厘行动计划》将适应气候变化与减缓气候变化置于同样重要的位置，同年中国发布的《中国应对气候变化国家方案》系统阐述了各项适应任务。2013 年发布的《国家适应气候变化战略》将适应气候变化问题纳入政府的经济和社会发展规划，并将全国重点区域划分为城市化、农业发展和生态安全三类适应区，明确了中国适应气候变化的战略格局。

（一）气候适应型城市建设

城市是人口和产业的集中地，风险暴露度较高。针对雨洪管理问题，住房和城乡建设部于 2015 年、2016 年设立了两批共 30 个海绵城市试点，[①] 强调城市能够像海绵一样，在适应环境变化和应对自然灾害等方面具有良好的"弹性"，探索符合中国国情的低影响开发之路，根据国务院办公厅 2015 年印发的《关于推进海绵城市建设的指导意见》，到 2020 年实现调蓄雨洪水年净流总量控制率不小于 70%，试点区不低于 75%，初步建成城市海绵体。

针对城市建设中的"马路拉链"、"空中蜘蛛网"等现象，2015 年国务院办公厅印发《关于推进城市地下综合管廊建设的指导意见》，要求建设集城市供水、排水、燃气、热力、电力、通信等管线及其附属设施于一体的城市地下综合管廊。计划用 3 年左右时间，在全国 36 个大中城市启动地下综合管廊试点工程，节约地下空间资源，全面提高城市服务功能。

针对城市扩张和生态系统破坏的矛盾，2015 年住房和城乡建设部将三

---

① 海绵城市试点分别为 2015 年的迁安、白城、镇江、嘉兴、池州、厦门、萍乡、济南、鹤壁、武汉、常德、南宁、重庆、遂宁、贵安新区和西咸新区；2016 年的福州、珠海、宁波、玉溪、大连、深圳、上海、庆阳、西宁、三亚、青岛、固原、天津、北京。

亚市列为"城市修补、生态修复（双修）"首个试点城市，取得了显著成效。2017年住房和城乡建设部印发《关于加强生态修复城市修补工作的指导意见》，设立了57个"城市双修"试点，^①旨在治理"城市病"、转变城市发展方式，全面修复城市生态系统。

与上述三类试点相比，气候适应型试点城市的内涵更为广泛，从基础设施、生态系统、管理体系等全域角度入手提升城市适应能力。2016年国家发改委联合住房和城乡建设部出台《城市适应气候变化行动方案》，对城市基础设施建设、城市建筑适应能力、城市生态绿化功能、城市水安全、灾害风险综合管理系统等方面做出部署，并提出根据不同城市气候风险、城市规模、城市功能，提出到2020年建设30个适应气候变化试点城市。2017年初启动28个气候适应型试点城市地区，^②率先开展适应行动。

（二）农业适应能力建设

中国农业生产劳动力高度密集，且受土地资源、水资源约束，气候变化

---

① 2017年4月18日第二批"双修"试点：福建省福州市、厦门市、泉州市，河北省张家口市，河南省开封市、洛阳市，陕西省西安市、延安市，江苏省南京市，浙江省宁波市，黑龙江省哈尔滨市，江西省景德镇市，湖北省荆门市，内蒙古自治区呼伦贝尔市、乌兰浩特市，广西壮族自治区桂林市，贵州省安顺市，青海省西宁市，宁夏回族自治区银川市。2017年7月14日第三批"双修"试点：河北省保定市、秦皇岛市，内蒙古自治区包头市、兴安盟阿尔山市，辽宁省鞍山市，黑龙江省抚远市，江苏省徐州市、苏州市、南通市、扬州市、镇江市，安徽省淮北市、黄山市，福建省三明市，山东省济南市、淄博市、济宁市、威海市，河南省郑州市、焦作市、漯河市、长垣县，湖北省潜江市，湖南省长沙市、湘潭市、常德市，广东省惠州市，广西壮族自治区柳州市，海南省海口市，贵州省遵义市，云南省昆明市、保山市、玉溪市、大理市，陕西省宝鸡市，青海省格尔木市，宁夏回族自治区中卫市，新疆维吾尔自治区乌鲁木齐市。

② 内蒙古自治区呼和浩特市、辽宁省大连市、辽宁省朝阳市、浙江省丽水市、安徽省合肥市、安徽省淮北市、江西省九江市、山东省济南市、河南省安阳市、湖北省武汉市、湖北省十堰市、湖南省常德市、湖南省岳阳市、广西壮族自治区百色市、海南省海口市、重庆市璧山区、重庆市潼南区、四川省广元市、贵州省六盘水市、贵州省毕节市（赫章县）、陕西省商洛市、陕西省西咸新区、甘肃省白银市、甘肃省庆阳市（西峰区）、青海省西宁市（湟中县）、新疆维吾尔自治区库尔勒市、新疆维吾尔自治区阿克苏市（拜城县）、新疆生产建设兵团石河子市。

对农业的影响的不确定性，主要体现在对农作物生物机理的直接作用和通过影响水而对农业生产产生作用。[①] 为此，中国在农业基础设施建设上，健全农田水利设施建设，推进农田水利重点县建设，推动节水灌溉工程，在东北开展"节水增粮行动"；在华北、西北和西南 11 个省（区、市）建设 11 个高标准节水农业示范区。在农作物生产上，推进保护性耕作，开展"到 2020 年农药使用和化肥使用零增长行动"，调整农业生产结构，开发了能源林业、农产品加工、生态旅游等多种可持续生计产业。2013 年农业部与全球环境基金共同在粮食主产区开展为期 5 年的气候智慧型农业项目的试验与示范，增强作物生产对气候变化的适应能力。

（三）生态系统保护

强化水资源统一管理和保护。中国通过制定水资源综合规划、流域综合规划等，初步建成大江大河流域防洪减灾体系、水资源合理配置体系和水资源保护体系。[②] 加强水利工程建设，包括防洪工程、供水工程、河湖水系连通工程建设等。实施水资源管理制度考核，对 31 个省（区、市）的考核工作实现全覆盖。"十三五"期间启动水资源消耗总量和强度双向控制，建设节水型社会，并开展农业节水增产、工业节水增效、城镇节水降耗等全民十大节水行动计划。

加大陆地生态系统保护力度。加大水土流失治理力度，荒漠化趋势扭转，沙化土地面积连年持续缩减，尤其是最近 5 年中国沙化土地面积平均每年净减 1980 平方公里。[③] 此外，还实施退耕还林和退牧还草等工程，落实草原禁牧和草畜平衡制度，建立国家公园体制试点，[④] 完善自然保护地体系。

实施海洋生态系统保护。2008 年以来，中国建立了海洋领域应对气候变

---

① 张晶：《农业适应气候变化措施必须越来越实》，《科技日报》，2015 年 12 月 27 日第 2 版。

② 《中国应对气候变化的政策与行动 2008 年度报告》。

③ 黄俊毅：《荒漠化防治的中国奇迹》，《经济日报》，2017 年 9 月 11 日第 1 版。

④ 根据 2015 年《发改委国家公园体制试点区试点实施方案大纲》，在北京、吉林、黑龙江、浙江、福建、湖北、湖南、云南、青海 9 省市开展试点，试点时间为 3 年。

化业务工作体制，出台了海洋领域应对气候变化规划体系。[①] 加强海洋气候监测，建立海洋灾害应急预案体系和响应机制。加大海洋生态系统保护修复工作力度，建立典型海洋生态恢复示范区；实施"蓝色"海湾整治修复行动和"生态岛礁"工程；实施近岸海域污染治理，改善海洋生态环境。加强海岸带管理，提高沿海城市和重大工程设施的防护标准。截至 2017 年 7 月共建立各级、各类海洋保护区约 260 处。[②]

（四）防灾减灾体系建设

从 2009 年起，我国制定了《国家气象灾害防御规划（2009–2020 年）》《国家综合防灾减灾规划（2016–2020 年）》《国家突发事件预警信息发布系统管理办法》等，形成气候防灾减灾的基本制度框架。2014 年国家级预警信息实现自动对接，建立起国家、省、市、县四级气象灾害风险预警业务体系。[③]"十二五"期间国家减灾委、民政部共针对各类自然灾害启动国家救灾应急响应 158次。[④]"十三五"期间将创建社会力量参与救灾工作机制，探索引入市场手段推进气候风险灾害管理，例如计划扩大农业灾害保险试点与险种，支持农业、林业等领域的保险业务。[⑤]

四 低碳试点示范体系和碳市场建设

自"十二五"起中国深入开展低碳省区、城市、城（镇）、园区、社区等不同层级的试点工作，[⑥] 试点地区在规划理念、管理方式、体制机制和评价标准等方面先行先试，为气候政策提供了"试验田"。2017 年碳排放权交易

---

① 《中国应对气候变化的政策与行动 2009 年度报告》。
② 《中国应对气候变化的政策与行动 2017 年度报告》。
③ 《中国应对气候变化的政策与行动 2015 年度报告》。
④ 《中国应对气候变化的政策与行动 2016 年度报告》。
⑤ 《国家适应气候变化战略》。
⑥ 《中国应对气候变化的政策与行动 2016 年度报告》。

市场建设由试点推向全国，发挥市场机制作用，对调整产业结构、转变经济发展方式意义重大。

（一）低碳试点示范体系建设

国家发改委于 2010 年[①]、2012 年[②]、2017 年[③] 先后开展了三批低碳省区和低碳城市试点工作。低碳城市试点选取过程中充分考虑地域禀赋、经济模式和发展阶段等特点，逐次减少省级向市级发展，覆盖东中西三大区域，"由点及面"逐次在全国范围内铺开。各试点按照国家部署和实施方案要求，编制低碳发展规划、建立温室气体排放统计和管理体系、构建低碳生产和生活方式、制定低碳评估考核机制、提高低碳发展管理能力。

历经 7 年有余，低碳试点城市成长为中国低碳发展的主体力量。目前所有试点省市都完成了《低碳发展规划》或《应对气候变化规划》，明确提出达峰目标，初步建立温室气体清单编制体系，在组织管理、统计核算与评价制度、目标责任制、产业政策、财政与税收政策、低碳发展专项资金、政府采购和碳排放交易试点等方面均制定了相应政策措施。国家发改委组织开展的2012 年度控制温室气体排放目标责任试评价考核显示，列入试点的 10 个省市

---

① 《关于开展低碳省区和低碳城市试点工作的通知》，国家发改委网站，2010 年 7 月 19 日，http://qhs.ndrc.gov.cn/dtjj/201008/t20100810_365271.html。试点包括：广东、辽宁、湖北、陕西、云南 5 省和天津、重庆、深圳、厦门、杭州、南昌、贵阳、保定 8 市。

② 《关于开展第二批低碳省区和低碳城市试点工作的通知》，国家发改委网站，2012 年 12 月 6 日，http://qhs.ndrc.gov.cn/dtjj/201008/t20100810_365271.html。试点包括：北京市、上海市、海南省、石家庄市、秦皇岛市、晋城市、呼伦贝尔市、吉林市、大兴安岭地区、苏州市、淮安市、镇江市、宁波市、温州市、池州市、南平市、景德镇市、赣州市、青岛市、济源市、武汉市、广州市、桂林市、广元市、遵义市、昆明市、延安市、金昌市、乌鲁木齐市。

③ 《关于开展第三批国家低碳城市试点工作的通知》，国家发改委网站，2017 年 1 月 24 日，http://www.gov.cn/xinwen/2017-01/24/content_5162933.htm。试点包括：乌海市、沈阳市、大连市、朝阳市、逊克县、南京市、常州市、嘉兴市、金华市、衢州市、合肥市、淮北市、黄山市、六安市、宣城市、三明市、共青城市、吉安市、抚州市、济南市、烟台市、潍坊市、长阳土家族自治县、长沙市、株洲市、湘潭市、郴州市、中山市、柳州市、三亚市、琼中黎族苗族自治县、成都市、玉溪市、普洱市思茅区、拉萨市、安康市、兰州市、敦煌市、西宁市、银川市、吴忠市、昌吉市、伊宁市、和田市、第一师阿拉尔市 45 个市（区）。

2012 年的碳强度比 2010 年下降平均幅度约为 9.2%，高于全国 6.6% 的总体降幅，[①] 碳减排成效显著。各试点城市创新低碳发展政策，如深圳市制定我国首部专门规范碳排放和碳交易的地方性法规——《深圳经济特区碳排放管理若干规定》，并推出国内首支碳债券、碳基金、私募碳基金和互联网碳金融产品"配额宝"等碳金融服务产品；青岛、杭州、镇江等城市开发了碳排放信息化管理平台等，这些优秀经验为全国低碳发展模式的推广奠定了基础。

此外，住建部于 2011 年提出在新建的城（镇）和既有城市的新区开展低碳生态试点城（镇）工作；2015 国家发改委印发《低碳社区试点建设指南》，明确将打造一批符合不同区域特点、不同发展水平、特色鲜明的低碳社区试点；《"十三五"规划建议》中首次提出实施近零排放区示范工程，这些低碳社区、小城镇和城市互为补充，形成全方位、多层次的低碳试点示范体系。

（二）碳排放权交易市场建设

《京都议定书》规定了三种碳交易机制：清洁发展机制（CDM）、联合履行（JI）、排放交易（ET）。中国在 2005 年开始实施的《清洁发展机制项目运行管理办法》是中国作为发展中国家参与国际碳市场的开端。

2010 年《国务院关于加快培育和发展战略性新兴产业的决定》明确提出要"建立和完善主要污染物和碳排放交易制度"。2011 年国家发改委公布建立北京、上海、天津、广东、深圳、重庆和湖北 7 个碳排放权交易试点，各试点省市在 2013 年、2014 年相继正式运作，出台了相应的政策、条例规范，探索将碳市场作为控制温室气体的市场手段。2012 年起实施的中国核证自愿减排量（CCER）与 CDM 等碳抵消项目机制共同作为碳配额交易的补充机制，能够适当降低企业的履约成本，同时带来一定收益。由于各地能源消费和碳排放情况、经济发展水平、政府监管力度不同，各试点的市场表现差异较大，但整体上各试点的

---

① 《发改委开展温室气体排放目标试考核》，2014 年 2 月 16 日，人民网，http://legal.people.com.cn/n/2014/0216/c188502-24372967.html。

履约率均较高，[①] 截至 2017 年 11 月，7 个试点累计配额成交量超过 2 亿吨二氧化碳当量，成交额超过 46 亿元，而且试点范围内碳排放总量和强度出现了双降的趋势，起到了控制温室气体排放的作用。[②] 深圳相较于其余试点在市场资源配置能力和环境约束力等市场建设方面更为完善。[③]

2017 年底，按照"坚持先易后难、循序渐进"的原则，以发电行业为突破口正式启动全国碳排放交易体系，未来将分步有序纳入化工、石化、钢铁、有色金属、建材、造纸和航空业等。根据国家发改委印发的《全国碳排放权交易市场建设方案（发电行业）》，全国碳市场建设将分为基础建设期、模拟运行期和深化完善期，逐步推进。目前全国碳市场遵循碳排放配额"免费分配且与企业实际产出量挂钩"的制度安排，将通过碳约束倒逼电力优化结构，为清洁生产、绿色发展带来机遇，实现"排碳有成本，减碳有收益"。

五 全球气候治理的参与、贡献与引领走向"引领者"

中国立足于基本国情，积极参与联合国组织下的国际气候谈判，在多边治理机制中不断提升话语权，由全球气候治理的"参与者"走向"引领者、贡献者"。此外，中国还以搭建交流平台、资金技术帮扶、共建绿色项目等多种形式开展国际合作，形成富有中国特色的气候外交之路，为应对气候变化、维护全球生态安全做出卓越贡献。

（一）全球气候谈判进程中的"中国身影"

1. 重视生态环境问题，跟随全球气候治理行动（1979~2006 年）

这一时期，中国日益重视生态环境问题，积极参与气候大会，协商并签

---

① 王科、陈沫：《中国碳交易市场回顾与展望》，《北京理工大学学报》（社会科学版）2018 年第 2 期。

② 公欣：《稳中求进 循序渐"紧"》，《中国经济导报》2017 年 12 月 22 日第 B5 版。

③ 易兰、李朝鹏、杨历等：《中国 7 大碳交易试点发育度对比研究》，《中国人口·资源与环境》2018 第 2 期。

署国际气候协定。1979 年第一届世界气候大会在瑞士日内瓦召开，气候变化首次成为国际社会共同关注的话题，中国政府派代表团出席，并提出了将气候和社会经济发展联系起来的观点。[①]1988 年联合国政府间气候变化专门委员会（IPCC）成立，专门负责评估气候变化状况及其影响，于 1990 年、1995 年、2001 年、2007 年和 2014 年公布了五次评估报告，为制定气候政策提供了科学依据，推动了国际气候谈判进程，中国作为历次评估活动的贡献者，参与人数呈上升趋势，影响程度逐渐提升。[②]1992 年联合国环境与发展大会上通过《联合国气候变化框架公约》，成为全球首个全面控制温室气体排放的国际公约，确立了"共同但有区别的责任"这一合作原则。从 1995 年开始，《公约》缔约方大会基本每年召开，中国均积极与会。1997 年第 3 次缔约方大会通过《京都议定书》并于 2005 年生效，规定了 2008~2012 年的温室气体减排任务，中国作为发展中国家暂不承担减排任务，但面临承接发达国家高污染、高耗能产业转移的风险。中国于 1993 年正式批准《公约》，2002 年核准《京都议定书》，与广大发展中国家共同督促和推动发达国家承担历史责任、履行减排义务。

2. 在气候大会中积极发声，加入"三足鼎立"格局（2007~2014年）

随着新兴国家力量的崛起，气候变化谈判基本呈现欧盟、伞形集团[③]、七十七国集团加中国"三足鼎立"制衡格局。2007 年第 13 次缔约方大会制定了"巴厘岛路线图"，对 2009 年底前完成《京都议定书》第一承诺期到期后全球应对气候变化做出部署，讨论了发达国家的减排义务和发展中国家未来的减排行动，中国代表团提出"减缓、适应、技术、资金"4 个轮子独立并行，强调"技术和资金"在帮助发展中国家应对气候变化方面的重要性，这一主

---

① 朱焱：《中国气候外交研究》，中共中央党校博士学位论文，2014。
② 肖兰兰：《中国对 IPCC 评估报告的参与、影响及后续作为》，《国际展望》2016 年 2 期。
③ 伞形集团形成于 1997 年，由美国、加拿大、日本、澳大利亚、新西兰、挪威、冰岛、俄罗斯和乌克兰组成。

张被纳入《巴厘行动计划》。[①]2009 年第 15 次缔约方会议在哥本哈根召开，商讨《京都议定书》一期承诺到期后（2012~2020 年）的后续方案，美国和中国作为最大的两个温室气体排放国成为谈判的焦点。哥本哈根气候大会前中国发布《落实巴厘路线图——中国政府关于哥本哈根气候变化会议的立场》，主动提出减排目标，充分表达了推动气候治理进程的诚意，而由于各方未能在"共同但有区别的责任"的原则上达成共识，分歧空前严重，所以未能达成具有法律约束力的协议。尽管哥本哈根气候大会的结果差强人意，但中国尽最大的努力推动《公约》持续实施，建设性地参加"德班平台"新进程的谈判，通过"基础四国"和"立场相近发展中国家"等机制巩固了自己在谈判中的战略依托，有力地保证了国际气候谈判的平稳推进，维护了广大发展中国家的正当利益。

3. 提升话语地位，引领全球气候治理（2015年至今）

2015 年以来，中国践行减排承诺，表达观点争取权益，逐渐成为全球治理体系中的引领者。2015 年巴黎气候变化大会上近 200 个缔约方达成《巴黎协定》，为 2020 年后全球应对气候变化行动做出安排，确定了把"全球气温控制在升高 2℃以内"的目标，明确 2020 年后各国以自主贡献的方式参与全球应对气候变化行动。中国会前便向联合国秘书处提交应对气候变化"国家自主贡献"文件，并与印度、巴西、欧盟、美国等国家和地区进行磋商，发布一系列联合声明，为巴黎气候大会达成共识积累了宝贵经验。[②]习近平总书记在巴黎气候大会开幕式上发表重要讲话，强调"巴黎协议应该有利于实现公约目标，引领绿色发展；有利于凝聚全球力量，鼓励广泛参与；有利于加大资源投入，强化行动保障；有利于照顾各国国情，讲求务实有效。"[③]为谈判过程中存在的焦点难题指明了方向，并表达了中国全力应对气候变化、推动

---

① 苏伟、吕学都、孙国顺：《未来联合国气候变化谈判的核心内容及前景展望——"巴厘路线图"解读》，《气候变化研究进展》2008 年第 1 期。

② 钟声：《为全球气候治理做出中国贡献》，《人民日报》2015 年 11 月 26 日第 2 版。

③ 习近平：《携手构建合作共赢、公平合理的气候变化治理机制》，2015 年 12 月 1 日，人民网，http://politics.people.com.cn/n/2015/1201/c1024-27873625.html。

绿色发展的决心。会后中国率先签署《巴黎协定》，充分展现了大国担当。然而，自2017年美国总统特朗普宣布退出《巴黎协定》以来，全球气候治理被蒙上了一层阴影，国际社会对中国担当领导者的呼声日渐高涨。中共十九大报告指出，"过去五年，中国的生态文明建设成效显著……引导应对气候变化国际合作，成为全球生态文明建设的重要参与者、贡献者和引领者"，这既是对中国参与全球气候治理做出的客观评价和基本要求，也是对于国际期待的战略回应。中国担当全球气候治理的"引导者"，既是中国顺应全球气候治理格局演变的必然趋势，也是中国基于自身国情做出的客观选择。习近平总书记在2017年的瑞士达沃斯峰会上强调，"《巴黎协定》符合全球发展大方向，成果来之不易，应该共同坚守，不能轻言放弃"，"要牢固树立人类命运共同体意识，共促全球发展"，[1] 明确表达了中国坚持多边主义，坚守《巴黎协定》的意愿。未来中国将秉持大国责任意识，以切实有效的行动向世界贡献中国智慧和中国方案。

（二）积极推动国际交流合作

中国在国际气候谈判的主场外，还积极深化与发达国家、发展中国家和非政府组织的合作，建立对话机制、传播绿色发展理念、共享治理经验，与国际社会携手打造命运共同体，共同应对气候变化，维护全球生态安全。

1. 南南气候合作

以往南南合作的突出主题是减贫，促进相互间的经贸往来，面对全球气候变化危机，气候治理日渐成为南南合作的重大议题。习近平总书记在巴黎气候大会开幕式上宣布，"支持发展中国家特别是最不发达国家、内陆发展中国家、小岛屿发展中国家应对气候变化挑战，将于今年9月设立200亿元人民币的中国气候变化南南合作基金，于明年启动在发展中国家开展10个低碳示范区、100个减缓和适应气候变化项目及1000个应对气候变化培训名额的合作项目，

---

① 习近平:《共担时代责任共促全球发展》，2017年2月18日，人民网，http://politics.people.com.cn/GB/n1/2017/0118/c1001-29030932.html。

继续推进清洁能源、防灾减灾、生态保护、气候适应型农业、低碳智慧型城市建设等领域的国际合作，并帮助他们提高融资能力。"[1]自 2011 年起，国家发改委在中央财政预算的支持下，通过无偿赠送节能低碳产品和开展气候变化研修班等形式实施气候变化南南合作。截至 2015 年底，国家发改委已与 20 个发展中国家签署了 22 个应对气候变化的物资赠送谅解备忘录；累计对外赠送 LED 灯 120 余万支，LED 路灯 9000 余套，节能空调 2 万余台，太阳能光伏发电系统 8000 余套；共举办 11 期应对气候变化与绿色低碳发展培训班，培训了来自 58 个其他发展中国家的 500 余名气候变化领域的官员和技术人员。[2]同时，中国也在联合国框架下开展气候变化南南合作，包括与联合国粮农组织、联合国开发计划署和联合国环境规划署等的合作。气候变化南南合作是中国承担国际责任、发挥引领作用的重要平台，将成为全球气候治理的光辉篇章。

2. 与发达国家的合作

发达国家凭借其强大的经济实力和先进的技术，短期内在制定国际气候治理规则上仍发挥着主导作用，中国需要与发达国家凝成合力，共建全球多边气候治理机制。中国已召开中美气候智慧型／低碳城市峰会，探讨低碳城市政策研究和能力建设、低碳技术创新应用；开展中欧碳交易能力建设项目合作；与德国、澳大利亚、新西兰、瑞典、瑞士等国签署气候变化谅解备忘录，促进在技术、研究、节能和可再生能源等领域的双边合作。[3]2017 年，加拿大、中国、欧盟共同举办第一次气候行动部长级会议，为气候变化多边进程注入新的政治推动力。[4]

3. 参与其他多边进程

中国广泛开展与国际组织的务实合作。与联合国环境规划署签署在应对

---

[1] 习近平：《携手构建合作共赢、公平合理的气候变化治理机制》，2015 年 12 月 1 日，人民网，http://politics.people.com.cn/n/2015/1201/c1024-27873625.html。

[2] 《应对气候变化南南合作取得积极进展》，2016 年 1 月 28 日，国家发改委网站，http://qhs.ndrc.gov.cn/qhbhnnhz/201601/t20160128_773390.html。

[3] 《中国气候变化第一次两年更新报告》。

[4] 《中国应对气候变化的政策与行动 2017 年度报告》。

气候变化南南合作方面加强合作的谅解备忘录；积极参加政府间气候变化专门委员会的有关工作；与世界银行开展"市场伙伴准备基金"项目合作，共同启动全球环境基金，"通过国际合作促进中国清洁绿色低碳城市发展"项目；与亚洲开发银行签署双边气候变化合作谅解备忘录；与国际能源署建立联盟关系，在能源安全、能源数据和统计、能源政策分析等领域加强合作等。中国还参与地球科学系统联盟框架下的多项国家科研计划，共同推进全球气候变化基础研究；参与《蒙特利尔议定书》缔约方会议、国际海事组织海运温室气体减排谈判等，落实非化石能源领域的减排行动。此外，中国还在二十国集团（G20）、亚太经合组织、金砖国家、基础四国等多边机制下参加应对气候变化相关议题的讨论，如在杭州 G20 峰会上，中国作为东道主，呼吁各方共同落实《巴黎协定》，就气候变化、清洁能源和绿色金融等重大议题进行讨论；以天津 APEC 绿色发展高层圆桌会为平台，发起实施全球绿色供应链、价值链合作倡议，决定共同应对气候变化全球性挑战；与巴西、南非和印度每年举办基础四国气候变化部长级会议，发表联合声明，建立专家交流机制。

结 语

（一）中国应对气候变化的经验总结

将应对气候变化与社会经济发展目标紧密结合，建立包含规划设计、行动方案、监督考核评估在内的系统性气候政策体系。一是设立气候目标，倒逼改革，设定峰值目标，并在国民经济发展规划中纳入单位能耗和单位碳排放约束指标，实现总量和强度的双向控制；二是建立生态环境部，统一协调领导自下而上的治理体系，围绕减缓、适应等问题建立系统性气候政策体系，为应对气候变化提供制度保障；三是设置多层次试点，探索自下而上的气候治理新模式，试点地区涵盖城市、园区和社区等范围，使其成为应对气候变化的主阵地。

推广合作共赢的全球气候治理观，引领国际社会携手共建气候治理多边机制。中国始终立足于国情世情，坚持"共同但有区别的责任"，倡导构建人类命运共同体，顺应全球气候治理形势，及时转换自身角色，承担国际义务，争取发展权益。率先签署气候协定、落实减排目标，凭借国内节能减排、绿色发展的卓越成效，对全球应对气候变化起到示范作用。与发达国家、发展中国家和国际组织等开展全方位、多层次的气候治理合作，推动国家气候变化的政治共识和科学技术的交流应用，同世界人民共享生态文明建设红利。

（二）中国应对气候变化的挑战

从全球气候治理来看，中国仍面临艰巨的发展任务，需要进一步积累引领全球气候治理的实力。中国仍然是一个发展中国家，尚处于社会主义初级阶段，各方面条件还不成熟，还有许多自身的问题需要解决，生态文明建设仍需加强巩固，综合国力有待提升，并不具备独自引领全球气候治理的实力。未来全球气候治理顶层设计正值重构期，中国作为碳排放第一大国，将面临更多的国际责任和义务。

从国内应对气候变化行动来看，工业化和城镇化的持续推进将使得碳排放需求增加，减排压力增大，发展空间压缩。由于中国工业化尚未完成，且随着城市化进程不断加快，城市化水平和社会消费需求还有进一步提升的空间，能源消耗由居民生活品质改善引致的碳排放需求也会继续增加，给城市减排增添了压力。

从应对气候变化的政策手段和制度保障来看，我们需充分发挥市场机制作用，进一步完善制度建设。国家层面应对气候变化的立法是缺失的，碳市场建设、低碳发展战略等均未走上法制轨道；地方尚未制定细化到各行业、各部门的达峰路线图，减排的路径有待清晰化。减排的市场手段较为单一，碳排放权交易市场、资源税等市场手段的应用刚刚起步，尚未形成减排激励机制，难以触及生产方式的根本转型。

（三）中国应对气候变化的展望

历经多项改革，中国经济发展方式向绿色低碳迈进，新能源、新技术等将成为新经济增长点，减排具有巨大潜力。中共十九大报告指出，"坚持环境友好，合作应对气候变化"，面向新时代，中国应继续推进应对气候变化工作，一方面深化绿色发展理念，提高国家自主创新能力，加快转型步伐，彻底打破经济增长对资源和能源消耗的路径依赖；另一方面在力所能及的范围内尽可能承担更多的国际责任，努力构建全球气候治理多边机制，引导全球应对气候变化。

从现在起到 2020 年，以二氧化碳排放总量和强度控制为抓手，制定分部门、分行业、分领域的达峰路线图，逐步构建绿色低碳循环经济体系。

2020~2035 年，将应对气候变化、低碳发展、环境污染防治纳入生态文明建设的统一框架，在全国范围内推广先进经验，形成具有中国特色的减排模式。全面落实国家自主贡献目标，按照"包容、合作、互信、共赢"的原则，深化国际气候合作，巩固影响力。

2035~2050 年，形成现代化的绿色经济体系，占据全球产业链的顶端，实现碳排放达峰后的绝对下降。在全球治理中发挥引领和统筹的作用，与世界分享治理经验，推动全球生态文明建设。

第十二章 可持续发展的战略与实践

陈 迎[*]

导 读：本章回顾了中国改革开放 40 年来，伴随全球可持续发展进程，可持续发展从理念成为国家战略，从理论走向具体实践的发展过程，概括总结了中国落实千年发展目标的成就和 2030 年可持续发展议程的进展。展望未来，中国不仅要为全球可持续发展做出实实在在的贡献，还要贡献中国智慧，提出中国方案，以生态文明思想促进合作共赢，构建人类命运共同体。

引 言

可持续发展，"既满足当代人的需要，又不对后代人满足其需要的能力构成危害的发展"，作为一种新的发展观，是应时代的变迁、社会经济发展的需要而产生的，是人们对人类进入工业文明时期以来所走过的道路进行反思的结果。现代可持续发展理念产生于西方，可追溯至 20 世纪 60 年代的《寂静的春天》、"太空飞船理论"和罗马俱乐部等对人类发展提出的警告。1972 年，

---

* 陈迎，清华大学工学博士，中国社会科学院城市发展与环境研究所可持续发展经济学研究室研究员，中国社会科学院可持续发展研究中心副主任，中国社会科学院研究生院教授、博士生导师，IPCC 第五次和第六次评估报告第三工作组主要作者，研究领域为环境经济学与可持续发展、国际气候治理、能源和气候政策等。

联合国为顺应全球兴起的环保浪潮，在斯德哥尔摩召开了人类环境会议，这是全球环境保护和可持续发展运动兴起的重要标志。从 1972 年斯德哥尔摩人类环境大会算起，全球可持续发展已经走过了 40 多年的坎坷历程。1987 年发布的《我们共同的未来》，1992 年的里约联合国环境与发展大会，2002 年的约翰内斯堡"里约 +10"环境大会，2012 年的"里约 +20"联合国可持续发展大会，以及 2015 年纽约联合国大会通过的联合国《2030 可持续发展议程》，都是这一进程中重要的里程碑。可持续发展从理念逐渐深入人心，成为各国的发展战略和实践。

虽然现代可持续发展思想源于西方，对中国而言是舶来品，但中国从对自身发展的反思中，逐步接受了可持续发展理念并产生了共鸣，进而将可持续发展上升为国家战略，积极实施可持续发展战略，中国改革开放的 40 年，不仅见证和经历了全球可持续发展进程，而且作为发展中大国，积极推进可持续发展战略，为全球可持续发展进程做出了巨大的贡献。回顾这一进程，总结思考发展演进的规律和特征，可以从一个侧面反映中国改革开放 40 年的发展变化，同时也启发人们深入思考未来，中国进入新时代后应如何为全球可持续发展贡献中国智慧，以生态文明思想促进合作共赢，构建人类命运共同体。

一 环境保护：可持续发展的缘起（1972~1991年）

1972 年，中国正处于"文化大革命"时期，工业化初期经济发展水平很低，环境污染在一些地方有所显现，但大多数人对环境问题还知之甚少，甚至认为环境问题是资本主义特有的，社会主义没有污染。相对封闭的中国，因为参与一次国际会议，开始认识环境问题，也开启了中国环境保护的独特历程。尽管环境保护工作当时还处于起步阶段，认识还不够深入，制度也不够健全，但这一环境保护的启蒙阶段为后续可持续发展思想的传播和可持续发展战略的确立奠定了重要的基础。

（一）环境保护被提上国家政治议程

中国政府决定派团参加 1972 年在斯德哥尔摩召开的联合国人类环境会议。这是中国恢复联合国席位后，参加的第一个大型国际会议，也为中国认识自身环境问题打开了一扇重要的窗口。出席会议的代表开始认识到环境问题的严峻性，并非"社会主义没有污染"，中国城市存在的环境污染，不比西方国家轻，自然生态方面的破坏程度，中国远在西方国家之上。1973 年 8 月，中国召开第一次环境保护会议，参加会议的代表包括各地方和有关部委负责人、工厂代表、科学界人士 300 多人。会议后期，周总理决定在人民大会堂召开万人大会，在全社会普及环境保护意识。这次会议对提高社会各界对环境问题的认识起到了非常重要的作用，通过了中国环境保护的"32 字方针"，即："全面规划、合理布局、综合利用、化害为利、依靠群众、大家动手、保护环境、造福人民"，还通过了《关于保护和改善环境的若干规定》，对环境保护工作提出了要求，并做出了部署。

（二）环境保护成为基本国策

第一次全球环境保护会议之后，国务院环境保护领导小组（下设办公室）督促各地成立相应的环保机构，对环境污染状况进行调查评价，开展以消烟除尘为中心的环境治理。1983 年，第二次全国环境保护会议召开，时任副总理李鹏代表国务院宣布，确立环境保护为中国的一项基本国策，使环境保护从经济建设的边缘转移到中心位置。为了落实环境保护的基本国策，国务院制定出台了"同步发展"方针，摒弃了"先污染、后治理"的老路，要求"经济建设、城乡建设、环境建设同步规划、同步实施、同步发展，实现经济效益、社会效益、环境效益相统一"。这些战略方针从中国自身问题和需求出发，与西方可持续发展强调的经济、社会、环境协调发展的理念遥相呼应，相得益彰。

（三）初步建立了环境保护的法律体系和政策制度体系

为了落实环境保护的基本国策，1979年中国《环境保护法》正式颁布，这标志着中国环境保护迈上法制轨道。1989年环保法又作了修订。同期，还陆续制定并颁布了《水污染防治法》《大气污染防治法》《海洋环境保护法》等污染防治的单项法律和标准，相继出台了《森林法》《草原法》《水法》《水土保持法》《野生动物保护法》等资源保护方面的法律，初步构成了一个环境保护的法律框架。1988年，环保局从城乡建设环境保护部分离出来，建立了直属国务院的"国家环保局"，环保工作正式纳入政府行政管理体系。1989年，第三次全国环境保护会议召开，提出了环境保护三大政策，即预防为主、防治结合，谁污染、谁治理和强化环境管理的三大政策。同时还出台了八项管理制度，包括"三同时"制度、环境影响评价制度、排污收费制度、城市环境综合整治定量考核制度、环境保护目标责任制度、排污申报登记和排污许可证制度、限期治理制度、污染集中控制制度，初步构建了环境保护的政策制度体系。

二 可持续发展国家战略的确立和实施（1992~2000年）

1992年，中国改革开放和经济建设如火如荼，尤其是乡镇企业的无序发展，使工业污染从城市蔓延到乡村，环境问题日益突出。又一次重要的国际会议深刻影响了中国的发展进程，不仅使可持续发展理念深入人心，而且确立了中国可持续发展的国家战略，使可持续发展由思想变为政策和行动。

（一）可持续发展由理念变为国家战略

1992年6月3~14日，联合国环境与发展大会（以下简称《里约会议》）在巴西里约热内卢召开。里约会议是在全球环境持续恶化、发展问题日趋严重的背景下召开的，是继1972年6月瑞典斯德哥尔摩联合国人类环境会议之后的又一次高级别的国际盛会。会议经过两年多的筹备和磋商，通过了《关于环境与发展的里约热内卢宣言》（又称《地球宪章》）、《21 世纪议程》和《关于森林问题的原则声明》3 项文件，并签署《联合国气候变化框架公约》和《联合国生物多样性公约》两项重要公约。中国政府高度重视，由外交部牵头，国家科委、国家计委和国家环保局为成员单位组成了筹备小组，积极参加了联合国组织的各项筹备活动。在环发大会的筹备过程中，发展中国家形成"77 国集团和中国"的协商机制，后来在很多国际谈判中得到广泛应用。中国政府派出高级代表团参加了里约环发大会，时任国务院总理李鹏出席了首脑会议并发表了重要讲话，明确阐述了中国加强环境与发展领域国际合作的五点主张，并代表中国政府在五大国中率先签署了气候变化和生物多样性两项重要公约，做出了履行《21 世纪议程》等文件的庄严承诺，充分体现了中国对全球环发问题的高度重视和责任感。

会后不久，中共中央、国务院颁布了《环境与发展十大对策》，[①] 其中开篇对策一就提出"实行持续发展战略"。文件指出，"我国经济发展基本上仍然沿用以大量消耗资源和粗放经营为特征的传统发展模式，这种模式不仅会造成对环境的极大损害，而且发展本身难以持久。因此，转变发展战略，走持续发展道路，是加速我国经济发展、解决环境问题的正确选择。"显然，这里"持续发展"实际是"可持续发展"的含义，是中国首次提出实施可持续发展战略。

此后，可持续发展作为国家战略得到不断强化。例如，1995 年 9 月，江泽民主席在中共十四届五中全会上的讲话中提出，"在现代化进程中必须将可持续发展作为一项重大战略。"1996 年 3 月，八届全国人大四次会议批准了《中华人民共和国关于国民经济和社会发展"九五"计划和 2010 年远景目标纲要的报告》，[②] 第一次将可持续发展战略纳入国家规划。2001 年 3 月，九届

---

① 《我国环境与发展十大对策》，《环境工程》1993 年第 2 期。
② 《中华人民共和国关于国民经济和社会发展"九五"计划和 2010 年远景目标纲要的报告》，http://www.npc.gov.cn/wxzl/gongbao/2001-01/02/content_5003506.htm。

全国人大四次会议通过"十五"计划纲要，将实施可持续发展战略置于重要地位，完成了从确立到全面推进可持续发展战略的历史性进程。2001 年 7 月 1 日，江泽民总书记在建党八十周年纪念大会上全面阐释我国可持续发展战略，强调"坚持实施可持续发展战略，正确处理经济发展同人口、资源、环境的关系，改善生态环境和美化生活环境，改善公共设施和社会福利设施，努力开拓生产发展、生活富裕和生态良好的文明发展道路。"

（二）率先制定《中国21世纪议程》

里约会议后，1992 年 7 月由国务院环委会组织 52 个部委和机构的 300 多位专家根据《21 世纪议程》（Agenda 21）编制《中国 21 世纪议程》，[①] 作为中国可持续发展的总体战略、计划和对策方案。经过一年多的努力，1994 年 3 月 25 日，国务院第十六次常务会议讨论通过《中国 21 世纪议程》，[②] 又称《中国 21 世纪人口、环境与发展白皮书》，这是中国政府制定国民经济和社会发展中长期计划的指导性文件，也是世界上第一个国家级的可持续发展战略。

《中国 21 世纪议程》分为四大部分，每部分又分若干章，共 20 章。每章包括导言和一系列方案领域，共 78 个方案领域。其中第一部分是可持续发展总体战略与政策。论述了提出中国可持续发展战略的背景和必要性，提出了中国可持续发展战略的近期、中期和远期目标。

（1）近期目标（1994~2000 年）的重点是针对中国现存的环境与发展的突出矛盾，采取应急行动，并为长期可持续发展的重大举措打下坚实基础，使中国在保持 8% 左右经济增长速度的情况下，使环境质量、生活质量、资源状况不再恶化，并局部有所改善；加强可持续发展能力建设也是近期的重点目标。

（2）中期目标（2000~2010 年）的重点是为改变发展模式和消费模式而采取的一系列可持续发展行动；完善适应于可持续发展的管理体制、经济产

---

① 邓楠：《关于中国 21 世纪议程》，《中国软科学》1994 年第 10 期。

② 《中国 21 世纪议程——中国 21 世纪人口、环境与发展白皮书》，1994 年。

业政策、技术体系和社会行为规范。

（3）长期目标（2010 年以后）的重点是恢复和健全中国经济生态系统调控功能；使中国的经济、社会发展保持在环境和资源的承载能力之内，探索一条适合中国国情的高效、和谐、可持续发展的现代化道路，对全球的可持续发展进程做出应有的贡献。

《中国 21 世纪议程》还分别针对社会可持续发展、经济可持续发展，以及资源的合理利用与环境保护的各个具体领域，提出具体的行动目标和政策措施。社会可持续发展包括人口、居民消费与社会服务、消除贫困、卫生与健康、人类住区和防灾减灾等。经济可持续发展，将促进经济快速增长作为消除贫困、提高人民生活水平、增强综合国力的必要条件，包括可持续发展的经济政策、农业与农村经济的可持续发展、工业与交通、通信业的可持续发展、可持续能源和生产消费等。资源的合理利用与环境保护，包括水、土等自然资源保护与可持续利用，生物多样性保护，防治土地荒漠化，防灾减灾，保护大气层，控制大气污染和防治酸雨，固体废物无害化管理等。

（三）全面实施可持续发展战略

《中国 21 世纪议程》发布后，围绕该议程的实施，国内掀起了可持续发展的热潮。第一，学术界有关可持续发展的研究大量涌现。例如，1994 年 1 月 4 日，北京大学中国持续发展研究中心成立，叶文虎先生在大会上做主题报告——《创建可持续发展的新文明》，出版了《可持续发展之路》的论文集。[①] 第二，成立相关组织机制。1994 年 3 月 25 日，国家科学技术部成立了中国 21 世纪议程管理中心，推进《中国 21 世纪议程》及其优先项目的管理和实施。2000 年 8 月，国务院批准成立全国推进可持续发展战略领导小组。领导小组由国家计委担任组长，科技部任副组长，国务院 18 个部门参加。第三，各地方、各部门都行动起来，将《中国 21 世纪议程》的要求落实到本地

---

① 《可持续发展之路：北京大学首次可持续发展科学讨论会文集》，北京大学出版社，1995。

方、本部门的发展规划中，[①] 推出许多地方和行业层面的 21 世纪议程。地方层面的如 1995 年编制的《四川 21 世纪议程》，由于四川行政区划调整，四川省部分地市如成都、攀枝花等也分别编制了《成都 21 世纪议程》《攀枝花市 21 世纪议程》文本及优先项目。行业层面的例如国家海洋局在 1996 年制定的《中国海洋 21 世纪议程》，1997 年的《中国造纸工业 21 世纪议程》，1999 年编制完成的《中国 21 世纪议程农业行动计划》等。第四，开展试点，总结经验，以点带面。1997 年 11 月，为加强对地方实施《中国 21 世纪议程》的引导工作，进一步推动地方 21 世纪议程的实施，国家计委、国家科委联合发文，决定在北京、湖北、贵州、上海、河北、山西、江西、四川等省（市）和大连、哈尔滨、广州、常州、本溪、南阳、铜川、池州等地开展《中国 21 世纪议程》地方试点工作，逐步积累经验，以进一步推动全国地方 21 世纪议程工作的开展。早在 1986 年就启动的社会发展综合实验区工作，1997 年 12 月更名为"国家可持续发展实验区"，截至 2016 年底已建立 189 个实验区，成为贯彻《中国 21 世纪议程》和可持续发展战略的基地。第五，及时总结可持续发展的进展，履行国际义务。1997 年 6 月，中国向第十九届环境与发展事务特别联大提交了《中华人民共和国可持续发展国家报告》，包括五个部分，总结了 1992 年以来可持续发展的总体进展，14 个重点领域的具体行动和成就、后续部署和措施，还阐述了中国关于可持续发展若干国际问题的基本原则和立场。

三　实现千年发展目标的努力和成绩（2001~2015 年）

（一）参与制定联合国千年发展目标

长达 800 页的《21 世纪议程》载有 2500 余项各种各样的行动建议，是一份没有法律约束力的全球可持续发展计划的行动蓝图，如何使这些行动付

---

① 《中国地方 21 世纪议程行动和进展》，《环境与发展》2001 年 2 月 22 日第 3 版，上海市环境保护宣传教育中心网站，http://www.envir.gov.cn/info/2001/2/222405.htm。

诸实施，仍面临巨大挑战。2000 年 9 月，各国领导人齐聚纽约，出席联合国千年首脑会议，189 个国家签署了《联合国千年宣言》，承诺将"不遗余力地帮助我们十亿多男女老少同胞摆脱目前凄苦可怜和毫无尊严的极端贫穷状况"，并制定了八项指标，指导各国未来 15 年的发展，统称千年发展目标（Millennium Development Goals，MDGs）。具体包括：减少贫困、普及初等教育、促进两性平等并赋予妇女权利、降低儿童死亡率、改善产妇保健、与艾滋病和疟疾等疾病做斗争、环境可持续性以及建立全球伙伴关系八个方面。此后，联合国制定了衡量千年发展目标进展的统计指标并定期发布评估报告，推动千年发展目标的实现。2002 年在南非约翰内斯堡召开的第一届可持续发展世界首脑会议（World Summit on Sustainable Development — WSSD），全面审查和评价《21 世纪议程》的执行情况，重申要努力完成千年发展目标。中国在会前提交了《中华人民共和国可持续发展国家报告》，全面总结可持续发展实施进展。中国时任国家主席江泽民出席会议并发表讲话，他指出，我们需要世界各国"共赢"、平等、公平、共存的经济全球化，促进人类共同发展的关键在于建立公正合理的国际经济新秩序。进入 21 世纪，中国努力实现千年发展目标，更加坚定不移地走可持续发展的道路。

（二）实施千年发展目标取得巨大成就

根据 2015 年 7 月联合国经济和社会事务部发布的《千年发展目标报告2015》，实施千年发展目标"空前的努力取得意义深远的成绩"。[①] 报告列举的详实数据表明，所有的目标都已取得显著进展，将全球极端贫困人口减半、使小学教育性别均等、将无法获取改善的饮用水源的人口减半等具体目标基本实现。这其中，中国不仅通过将千年发展目标整合到本国发展规划中，全力落实千年发展目标，取得了举世瞩目的成就，还作为一个负责任的发展中大国，为其他发展中国家实现千年发展目标积极提供支持和帮助。毫无疑问，

---

① 联合国：《千年发展目标报告 2015》，http://mdgs.un.org/unsd/mdg/Resources/Static/Products/Progress2015/Chinese2015.pdf。

中国为全球可持续发展做出巨大贡献。

根据 2015 年 7 月发布的《中国实施千年发展目标报告（2000–2015 年）》,① 中国已经实现或基本实现了 13 项千年发展目标指标（详见表 1），特别是在减贫方面取得了巨大的成就。图 1 显示了 1990~2013 年中国与世界人类发展指数的变化，2013 年中国已经超过世界平均水平，进入高人类发展指数国家的行列。

表 1 中国实施千年发展目标的情况

具体目标	实现情况
目标 1：消除极端贫困与饥饿	
目标 1A：1990~2015 年，将日收入不足 1.25 美元的人口比例减半	已经实现
目标 1B：让包括妇女和年轻人在内的所有人实现充分的生产性就业和体面工作	基本实现①
目标 1C：1990~2015 年，将饥饿人口的比例减半	已经实现
目标 2：普及初等教育	
目标 2A：2015 年前确保所有儿童，无论男女，都能完成全部初等教育课程	已经实现
目标 3：促进两性平等和赋予妇女权利	
目标 3：争取到 2005 年在中、小学教育中消除两性差距，最迟于 2015 年在各级教育中消除此种差距	已经实现
目标 4：降低儿童死亡率	
目标 4A：1990~2015 年，将五岁以下儿童死亡率降低 2/3	已经实现
目标 5：改善孕产妇保健	
目标 5A：1990~2015 年，将孕产妇死亡率降低 3/4	已经实现
目标 5B：到 2015 年，使人人享有生殖健康服务	基本实现②
目标 6：与艾滋病病毒 / 艾滋病、疟疾和其他疾病做斗争	
目标 6A：到 2015 年，遏制并开始扭转艾滋病病毒和艾滋病的蔓延	基本实现③
目标 6B：到 2010 年，实现为所有需要者提供艾滋病病毒 / 艾滋病的治疗	基本实现④
目标 6C：到 2015 年，遏制并开始扭转疟疾和其他主要疾病的发病率	基本实现⑤
目标 7：确保环境的可持续性	
目标 7A：将可持续发展原则纳入政策和计划，扭转环境资源损失趋势	基本实现⑥
目标 7B：降低生物多样性丧失，到 2010 年显著降低生物多样性丧失的速度	没有实现
目标 7C：到 2015 年将无法持续获得安全饮用水和基本环境卫生设施的人口比例降低一半	已经实现
目标 7D：到 2020 年，明显改善约 1 亿棚户区居民的居住条件	很有可能实现
目标 8：建立全球发展伙伴关系	—

① 中国外交部、联合国驻华系统：《中国实施千年发展目标报告（2000–2015 年）》，http://www.cn.undp.org/content/china/en/home/library/mdg/mdgs-report-2015-/。

注①：2014 年底全国就业人员总量为 77253 万人，城镇登记失业率为 4.09%。2003~2014 年，全国城镇累计新增就业达 1.37 亿人。

注②：2013 年，中国户籍人口免费计划生育基本技术服务项目人群覆盖率达到 100%，流动人口达到 96%，孕产妇系统管理率达 89.5%。

注③：2014 年新报告艾滋病感染者和病人 10.4 万例，年增长率为 14.8%，疫情总体上控制在低流行水平，发病率快速上升的势头得到初步遏制。符合治疗标准的艾滋病病人病死率由 2003 年的 33.1% 降至 2013 年的 6.6%。

注④：中国自 2004 年开始实施免费艾滋病自愿咨询检测，截至 2014 年，基本建成了覆盖城乡的艾滋病防治服务网络。

注⑤：中国结核病疫上升势头已经得到有效遏制，疟疾发病率显著降低，但近年来慢性病发病率呈上升趋势。

注⑥：自 2000 年以来，中国将可持续发展原则全面纳入国民经济与社会发展规划，中国的生态系统总体呈现好转态势，环境持续恶化的趋势得到初步遏制。

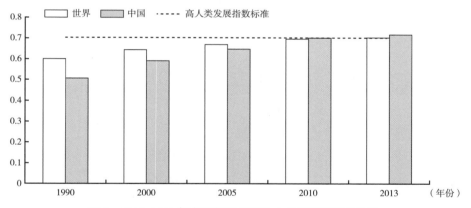

图 1　1990~2013 年中国与世界平均人类发展指数的变化

资料来源：http://hdr.undp.org/en/content/table-2-human-development-index-trends-1980-2013。

2000~2015 年，中国经济保持平稳较快发展。GDP 从 2000 年的 10.0 万亿元增加到 2014 年的 63.6 万亿元，跃升至世界第二位。经济的快速发展有力支撑了城乡居民收入增长和脱贫进程。2014 年，中国城镇居民人均可支配收入和农村居民人均纯收入分别为 28844 元和 9892 元，分别是 2000 年的 3.59 倍和 3.39 倍。中国贫困人口从 1990 年的 6.89 亿下降到 2011 年的 2.5 亿，减少了 4.39 亿人，为全球减贫事业做出了重大贡献。2004 年以来，中国粮食产量连续 11 年增长，用占世界不足 10% 的耕地，养活了占世界近 20% 的人口。中国大力推进卫生、教育等民生工程，2000 年以来累计解决了 4.67 亿农村居民的饮水安全问题，男、女小学学龄儿童净入学率稳定维持在 99% 以上。中国实现自身发展的同时，积极开展南南合作，先后为 120 多个发展中国家落实千年发展目标提供了力所能及的帮助。

报告总结了中国实施千年发展目标的主要做法，包括：（1）坚持发展是第一要务，立足国情不断创新发展理念；（2）制订并实施中长期国家发展战略规划，将千年发展目标作为约束性指标全面融入国家规划；（3）建立健全法律和制度体系，调动社会各界广泛参与；（4）大力加强能力建设，积极开展实验示范；（5）加强对外发展合作，促进发展经验互鉴。同时，报告也指出，中国与发达国家存在的差距也不容忽视，消除贫困的任务依然艰巨，发展仍不全面，区域与城乡之间不平衡、不协调的问题依然突出。

四　迈向2030年可持续发展的新征程（2015年至今）

2015 年是全球可持续发展承上启下的关键年。千年发展目标于 2015 年到期，全球可持续发展向何处去成为摆在各国政治家面前的新问题。2010 年联合国大会授权启动了后千年发展目标（Post-MDG）和 2015 年后发展议程（Post 2015 Development Agenda）的咨询和讨论。2012 年"里约 +20"联合国可持续发展首脑峰会决定建立开放工作组就可持续发展目标（Sustainable Development Goals，SDG）展开谈判，后千年目标的咨询和讨论与之合并推进。经过近 3 年的准备，在联合国的积极推动下，2015 年 9 月在美国纽约召开的联合国可持续发展首脑峰会通过了《改变我们的世界：2030 年可持续发展议程》，[①] 其核心是一套包含 17 个领域 169 个具体目标的可持续发

---

① 《变革我们的世界：2030 年可持续发展议程》，http://www.un.org/ga/search/view_doc.asp?symbol=A/RES/70/1&Lang=C。

展目标^①。2016 年 1 月 1 日，《2030 可持续发展议程》正式进入实施阶段，这是一部指导未来 15 年全球可持续发展的纲领性文件，标志着全球可持续治理掀开新的篇章。中国以生态文明建设为指导，落实《2030 可持续发展议程》，中国可持续发展也进入一个新时代。

（一）中国在2015年后发展议程谈判中的作用

围绕制定 2015 年后发展议程，在不同层次、不同范围、不同领域开展各种形式的研讨、咨询、磋商、谈判等众多活动，各国不同立场之间利益纷争也相当复杂。中国积极参与相关筹备工作，发挥了积极和建设性的作用。2013 年 9 月，中国外交部发布"2015 年后发展议程中方立场文件"，^② 不仅介绍了中国实施千年发展目标的实践，还全面阐述了中国对于 2015 年后发展议程的立场和主张。中国提出应聚焦核心议题、发展模式多样化、"共同但有区别的责任"原则、合作共赢和平等协商五个基本原则。中国提出的三大重点领域包括：（1）消除贫困和饥饿，促进经济增长；（2）全面推进社会进步，维护公平正义；（3）加强生态文明建设，促进可持续发展。中国主张建立更加平等均衡的全球发展伙伴关系，提升各国自身发展能力，并充分发挥联合国的统筹协调作用。同时各国要将发展议程纳入本国的发展战略规划，赋予各国一定的政策空间和灵活性，由各国根据本国国情，按照自愿原则落实并对执行情况进行评估。强调首先应该加强对国际层面执行手段的监督，重点审议官方发展援助、技术转让和能力建设等承诺的落实情况。还要重点帮助发展

---

① 可持续发展目标从内容上大致可以分为四组：第 1~7 项，目标涉及消除贫困，消除饥饿，保障受教育权利，促进性别平等，享有水、环境卫生和能源服务等，主要体现保障人自身发展的基本需求，特别是弱势群体的基本权利；第 8~11 项，目标涉及可持续经济增长和就业，可持续工业化和创新，减少不平等，建设可持续城市和人类居住区，可持续的消费和生产等，重点是促进可持续的经济增长和社会包容；第 13~15 项，目标涉及应对气候变化、保护海洋资源和陆地生态系统，强调环境的可持续性；第 16~17 项，涉及制度建设、执行手段和伙伴关系，意在通过国际合作加强各项目标的落实。

② 《外交部发布 2015 年后发展议程中方立场文件》，外交部网站，http://www.gov.cn/gzdt/2013~09/22/content_2492606.htm。

中国家加强数据统计能力建设，提高数据的质量和及时性等。中国的立场和主张向国际社会展现了中国作为一个负责任大国积极、务实和建设性地参与全球可持续发展治理的态度。

（二）中国落实2030年可持续发展议程的愿景

2015 年恰逢联合国成立 70 周年，2015 年 9 月 28 日，习近平主席出席联合国可持续发展峰会并发表《携手构建合作共赢新伙伴同心打造人类命运共同体》的讲话，[①] 提出"公平、开放、全面、创新"的发展理念，全面阐述中国对全球发展问题的看法。提出要"继承和弘扬联合国宪章的宗旨和原则，要构建以合作共赢为核心的新型国际关系，打造人类命运共同体"，倡议国际社会加强合作，共同落实 2015 年后发展议程，努力实现合作共赢。这些发展理念植根于中国的实践，又深刻思考、积极破解各国发展和当今世界面临的普遍性问题，展现了立足长远、共谋未来的中国智慧，为实现各国共同发展指明了正确方向。中国还宣布设立南南合作援助基金，首期提供 20 亿美元，支持发展中国家落实 2015 年后发展议程。中国还与联合国在峰会期间共同举办南南合作圆桌会议，推动各方在 2015 年后发展议程框架下进一步提升南南合作的成效。

中国领导人还在许多国际场合强调中国与国际社会一起落实 2030 年可持续发展议程的决心和信心。例如，2015 年 11 月 15 日，习近平出席在土耳其安塔利亚举行的 G20 领导人第十次峰会时，就世界经济形势发表题为《创新增长路径共享发展成果》的重要讲话，[②] 特别提到"要落实 2030 年可持续发展议程，为公平包容发展注入强劲动力"。中国将致力于在未来 5 年使中国 7000 多万农村贫困人口全部脱贫，设立"南南合作援助基

---

① 习近平:《携手构建合作共赢新伙伴同心打造人类命运共同体》，光明网，2015 年 9 月 29 日，http://news.gmw.cn/2015-09/29/content_17205547.htm。

② 《创新增长路径共享发展成果——在二十国集团领导人第十次峰会第一阶段会议上关于世界经济形势的发言》，2015 年 11 月 16 日，http://news.gmw.cn/2015-11/16/content_17737908.htm。

金"，并继续增加对最不发达国家的投资，支持发展中国家落实 2030 年可持续发展议程。中国将把落实 2030 年可持续发展议程纳入"十三五"规划。习近平主席还特别倡议"二十国集团成员都制定落实这一议程的国别方案，汇总形成二十国集团整体行动计划，助推世界经济强劲、可持续、平衡增长"。

2016 年 4 月，外交部在国际上率先发布了《落实 2030 年可持续发展议程中方立场文件》，① 提出和平发展、合作共赢、全面协调、包容开放、自主自愿和"共同但有区别的责任"六项总体原则；明确了消除贫困和饥饿、保持经济增长、推动工业化进程、完善社会保障和服务、维护公平正义、加强环境保护、积极应对气候变化、有效利用能源资源和改进国家治理等方面的重点领域和优先方向。在此基础上，中国还向国际社会提出了五个有关实施途径的建议。第一，增强各国发展能力。将落实 2030 年可持续发展议程与本国发展战略有机结合，相互促进，形成合力。第二，改善国际发展环境。维护世界和平，推动多边贸易体制均衡、共赢、包容发展，形成公正、合理、透明的国际经贸、投资规则体系，促进生产要素有序流动、资源高效配置、市场深度融合等。第三，优化发展伙伴关系。坚持南北合作主渠道，同时进一步加强南南合作，推动建立更加平等均衡的全球发展伙伴关系。第四，健全发展协调机制，将发展问题纳入全球宏观经济政策协调范畴，充分发挥联合国的政策指导和统筹协调作用，支持二十国集团（G20）制定一个有意义、可执行的 G20 落实发展议程整体行动计划，发挥 G20 在落实发展议程中的表率作用，并同联合国进程有机统一。第五，完善后续评估体系。充分发挥联合国可持续发展高级别政治论坛在后续评估中的核心作用。

---

① 《落实 2030 年可持续发展议程中方立场文件》，外交部网站，2016 年 4 月 22 日，http://www.fmprc.gov.cn/web/wjb_673085/zzjg_673183/gjjjs_674249/xgxw_674251/t1356278.shtml。

（三）制定《中国落实2030年可持续发展议程国别方案》

中国政府高度重视2030年可持续发展议程的落实，迅速做出工作部署，制定相关政策。2015年10月，十八届五中全会通过《公报》，提出"十三五"时期创新、协调、绿色、开放和共享的五大发展理念，提出"主动参与2030年可持续发展议程"[①]。将落实2030年可持续发展议程纳入"十三五"规划是中国落实可持续发展目标的基本战略和思路。2015年10月，习近平主席在2015减贫与发展高层论坛上宣布，中国未来5年将使现有标准下7000多万贫困人口全部脱贫。这是中国落实可持续发展议程的重要步骤。2015年11月5日，外交部国际经济司司长张军主持召开协调会，研究落实2030年可持续发展议程的有关工作。国家发改委、财政部、商务部等国内30多家单位有关司局负责人出席。会议围绕加强2030年可持续发展议程与国内发展规划对接、建立落实工作协调机制、制定各领域落实方案、开展国际合作等问题进行了深入讨论。[②]

2016年9月19日，国务院总理李克强在纽约联合国总部主持"可持续发展目标：共同努力改造我们的世界——中国主张"座谈会并发表重要讲话。[③]他指出，可持续发展的基础是发展，没有发展一切无从谈起。发展必须是可持续的，是经济、社会、环境的协调发展。可持续发展还是开放、联动、包容的发展，是全球的共同事业。落实2030年可持续发展议程关键在行动，要兼顾当前和长远，区分轻重缓急，优先聚焦核心任务，力争尽快取得实效。中方提出两个优先领域，一是消除贫困和饥饿，另一个是解决发展不平衡问题。两个问题都是发展中国家迫切要解决的问题。此外，还提到了难民、公

[①] 《中共十八届五中全会公报》，财新网，2015年10月29日，http://www.caixin.com/2015-10-29/100867990.html。

[②] 《外交部国际经济司主持召开落实2030年可持续发展议程协调会》，外交部网站，2015年11月5日，http://www.fmprc.gov.cn/web/wjbxw_673019/t1312600.shtml。

[③] 《李克强在"可持续发展目标：共同努力改造我们的世界——中国主张"座谈会上的讲话》，外交部网站，http://www.fmprc.gov.cn/web/ziliao_674904/zyjh_674906/t1399038.shtml。

共卫生、气候变化等突出问题。李克强总理的讲话再一次向国际社会表明中国落实 2030 年可持续发展议程的战略和决心。同时，他还简要介绍了中国国内落实该议程的进展，宣布中国政府已批准并将发布《中国落实 2030 年可持续发展议程国别方案》。中国方案注重目标的对接，将 2030 议程提出的具体目标全部纳入国家发展总体规划，并在专项规划中予以细化、统筹和衔接。强化实施保障，建立完善的相应体制机制，动员全社会加大资源投入，加强监督评估。中国有信心、有能力如期完成各项目标。中国愿意积极参与相关国际合作，支持联合国在落实可持续发展议程方面发挥更大作用。中国还将不断加大对南南合作的投入，与各国分享中国的发展经验和发展机遇。截至 2015 年底，中国累计向 166 个国家和国际、区域组织提供 4000 多亿元人民币的援款，为发展中国家培训各类人员 1200 多万人次。到 2020 年，中国对联合国有关发展机构的年度捐款总额将在 2015 年的基础上增加 1 亿美元。

2016 年 10 月 26 日，中国外交部网站上公布了《中国落实 2030 年可持续发展议程国别方案》，[①] 在回顾中国落实千年发展目标的成就和经验的基础上，分析了推进落实可持续发展议程面临的机遇和挑战，明确了中国将以创新、协调、绿色、开放、共享五大发展理念为指导思想推进落实工作，坚持和平发展、合作共赢、全面协调、包容开放的原则，从战略对接、制度保障、社会动员、资源投入、风险防控、国际合作、监督评估等七个方面入手，分步骤、分阶段推进落实《2030 年可持续发展议程》。方案还详细对照可持续发展目标逐条进行任务分解，阐述了中国未来一段时间落实 17 项可持续发展目标和 169 个具体目标的方案。由此可见，中国落实《2030 年可持续发展议程》的战略分为国内行动和国际合作两大部分，与中国正在实施的生态文明建设、绿色低碳发展等战略相辅相成。落实《2030 年可持续发展议程》不是另起炉灶，而是将其内化到国家"十三五"规划，深化和细化到各地方和部门，通过政策引导加以落实。《2030 年可持续发展议程》不仅推动了全球环境

---

① 《中国落实 2030 年可持续发展议程国别方案》，外交部网站，2016 年 10 月 12 日，http://www.fmprc.gov.cn/web/zyxw/t1405173.shtml。

治理，也为中国提供了在全球环境治理中发挥更大作用的舞台。2017 年 8 月，中国启动国际发展知识中心并发布《中国落实 2030 年可持续发展议程进展报告》，[①] 系统回顾 2015 年 9 月以来中国落实 17 个可持续发展目标的进展情况、面临的挑战以及下一步的工作设想。此前，中国还向联合国高级别政治论坛提交了自愿国家报告（VNR），是首批提交报告的 22 个国家之一。

减贫是《2030 年可持续发展议程》的首要目标，精准扶贫也是我国落实 2030 年可持续发展目标的重大战略部署。我国"十三五"提出了两个"确保"任务，即确保农村贫困人口全部脱贫和确保贫困县全部脱贫摘帽。相应到 2020 年，7000 万农村贫困人口要全部脱贫，即每年要减少 1000 多万贫困人口。国务院扶贫办最新摸底调查显示，我国现有的 7000 多万贫困农民中，因病致贫的有 42%，因灾致贫的有 20%，因学致贫的有 10%，因劳动能力弱致贫的有 8%，其他原因致贫的有 20%。而这些贫困农民绝大多数都没有增收的产业。[②] 2015 年 11 月通过的《中共中央国务院关于打赢脱贫攻坚战的决定》[③]，提出精准扶贫的"五个一批"，即通过发展生产脱贫一批、易地搬迁脱贫一批、生态补偿脱贫一批、发展教育脱贫一批、社会保障托底一批。

（四）建立中国落实2030年可持续发展议程创新示范区

以点代面，调动地方积极性，探索和总结经验是我国推动重大政策的通行做法。2016 年 12 月，国务院印发《中国落实 2030 年可持续发展议程创新示范区建设方案》，[④] 计划在"十三五"期间，创建 10 个左右国家可持续发展

---

① 《中国落实 2030 年可持续发展议程进展报告》，外交部网站，2017 年 8 月，http://www.fmprc.gov.cn/web/ziliao_674904/zt_674979/dnzt_674981/qtzt/2030kcxfzyc_686343/P020170824649973281209.pdf。
② 国务院扶贫办：《全国 7000 万贫困农民 42% 系因病致贫》，网易新闻，2015 年 12 月 16 日，http://news.163.com/15/1216/04/BAUAN08H0001121M.html。
③ 《中共中央国务院关于打赢脱贫攻坚战的决定》，政府网站，2015 年 12 月 7 日，http://www.gov.cn/zhengce/2015-12/07/content_5020963.htm。
④ 《国务院关于印发中国落实 2030 年可持续发展议程创新示范区建设方案的通知》，国发〔2016〕69，国务院网站，20016 年 12 月 31 日，http://www.gov.cn/zhengce/content/2016-12/13/content_5147412.htm。

议程创新示范区。各地参与热情高涨，先后共有 15 个省（区）政府致函科技部提出了建设申请，经过实地考察、专家评审、联席会议审议等环节，2018年 3 月，国务院新闻办举行国家可持续发展议程创新示范区建设情况发布会，① 科技部副部长徐南平宣布国务院正式批复，同意太原市、桂林市、深圳市为首批示范区。这三个城市入选，一是体现了地区区域问题的代表性，深圳是发达地区，太原是资源型城市，桂林是旅游城市，在不同的区域性质方面非常有特色；二是这三地都有很好的工作基础。建设国家可持续发展议程创新示范区，主要有四项建设任务：一是参照 2030 年可持续发展议程，结合本地现实需求，制定可持续发展规划；二是围绕制约可持续发展的瓶颈问题，加强技术筛选，明确技术路线，形成成熟有效的系统化解决方案；三是增强整合汇聚创新资源、促进经济社会协调发展的能力，探索科技创新与社会发展融合的新机制；四是积极分享科技创新服务可持续发展的经验，对其他地区形成辐射带动作用，向世界提供可持续发展中国方案。

五　中国可持续发展历程的经验和启示

纵观中国可持续发展 40 多年的发展历程，特别是伴随改革开放 40 年发生的巨大变化，可以从以下几个方面进行总结。

一是对可持续发展思想认识的不断深化。虽然中国古代有"天人合一"的哲学思想，但现代可持续发展理念源于西方，中国开始是被动接受的，甚至一些早期政府文件中使用的是"持续发展"而非"可持续发展"，更多强调"可持续发展的核心是发展"。随着改革开放，经济迅猛发展，人口、资源、环境问题日益突出，对社会经济发展构成了严重制约，粗放型增长模式难以为继。在现实困境的深刻反思中，可持续发展理念逐步深入人心，可持续发展被确立为国家战略，实施可持续发展战略，由被动接受逐渐转变为主动选

---

① 《新闻办就国家可持续发展议程创新示范区建设情况举行发布会》，国务院网站，http://www.gov.cn/xinwen/2018-03/23/content_5276861.htm#1。

择，并提升到了生态文明建设的新高度。

二是生态文明思想对 2030 年可持续发展议程的贡献。2030 议程的制定过程不同于千年发展目标，不仅仅是政治家之间的磋商，通过各种渠道调动了全社会的关注，实际也是全球对人类发展和未来命运的一次大讨论。工业文明理念下的发展，使南北发展鸿沟加深、贫富差距拉大、环境资源分配和消费存在严重不公平现象，社会公正缺失。2030 年可持续发展议程的题目是"改变我们的世界"，强调要对工业文明进行深刻反思，促进发展的范式转型，终止贫困，实现生活转型和保护地球，走向人类尊严，这不仅仅是对工业文明的反思和批判，也是在寻求一种发展范式的转变和文明的整体转型①。2030 年可持续发展议程的制定和实施与中国将生态文明建设提到新高度几乎是同步的，目标和内容都高度契合，2030 议程体现了生态文明思想，生态文明思想为落实 2030 议程提供了理论基础，指明了前进的方向。

三是全球可持续发展格局的变化与中国重新定位。在过去的半个多世纪里，国际地缘政治，世界经济、人口、能源和气候治理格局都发生了巨大变化。发达国家地位相对下降，而新兴经济体地位逐步上升。改革开放以来随着经济快速增长，中国国际地位大幅提升，逐渐走向国际治理的核心。中国正经历着经济转型，涵盖人口、经济、社会、消费、环境等多个方面，是从工业文明向生态文明的整体转型。中国在世界格局中的地位既有别于其他发展中国家，也不同于其他新兴经济体国家，更不是发达国家。中国需要客观认识全球可持续发展国际格局的新变化、新特点，结合自身具体国情进行定位。中国将由地区大国变成全球大国，肩负更多国际责任，既要冷静思考，又要奋发有为。

四是为全球可持续发展贡献中国智慧和中国方案。习近平总书记在十九大报告中提出，中国要做新时代全球生态文明建设的重要参与者、贡献者和

---

① 2014 年 12 月，联合国秘书长潘基文提交《在 2030 年前通往尊严之路：结束贫困，使所有人生活转型并保护地球》的综合报告，http://www.un.org/en/ga/search/view_doc.asp?symbol=A/69/700&referer=http://www.un.org/millenniumgoals/&Lang=C。

引领者。中国在全球可持续发展进程中已经从跟随者向重要的参与者、贡献者和引领者转变。2030 议程目标不仅在于目标本身，也是各国探索符合各自国情发展道路的过程。中国实施千年发展目标的成就全球瞩目，近年来围绕扶贫攻坚、雾霾治理、生态修复等，有许多好的做法和实践需要总结提炼，可以分享给其他发展中国家。中国作为世界上最大的发展中国家，中国的发展经验对于制定和落实 2030 年可持续发展目标有着重要的示范意义。随着中国国际地位的上升，国际社会对中国有更高的期望，中国提出构建人类命运共同体，提出"一带一路"倡议，通过绿色"一带一路"促进 2030 年可持续发展目标的落实。从某种意义上讲，这是中国主动为全球可持续发展贡献的中国方案。

结　语

中国改革开放的 40 年，不仅创造了经济快速发展的伟大成就，也带来了人口、资源、环境等一系列严峻的挑战。反思不可持续发展的发展模式，中国一直在不断探索和努力实践一条适合自身国情的可持续发展道路，在努力解决自身问题的同时，也积极为全球可持续发展做出贡献。中国的角色也从旁观者，到参与者、贡献者，再向引领者转变。

可持续发展作为全球共识，是人类社会追求的永恒主题。展望未来，机遇与挑战并存，全球可持续发展进程将不断深化。习近平总书记在全国生态环境保护大会上提出了"共谋全球生态文明建设，深度参与全球环境治理，形成世界环境保护和可持续发展的解决方案，引导应对气候变化国际合作"的新要求。进入新时代，在生态文明思想的指导下，秉承创新、协调、绿色、开放、共享的发展理念，中国可持续发展也将再谱新篇章。

第十三章　可持续城市建设实践与经验

王　谋　康文梅　刘君言　吕献红　张　莹　罗栋燊[*]

导　读：在改革开放不断推进的 40 年中，随着科学技术的发展和人类社会对资源、环境、社会治理认识的提高，绿色发展、环境友好、公平发展的理念正逐步从理论走向实践，指引中国可持续城市的建设和发展。在改革开放 40 年中，我国提出并开展了可持续城市、生态城市、生态园林城市、低碳城市、宜居城市、韧性城市、卫生城市、海绵城市、循环经济城市等一系列试点示范工作，取得了令人瞩目的成就和发展经验。本章回顾了中国可持续城市建设和发展的总体历程，从时间序列来看，大致可以分为三个阶段：第一阶段为 1986~2000 年，可持续城市发展初期实践阶段；第二阶段为 2001~2012 年，关注转型发展的可持续城市建设阶段；第三阶段为 2012 年至今，强调协调发展，关注社会公平的可持续城市建设阶段。将 40 年来开展的试点示范实践按照"改善生存条件为特征的分领域

＊　王谋，博士，中国社会科学院可持续发展研究中心秘书长、副研究员，研究领域为可持续城市、区域发展和环境治理等。康文梅，中国社会科学院硕士研究生，研究领域为环境和可持续发展问题的计量经济学分析和政策分析。刘君言，博士，绿色和平气候与能源项目主任，研究领域为生态经济学、生态系统服务核算、可持续发展经济学。吕献红，天津农学院人文学院讲师，研究方向为可持续发展经济学。张莹，博士，副研究员，研究领域为计量经济学。罗栋燊，博士，助理研究员，研究领域为低碳经济与可持续发展。

试点示范"，"促进转型发展为特征的试点示范"，"协调、公平为特征的综合试点示范"分类进行分析和比较。并在总结 40 年可持续城市发展经验的基础上提出我国可持续城市建设未来的重点工作及推动全球可持续发展的重要意义。

引 言

改革开放 40 年，伴随着改革开放的不断深入和工业化、城镇化的迅速推进，我国城市发展也进入了一个新的阶段。1978~2017 年，我国城市数量由 193 个增加到 657 个（2016 年），[①] 城镇常住总人口由 17245 万人增加到 81347 万人，占全国总人口的比重由 17.9 % 提高到 58.52 %[②]。城市化一方面孕育了城市现代文明，促进了经济、社会和文化的全面发展，提高了城市居民的生活水平；另一方面也加剧了以城市为中心的环境污染、环境污染导致的健康问题和其他城市问题。在推进改革的进程中，我国一直在探索经济社会与环境的协同发展。1979 年 9 月，五届全国人大十一次会议通过了《中华人民共和国环境保护法（试行）》；1984 年 1 月在北京召开第二次全国环境保护会议，明确提出环境保护是一项基本国策，并于同年 5 月，成立了国务院环境保护委员会，环境保护工作正式被纳入了国家计划。20 世纪 80 年代以来伴随着可持续发展理念在全球获得共识，可持续城市日益成为可持续发展研究和实践的聚焦领域。随着人居Ⅲ大会在基多的召开（HABITAT Ⅲ，2016 年 10 月 17~20 日），可持续城市建设的全球行动框架正在形成。城市作为人类社会生活、生产、消费的重要承载体，已然成为全球可持续发展的关键战场。[③]

---

① 《中国城市统计年鉴 2017》。
② 《2017 年国民经济和社会发展统计公报》。
③ 潘基文：《对市长和区域管理部门高层代表团的讲话》，2012 年 4 月 23 日。

在改革开放不断推进的 40 年中，随着科学技术的发展和人类社会对资源、环境、社会治理认识的提高，一些新的环境友好、资源节约、公平发展的理念正逐步从理论走向实践，指引中国可持续城市的建设和发展。在这 40 年中，我国提出并开展了可持续城市、生态城市、生态园林城市、低碳城市、宜居城市、韧性城市、卫生城市、海绵城市、循环经济城市等一系列试点示范工作，取得了令人瞩目的成就和发展经验。本章将回顾中国可持续城市建设和发展的总体历程，分析不同阶段的发展特征，比较不同类型试点示范城市的特点，展望可持续城市的未来发展前景。

一 可持续城市发展的总体历程

可持续发展和可持续城市建设一直伴随着我国改革开放的 40 年。我国积极参与国际社会可持续发展进程，并在城市建设领域积极响应和落实国际社会达成的共识及目标任务，在每一轮重要的国际峰会之后，我国在城市建设领域都会开展一系列实践活动。总的来看，我国可持续城市建设和发展已经走过初期单个议题、单项建设的阶段而进入强调全面发展、协调发展的探索时期。我国可持续城市的建设不仅是对全球可持续发展议程的落实，也是新时期生态文明建设的具体实践。

（一）全球可持续发展进程对中国可持续城市建设的促进

可持续城市的概念源于可持续发展理论。1984 年联合国成立世界环境与发展委员会，该委员会于 1987 年发布《我们共同的未来》报告，首次提出了可持续发展概念。并在 1992 年、2002 年、2015 年召开了全球性的可持续发展峰会，推动可持续发展形成全球共识。我国是这些会议的积极参与者和会议成果的积极实践者，每一次大会都推动了我国可持续城市建设工作。

联合国于 1992 年 6 月 3~14 日在巴西里约热内卢召开了环境与发展大会，会议通过《里约环境与发展宣言》《21 世纪议程》《关于森林问题的原则声明》等重要文件，时任总理李鹏率中国代表团出席会议。在环境与发展大会后，中国政府于 1994 年 3 月 25 日，在国务院第 16 次常务会议上讨论通过了《中国 21 世纪议程——中国 21 世纪人口、环境与发展白皮书》，提出中国可持续城市的目标是：建设规划布局合理，配套设施齐全，有利工作，方便生活，住区环境清洁、优美、安静，居住条件舒适的城市，^① 我国是最早提出并实施可持续发展战略的国家之一，也是比较早开展可持续城市建设的国家之一。1996 年 3 月，八届全国人大四次会议批准了《中华人民共和国关于国民经济和社会发展"九五"计划和 2010 年远景目标纲要的报告》，第一次以国家最高法律的形式把可持续发展列为国家的重要发展战略，推动了我国可持续发展和城市领域实践可持续发展的进程。卫生城市、健康城市、园林城市、环保模范城市等可持续发展城市建设实践蓬勃开展。1997 年召开了第十九届特别联大，评估里约大会五年来执行《21 世纪议程》的进展，国务委员宋健率团出席，并向大会提交了《中国可持续发展国家报告》，我国在推进可持续发展和可持续城市建设方面取得的成就得到国际社会的肯定。

2002 年 8 月 26 日至 9 月 4 日在南非约翰内斯堡召开的第一届可持续发展全球峰会（WSSD），是继 1992 年在巴西里约热内卢举行的联合国环境与发展会议和 1997 年在纽约举行的第十九届特别联大之后，全面审查和评价《21 世纪议程》执行情况，推进全球可持续发展伙伴关系的重要会议。同年 8 月，中国政府发表了《中华人民共和国可持续发展报告》，该报告强调，中国以人为本，以人与自然和谐为主线，以发展经济为核心，以提高人民群众生活质量为根本出发点，以科技和体制创新为突破口，不断提高综合国力和竞争力，全面推进经济、社会与人口、资源、环境的持续发展，并在城市领域开展积极实践。2002 年，十七大明确提出了生态文明的建设任务，部署并推进生态文明理论研究和实践路径的探索。同年国家环境保护总局推出生态省、生态市、生态县建设规划。2004 年，我国建设部、国家林业局分别启动了生

---

① 《城市适应气候变化行动方案》，http://www.sdpc.gov.cn/zcfb/zcfbtz/201602/t20160216_774721.html。

态园林城市、森林城市的建设工作。2008 年发布了《全国生态功能区划》《国家重点生态功能保护区规划纲要》等一系列生态保护的政策文件。[①]2010 年、2012 年开展低碳城市试点工作，2012 年 4 月，开始"海绵城市"的研究和推进工作。2014 年，中国通过了《国家新型城镇化规划（2014–2020 年）》，《规划》明确指出，所有城市应实现生态的可持续发展，同时大幅增加公共服务，关注社会公平。

2015 年 9 月，联合国 193 个会员在联合国纽约总部召开可持续发展峰会，正式通过了《2030 年可持续发展议程》，并于 2016 年 1 月 1 日正式实施。该议程涵盖 17 个可持续发展目标及 169 项具体目标，可持续城市位列第 11 个可持续发展目标，其表述为："建设包容、安全、有抵御灾害能力和可持续的城市及人类住区。"[②]2016 年 9 月，《中国落实 2030 年可持续发展议程国别方案》发布，既是对 2030SDG 目标的落实也规划了中国未来发展的路径。国务院于 2016 年 12 月印发《中国落实 2030 年可持续发展议程创新示范区建设方案》，就示范区建设做出明确部署。截至 2018 年 4 月，国务院正式批复山西太原、广西桂林、广东深圳等 3 个城市作为首批可持续发展创新示范区。低碳城市试点、城市适应气候变化行动试点、海绵城市试点、韧性城市试点以及国家新型城镇化综合试点、国家综合配套改革试验区等工作，也主动结合《中国落实 2030 年可持续发展议程国别方案》，从不同角度共同推进可持续城市的建设和各项可持续发展议程目标的落实。

（二）中国可持续城市的实践历程

我国可持续城市发展进程，从时间序列来看，大致可以分为三个阶段。第一阶段：1986~2000 年，可持续城市发展初期实践阶段；第二阶段：2001~2012 年，关注转型发展的可持续城市建设阶段；第三阶段：2012 年至

---

① 潘家华：《加强生态文明的体制机制建设》，《财贸经济》2012 年第 12 期。

② 参见《联合国可持续发展目标》，http://www.un.org/sustainabledevelopment/sustainable-development-goal。

今，强调协调发展，关注社会公平的可持续城市建设阶段。可持续城市发展阶段的划分，大致与我国经济发展阶段、水平和特征对应。第一阶段时我国经济社会发展水平相对较低，国际社会可持续发展的整体进程也处于初级阶段，所以该阶段可持续城市建设主要还是关注特殊问题尤其是影响城市居民生存的问题。可以看到我国在 1990 年代分别从卫生、基础设施、环境、健康、园林等角度，开展了一系列试点示范项目，这些由相关主管部委主导的单项实践活动，为后期可持续城市的综合实践也贡献了经验并奠定了基础（见图 1）。

2001 年我国加入世贸组织，随着外贸加工业的蓬勃发展，我国整体工业化进程快速推进，城市化进程也随之高速发展。城市成为产业聚集、人口聚集的主要载体，城市也得益于产业和人口的聚集实现了快速发展。然而，没有约束和顶层设计的城市的粗放扩张模式，很快就受到挑战，城市资源匮缺、环境污染、交通拥堵、空气质量差等问题集中出现，城市转型发展模式成为社会关注的问题。城市层面相继开展了由国家发改委、科技部、工业和信息化部等部门主导的老工业城市和资源型城市产业转型升级示范城市；国家发改委主导的低碳发展试点城市和循环经济城市、住建部主导的海绵城市、智慧城市等成为探索经济社会转型发展模式的可持续城市实践。

2012 年以来，我国经济社会发展进入一个新的阶段，在量的扩张和质的提升的博弈中，质的提升所占的分量越来越重。新一届政府明确提出了经济建设、政治建设、文化建设、社会建设、生态文明建设"五位一体"的和谐发展目标，完整覆盖了可持续发展的三个维度，城市领域的实践也更加注重综合性、整体性，重视城市发展的顶层设计，并高度关注社会公平问题。这一时期开展的可持续城市建设实践包括：国家新型城镇化综合试点，重点关注农民工融入城镇、新生中小城市培育、城市（镇）绿色智能发展、产城融合发展等公平和协调发展问题；可持续发展创新示范区，目标是为我国破解新时代社会主要矛盾、形成若干可持续发展创新示范的现实样板和典型模式，对国内其他地区可持续发展发挥示范带动效应，对外为其他国家落实 2030 年可持续发展议程提供中国经验；国家综合配套改革试验区的目的是探索新的

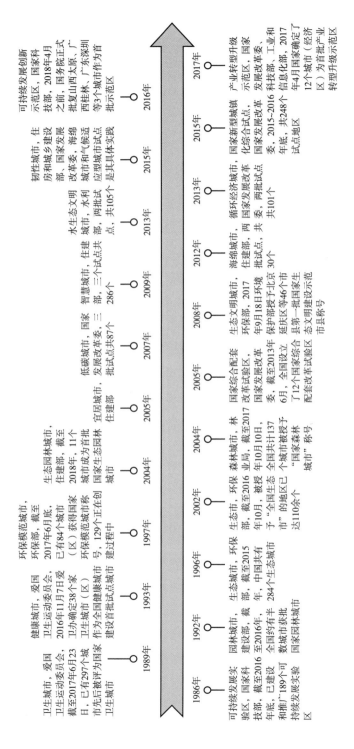

图1 中国可持续城市发展的总体历程

历史条件下区域发展的新模式，推进创新驱动发展、城乡融合、全面开放、绿色发展等重点领域改革。

二　可持续城市建设的主要实践及特征

中国在改革开放不断深化的进程中，根据可持续发展不同阶段的要求及特征，主要从社会—经济—环境方面提出创建可持续发展实验区、生态城市、国家综合配套改革试验区、低碳城市、海绵城市、可持续发展创新示范区、老工业城市和资源型城市产业转型升级示范区等多项计划。城市可持续发展领域的每个概念均有特定的时代背景、目标定位、内涵与侧重点，因此，本章主要根据上述城市概念在中国的提出时间，从概念及特征、实践与发展两个方面进行介绍和比较。

（一）改善生存条件为特征的分领域试点示范

这是我国开展可持续城市实践的早期的主要方式，在社会财富积累不是很高的情况下，主要关注环境、卫生、健康等生存型问题，符合当时的经济社会发展特征，也为后续发展奠定了基础。

（1）卫生城市。为推动我国城市卫生基础设施建设，加强城市卫生管理，改善城市卫生面貌，促进经济发展，提高文明卫生素质，全国爱国卫生运动委员会（以下简称爱卫会）于 1989 年发出了《关于开展创建国家卫生城市活动的通知》，随后国家卫生城市创建活动蓬勃开展。爱卫会从环境卫生建设角度提出了《国家城市卫生标准》和《国家卫生城市考核命名办法》。[①] 截至 2017 年 6 月 23 日，全国已经有 297 个城市先后被评为国家卫生城市。[②]

[①]《全国爱卫办关于 2012–2014 周期拟命名国家卫生城市（区）名单的公示》，http://www.nhfpc.gov.cn/jkj/s5899/201501/6af8268344bf4a12a247d1b629a76f9d.shtml。

[②]《全国爱卫会关于命名 2015–2017 周期国家卫生城市（区）的决定》，http://www.nhfpc.gov.cn/jkj/s5898/201707/b2e21dfa9d3345249c0d31d5b7656d12.shtml。

（2）健康城市。"健康城市"是与可持续城市息息相关的概念，形成于20世纪80年代，是在"新公共卫生运动"、《渥太华宪章》和"人人享有健康"的目标基础上形成的。1986年，世界卫生组织在"健康城市和乡村计划"中首次采用了健康城市的概念，并在1992年提出了健康城市的官方定义。1994年8月，在世界卫生组织的帮助下，北京市东城区、上海市嘉定区启动健康城市项目试点工作，标志着中国正式开展健康城市建设。2001年6月12日，全国爱国卫生运动委员会办公室（以下简称爱卫办）将苏州作为中国第一个"健康城市"项目试点城市向WHO正式申报。2007年底，爱卫办确定上海市等十个市（区、镇）为全国第一批建设健康城市试点，拉开了中国建设健康城市的新篇章。2012年，国务院批准实施卫生事业发展"十二五"规划，正式提出"全面启动健康城镇建设活动"。[1]2016年10月25日，中共中央、国务院公布了"健康中国2030"规划纲要。2016年11月7日，爱卫办确定38个国家卫生城市（区）作为全国健康城市建设首批试点城市。2018年4月9日，全国爱国卫生运动委员会发布了《全国健康城市评价指标体系》，该评价指标体系紧扣我国健康城市建设的目标和任务，主要针对现阶段我国城市发展中的健康问题和健康影响因素。[2]

（3）园林城市。国家园林城市自1992年由建设部创建，1992年和1996年制定、修订了12条"园林城市评选标准"，2000年5月又制定了"创建国家园林城市实施方案"。[3]2005年建设部决定命名武汉等31个城市为"国家园林城市"。20余年来，全国城市园林绿化工作成绩斐然，全国城市园林绿地总量大幅增长，城市绿地总量增加了4.7倍。60%以上的城市建立了绿线管制和公示制度，大部分城市公园绿地服务半径覆盖率接近或超过

---

① 《关于在全国范围内推进健康城市建设工作的提案》，http://www.njliaohua.com/lhd_86muq5yvgn3qhty4wk7l_1.html。

② 《全国健康城市评价指标体系发布》，人民网，http://society.people.com.cn/n1/2018/0410/c1008-29915939.html。

③ 颜京松、王如松：《生态市及城市生态建设内涵、目的和目标》，《现在城市研究》2004年第3期。

80%。^①随着我国城镇化进程的加快，城市基础设施建设滞后与改善人民生活环境的矛盾日益突出，园林绿化改善城市生态和人居环境的基础作用逐渐显现，"升级版"国家园林城市应运而生。2004 年，建设部启动国家生态园林城市创建工作；2006 年，深圳成为首个创建国家生态园林城市示范城市；2007 年，建设部选择青岛等 11 个城市作为创建试点；2012 年，《国家生态园林城市分级考核标准》出台，形成了遥感测评、专家实地考察等立体考核评估办法。2016 年 1 月 29 日，徐州等 7 个城市成为首批国家生态园林城市。^②2017 年 10 月 27 日，住建部决定命名杭州等 4 个城市为国家生态园林城市。

（4）森林城市。我国城市森林建设始于 20 世纪 80 年代，在政府部门大力推动与支持下，森林城市建设在各地蓬勃兴起。2004 年 11 月 18 日，首届中国城市森林论坛在贵州省贵阳市召开，贵阳市被批准为中国第一个国家森林城市，标志着中国国家森林城市正式起步。2007 年 3 月 15 日，国家林业局公布国家森林城市评价指标。2013 年，国家林业局编制《推进生态文明建设规划纲要（2013-2020 年）》，提出"大力开展森林城市创建活动"。2016 年 1 月 26 日，习近平总书记在中央财经领导小组第十二次会议上强调，要着力开展森林城市建设。2016 年 3 月的"十三五"规划明确提出支持森林城市建设，将森林城市建设上升为国家战略。2016 年 8 月，国家林业局发布关于《国家森林城市称号批准办法》（征求意见稿）。林业发展"十三五"规划明确提出到 2020 年要建成京津冀等 6 个国家级森林城市群。^③截至 2017 年 10 月 10 日，全国共计 137 个城市被授予"国家森林城市"称号。

---

① 中华人民共和国住房和城乡建设部，http://www.mohurd.gov.cn/zxydt/201602/t20160201_226501. html，2016 年 2 月 1 日。

② 中华人民共和国住房和城乡建设部，http://www.mohurd.gov.cn/zxydt/201602/t20160201_226501.html，2016 年 2 月 1 日。

③ 国家林业局：《到 2020 年我国将建成 6 个国家级森林城市群》，网易新闻，http://news.163.com/18/0127/07/D950722A000187VE.html。

（5）环保模范城市。国家环境保护模范城市是国家环保局根据《国家环境保护"九五"计划和2010年远景目标》提出的，它涵盖了社会、经济、环境、城建、卫生、园林等方面的内容；涉及面广、起点高、难度大，在已具备全国卫生城市、城市环境综合整治定量考核和环保投资达到一定标准基础上才能有条件创建。[①]1996年第四次全国环境保护工作会议上，国家环保局授予张家港市"国家环境保护模范城市"称号，标志着创模工作正式起步。1997年国家环保局下发了《关于开展创建国家环境保护模范城市活动的通知》，创模工作开始走上规范化、制度化轨道。其后共三次调整管理办法，2008年发布的《国家环境保护模范城市创建与管理工作办法》，明确了从规划编制实施到递交申请，再到省厅推荐、技术评估、考核验收、公示公告，以及5年复核的完整程序和制度，标志着创模管理制度逐步成熟。2011年发布的《国家环境保护模范城市考核指标及其实施细则（第六阶段）》，在前期指标体系的基础上，更加注重环境质量，突出污染减排等工作重点。指标体系的动态调整，推动环保模范城市持续改进，不断进步。[②]环境保护模范城市称号有效期为5年，不搞终身制。截至2017年6月30日，全国已有84个城市（区）获得国家环保模范城市称号，129个城市（区）正在创建过程中，覆盖省份达30个。[③]

（二）促进转型发展为特征的试点示范

随着我国工业化、城市化进程的快速推进，以产业聚集、人口聚集为特征的城市快速扩张模式受到城市环境污染严重、城市资源匮缺、城市增长动力不足以及城市生活质量下降等问题的挑战，需要探索适应新的发展阶段的城市可持续发展模式。这些探索包括城市重点产业发展转型、城市低碳发展

[①] 《关于进一步强化国家环境保护模范城市示范带头作用的通知》，中国城市低碳经济网。
[②] 姜文锦、于雷、王成新等：《国家环境保护模范城市创建新形势研究》，《环境科学与管理》2013年第11期。
[③] 《对十二届全国人大五次会议第7794号建议的答复》，http://www.mep.gov.cn/gkml/hbb/jytafw/201709/t20170928_422817.htm。

转型、城市智慧发展转型等。

（1）老工业城市和资源型城市产业转型升级示范区。老工业城市和资源型城市因工业和资源开采而兴起，但随着经济发展进入新常态并转向高质量发展，问题也逐渐显现。如这些城市的产业结构中重工业、传统产业等占比较大，产业链延伸范围狭窄，规模效应不足，同时伴有市场化的决定性作用不强，国有企业效率不高，民营经济发展不充分等问题。[①] 为推动老工业城市和资源型城市转型升级，中央政府先后发布《全国老工业基地调整改造规划（2013–2022年）》和《全国资源型城市可持续发展规划（2013–2020年）》，两个规划分别涉及120个和242个城市。2017年4月，国家发改委、科技部、工业和信息化部、国土资源部、国家开发银行五部门联合印发通知，确定12个城市（经济区）为首批产业转型升级示范区，明确了产业转型升级示范区的具体任务，并初步确定了在产业、创新、投资、金融、土地等方面对示范区的支持政策，[②] 引领老工业和资源型城市可持续发展。

（2）低碳城市。低碳的概念最早出现在人类的经济发展领域。英国在2003年《能源白皮书》中首次正式提出"低碳经济"的概念。随后，低碳的理念由经济发展领域扩展到社会生活领域。总的来看，各方对于低碳城市的解读有两个共同点。其一，低碳城市都是在经济发展的前提下，以更低的碳排放实现相同品质的经济发展；其二，低碳城市是全方位的建设，包括社会、经济、环境、文化等。我国从2008年开始探索低碳城市建设工作，国家发改委分别于2010年、2012年、2017年组织开展了三批低碳省区和城市试点。截止到目前，全国各省区中每个地区至少有一个低碳试点城市。中国还在城市方面开展了多种形式的试点示范工程，如低碳园区试点、低碳社区试点、低碳城镇试点等。

---

① 《中国公布首批12个产业转型升级示范区》，凤凰资讯，http://news.ifeng.com/a/20170423/50982889_0.shtml。

② 《发展改革委等五部委印发通知支持首批产业转型升级示范区建设》，中国政府网，http://www.gov.cn/xinwen/2017-04/21/content_5187958.htm。

（3）智慧城市。1998 年提出"数字地球"概念，"数字城市"概念也随之而出。2008 年由 IBM 公司提出智慧地球，2009 年又提出建设"智慧地球"首先需要建设"智慧城市"的口号，希望通过"智慧城市"的建设引领世界城市通向繁荣和可持续发展。智慧城市是数字城市的升级版。我国于 2009 年引入了智慧城市建设的理念。[①] 在"十二五"规划中，将智慧城市列入建设目标的城市达到了 20 多个，包括北京、天津等。[②]2012 年 12 月 5 日，住房和城乡建设部发布《关于开展国家智慧城市试点工作的通知》，标志着中国智慧城市试点工作正式开展。2012 年住房和城乡建设部印发了《国家智慧城市（区、镇）试点指标体系（试行）》，该指标体系是智慧城市创建工作的重要参考。2013 年 11 月，科技部、国家标准化管理委员会确定了 20 个城市为国家"智慧城市"技术和标准试点城市。2014 年 8 月 29 日，发改委等八部委印发《关于促进智慧城市健康发展的指导意见》，提出到 2020 年，建成一批特色鲜明的智慧城市。[③]2016 年 3 月"十三五"规划纲要提出，加强现代信息基础设施建设，推进大数据（及 AI）和物联网发展，建设智慧城市。2013 年以来，住房和城乡建设部分三批确立 286 个城市（镇）为智慧城市试点单位，其中大部分是在区、县，甚至街道、镇级的小单元进行试点。经过多年的建设积淀，我国智慧城市建设已具备全面展开的基础，并被列为国家"十三五"100 个重点建设项目之一。

（4）海绵城市。2012 年 4 月，在"2012 低碳城市与区域发展科技论坛"上，首次提出"海绵城市"概念。[④] 近年来随着城市洪涝灾害的频发，"海绵城市"及其相应的规划理念和方法得到社会各界认同，住房和城乡建设部印发的《海绵城市建设技术指南——低影响开发雨水系统构建（试行）》将海绵城市定义为：城市能够像海绵一样，在适应环境变化和应对自然灾害等方面

---

① 朱毅：《对智慧城市建设发展观念的几点思考》，《技术与市场》2018 年第 3 期。
② 许晶华：《我国智慧城市建设的现状和类型比较研究》，《城市观察》2012 年第 4 期。
③ 《关于促进智慧城市健康发展的指导意见》（发改高技〔2014〕1770 号），《中国智慧城市》2014 年 9 月 4 日。
④ 俞孔坚、李迪华、袁弘等：《"海绵城市"理论与实践》，《城市规划》2015 年第 6 期。

具有良好的"弹性"，下雨时吸水、蓄水、渗水、净水，需要时将蓄存的水"释放"并加以利用，目标是提升城市生态系统功能和减少城市洪涝灾害的发生。2013 年 12 月 12 日，习近平总书记在中央城镇化工作会议的讲话中强调："提升城市排水系统时要优先考虑把有限的雨水留下来，优先考虑更多利用自然力量排水，建设自然存积、自然渗透、自然净化的海绵城市。"2014 年 2 月，《住房和城乡建设部城市建设司 2014 年工作要点》中明确提出："督促各地加快雨污分流改造，提高城市排水防涝水平，大力推行低影响开发建设模式，加快研究建设海绵型城市的政策措施。"同年 3 月，习近平总书记在中央财经领导小组第 5 次会议上再次强调要"建设海绵家园、海绵城市"。而且 2014 年 10 月 22 日，住房和城乡建设部印发了《海绵城市建设技术指南》，[①]同年 12 月，财政部、住房和城乡建设部、水利部联合印发了《关于开展中央财政支持海绵城市建设试点工作的通知》，组织开展海绵城市建设试点示范工作。国务院办公厅于 2015 年 10 月出台《关于推进海绵城市建设的指导意见》，指出采用渗、滞、蓄、净、用、排等措施，将 70% 的降雨就地消纳和利用。[②]到 2020 年，城市建成区 20% 以上的面积达到目标要求；到 2030 年，城市建成区 80% 以上的面积达到目标要求。2017 年李克强总理的政府工作报告明确了海绵城市的发展方向，让海绵城市建设不仅仅限于试点城市，而是所有城市都应该重视这项"里子工程"。[③]2015 年 4 月以来，国家先后公布两批中央财政支持的海绵城市建设试点，共有 30 个，其中第一批海绵市试点为 16 个，第二批海绵城市试点为 14 个。

（5）韧性城市。近年来，我国城市在防洪、公共安全、空气污染和暴雪等方面也暴露出了严重的问题，如北京 721 水灾（2012 年 7 月）、京津冀和长三角灰霾（2013 年 12 月）、北京延庆 52 年来最大暴雪（2012 年 11 月）、

---

① 杨阳、林广思：《海绵城市概念与思想》，《南方建筑》2015 年第 3 期。

② 《中国打造"海绵城市"的"专利模板"》，网易新闻，引用日期 2015 年 12 月 20 日。

③ 《解读两会政府工作报告建设有里有面的"海绵城市"》，央广网，引用日期 2017 年 3 月 23 日。

武汉特大水灾（2016 年 7 月）等，超出了城市的应对能力，造成巨大的财产损失和人员伤亡，暴露出我国特大城市脆弱性突出、韧性缺失的一面。对此，我们迫切需要了解城市发展与灾害风险的关联机制，加强前瞻性规划，提升城市的气候韧性。2011 年 8 月，在成都召开了第二届世界城市科学发展论坛暨首届防灾减灾市长峰会，包括成都在内的 10 个城市共同加入"让城市更具韧性"计划，讨论并通过《让城市更具韧性"十大指标体系"成都行动宣言》和《城市可持续发展行动计划》。2013 年 11 月发布的《国家适应气候变化战略》将城市化地区作为适应的重点地区。2015 年底的中央城市工作会议中强调"城市安全第一"，均把城市防灾抗灾能力摆在核心位置。2016 年 2 月，国家发改委联合住房和城乡建设部出台了《城市适应气候变化行动方案》，提出以"安全、宜居、绿色、健康、可持续"为目标，到 2030 年建设 30 个气候适应型试点城市，目前已公布了 28 个试点城市地区。

（6）循环经济城市。循环经济的概念就是以资源的重复以及节约利用为基础，达到以最少的要素投入和最少的污染物流出来得到最大的经济发展中的收益。[1]1994 年《中国 21 世纪议程》中提出了"推行环境无害化技术，发展循环经济"的可持续发展目标，开启了建设循环经济城市的历程。国家将发展循环经济作为国家战略写入"十一五"规划。国家于 2005 年、2007 年分别建立了第一批 84 个、第二批 65 个循环经济示范点。2008 年颁布《循环经济促进法》后，我国循环经济得到全面发展。[2]2013 年 9 月国家发改委印发了《关于组织开展循环经济示范城市（县）创建工作的通知》，启动了循环经济示范城市（县）创建工作。该项工作的正式启动，标志着我国循环经济发展工作已逐渐由"点""线"延伸到"面"，由"行业""产业"层面扩展到"社会"层面。[3]2013 年 12 月，国家发改委正式确定北京市延庆县等 40

---

[1] 刘会：《城市循环经济发展模式及对策研究——以山东半岛蓝色经济区为例》，辽宁大学博士学位论文，2015。

[2] 李彩云：《中国循环经济发展水平时空演变研究》，兰州大学博士学位论文，2016。

[3] 《国家发展改革委组织开展循环经济示范城市（县）创建工作》，http://hzs.ndrc.gov.cn/newgzdt/201309/t20130909_557788.html。

个地区为 2013 年国家循环经济示范城市（县）创建地区。[①]2015 年 9 月 24 日，国家发改委等组织编制了《循环经济示范城市（县）建设实施方案编制指南》。[②]2016 年 1 月 6 日，国家发改委同意将天津市静海区等 61 个地区确定为 2015 年国家循环经济示范城市（县）建设地区。[③]2017 年，十九大对发展循环经济提出了新要求，为发展循环经济指明方向，注入动力。

（三）协调、公平为特征的综合试点示范

（1）可持续发展实验区。1984 年联合国成立世界环境与发展委员会，该委员会于 1987 年发布《我们共同的未来》报告，提出了可持续发展概念。从同一时期国内发展形势来看，在改革开放和科技进步的驱动下，国民经济开始恢复，许多地区尤其是东部沿海地区实现了经济快速发展。但与此同时，社会发展滞后、生态环境恶化等问题开始凸显。针对社会发展相对滞后、生态环境恶化以及国际上环保运动日渐兴起等趋势，1986 年，国家科委和国务院有关部委在江苏省常州市和锡山区华庄镇开始了城镇社会发展综合示范试点工作，实验区建设正式启动。[④]经过五年的科技引导社会发展综合试点工作，在"调动人的积极因素，发挥科技第一生产力作用，促进经济和社会协调、健康发展方面取得了积极成效"。[⑤]为此，国家科委与国家体改委于 1992 年决定在综合试点工作基础上，建设"社会发展综合实验区"。1994 年 3 月，实验区工作中心转向可持续发展，并要求各实验区率先建成实施《中国 21 世纪议程》和可持续发展战略的基地。至 1997 年，社会发展综合实验区数量增

---

① 《我委确定 40 个地区为 2013 年国家循环经济示范城市（县）创建地区》，http://www.ndrc.gov.cn/fzgggz/hjbh/hjjsjyxsh/201312/t20131231_573890.html。

② 《关于开展循环经济示范城市（县）建设的通知》（发改环资〔2015〕2154 号），http://hzs.ndrc.gov.cn/newzwxx/201509/t20150924_752108.html。

③ 《关于将天津静海县等 61 个地区确定为国家循环经济示范城市（县）建设地区的通知》，http://hzs.ndrc.gov.cn/newfzxhjj/xfxd/201601/t20160115_771640.html。

④ 孙新章：《国家可持续发展实验区建设的回顾与展望》，《中国人口·资源与环境》2018 年第 1 期。

⑤ 国家科学技术委员会、国家经济体制改革委员会：《关于建立社会发展综合实验区的若干意见》，1992。

至 28 个，主要分为大城市城区、县域和乡镇三种类型，主要围绕城乡统筹、社会保障、人口健康、垃圾处理等开展实验。1996 年，我国明确提出了科教兴国战略和可持续发展战略。为促进可持续发展战略和科教兴国战略的实施，将"社会发展综合实验区"更名为"可持续发展实验区"。目前，实验区工作由 20 个部门组成的部际联席会来推动。截至 2016 年，共批准建设了 189 个实验区，分布在 31 个省（区、市）。东、中、西部实验区数量基本呈现 5：3：2 格局，县域型、城区型、地级市型和乡镇型占比分别为 48%、34%、15% 和 3%，实验主题覆盖经济转型、社会治理、环境保护等可持续发展各领域。各省也相继建设了一批省级可持续发展实验区，共约 300 个。

（2）可持续发展创新示范区。为落实联合国 2030 年可持续发展议程，国务院于 2016 年 12 月印发《中国落实 2030 年可持续发展议程创新示范区建设方案》，就示范区建设做出明确部署。其总体定位是：以习近平新时代中国特色社会主义思想为指引，按照"创新理念、问题导向、多元参与、开放共享"的原则，以推动科技创新与社会发展深度融合为着力点，探索以科技为核心的可持续发展问题系统解决方案，为我国破解新时代社会主要矛盾、落实新时代发展任务做出示范并发挥带动作用，为全球可持续发展提供中国经验。主要目标是在"十三五"期间，创建 10 个左右国家可持续发展议程创新示范区，形成若干可持续发展创新示范的现实样板和典型模式，对国内其他地区可持续发展发挥示范带动效应，也对外为其他国家落实 2030 年可持续发展议程提供中国经验。[①] 截至 2018 年 4 月，国务院分别正式批复山西太原、广西桂林、广东深圳等 3 个城市作为首批示范区。

（3）国家新型城镇化综合试点。传统粗放的城镇化模式会带来产业升级缓慢、资源环境恶化、社会矛盾增多等诸多风险，可能落入"中等收入陷阱"，进而影响现代化进程。随着内外部环境和条件的深刻变化，城镇化必须进入以提升质量为主的转型发展新阶段。2014 年国家发改委发布《国家新型

---

① 《国务院关于印发中国落实 2030 年可持续发展议程创新示范区建设方案的通知》，政府信息公开专栏，http://www.gov.cn/zhengce/content/2016-12/13/content_5147412.htm。

城镇化综合试点总体实施方案》，明确了各项试点任务的总体要求，重点在农民工融入城镇、新生中小城市培育、城市（镇）绿色智能发展、产城融合发展、开发区转型、城市低效用地再开发利用、城市群协同发展机制、带动新农村建设等领域。国家发改委分别于 2015 年 2 月、2015 年 11 月、2016 年 12 月公布了三批国家新型城镇化综合试点地区，共 248 个试点地区。

（4）国家综合配套改革试验区。随着城市化、工业化快速发展，中国的经济社会发展面临诸多新的挑战，发展改革进入攻坚阶段以适应经济社会快速发展需求。2005 年 6 月 21 日，国务院总理温家宝主持召开国务院常务会议，批准上海浦东新区进行社会主义市场经济综合配套改革试点。从中国区域经济发展总体布局出发，探索新的历史条件下区域发展的新模式，由此揭开了国家综合配套改革试验区建设的新时代篇章。2005 年以来，国家已经正式批复设立了 12 个国家综合配套改革试验区，这些试验区从性质上可以分为六类：①综合性配套改革，包括上海浦东新区、天津滨海新区、深圳市、厦门市、义乌市；②统筹城乡综合配套改革，包括重庆市、成都市；③全国资源节约型和环境友好型社会建设综合配套改革试验区（以下简称两型社会综合配套改革试验区），包括武汉城市圈、长株潭城市群；④新型工业化综合配套改革，包括沈阳经济区；⑤现代农业化综合配套改革，包括黑龙江省"两大平原"；⑥资源型经济综合配套改革，包括山西省。2018 年 5 月，国家发改委印发了《2018 年国家综合配套改革试验区重点任务》，围绕深入推进创新驱动发展、城乡融合、全面开放、绿色发展等重点领域的改革，明确了 12 个国家综合配套改革试验区在新阶段的重点改革任务。①

（5）生态文明城市。生态文明的概念最早由农业经济学家叶谦吉于 1984 年提出。中国 20 世纪 80 年代开始的生态文明讨论和生态经济学研究实际上针对的还是生态退化，而不是环境污染和资源尤其是化石能源枯竭。进入 21 世纪，中国的快速、大规模工业化进程，已然超出了资源和环境的承载能力。

---

① 《每周改革快讯》（4 月 30 日至 5 月 6 日），http://www.ndrc.gov.cn/fzgggz/tzgg/ggkx/201805/t20180509_885817.html。

中国大面积雾霾、河流湖泊污染、土壤重金属毒化，[①] 表明生态失衡出现了质的突变。因而，生态文明重新提上议事日程，并放在突出地位。2007年，十七大提出生态文明的建设任务，2015年4月，中共中央、国务院通过了《关于加快推进生态文明建设的意见》，这是中央就生态文明建设做出全面专题部署的第一个文件，明确了生态文明建设的总体要求、目标愿景、重点任务和制度体系。2015年9月11日召开的中共中央政治局会议，审议通过了《生态文明体制改革总体方案》，这个方案是生态文明领域改革的顶层设计和部署。2016年10月28日，环保部印发了《全国生态保护"十三五"规划纲要》，主要目标是推动60~100个生态文明建设示范区和一批环境保护模范城创建，生态文明建设示范效应明显。[②]2017年9月18日，环境保护部授予北京市延庆区等46个市县第一批国家生态文明建设示范市县称号。

（6）宜居城市。1996年，联合国第二次人居大会提出了城市应当是适宜居住的人类居住地的概念。此概念一经提出就在国际社会达成了广泛共识，成为21世纪新的城市观。2005年，在国务院批复的《北京城市总体规划》中首次出现"宜居城市"概念。2007年，国家建设部科技司颁布《宜居城市科学评价标准》，其作为我国首部官方权威的宜居城市建设的参照，从社会文明、经济富裕等六个方面为宜居城市建设提出了导向性的科学标准。2014年，《国家新型城镇化规划（2014-2020年）》明确和谐宜居城市建设为新型城镇化的重要目标之一；2015年，中央城市工作会议提出"着力解决城市病等突出问题，不断提升城市环境质量、人民生活质量、城市竞争力，建设和谐宜居、富有活力、各具特色的现代化城市"；2016年最新发布的国家"十三五"规划纲要也专门指出要建设和谐宜居城市。目前我国许多城市已经明确将"宜居"作为城市建设的目标，在城市总体规划和空间规划中都有所体现。

（7）生态市。为解决我国日益严重的自然资源和生态环境破坏问题，

---

① 潘家华：《生态文明：一种新的发展范式》，*China Economist*，2015年第4期。

② 《关于印发〈全国生态保护"十三五"规划纲要〉的通知》，http://www.scio.gov.cn/xwfbh/xwbfbh/wqfbh/33978/20161212/xgzc35668/Document/1535185/1535185.htm。

1995 年，国家环保局发布了《全国生态示范区建设规划纲要（1996–2050 年）》，组织开展了生态示范区建设工作。生态市的主要标志包括以下几点。第一，生态环境良好并不断趋向更高水平的平衡，环境污染基本消除，自然资源得到有效保护和合理利用。第二，稳定可靠的生态安全保障体系基本形成。第三，环境保护法律、法规、制度得到有效的贯彻执行。第四，以循环经济为特色的社会经济加速发展。第五，人与自然和谐共处，生态文化长足发展。第六，城市、乡村环境整洁优美，人民生活水平全面提高。2003 年 5 月 23 日，国家环保总局发布了《生态县、生态市、生态省建设指标（试行）》。2006 年 6 月 2 日至 10 月 8 日，国家环保总局分 9 个批次命名了 183 个国家生态市（县、区），其中生态市 13 个，生态县（县级市）38 个，生态县 70 个，生态区 62 个。[①]

（8）水生态文明城市。20 世纪 90 年代末以来，我国先后开展了节水型社会、最严格水资源管理制度、河湖健康评价等一系列最直接的理论和实践探索，内容涉及城市防洪治涝、水资源高效利用等各个方面。[②]2013 年，水利部按照党中央关于生态文明建设的部署要求，启动了水生态文明城市的建设。全国 105 个城市（县、区）分别在 2013 年、2014 年被确定为全国水生态文明城市建设试点。截至 2017 年 12 月底，全国首批 46 个水生态文明城市试点已完成建设并取得显著成效。第二批 59 个试点城市建设任务正在进行，预计 2018 年全面完成。[③]

（9）绿色城市。"绿色城市"最早可以追溯到现代主义建筑大师 Le Corbusier 在 1930 年布鲁塞尔展出的"绿色城市"规划。可持续发展、绿色低碳发展等理论推动了绿色城市的实践。David Gordon 主编的《绿色城市》比较系统地界定了绿色城市的概念、内涵以及实现路径。绿色城市是在保护全球环境而掀起的绿色运动中提出的，其基于自然与人类协调发展的角度，不仅强调生

---

① 王静：《国内生态示范区建设成果研究》，《黑龙江环境通报》2016 年第 4 期。
② 胡庆芳、王银堂、李伶杰等：《水生态文明城市与海绵城市的初步比较》，《水资源保护》2017 年第 5 期。
③ 《首批 46 个水生态文明城市试点完成建设 污水处理率大幅提升》，《城市道桥与防洪》2018 年第 2 期。

态平衡、保护自然，而且注重人类健康和文化发展。[①] 我国在《"十五"计划纲要》中提出"城市绿化"的概念，《"十三五"规划纲要》中提出建设"绿色城市"的要求。绝大多数的省市都把绿色发展写入"十三五"规划，绿色城市建设也正在通过绿色产业转型发展、绿色交通、绿色消费等规划具体开展和实施。

（10）绿色生态示范城区。绿色生态示范城区是在倡导在城市的新建城区中因地制宜地利用当地可再生能源和资源，推进绿色建筑规模化发展中提出的。2013 年 3 月，住房和城乡建设部发布《"十二五"绿色建筑和绿色生态城区发展规划》，提出在"十二五"末期，要实施 100 个绿色生态城区示范建设。2012 年住房和城乡建设部首批确定中新天津生态城等 8 个绿色生态示范城区。2013 年确定了涿州生态宜居示范基地等 5 个绿色生态示范区。2014 年确定了北京市长辛店生态区等 6 个绿色生态示范区。

三 可持续城市发展经验与展望

纵观我国改革开放 40 年走过的可持续城市的发展历程，可以发现各种实验、试点区建设经历了从关注单项建设到关注整体建设的过程，由关注环境以及环境领域的单一问题向关注经济转型发展和社会治理方式的转变。在行动方式上则形成了多层次、多主体的联合行动模式。这些实践路径与社会经济发展的不同阶段是紧密联系的，也体现了可持续发展本身所具有的阶段性特征。

从中国城市的建设实践来看，推动不同类型城市创建工作（表 1），都是由相应的主管部委提出定义、建立标准并负责考核。如环保部负责生态市、生态文明城市等的标准、试点和考核；国家发改委负责低碳城市、循环经济城市的标准制定、试点和考评；住房和城乡建设部负责海绵城市、园林城市、生态园林城市等的标准、试点和考核；科技部负责可持续发展创新示范区、可持续发展实验区等的标准、试点和考核；水利部负责水生态文明城市的标准、试点和考核。由于目标和负责部委明确，上述试点、示范工作均取得良好效果。

---

① 颜京松、王如松：《生态市及城市生态建设内涵、目的和目标》，《现代城市研究》2004 年第 3 期。

表 1 不同类型试点示范城市提出时间与实践

城市类型	提出时间	主要推行机构	试点实践
社会发展综合试验区后改名为可持续发展实验区	1986 年	国家科技部	截至 2016 年底,科技部已建设和推广 189 个可持续发展实验区,遍及全国 90% 以上的省、市和自治区
卫生城市	1989 年	爱国卫生运动委员会	截至 2017 年 6 月 23 日,全国已经有 297 个城市先后被评为国家卫生城市
园林城市	1992 年	住房和城乡建设部	截至 2016 年,全国约有半数城市获评国家园林城市,212 个县城、47 个镇被授予国家园林县城、城镇称号
健康城市	1993 年	爱国卫生运动委员会	2007 年底,爱卫办启动 10 个市(区、镇)为全国第一批建设健康城市试点;2016 年 11 月 7 日,爱卫办确定 38 个国家卫生城市(区)作为全国健康城市建设首批试点城市
生态城市	1996 年	环保部	截至 2015 年,全国共有 284 个生态城市
环保模范城市	1997 年	环保部	截至 2017 年 6 月 30 日,全国已有 84 个城市(区)获得国家环保模范城市称号,129 个城市(区)正在创建过程中,覆盖省份达 30 个
生态市	2002 年	环保部	截至 2016 年 10 月,环保部共授予 110 余个地区"全国生态市"称号
生态园林城市	2004 年	住房和城乡建设部	2018 年,11 个城市成为首批国家生态园林城市
森林城市	2004 年	林业局	截至 2017 年 10 月 10 日,全国共计 137 个城市被授予"国家森林城市"称号
宜居城市	2005 年	住房和城乡建设部	—
国家综合配套改革试验区	2005 年	国家发改委	截至 2013 年 6 月,全国设立了 12 个国家综合配套改革试验区
低碳城市	2007 年	国家发改委	三批试点共 87 个,大陆的 31 个省份中每个地区至少有一个低碳试点城市
生态文明城市	2008 年	环保部	2017 年 9 月 18 日,环保部授予北京市延庆区等 46 个市县第一批国家生态文明建设示范市县称号
智慧城市	2009 年	住房和城乡建设部	三批试点,共 286 个
海绵城市	2012 年	住房和城乡建设部	两批试点,共 30 个
水生态文明城市	2013 年	水利部	两批试点,共 105 个

续表

城市类型	提出时间	主要推行机构	试点实践
循环经济城市	2013 年	国家发改委资源节约与环境保护司	两批试点，共 101 个
韧性城市	2015 年	住房和城乡建设部、国家发改委	两种试点，共 58 个
国家新型城镇化综合试点	2015 年	国家发改委	2015~2016 年底，国家发改委共批复了 248 个试点地区
可持续发展创新示范区	2016 年	科技部	2018 年 4 月，国务院正式批复山西太原、广西桂林、广东深圳 3 个城市作为首批示范区
产业转型升级示范区	2017 年	国家发改委、科技部、工业和信息化部	2017 年 4 月，国家确定了 12 个城市（经济区）为首批产业转型升级示范区

资料来源：笔者研究整理。

（一）我国可持续城市发展的特征和经验

1. 从关注单项议题向关注整体进程发展

我国从 1986 年开始"社会发展综合试验区"（1997 年后改为可持续发展实验区）的创建工作，前期进展相对缓慢，1986~1996 年仅创建发展试验区 25 个。[①] 但卫生城市、健康城市、园林城市、生态城市、环保城市、森林城市等由不同部委主导的专项规划及试点示范城市创建工作，在联合国环境与发展大会召开前后相继展开。尤其是在我国发布《中国 21 世纪议程》后，相关部委根据其职能启动和推进了与可持续发展相关的专项试点示范城市创建工作，掀起了一轮与可持续城市相关的针对不同问题的建设高潮。进入 21 世纪，随着我国加入世贸组织，城市化、工业化进程高速发展，城市环境、城市治理问题爆发式出现。而导致这些城市问题的根源很难从单方面去解释，

---

① 孙新章：《国家可持续发展实验区建设的回顾与展望》，《中国人口·资源与环境》2018 年第 1 期。

其治理方式也必然不是单一部门能够应对的。因此，一些综合性的试点项目开始实施。"社会发展综合试验区"改名为"可持续发展实验区"后，试验区数量由 25 个增加到 2015 年的 189 个；2005 年启动的"国家综合配套改革试验区"是为了顺应经济全球化与区域经济一体化趋势和完善社会主义市场经济体系的内在要求，以制度创新为主要动力，以社会经济全方位改革试点为主要特征的实验区，国务院先后批准了 12 个国家综合配套改革的试验区；2007 年启动的低碳城市项目，虽然目标是碳排放的控制，但也涉及经济结构、能源结构以及消费模式调整等经济领域的改革和发展，该试点工作已经开展了 3 批，共计 87 个省市；2014 年，《国家新型城镇化规划（2014-2020年）》[①]（以下简称《规划》）设立了以人为本的城市规划模式。新的城镇化模式将以高效率、包容性及可持续性为基础。[②]《规划》明确指出，所有城市应实现生态的可持续发展，同时大幅增加公共服务。2016 年 2 月，作为《国家适应气候变化战略》[③] 组成部分的《城市适应气候变化行动方案》（以下简称《行动方案》）[④] 正式公布，规划了实现国家可持续发展并促进生态文明建设的具体行动。[⑤]2016 年 3 月"十三五"规划明确指出，要贯彻落实创新、协调、开放、绿色、共享的发展理念。"十三五"规划制定了若干具有约束力的目标，涵盖加强资源保护与管理、加强生态保护及恢复、绿色融资和绿色产业等领域，确立推进新型城镇化，加强城乡协调发展，协调区域发展等目标。[⑥]2016 年 9 月，

---

① 《国家新型城镇化规划（2014–2020 年）》，http://www.gov.cn/zhengce/2014-03/16/content_2640075.htm。

② 世界银行、中华人民共和国国务院发展研究中心：《中国：推进高效、包容、可持续的城镇化》，https://openknowledge.worldbank.org/handle/10986/18865。

③ 关于中国气候承诺的更多信息，参见 OECD（2016）的 China's Climate Change Combat。Available at: http://www.oecd.org/environment/china-climate-change-combat.htm 及国家发展和改革委员会的《中国应对气候变化的政策与行动 2015 年度报告》，http://www.china.com.cn/zhibo/zhuanti/ch-xinwen/2015-11/19/content_37106833.htm。

④ 《城市适应气候变化行动方案》，参见 http://www.sdpc.gov.cn/zcfb/zcfbtz/201602/t20160216_774721.html。

⑤ 中国可持续发展工商理事会（2016），参见 http://english.cbcsd.org.cn/SDtrends/ 20160325/86084.shtml。

⑥ 《中华人民共和国国民经济和社会发展第十三个五年规划纲要》，参见 http://www.gov.cn/xinwen/2016-03/17/content_5054992.htm；http://www.cn.undp.org/content/china/en/home/library/south-southcooperation/13th-five-year-plan--what-to-expect-from-china.html。

《中国落实 2030 年可持续发展议程国别方案》发布，将可持续发展目标的落实与中国自身的发展重点保持一致，提出到 2020 年基本消除绝对贫困现象的目标。[①] 总的来说，由于城市问题的原因越来越复杂、综合，应对这些问题的思路和措施也必将走向复合与综合治理，部门间的协作与行动的协同将会成为可持续城市建设的主要特征，可持续城市建设也将表现为一个在顶层设计指引下的整体的进程。

2. 由关注环境、经济等生存性问题向关注社会问题发展

随着工业化、城市化水平的快速推进，全社会物质财富快速积累，我国建设可持续城市的实践，也由前期主要关注环境、经济等生存问题，如健康城市、卫生城市、森林城市、生态城市、园林城市、环保模范城市等，逐步演化为对发展方式、社会公平、社会治理方式的关注。如 12 个"国家综合配套改革试验区"建设，从中国区域经济发展总体布局出发，探索新的历史条件下区域发展的新模式；"老工业城市和资源型城市产业转型升级示范区"，通过支持传统优势产业改造升级和延伸产业链、加快创新培育新技术和新产业、加强产业合作、加快特色产业园区和产业集群建设、推进军民融合、探索工业化和信息化融合发展、制造业与服务业融合发展等，未来将用 10 年的时间，建立健全支撑产业转型升级的内生动力机制、社会支撑体系，实现绿色转型发展。《国家新型城镇化规划（2014–2020 年）》以包容性及可持续性为基础，强调公共服务均等化、农民工市民化以及就地城镇化，切实改善公共服务的可获得性和市民权利的公平性。

3. 多层次、多主体联合行动

中国可持续城市的发展通过政府、非政府组织、企业、市民等多方努力，对城市的资源进行了整合，打造以人为本的生活和工作环境，提升城市可持续发展水平。中央政府在宏观上对可持续城市发展的战略规划制定、产业政策倾斜、技术创新体系构建等方面都起到了关键性的指导作用，如 1986 年开启的可持续城市试验区，2007 年国务院颁布的《关于促进资源型城市可持续

---

① 参见 http://www.fmprc.gov.cn/web/zyxw/t1405173.shtml。

发展的若干意见》，2016 年开展"落实 2030 年可持续发展议程创新示范区"
等，推动和引导了可持续城市建设发展的方向。从部委层面来看，国家发改
委、住房和城乡建设部、生态环境保护部等部委发布了国家低碳城市标准、国
家海绵城市标准、国家宜居城市标准、国家生态城市标准等与建设可持续城市
相关的具体规范性文件。我国部分城市也围绕可持续城市建设探索和提出了一
些好的做法和机制，如 2010 年，在上海成功举办了世博会，上海世博会执行
委员会与联合国、国际展览局合作编撰了《上海手册：21 世纪可持续城市指
南》，为发展中国家城市的可持续发展提供了可供借鉴的案例和政策指导。

国际组织在推进我国可持续城市建设中也起到了积极作用。全球环境基
金于 2014 年启动了全球可持续城市综合试点项目，中国有 7 个城市成为全球
试点。我国还积极利用世界银行、亚洲开发银行、欧洲投资银行、国际农发
基金等金融组织贷款，支持建成涉及农业、林业、水土、能源、环境、城建、
防灾减灾等领域的一大批示范项目，有力推动了城市的可持续发展。2015 年
7 月，联合国环境规划署发布《可持续城市与社区评价标准导则》，并在中国
推动试点区建设。

公众在可持续城市建设中也发挥了积极作用。2001 年，中国启动了环境
警示教育活动，"西部生态世纪行"、"南水北调环保行"等一系列大型新闻采
访活动，客观反映了严峻的环境和生态现状及问题，增强了公众保护环境的
责任心和紧迫感。组织开展了"绿色学校"、"绿色社区"、"绿色家庭"创建
活动，参与学校突破 4 万所。① 多年来，中国的行政事业机关工作人员、高等
院校师生、各种环境组织和非政府组织、不同社区、家庭，以及妇女、青年
等通过不同的试点示范项目和计划积极参与可持续发展活动，从早期的环境
宣传、濒危物种保护、森林和农田保护等，逐步发展到社会主动监督、维护
环境权益、积极谏言绿色发展等推动可持续发展进程的诸多领域，主动和积
极参与可持续城市建设的公众的数量持续增长。

---

① 联合国开发计划署：《2016 年中国城市可持续发展报告：衡量生态投入与人类发展》。

（二）我国可持续城市未来发展展望

改革开放 40 年来，我国可持续城市建设已经取得了与社会经济发展水平相匹配的建设成果，也积累了丰富的建设经验。展望未来，可以更加突出和强调可持续城市建设规划在城市发展中的顶层设计作用，引领和协调城市发展；我国作为发展中国家的城市化历程、可持续城市发展和建设经验，也可以为其他发展中国家提供参考。

1. 从分散到整合，合力形成城市可持续发展的顶层设计

可持续城市发展规划由于涉及领域宽、主管部门多，部门间协调比较困难，推进相对乏力。然而，在越来越强调城市发展规划多规合一、融合协调发展的背景下，制定从分散到整合，合力形成城市可持续发展的顶层设计是重中之重，需要多层次的共同努力，部门间的相互协调，多方面的积极参与。可持续发展规划应显著区别于职能部委主导的专项规划，体现可持续发展规划的综合性、协调性，而不仅仅是"生态城市""低碳城市""海绵城市""园林城市""循环经济城市"等众多示范城市或者城市发展口号中的任何一种。虽然这些不同类别的示范城市都承载或者体现了可持续发展的理念，但可持续城市需要成为能够涵盖所有这些先进发展理念、发展路径的载体，成为多规融合，经济、社会、环境、空间布局等协调发展的顶层设计。因此，可持续城市的发展规划应该是综合、均衡、动态、可操作的，需要联合多部门、多主体共同制定和推进。

2. 从跟随者到引领者，大力推进生态文明和可持续城市建设

改革开放以来，我国一直是全球可持续发展进程的积极参与者和贡献者，但由于受经济社会发展水平的限制，在全球进程中，我国主要以跟随、参与为主，充分借鉴和分享先进国家的可持续城市发展经验，积极开展实践。我国可持续城市建设在不同部委从不同角度的推进下，已经取得了一定成效，逐步形成了生活环境改善、经济结构优化、发展方式转变、社会更加公平的良好态势。可持续城市建设取得的成绩包括：城市经济快速增长，并推动国

家经济保持持续较快发展；城市经济结构调整取得重大进展，服务业增加值占国内生产总值持续上升，居民消费率不断提高，城乡区域差距趋于缩小，常住人口城镇化率达到58.52%；城市基础设施水平全面提升，公共服务体系基本建立、覆盖面持续扩大，城市居民生活水平和质量进一步提高；城市生活环境建设取得长足进步，包括PM2.5、二氧化硫、氮氧化合物、一氧化碳等排放持续减少，节能环保水平明显提升，城市绿地面积和空气、水体质量都有积极改进；城市治理模式大幅改进，积极推进由管理向治理的转变，基本建立了多层、多元参与的治理结构，城市居民在教育、医疗以及发展机会等方面的公平权益不断改进。

十九大报告指出，我国要在经济建设、政治建设、文化建设、社会建设、生态文明建设"五位一体"总体布局和全面建成小康社会、全面深化改革、全面推进依法治国、全面从严治党"四个全面"战略布局的指引下，分两步走，在21世纪中叶建成富强、民主、文明、和谐、美丽的社会主义现代化强国。这事实上已经确定了我国可持续城市建设和发展的顶层设计。尤其是在生态文明建设方面，十九大报告提出我国应成为全球生态文明建设的重要参与者、贡献者、引领者，城市可持续发展与生态文明建设，无疑是落实十九大报告精神的重要载体，可持续城市建设将是推进绿色转型发展、实现生态文明的具体路径。

人与自然是生命共同体，可持续城市是要建设人与自然和谐共生的城市，既要创造更多物质财富和精神财富以满足人民日益增长的美好生活需要，也要提供更多优质生态产品以满足人民日益增长的优美生态环境需要。这就要求城市在发展方式上，要向绿色发展转型，在可持续城市规划和实践上，充分体现和落实加快建立绿色生产和消费的法律制度和政策导向，建立健全绿色低碳循环发展的经济体系。构建市场导向的绿色技术创新体系，发展绿色金融，壮大节能环保产业、清洁生产产业、清洁能源产业。推进能源生产和消费革命，构建清洁低碳、安全高效的能源体系。推进资源全面节约和循环利用，降低能耗、物耗，实现生产系统和生活系统循环链接。倡导简约适度、绿色低碳的生活方式，反对奢侈浪费和不合理消费，以及倡导绿色出行等行动。

中国是全球最大的发展中国家，也是正在经历城市化和工业化进程的发展中国家。改革开放40年，我国城市总数从193个发展到657个；城市化率从1978年的17.92%发展到2017年的58.52%，中国的城市化进程和城市建设、扩张的进程同步，几乎遇到了所有国家城市化过程中遇到的各种类型的问题。因此，我国可持续城市建设、城市生态文明建设的经验和路径，可以为其他发展中国家提供借鉴，引导和推动可持续城市在全球范围的实践，做全球绿色转型发展与建设全球生态文明的参与者、贡献者、引领者。

结　语

伴随着改革开放40年发展历程，我国可持续城市从1986年社会发展综合试验区（1997年后改为可持续发展实验区）的建设到2017年产业转型升级示范区的实践，开展了卫生城市、园林城市、生态城市、海绵城市、韧性城市等一系列城市的试点示范工作。总的来看，我国可持续城市发展进程大致可以分为三个阶段：第一阶段为1986~2000年，可持续城市发展初期实践阶段；第二阶段为2001~2012年，关注转型发展的可持续城市建设阶段；第三阶段为2012年至今，强调协调发展、关注社会公平的可持续城市建设阶段。从发展特征来看，可持续城市实践逐步从关注单项议题向关注整体进程发展；从关注环境、经济等生存性问题向关注社会问题发展。通过40年的发展实践，我国在可持续城市建设领域形成了多层次、多主体的联合行动，多领域、多机制协作发展的局面，取得了令人瞩目的成就和发展经验。未来我国可持续城市建设水平将进一步提升，从相对分散的不同部门的规划和发展，走向统一规划下的多部门、多领域整体协同发展。不仅要推动我国生态文明建设，践行绿色、低碳发展，还要总结发展经验，为其他发展中国家提供参考，为全球可持续发展目标的实现做出贡献。

第十四章　生态文明建设：一路砥砺前行

李　萌[*]

导　读： 建设生态文明，关系人民福祉、关乎民族未来，是中华民族永续发展的根本大计。伴随着中国的改革开放，生态文明建设经历了"在经济发展中开始注重环境保护、在社会全面进步中建设生态文明、在全面深化改革的背景下深入推进生态文明建设"三个大的发展阶段。当前，中国特色的生态文明理论已经基本形成，生态文明机制体制改革取得了突破性进展，生态环境保护和治理实践不断深化，形成了全面铺开、点上突破、上下互动、统筹推进的良好局面，生态文明建设成果丰硕，为中国特色社会主义全面发展和完善奠定了基础。但是，进一步推进中国生态文明建设仍然面临不少的问题与挑战，需要围绕加强顶层设计、强化长效机制、建立市场机制三个重点方面进行细化和创新，促进生态文明体制机制改革的落实，提高改革的执行力，释放改革的活力与红利，推进中国走进生态文明新时代。

* 李萌，博士，中国社会科学院城市与环境研究所环境经济与管理研究室主任、副研究员，研究领域为环境经济、生态文明和可持续发展，出版专著5部，发表各类论文70多篇。

引 言

生态文明是在工业文明之上、工业文明之后，吸收工业文明优势的一种新的文明形态，是人类遵循人、自然、社会和谐发展这一客观规律而取得的物质与精神成果的总和，反映了一个社会的文明与进步。生态文明建设，既不是要放弃工业文明，也不是要回到原始的生产生活方式，而是以资源环境承载能力为基础，以自然规律为准则，以可持续发展、人与自然和谐为目标，建设生产发展、生活富裕、生态良好的文明社会。生态文明建设对于当代中国具有非常重要的战略意义，关系人民福祉、关乎民族未来，是中华民族永续发展的根本大计。

一 生态文明建设的发展历程

改革开放以来，党在领导中国特色社会主义现代化建设的过程中立足于基本国情与国际环境，积极应对时代发展的新要求，继承和发展了马克思主义生态文明理论，批判吸收了中国传统文化中的生态智慧，深入开展生态文明建设的探索与实践，引领中华民族走向绿色发展与伟大复兴。根据环境保护的现状和发展理念的更新，中国生态文明建设大致可分为三个大的阶段：一是在经济发展中开始注重环境保护（1978~2002年）；二是在社会全面进步中建设生态文明（2003~2012年）；三是在全面深化改革的背景下深入推进生态文明建设（2013年至今）。这三个阶段不是截然分开的，是前后相继的关系，促进中国生态文明建设不断趋向成熟和完善。

（一）在经济发展中开始注重环境保护（1978~2002年）

1972年，联合国在瑞典斯德哥尔摩召开首届全球性的环境会议，环境保护事业逐步引起世界各国政府的重视。改革开放后，中国在将国家的工作重心转移到经济建设轨道上来的同时，也非常重视环境保护工作。针对改革开放初期经济增长以粗放型为主必然带来环境的破坏，邓小平同志明确提出要高度重视环境保护和治理，多次强调要合理利用资源，保护自然环境，号召全国人民"植树造林，绿化祖国，造福后代"。随后，党中央和国务院做出了一系列保护环境和环境整治的战略部署，并积极参与国际环境保护会议，率先制定《中国 21 世纪议程》，加入多个世界性环境保护组织，参与多个国际环境公约，同日本、德国、朝鲜等国家开展双边科技合作和交流，促进可持续发展。

与此同时，环境保护开启法制化的建设和探索。1978 年五届全国人大一次会议通过的《中华人民共和国宪法》，第一次提出保护环境和自然资源、防治污染等内容，环境保护正式入宪，这为我国环境保护法治建设奠定了基础。1989 年七届全国人大十一次会议正式通过了《中华人民共和国环境保护法》，这是我国第一部有关环境保护的基本法律，对中国环境保护做出了详细的、全面的规定，以此为基础，我国又先后制定和颁布了森林法、草原法、水法、大气污染防治法等多部环境保护实体法律，目前中国有关环境保护的法律法规多达一百多部，已初步形成了我国环境保护法律体系的基本框架。

总体来说，这一时期，我国生态环境保护理念从弱到强，中央政府逐渐重视生态环境保护和建设工作，可持续发展观念逐步形成，进行了三北防护林体系工程建设和不少污染预防的探索，生态环境法制化建设日趋完善，生态环境国际合作化日益加强，开创了中国特色的环境保护道路。

（二）在社会全面进步中建设生态文明（2003~2012年）

2002 年 11 月，党的十六大提出全面建设小康社会的战略目标，强调要把可持续发展放在突出位置，坚持保护资源和环境的基本国策，使可持续发展能力不断增强，生态环境得到改善，资源利用效率显著提高，促进人与自然的和谐，推动整个社会走上生产发展、生活富裕、生态良好的文明发展道路。2003 年 10 月，中共十六届三中全会召开，进一步明确了科学发展观，要求"五个统筹"（城乡发展统筹、区域发展统筹、经济社会发展统筹、人与自然和谐发展统筹、国内发展和对外开放统筹），推进各项事业的改革和发展。可持续发展战略、科学发展观等的提出以及相关环境保护原则和具体措施的落实，标志着我国生态文明建设又迈出具有里程碑意义的一步。

2007 年党的十七大把"生态文明"的概念首次写入党代会报告，是继物质文明、精神文明、政治文明后党提出的又一个新理念，是中国特色社会主义和中国共产党科学发展观的又一次重大理论创新。十七大提出了建设"生态文明"的重要命题，把建设生态文明列入全面建设小康社会奋斗目标的新要求，要求基本形成节约能源资源和保护生态环境的产业结构、增长方式、消费模式，循环经济形成较大规模，可再生能源比重显著上升，主要污染物排放得到有效控制，生态环境质量明显改善。2010 年 10 月，党的十七届五中全会通过的"十二五"规划建议又进一步提出，树立绿色、低碳发展理念，以节能减排为重点，健全激励和约束机制，加快建设资源节约型、环境友好型社会，提高生态文明水平。

从科学发展观的确立到生态文明建设及其目标的明确提出，这一时期我国生态环境保护进一步深入，广大人民群众的环境保护意识显著提高，生态文明建设的具体工作逐级部署，不同层面生态文明建设的试点示范开始广泛展开。

（三）在全面深化改革的背景下深入推进生态文明建设（2013年至今）

2012 年 11 月，党的十八大从新的历史起点出发，做出"大力推进生态文明建设"的战略决策，并把生态文明建设提高到前所未有的战略高度，作为建设中国特色社会主义事业总体布局，与经济建设、政治建设、文化建设、社会建设一起，形成"五位一体"的战略布局，体现了党对中国特色社会主义内涵、社会主义建设规律、人类社会发展规律的更深刻的认识和更精准的把握。2013 年，党的十八届三中全会对生态文明建设做了进一步的部署，明确指出，紧紧围绕建设美丽中国、深化生态文明体制改革，加快建立系统完整的生态文明制度体系，健全国土空间开发、资源节约利用、生态环境保护的体制机制，推动形成人与自然和谐发展的现代化建设新格局。之后，党中央、国务院通过了一系列的重要文件和指导方案，对中国生态文明建设、生态文明机制体制改革做了系统的、全面的部署与安排。

2017 年党的十九大进一步强调，建设生态文明是中华民族永续发展的千年大计，加快生态文明体制改革，坚定走生产发展、生活富裕、生态良好的文明发展道路，建设美丽中国，为人民创造良好生产生活环境，为全球的生态安全做出贡献。2018 年 3 月，十三届全国人大一次会议表决通过《中华人民共和国宪法修正案》，生态文明被历史性地写入宪法，这标志着中国的生态文明建设探索出了符合国情的中国特色发展道路、中国特色法治模式和中国特色环保策略，步入了新时代中国生态文明建设和发展的新阶段。

毋庸置疑，这一时期是中国生态文明建设全面快速发展时期。中国在探索特色社会主义道路的进程中，对生态文明的认识达到新的高度，中国特色社会主义生态文明建设思想已经形成，生态文明被纳入国家重大战略和目标构成，体制改革整体框架已经构建，生态文明建设取得了不少成就。当前，随着各地积极推动生态文明建设，特别是国家生态文明试验区的实施与全面铺开，生态文明将成为中国社会主义文明的重要组成部分并成为一种社会发展的常态，这也就意味着中国生态文明建设将逐步进入成熟阶段，生态环境总体质量不断提升，生态文明深深融入个人的思维意识中，并变成一种文化习惯，成为当代中华文明的重要构成部分。

二　生态文明建设取得的成就

（一）生态文明建设理论体系已经形成

中国在进行生态文明的实践中，不断摸索和积累，理论体系逐渐形成与完善，尤其是十八大以来，以习近平同志为核心的党中央把握时代和实践的新要求，着眼人民群众的新期待，就生态文明建设做出了一系列重要论述，形成了系统完整的生态文明建设理论，深刻回答了中国和当今世界生态文明建设发展面临的一系列重大理论和现实问题，构建了事关生态文明建设基本内涵、为什么要建设生态文明、怎样建设生态文明的科学、完整的理论体系，为生态文明建设提供了科学指南。

一是阐释了生态文明建设的基本内涵。党的十八大以来，以习近平同志为核心的党中央提出了关于生态文明建设的一系列新理念、新要求。在生态文明理念方面，明确提出要树立尊重自然、顺应自然、保护自然的理念，树立"绿水青山就是金山银山"的理念，树立自然价值和自然资本的理念，树立空间均衡的理念，树立"山水林田湖草"是一个生命共同体的理念。在生态文明与经济社会发展的关系方面，提出发展和保护相统一，保护生态环境就是保护生产力，改善生态环境就是发展生产力，必须把保护生态环境作为优先选择；良好生态环境是最公平的公共产品，是最普惠的民生福祉，必须坚持绿色惠民。在生态文明实现路径方面，强调要转变"先污染、后治理"、"重末端、轻源头"的旧思维、老路子，形成"绿色"底线思维、法治思维、系统思维，像保护眼睛一样保护生态环境，像对待生命一样对待生态环境，为人民提供干净的水源、清新的空气、安全的食品、优美的环境等。

二是回答了生态文明建设的原因。生态环境是一个国家和地区综合竞争力的重要组成部分，也是民众基本生存条件和生活质量的保障与体现。生态环境保护事关民生，事关发展，事关民众的基本发展机会、能力和权益，惠及当代，亦造福子孙。面对资源约束趋紧、环境污染严重、生态系统退化的严峻形势，必须站在中国特色社会主义全面发展和中华民族永续发展的战略高度，来深化认识并大力推进生态文明建设，努力开创社会主义生态文明新时代。尤其是随着社会的进步和人民生活水平的提高，人们对良好生态环境的需求和要求也不断增加，生态环境在群众生活幸福指数中的地位也不断凸显。建设生态文明的核心就是增加优质生态产品供给，让良好生态环境成为普惠的民生福祉，成为提升人民群众获得感、幸福感的增长点。

三是指明了生态文明建设的路径。习近平总书记提出的"绿水青山就是金山银山"和绿色发展理念，是生态文明建设的根本要求，不仅更新了关于生态与资源的传统认识，打破了简单把发展与保护对立起来的思维束缚，还指明了实现发展和保护内在统一、相互促进和协调共生的方法论，带来的是发展理念和方式的深刻转变，也是执政理念和方式的深刻转变，为生态文明建设提供了根本遵循。

同时，生态文明建设要解决融入问题，要把生态文明建设放在更加突出的位置，强化生态文明建设引领四个建设、在五位一体中占有"突出地位"形成"一融于四"的新战略意义。为此，要坚持把生态文明建设融入经济建设，更加自觉地推进绿色发展、循环发展、低碳发展。坚持把生态文明建设融入政治建设，加强顶层设计和整体谋划，促进生态文明制度创新和法治文化的常态化，这是生态文明融入政治建设的关键和根本。坚持把生态文明建设融入文化建设。坚持把生态文明建设融入社会建设，以解决人民群众最关心、最直接、最现实的利益问题作为工作重点，推动形成政府为主导、企业为主体、市场有效驱动、全社会共同参与的生态文明建设新格局。

新时代生态文明建设理论既为中国特色社会主义的生态文明建设提供行动指南、根本遵循，也为指导《2030 年可持续发展议程》在全球落地生根提供"中国方案"、"东方智慧"。

（二）生态文明机制体制改革取得突破性进展

体制机制建设是生态文明建设的根本保障，近年来中央密集出台一系列推进环境治理和生态文明建设的法律、法规及制度文件，生态文明建设的体制机制改革取得突破性进展。

一是生态文明建设顶层设计已经形成。党的十八大把生态文明建设纳入中国特色社会主义事业"五位一体"总体布局，十八届三中全会提出紧紧围绕建设美丽中国深化生态文明体制改革，十八届四中全会要求用严格的法律制度保护生态环境，十八届五中全会审议通过"十三五"规划建议。2015 年4 月，中共中央、国务院发布了《关于加快推进生态文明建设的意见》，同年9 月，中共中央、国务院印发了《生态文明体制改革总体方案》，2016 年全国两会审议批准"十三五"规划纲要。这些文件的密集出台，描绘了中央关于生态文明建设的顶层设计图，为深入推进工作指明了方向。受篇幅限制，中央深改组历次会议关于生态文明体制改革的决议、中国生态文明体制改革顶层设计推进进程分别见附录一和附录二。

二是生态文明建设制度体系加快形成并逐步完善。《生态文明体制改革总体方案》确定的 2015~2017 年要完成的 79 项改革任务中，73 项已经全部完成，6 项基本完成。① 目前，自然资源资产产权制度改革有序推进，国土空间开发保护制度日益加强，空间规划体系改革试点全面启动，资源总量管理和全面节约制度不断强化，资源有偿使用和生态补偿制度稳步探索，环境治理体系改革力度加大，环境治理和生态保护市场体系加快构建，生态文明绩效评价考核和责任追究制度已基本建立。中国生态文明体制改革八项制度建设具体进展见附录三。

三是环保法制不断健全，监管力度空前严格。近年来修订完善了《土地管理法》《水污染防治法》《大气污染防治法》《野生动物保护法》《森林法》《矿产资源法》等法律法规；制定了《土壤污染防治法》《海洋基本法》《核安全法》《深海海底区域资源勘探开发法》等法律法规；并于 2015 年 1 月 1 日起施行了"史上最严的"新《环境保护法》。同时，生态环保执法监管空前严格。为了更好地让生态文明的理念落实到实处，我国已经开始建立环保督查工作机制，强化环境保护"党政同责"和"一岗双责"要求，对领导干部实行自然资源资产离任审计，建立自然资源资产负债表、领导干部自然资源资产离任审计、区域生态文明建设目标评价与考核、环境保护责任终身责任追究、党政领导干部生态环境损害责任追究制度等。总体来看，环境保护法律法规更加健全，有法必依的法治氛围正在形成。

四是各地生态文明体制改革实践取得丰硕成果。第一，在生态红线制度方面。（1）从具体分类和界限划定来看，各省在划定红线保护区时均紧密结

---

① 杨伟民：《38 次中央深改组会议中 20 次讨论生态文明体制改革相关议题》，人民网，2017 年 10 月 23 日。

合了自己的实际情况。湖北省将生态红线区分为水源涵养区、生物多样性维护区、土壤保持区、长江中游湖泊湿地洪水调蓄区等 4 类。重庆市的生态红线区，则将具有重庆地方特点的"四山"禁建区、三峡水库消落区、生态公益林等列入其中。（2）在管理措施上，多数省份按照重要程度以分级形式对红线区实行区别化管理。多个省份将生态红线区分为一级管控区和二级管控区，如上海、江苏、湖北、湖南、陕西等。（3）从惩罚问责机制方面来看。四川省定期对红线保护成效开展绩效考核，并将考核结果作为确定生态补偿资金的直接依据。贵州省建立领导干部任期生态保护红线责任制，保护不力或抉择导致生态破坏的将被问责。

第二，在资源环境税制改革方面。2016 年 5 月，财政部、国税总局发布《关于全面推进资源税改革的通知》和《水资源税改革试点暂行办法》，明确从 2016 年 7 月 1 日起，全面推进资源税改革。《环境保护税法》自 2018 年 1 月 1 日起实施。在资源环境税制改革的具体实践层面，河北省开展水资源税试点，采取水资源费改税方式，将地表水和地下水纳入征税范围。对高耗水行业、超计划用水以及在地下水超采地区取用地下水适当提高税额标准。

第三，在生物多样性保护方面，各地也从机制体制上积极探索完善。例如，云南全省上下联动，全面加强生物多样性保护，成立了生物多样性研究院，建立了生物多样性保护基金，持续实施《云南省生物多样性保护战略与行动计划（2012–2030 年）》，率先在全国发布省级生物物种名录和红色名录，编写了《云南大百科全书》（生态编），编制实施《云南省实施国家生物多样性保护重大工程方案设计》，出台《云南省生物多样性保护条例》进行立法保护等。

（三）生态环境保护与治理工作的实践不断深化

一是环保共治格局正在形成。我国经济社会发展的不平衡性和环境问题的复杂性决定了我国环境管理模式选择的多维性。在主体架构方面，通过改革，有序地发挥了地方党委、地方政府、地方人大、地方政协、司法机关、社会组织、企业和个人在生态文明建设中的作用，环境共治的格局正在形成。

例如通过权力清单的建设，确立了权责一致、终身追究的原则。通过环境保护考核、督察、督查、约谈、追责，推进了环境保护党政同责的深入实施。环境保护企业特别是龙头企业通过投融资机制积极参与环境保护的第三方治理，促进了环境质量的改善。公民和社会组织在信息公开的基础上加强了对企业和执法机关的监督，人民群众在具体、生动的生态文明实践中感受到了环境改善的效果。

二是区域发展质量不断提升。在区域发展方面，通过改革统筹和优化了区域的发展资源。为了降低物流成本，减少物流时间，促进产业结构在更大区域范围内优化、调整甚至一体化发展，京津冀、长三角、珠三角等地加强了区域交通网络建设，京津冀等地制定了区域协同发展规划，推行统一规划、统一标准、统一监测、协同执法、统一司法、协同应急等措施。海南省、宁夏回族自治区和一些县市正在开展"多规合一"试点，发展空间正在不断优化。上游与下游间的生态补偿以及森林、草原、湿地、荒漠、海洋、水流、耕地等重点领域和禁止开发区域、重点生态功能区等重要区域生态保护补偿机制正在全面建立，区域绿色发展的公平机制开始发挥效应。

排污权交易、碳排放权交易、水权交易、用能权交易正在进行，污水和垃圾处理的第三方治理市场持续火爆，为改善区域环境质量奠定了市场基础。城市垃圾分类和城镇污水集中处理稳步推进，农村垃圾分类收集处理和农村污水治理在一些省域取得突破，城乡环境综合整治取得新进展，社会的文明意识和文明水平进入新阶段。通过区域一盘棋的绿色发展改革，整体提升了区域经济发展的质量和效率，环境保护的社会性与自然性逐渐契合。

三是突出环境问题得以缓解。生态文明建设被纳入了中国特色社会主义建设"五位一体"总体布局，以习近平同志为核心的党中央对生态文明建设做出顶层设计和总体部署，建立了生态文明建设国家治理体系。近年来，我国生态文明建设全面推进，绿色发展进程明显加快，突出环境问题得以缓解。循环经济发展成效显著，环境空气质量逐步向好，地表水水质状况总体改善，生态系统严重退化势头得到初步遏制，城乡人居环境逐步改善。由于文章篇幅的限制，具体数据和分析见附录四。

透析中国生态文明建设所取得成就，主要得益于四个方面。其一，中央强有力的指导和推动，问题和目标导向的顶层设计，改革方向明确。例如，生态文明体制机制改革，对准瓶颈和短板，精准对焦、协同发力，以自然资源资产的产权制度、空间规划体系、环境治理和生态修复市场体系等改革填补制度空白，不断创新制度和工作机制，从而形成了相互协调、相互支撑的良好局面。并通过考核方式的改革对供给侧结构性改革、政府职能改革等形成引领和倒逼，直接推动经济体制改革和金融改革，促进了绿色循环低碳产业体系的构建。其二，地方探索实践创新，典型示范，分享推广。截至 2016 年，全国已设立了 42 个国家低碳省区和低碳城市试点，16 个省区市开展了生态省建设，1000 多个市、县、区正在推进生态市县建设，命名了 92 个生态市县，4596 个生态乡镇 / 全国环境优美乡镇，全国已有六批共 72 个生态文明建设试点，第一批 57 个地区获准开展生态文明先行示范区建设，内蒙古自治区乌兰察布市等 13 个市（州、盟）和重庆市巫山县等 74 个县（市、区、旗、团）开展全国生态文明示范工程试点工作，已有 26 家国家生态工业示范园区通过验收批准命名。还有 76 个国家生态旅游示范区、105 个全国水生态文明城市建设试点、170 多处各类海洋保护区。2017 年设立国家生态文明试验区，进行资源和平台的整合，提高试点质量。各地生态环境趋向好转，经济发展的质量和效益明显提高。其三，完善法治，规范行为，深化机制体制改革，保障有力。不断深化机制体制改革，促进制度化、法律化，一直是推动生态文明建设的一个重要抓手。新《环境保护法》不仅制定了严格的考核机制，也明确了"行政拘留"、"引咎辞职"、"按日计罚"等处罚措施，首次将生态保护红线写入法律，保护公民的参与环境保护权。《生态文明建设目标评价考核办法》客观公正、科学规范、突出重点、注重实效、奖惩并举，对规范、约束相关决策起到了有力的导向和约束作用。《水污染防治法》修订案中提出环评、检测机构与排污单位承担，连带追责对消除环评走过场等积弊意义重大。随着生态文明建设体制改革的不断深入，相关体制机制也不断得到完善。

其四，从责、权、利入手，督导检查，对症施治，分类考核。"十二五"期间，国家加强对生态环保等生态文明建设工作的检查与督查力度。2016 年，由环保部牵头，中纪委、中组部的相关领导参加的中央环保督察组又掀起了多轮"督察风暴"，督察了 16 个省（区、市），群众举报的环境问题达 15761件，问责超过 4400 人，对破坏和损害生态文明建设的不法行为形成了有力的震慑。同时，结合实际情况进行分类考核，建立党政同责、齐抓共管的责任构架，切实发挥党委领导作用和党政协同共进的力量。最近又出台多项举措，确保督察的可持续和常态化。

三 生态文明建设面临的问题与挑战

（一）尚存的问题

尽管中国生态文明建设已取得诸多成就，但依然存在一些问题，代表性的问题包括以下内容。

第一，基础数据不足，失真失准。基础数据获取工作量大，投入不足，监管困难，因而总体上存在造假行为，数据失真失准。不仅有环保监测数据造假，去产能任务落实也存在虚假，反映出相关工作衔接不够，在制度上存在漏洞，亟待改正、改进。要加强对数据报送的核查、复查，杜绝再发生此类事件。

第二，改革任务的协调和可操作性偏弱，导致执行力度不够。生态文明体制改革的主体框架确立后，细节仍在不断完善中，改革任务之间的协调以及配套都需要时间。从时间安排上看，许多的改革任务都是在"十三五"期间完成，基础性改革滞后，致使部分已出台的改革措施难以落地。除了产权边界等基本概念尚待厘清、公有制主体需进一步明确等理论上的问题，还存在基础测量数据不齐全、测算技术和方法尚在探索等问题。

第三，资金和人才需求缺口较大。要实现我国治理环境污染的目标和在2030 年或之前碳排放达到峰值的国际承诺，预计每年需 3 万亿 ~4 万亿元人民币的绿色投资，财政资金不可能完全覆盖，绿色金融还需要等待更进一步的发展扩大，且要注意防范金融风险。资金使用的过程监管和效益考评需要加强。专业人才的缺乏和队伍建设也难以满足业务需要。

第四，伪生态文明现象突出。近年来，很多城市都非常重视生态建设，各部门也把生态治理当作重要工作来抓，但部门观念的差异和关注点的不同带来了不同的治理对策，很多城市为了面子工程，进行了破坏生态的伪生态行为。例如，以防洪安全为名全面硬化河道；以防火和搞卫生为名净化城市林地落叶；以治理提升为名改造原有自然景观；以美化乡村为名移植城市绿化模式，失去原有生态景观风貌等。

（二）面临的挑战

由于社会经济环境等要素的复杂性，我国当前生态文明建设工作在遇到问题的同时，也面临一些挑战。

第一，如何实现绿水青山就是金山银山。一些地区，尤其是中西部经济发展相对滞后的地区，或生态资产雄厚，或生态环境脆弱，居民收入水平和生活品质与东部地区尚有较大差距。在认识上，也表现在实践上，难以将绿水青山就是金山银山的科学论断落到实处。即便是东部地区，也存在牺牲绿水青山换取金山银山的短视行为。大范围的雾霾挥之不去，很大程度上就是由为了眼前和自身利益而牺牲长远和他人利益的行为所致。

第二，如何把绿色发展落到实处。如何把生态优势转化为发展优势，把生态需求对接到经济需求，把补足生态短板的压力变为发展转型的动力，使生态经济成为促进和拉动经济发展转型、经济发展质量双提升、增加就业、强国富民、跨越"中等收入陷阱"的强大引擎，是绿色发展必须解决的重大问题。当前绿色发展水平的提升主要是依靠政策拉动。绿色发展除了需要政策导向，还要解决资金保障、技术支撑和促进社会公平等问题。我国目前的绿色发展还刚刚起步，国际国内的客观形势决定了实现绿色发展需要长期不懈的艰苦努力。

第三，如何更好地发挥市场机制的作用。在一些改革方案中，把市场机制与市场的概念混淆，把发挥市场机制作用简单化为建立市场和引入第三方参与环境治理、环境监测、生态修复，模糊了责任主体，政府的行政职责未见减少，却增加了形成利益链条、滋生腐败的危险。如何保障市场机制作用的正常发挥，还要从体制机制以及具体运作模式上做进一步探索。

第四，如何应对生态环境治理的不确定性。以雾霾治理为例，由于形成机理复杂，减排弹性变小，大的气象条件未见变化，静稳态气象条件是否显著减少未知，短期内治理效果的不确定性依然存在，这远不是立军令状之类的做法所能解决的。需要执行更严格的空气污染物浓度与排放总量控制标准，扩大污染源控制的覆盖面，才能有效遏制空气质量的恶化趋势。既需要加强基础科研，也需要强化、细化管理，工作量大且难度高。

第五，如何实现生态文明建设模式的多样化。生态文明建设不能千篇一律，每个地方都有机会建成有区域特色的生态文明。文明是有着鲜明的民族性与区域性特色的，作为文明的一种，生态文明也不应有统一的标准，生态文明建设不应该是一个模式，如何促进生态文明建设与当地文化的结合和体现生态文明建设的本土化特色，也是应该考虑的问题之一。

四 深化生态文明体制改革的政策建议

（一）今后一段时间内生态文明建设的重点任务

2017年10月，中国共产党第十九次全国代表大会召开，这对我国生态文明体制改革具有里程碑的意义。

十九大对生态文明建设高度重视，十九大报告的十三部分中有一个部分专门讲生态文明，全文中"生态文明"直接被提及12次，"生态"有45次，"绿色"有15次，"美丽"有8次，对生态文明建设提出了一系列的新思想、新要求、新目标和新部署。十九大报告提出，未来一段时期，生态文明建设的重点任务主要包括：推进绿色发展，着力解决突出环境问题，加大生态系统保护力度，以及改革生态环境监管体制。四项任务之间的关系是，第二条重在环保，第三条重在生态保护，而第一条是两者的集合和整个经济生活发展的总体思路，还包括产业发展的综合视角，第四条则是实现中央对环保和生态的有效管控体系，是真正将前三者落到实处的关键支撑点之一。十九大报告还提出了要"打赢蓝天保卫战"、"成为全球生态文明建设的重要参与者、贡献者、引领者"等战略目标及定位，实际上也是对生态文明体制改革提出了更高的要求。附录五图释了十九大报告对未来一段时期内生态文明建设的新部署和任务重点。

总体来看，未来一段时间内，进一步推进我国生态文明建设，关键在于进一步深化我国生态文明体制改革，需要围绕加强顶层设计、强化长效机制、建立市场机制三个方面进行重点推进。

一是进一步完善顶层设计。虽然我国生态文明建设已经取得了显著的成果，但是一些突出的生态环境问题仍然没有得到完美的解决，比如打赢蓝天保卫战、长江经济带环境修复和保护，以及日益突出的农村污染治理等。

以农村污染治理为例，目前，我国环境保护工作对于工业和城市污染的重视程度要远高于农村污染防治工作，虽然这两年中央加大了对治理农村污水问题和垃圾等问题的投入，但农村污染防治工作还远不到位。对于农村污染防治工作这个相对的短板，环保部门和相关部门未来首先需要做的就是应尽快出台全面的顶层设计和部署，将农村环境污染防治工作作为乡村振兴计划的重要组成部分加以统筹规划。

二是建立和完善长效机制。中央环保督察是十八大以后习近平总书记亲自倡导推动的生态文明体制机制的一项重大改革举措。此次督察是 2015 年底从河北省开始试点的，到十九大之前已经实现了对 31 个省（区、市）的全覆盖。中央环保督察有效地促进了地方环境保护、生态文明机制的健全和完善，倒逼地方加快建立健全相关法规制度。而在中央环保督察效果如此显著的情况下，如何在已有实践基础上，建立和维持常态化、长效的环境保护督察、巡察机制是维持我国已有生态文明建设成果的重要保障，也必然是下一阶段生态文明体制改革的一个重点。

同时，当前还迫切需要建立环境管控的长效机制，让环境管控发挥绿色发展的导向作用，有效引导企业转型升级，推进技术创新，走向绿色生产，同时鼓励发展绿色产业，壮大节能环保产业、清洁生产产业、清洁能源产业，使绿色产业成为替代产业，接力经济增长。环境管控需要针对不同的企业、不同的行业、不同的区域类型，采取不同的环境管控手段，这样才能兼顾经济增长及企业竞争力，达到兼顾绿水青山和金山银山的发展目标，才可能真正推动绿色发展。

三是合理利用市场机制。多年以来，我国在生态文明建设上所采取的措施主要体现了政府监管层面的全方位加强。生态文明建设的内涵是实现经济和环境保护协调发展，而要实现经济和环境发展的双赢，光靠政府的行政推动和加强监管还远远不够，需要建立完善的市场机制和激励机制，但当前我国在这方面的工作还有待加强，这也是未来生态文明建设和体制改革的一大重点。

（二）深化生态文明机制体制改革的政策建议

今后一段时间，进一步推进我国生态文明建设的关键是深化生态文明机制体制改革，这也是确保实现绿色发展、解决突出环境问题、加大对生态系统保护的重要保障。根据当前生态文明建设的问题与重点，建议当前以"问题导向""目标导向""市场导向"三个导向为指引，切实深化管理体制、考评机制、市场机制三大改革，促进生态文明体制机制改革的落实，提高改革的执行力，释放改革的活力与红利，推动中国走进生态文明新时代。

1. 打破利益藩篱，把握"问题导向"，创新生态环境监管体制，提高改革的执行力

当前生态文明体制改革已进入后半程的操作和落实时期，但由于固化的

环保体制安排不尽合理，环保机构职能分散、权责错位、执法无力、监管不力，体制改革的众多战略和安排还仅停留在文件和条款阶段。

所谓监管，其实是包含了监督与管理两层含义，因此，生态环境的监管主体应由三方面构成：一是生态环保部作为政府专业管理部门的监督与管理；二是各类社会组织的监督，如环境公益组织等；三是广大民众的监督。在社会组织与民众的监督方面，主要是缺乏制度保障，无力监督、无渠道监督，结果是无法监督。要改革生态环境监管体制，就要针对这些问题，实施"问题导向"的监管体制改革模式。

（1）明晰自然资源资产产权制度，推进所有权、使用权、监管权的分离。产权明晰是实施自然资源资产化管理的重要前提，是自然资源权利归属秩序得以建立的基础，也是自然资源权利流转秩序得以实现的必要条件。因此，我国应首先建立并最终形成归属清晰、权责明确、监管有效的自然资源资产产权制度体系。要尽快完成自然资源确权登记，明确资源的所有者和使用者，为自然资源监督管理明确责任主体。适当延长使用权期限，使之与资源开发利用的经济周期相适应；尽量避免使用权频繁调整，尤其对土地、林业等周期长的资源，必须确保使用权的长期稳定。目前整合了八个部门的相关职能而新组建的自然资源部，就是要落实中央关于统一行使全民所有自然资源资产所有者的职责，为保护和合理开发自然资源提供科学指引，应尽快完成自然资源确权登记，确保自然资源的有偿使用和合理开发使用，统一行使自然资源的监管、保护和修复。

明确中央各部门间、中央与地方间资源管理的责、权、利关系，防止因资源产权管理不严或产权纠纷造成的自然资源资产流失。在遵循统一制度规定的基础上对自然资源资产进行管理，但在对自然资源资产进行具体管理时，应根据不同的自然资源类别及其特征和所在的区域、行业进行差别化管理、分类化管理。同时，按照所有权与经营权分开的原则，积极完善市场化机制，构建多元化的自然资源资产经营管理模式。

（2）完善环保管理制度，明确各部门职责边界。在生态环境保护方面，统一环保决策及监管，执行则实行专业分工负责，通过立法明确各机构及部门的职责边界。2015年，中共中央、国务院印发了《生态文明体制改革总体方案》，明确提出："完善环境保护管理制度。建立和完善严格监管所有污染物排放的环境保护管理制度，将分散在各部门的环境保护职责调整到一个部门，逐步实行城乡环境保护工作由一个部门进行统一监管和行政执法的体制。"

我国环境分管部门过多，这必然导致环境行政职能分散、权限混乱等问题，而这种情况也使我国环境保护部门权能被削弱。2018年3月新成立的生态环境部负责统一监管生态和环境保护。同时，按照决策权、执行权和监督权分开的原则，这个部门主要是在顶层设计方面及执法监督方面实现统一。具体行政执行则应由不同地方的专业机构分工负责其专业领域内的环境保护问题，并通过立法明确各部门及机构的职责范围及边界。

（3）修订完善相关法律，建立综合性的法律政策体系。就法律而言，要根据生态文明体制改革的要求，对已有的法律体系进行审视与改进。要加快修订完善土地管理法、矿产资源法、水法、草原法、森林法等资源法律法规，加强自然资源综合立法。尤其是对以宪法为基础，以环境保护法为主体的直接针对资源节约、环境友好的，涉及中央与地方、国内与国际的法律体系进行修订、补充和完善，并加大执法的力度，营造守法光荣、违法可耻的舆论氛围。就政策而言，在产业政策、消费政策、人口政策、土地政策、金融政策、财政政策等政策中进一步体现有利于生态文明体制改革导向的同时，尽快构建以生态补偿政策、排污权交易政策、环境税收政策、绿色信贷、保险和证券政策等为主要内容的环境经济政策群。

（4）建立健全自然资源和生态环境保护的社会公众参与机制。持续加强对社会公众的自然资源知识宣传和教育，使其意识到自然资源的稀缺性和保护资源的必要性，全面提升社会公众资源环境的主人翁意识。从自然资源资产公共管理与个人企业经营的切身利益关系入手，培养公众可持续利用资源的价值观，提高公众自觉参与自然资源管理的主动性。培育和发展壮大社会组织的生态环境保护作用。环保组织在环境管理方面具有得天独厚的优势：一是利益无关，相对公正；二是层级简单，效率高；三是专业性强；四是增加群众参与感，提高群众环保意识。相比于政府和企业之间监督与被监督的关系，环保组织在调节政府与企业之间的关系上发挥着桥梁作用。英国环境保护组织在标准制定、监督政府和企业、技术交流、人员培训等方面发挥了重要作用。我国社会组织发展起步晚、专业性较弱，还需要进一步发挥环保组织的作用，推动社会组织成为政府环境治理的参谋、助手和监督员。

2. 根植绿色发展，强化"目标导向"，深化生态文明考评机制，确保改革的落地

生态文明体制改革，特别是各项政策措施落实过程中面临的阻力主要来自各级政府行政部门对于事权的复杂把持及不同的利益诉求。在现阶段，生态文明改革要快速推进，就不能受事权划分的困扰，改革要采取迂回而进的策略，从考核目标入手，引导、鼓励各级政府积极推动生态文明建设工作。

（1）构建综合性的政绩评价考核标准。所谓综合性的政绩评价考核标准有两层含义：一是看政绩不能只看经济方面的状况，还要看基尼系数、恩格尔系数、城乡二元结构指数、人文指数和环境指数等；二是即使看经济状况，也不能只看经济增长的速度与规模，还要看经济结构、质量和效益，看单位GDP的能耗、水耗、物耗，单位GDP的污染物排放水平，以及劳动生产率、单位土地面积的经济容量等。只有这样，我们才能做到生产发展、生活富裕和生态良好的三者并举共赢，才能在兼顾经济发展的同时，实现"打赢蓝天保卫战"的战略目标。

（2）构建以生态文明建设考核结果为依据的奖惩机制。运用考评结果改进工作，加强生态文明建设的日常检查和年终考核，发现问题及时督促有关单位整改。建设奖惩机制，将考核结果作为领导干部提拔任用的重要依据，对在生态文明建设中做出突出贡献的单位和个人给予表彰奖励。切实建设生

态环境损害责任终身追究制度，对不顾生态环境盲目决策造成严重后果的领导干部，要严格追究其责任。

（3）构建多部门共同参与的考评机制。生态文明体制改革是一项涉及经济、政治、文化、社会、生态各方面的庞大系统工程，必须加强组织领导，齐抓共管。建议中央明确牵头部门和责任部门，建立组织部门、经济综合部门、环保部门、统计部门、监察部门等多部门共同参与的考评机制，全面深化与推进生态文明考评机制改革工作。

3. 秉承生态引领，夯实"市场导向"，构建生态产业发展机制，释放改革的红利

生态文明体制改革的根本目的是通过改革推进生态文明领域国家治理体系和治理能力现代化，解决人民日益增长的美好生活需要和不平衡不充分发展之间的矛盾，提供更多优质生态产品的供给，努力走向社会主义生态文明新时代。

目前，我国生态文明建设的"四梁八柱"已初步成形。空间规划体系改革试点全面启动，资源总量管理和全面节约制度不断强化，资源有偿使用和生态补偿制度稳步推进，环境治理体系改革力度加大，环境治理和生态保护市场体系加快构建，生态文明绩效评价考核和责任追究制度已基本建立。但是，这些政策的重点集中在顶层设计，特别是行政绩效考核评价方面，在具体的市场机制方面，还有很多需要完善和细化的领域，尤其是市场活力的激发。因此，下一阶段的政策重点应逐步转向完善生态文明建设的市场机制方面，特别要重视可操作性和激励性，应根据市场需要构建相关机制。

生态文明市场是一个崭新的市场，一般而言，包括生态产品市场、排污权交易市场、环境信息市场、环境咨询市场、环境保护服务市场等。建立社会主义市场经济体制必须培育和发展统一、开放、竞争、有序的市场体系。概言之，市场体系就是各类市场相互联系成为有机统一体。在新的形势下，我们要积极树立新思维、主动研究新规律、努力寻求新办法，从而健全和完善生态文明市场体系，深化生态文明制度的改革和创新。

（1）正确发挥市场机制的作用，需要精准的政策导向。正确发挥市场机制作用，就必须学习并善于用经济手段解决问题，更加强调政策的精准。如环境执法中排污费的征收被普遍认为缺乏刚性，如果变环境执法为税收执法，则市场机制作用的发挥就会更稳定。下一步，我们要加快环境税改革，加快完善既有的财政、税收政策，要站在全局和战略高度，做到面上的全覆盖，防止某些领域存在政策"真空"，并正确把握完善政策体系和突出政策重点的关系。同时，通过市场机制的激活，促进生态红利的释放。改革开放以来我国经济发展的动力在很大程度上源自"人口红利"，通过城市化和工业化得以实现并放大。当前，全面"二孩"政策并不能扭转人口老龄化态势，人口红利源泉已近枯竭。生态文明时代经济社会发展的新生引擎应该是生态红利的释放和放大，而生态红利需要通过产业化和市场化才能得以真正实现，这是我们下一阶段生态文明体制改革的重点。

（2）逐步发挥市场机制在盘活自然资源资产和增值价值中的作用。通过政策引导，让自然资源参与分配，分享发展红利。目前让自然休养生息、优先生态修复，可以逐步让自然资源资产复原，但尚不能完全满足生态系统良性互动的可持续发展需要。自然资源作为生态系统很重要的一个组成部分，其存量和质量不仅需要维系保值，还需要增值，自然资源的产品和收益为人类与自然所分享，让自然资源参与国民经济的分配体系，形成生态文明建设的人与自然相和谐的收益分配机制保障，同时，也可以扩大生态文明建设领域的市场空间及潜力。

自然资源资产化管理是盘活自然资源资产、维护国家所有者权益的必然要求，也是合理开发利用自然资源的有效保证。自然资源的资产化管理要求发挥市场在自然资源有效合理配置中的积极作用，最大限度地调动市场主体的积极性。在我国，政府部门一直被认为是自然资源可持续管理的主体，而自然资源管理的实践证明，私人或厂商才是解决资源问题的关键。除了加快健全自然资源资产产权制度体系这一首要工作外，还应在开展试点的基础上，逐步建立国家和重点区域范围内的自然资源资产交易市场，加快自然资源及其产品价格的改革，扩大资源税范围，逐步健全资源有偿使用制度，使资源开发利用能够反映资源稀缺程度和对生态环境损害、修复的成本。

（3）创新市场机制发挥正向激励，助力绿色动能的转换和长效机制的建设。长期以来，我国在生态文明建设上所采取的措施主要体现了政府监管层面的全方位加强。生态文明建设的内涵是实现经济和环境保护协调发展，而要实现经济和环境发展的双赢，仅靠政府的行政推动和监管加强还远远不够，需要建立完善的市场机制，尤其是激励机制。

在环境治理方面，推动发展排放权市场，释放资源环境有价信号，提高资源效率，并在此基础上建立健全排污权定价机制和交易制度，探索多种排污权交易的有效市场化运作。在引导、促进生态产业发展上，打造有利于科技创新和引致生态产品需求的市场环境，发展绿色金融，建立生态产品交易机制和交易市场，助力生态产品市场价值的实现并不断拓展。

结　语

新时期对我国的生态文明建设提出了更多、更高的要求。习近平总书记在 2018 年 5 月全国生态环境保护大会上指出，当前我国生态文明建设正处于压力叠加、负重前行的关键期，已进入提供更多优质生态产品以满足人民日益增长的优美生态环境需要的攻坚期，也到了有条件、有能力解决生态环境突出问题的窗口期。这要求我们在总结以往工作成就的基础上，进一步深化环境治理体系的变革，加大污染防治技术和环境治理能力建设，到 21 世纪中叶，物质文明、政治文明、精神文明、社会文明、生态文明全面提升，绿色发展方式和生活方式全面形成，不断促进人与自然的和谐共生，确保生态环境领域国家治理体系现代化的全面实现。

附录一：中国生态文明体制改革顶层设计推进进程

时间	决议（内容）	里程碑意义
2005 年 12 月	国务院发布《国务院关于落实科学发展观加强环境保护的决定》	在国家层面首提生态文明
2007 年 10 月	党的十七大报告：建设生态文明，基本形成节约能源资源和保护生态环境的产业结构、增长方式、消费模式	把生态文明建设纳入全面建设小康社会的奋斗目标体系
2012 年 11 月	党的十八大报告：把生态文明建设放在突出地位，融入经济建设、政治建设、文化建设、社会建设各方面和全过程，努力建设美丽中国，实现中华民族永续发展	把生态文明建设纳入"五位一体"总体布局之中，生态文明正式进入经济和社会发展的主战场
2013 年 11 月	十八届三中全会通过《中共中央关于全面深化改革若干重大问题的决定》	启动了生态文明体制改革，全面、清晰地阐述了生态文明制度体系的构成及其改革方向、重点任务
2014 年 10 月	十八届四中全会要求用严格的法律制度保护生态环境，以法治手段推进生态文明建设	从立法、司法等方面为进一步推进我国环境法治建设提供了重要的依据
2015 年 4 月	中共中央、国务院发布《关于加快推进生态文明建设的意见》	全面、系统地提出了生态文明建设的指导思想、基本原则、主要目标、主要任务和关键举措，这是指导我国生态文明建设的纲领性文件
2015 年 9 月	中共中央、国务院印发《生态文明体制改革总体方案》，阐明了我国生态文明体制改革的指导思想、理念、原则、目标、实施保障等重要内容	提出八项基础性制度框架，是生态文明领域改革的顶层设计和全面部署，标志着生态文明建设从十八大蓝图设计的最高层，党中央、国务院对生态文明建设目标任务的分解已经到了制度和体制层面
2015 年 10 月	十八届五中全会提出"必须牢固树立并切实贯彻创新、协调、绿色、开放、共享的发展理念"	将绿色发展纳入新发展理念，对新时期生态文明建设起到了统一思想、明确目标、引领行动的作用
2016 年	全国两会审议批准"十三五"规划纲要	将生态环境质量改善作为全面建成小康社会的目标，提出加强生态文明建设的重大任务举措

附录二：中央深改组历次会议关于生态文明体制改革的决议

年份	深改组会议	召开时间	审议通过
2014 年	第二次会议	2 月 28 日	《关于经济体制和生态文明体制改革专项小组重大改革的汇报》
2015 年	第十四次会议	7 月 1 日	《环境保护督察方案（试行）》
			《生态环境监测网络建设方案》
			《关于开展领导干部自然资源资产离任审计的试点方案》
			《党政领导干部生态环境损害责任追究办法（试行）》
	第十九次会议	12 月 9 日	《中国三江源国家公园体制试点方案》
2016 年	第二十二次会议	3 月 22 日	《关于健全生态保护补偿机制的意见》
	第二十三次会议	4 月 18 日	《宁夏回族自治区空间规划（多规合一）试点方案》
	第二十四次会议	5 月 20 日	《探索实行耕地轮作休耕制度试点方案》
	第二十五次会议	6 月 27 日	《关于设立统一规范的国家生态文明试验区的意见》
			《国家生态文明试验区（福建）实施方案》
			《关于海南省域"多规合一"改革试点情况的报告》
2016 年	第二十六次会议	7 月 22 日	《贫困地区水电矿产资源开发资产收益扶贫改革试点方案》
			《关于省以下环保机构监测监察执法垂直管理制度改革试点工作的指导意见》
	第二十七次会议	8 月 30 日	《重点生态功能区产业准入负面清单编制实施办法》
			《生态文明建设目标评价考核办法》
			《关于在部分省份开展生态环境损害赔偿制度改革试点的报告》
	第二十八次会议	10 月 11 日	《关于全面推行河长制的意见》
			《省级空间规划试点方案》
	第二十九次会议	11 月 1 日	《建立以绿色生态为导向的农业补贴制度改革方案》
			《关于划定并严守生态保护红线的若干意见》
			《自然资源统一确权登记办法（试行）》
			《湿地保护修复制度方案》
			《海岸线保护与利用管理办法》
	第三十次会议	12 月 5 日	《关于健全国家自然资源资产管理体制试点方案》
			《关于加强耕地保护和改进占补平衡的意见》
			《大熊猫国家公园体制试点方案》
			《东北虎豹国家公园体制试点方案》
			《围填海管控办法》

续表

年份	深改组会议	召开时间	审议通过
2017 年	第三十二次会议	2 月 6 日	《按流域设置环境监管和行政执法机构试点方案》
	第三十四次会议	4 月 18 日	《关于禁止洋垃圾入境推进固体废物进口管理制度改革实施方案》
	第三十五次会议	5 月 23 日	《关于建立资源环境承载能力监测预警长效机制的若干意见》
			《关于深化环境监测改革提高环境监测数据质量的意见》
			《跨地区环保机构试点方案》
			《海域、无居民海岛有偿使用的意见》
	第三十六次会议	6 月 26 日	《祁连山国家公园体制试点方案》
			《领导干部自然资源资产离任审计暂行规定》
			《国家生态文明试验区（江西）实施方案》
			《国家生态文明试验区（贵州）实施方案》
			《国家生态文明试验区（福建）推进建设情况报告》
	第三十七次会议	7 月 19 日	《关于创新体制机制推进农业绿色发展的意见》
			《建立国家公园体制总体方案》
	第三十八次会议	8 月 29 日	《关于完善主体功能区战略和制度的若干意见》
			《生态环境损害赔偿制度改革方案》
	十九届中央深改组第一次会议	11 月 20 日	《农村人居环境整治三年行动方案》
			《关于在湖泊实施湖长制的指导意见》

附录三：中国生态文明体制改革八项制度建设进展

制度体系（八项制度）	建设进程		
自然资源资产产权制度	2013 年 11 月	党的十八届三中全会通过《中共中央关于全面深化改革若干重大问题的决定》	首次提出要健全自然资源资产产权制度和用途管制制度
	2016 年 11 月	中央深改组第二十九次会议审议通过《自然资源统一确权登记办法（试行）》，要求以不动产登记为基础，依照规范内容和程序进行统一登记	自然资源所有者不到位、所有权边界模糊的问题有望得到解决
	2016 年 12 月	中央深改组第三十次会议审议通过《关于健全国家自然资源资产管理体制试点方案》	积极探索尝试，形成可复制、可推广的管理模式

续表

制度体系 （八项制度）			建设进程	
国土空间开发保护制度	主体功能区配套政策的完善	2015年7月	环保部与国家发改委出台《关于贯彻实施国家主体功能区环境政策的若干意见》	把环境保护的要求融入国家主体功能区战略中，使"五位一体"的融合要求明确化、具体化、有针对性
		2017年8月	中央深改组第三十八次会议审议通过《关于完善主体功能区战略和制度的若干意见》	强调要推动主体功能区战略格局在市县层面精准落地，健全不同主体功能区差异化协同发展长效机制
	建立以国家公园为主体的自然保护地体系	2013年11月	党的十八届三中全会，首次提出建立国家公园体制	首次提出建立国家公园体制
		2015年9月	中共中央、国务院印发《生态文明体制改革总体方案》（中发〔2015〕25号）	对建立国家公园体制提出了具体要求
		2017年9月	中共中央办公厅、国务院印发《建立国家公园体制总体方案》	明确建立国家公园体制的目标和要求
空间规划体系改革试点		2014年8月	国家发改委、国土部、环保部和住建部4部委联合发布《关于开展市县"多规合一"试点工作的通知》	提出在全国28个市县开展"多规合一"试点
		2015年4月	住建部与海南省政府签署联合开展《海南省总体规划》编制工作合作协议	共同推进海南"多规合一"改革
		2016年12月	中共中央办公厅、国务院办公厅印发《省级空间规划试点方案》，我国将在海南、宁夏试点基础上，综合考虑地方现有工作基础和相关条件，将吉林、浙江、福建、江西、河南、广西、贵州等7个省份纳入省级空间规划试点范围	省级空间规划试点工作正式全面开展
		2017年6月	中央深改组第三十六次会议审议通过《国家生态文明试验区（江西）实施方案》《国家生态文明试验区（贵州）实施方案》《国家生态文明试验区（福建）推进建设情况报告》	中国生态文明试验区建设进入全面铺开和加速推进阶段

续表

制度体系 （八项制度）		建设进程	
资源总量管理和 全面节约制度		2012年 11月	党的十八大报告	将节约资源和保护环境放在突出位置，确定节约优先、保护优先、自然恢复为主的基本方针
		2016年 3月	中共中央、国务院印发《中华人民共和国国民经济和社会发展第十三个五年规划纲要》	对全面节约和高效利用资源提出了明确要求
		2016年 5月	中共中央、国务院印发《关于加快推进生态文明建设的意见》	
		2016年 12月	国土资源部出台《关于推进矿产资源全面节约和高效利用的意见》	提出到2020年基本建立全面节约和高效利用指标体系和长效机制的目标
资源有偿使用和生态补偿制度	资源有偿使用制度不断完善	2017年 1月	中共中央办公厅、国务院办公厅印发《关于创新政府配置资源方式的指导意见》，对公共自然资源配置方式做出安排	要求以建立产权制度为基础，实现资源有偿获得和使用
		2017年 1月	国务院印发《关于全民所有自然资产有偿使用制度改革的指导意见》	针对土地、水、矿产、森林、草原、海域海岛等6类国有自然资源不同特点和情况，分别提出了建立完善有偿使用制度的重点任务
		2017年 5月	中央深改组第三十五次会议审议通过《海域、无居民海岛有偿使用的意见》	强调海域、无居民海岛是全民所有自然资产资产的重要组成部分
	生态补偿制度稳步探索	2016年 3月	中央深改组第二十二次会议审议通过《关于健全生态保护补偿机制的意见》	生态补偿机制顶层设计获得重大进展
		2016年 4月	国务院办公厅发布《关于健全生态保护补偿机制的意见》	详细提出实行以地方补偿为主、中央财政给予支持的横向生态保护补偿机制办法
		2016年 8月	中央深改组第二十七次会议审议通过《关于在部分省份开展生态环境损害赔偿制度改革试点的报告》。	同意在吉林、江苏、山东、湖南、重庆、贵州、云南7省市开展生态环境损害赔偿制度改革试点
		2016年 10月	财政部、环境保护部在江西省南昌市举行东江流域上下游横向生态补偿机制协议签署仪式，江西、广东两省人民政府签署了《东江流域上下游横向生态补偿协议》	生态补偿试点工作全面启动

续表

制度体系 （八项制度）		建设进程	
环境治理体系	生态环境损害赔偿制度的确立与完善	2015年12月	中共中央办公厅、国务院办公厅印发《生态环境损害赔偿制度改革试点方案》	提出到2020年，力争在全国范围内初步构建责任明确、途径畅通、技术规范、保障有力、赔偿到位、修复有效的生态环境损害赔偿制度
		2016年6月	环保部发布《生态环境损害鉴定评估技术指南总纲》和《生态环境损害鉴定评估技术指南损害调查》	标志着中国《宪法》《物权法》和各类环境、资源法确立的自然资源国家所有权开始进入司法保护途径
		2017年8月	中央深改组第三十八次会议审议通过《生态环境损害赔偿制度改革方案》（方案），强调在全国范围内试行生态环境损害赔偿制度	这是国家层面首次以制度化方式对生态环境损害赔偿制度进行较系统和完善的规定
	大气、水、土壤污染防治方面	2013年9月	国务院正式发布《大气污染防治行动计划》	中国有史以来力度最大的空气清洁行动
		2015年4月	国务院印发《水污染防治行动计划》，即《水十条》	实施最严格的源头保护和生态修复制度
		2016年5月	国务院正式发布《土壤污染防治行动计划》	这是当前和今后一段时期全国土壤污染防治工作的行动纲领
	排污许可证的大力推行	2016年11月	国务院办公厅印发《控制污染物排放许可制实施方案》	明确到2020年完成覆盖所有固定污染源的排污许可证核发工作，建立控制污染物排放许可制，实现"一证式"管理
环境治理和生态保护市场体系	构建绿色金融体系	2015年9月	中共中央、国务院印发《生态文明体制改革总体方案》	明确提出要"建立中国绿色金融体系"
		2015年12月	国家发改委发布《绿色债券发行指引》	规定企业发行绿色债券，可以享受一系列优惠条件
		2017年6月	国务院批准浙江、江西、广东、贵州、新疆五省（区）设立绿色金融改革创新试验区	推进绿色金融体系建设地方试点不断深化
		2017年7月	第五次全国金融工作会议提出要"鼓励发展绿色金融"	

续表

制度体系 （八项制度）		建设进程		
环境治理和生态保护市场体系	倡导建立绿色生活方式	2015 年 4 月	国务院正式发布《关于加快推进生态文明建设的意见》	倡导勤俭节约、绿色低碳、文明健康的生活方式和消费模式，提高全社会生态文明意识
		2015 年 11 月	环保部发布《关于加快推动生活方式绿色化的实施意见》	提出到 2020 年，生态文明价值理念在全社会得到推行
		2016 年 2 月	国家发改委、中宣部、科技部等部门联合发布了《关于促进绿色消费的指导意见》	加快推动消费向绿色转型，构建有利于促进绿色消费的长效机制
		2017 年 5 月	中共中央就推动形成绿色发展方式和生活方式进行第四十一次集体学习	习近平强调推动形成绿色发展方式和生活方式，形成节约资源和保护环境的空间格局、产业结构、生产方式、生活方式
生态文明绩效评价考核和责任追究制度		2015 年 8 月	中共中央办公厅、国务院办公厅联合印发《党政领导干部生态环境损害责任追究办法（试行）》	明确规定实施生态环境损害终身责任追究制，并首次明确了 25 种党政领导干部生态损害追责情形
		2015 年 11 月	国务院办公厅发布《编制自然资源资产负债表试点方案》	将自然资源资产负债表编制纳入生态文明制度体系，与资源环境生态红线管控、自然资源资产产权和用途管制、领导干部自然资源资产离任审计、生态环境损害责任追究等重大制度相衔接
		2017 年 9 月	中共中央办公厅、国务院办公厅印发了《关于建立资源环境承载能力监测预警长效机制的若干意见》	促进我国资源环境承载能力监测预警工作走向规范化、常态化、制度化

附录四：中国生态环境保护和生态环境治理成效

按照中央统一部署，随着我国生态文明体制改革的深化，生态文明建设全面推进，近年来我国生态环境明显改善，一些突出的环境问题得以缓解。

（1）资源利用效率提高。根据循环经济综合评价指标体系测算，2015年，我国循环经济发展指数为150.8%，比2012年提高18.2点。其中，资源消耗强度指数为150.6%，提高24.0点；废物排放强度指数为164.9%，提高27.0点；污染物处置率指数为181.4%，提高12.3点；废物回用率指数为115.6%，提高4.2点。全国资源消费强度下降，资源利用效率提高，废物排放控制力度加大，污染物处置率保持增长，废物回用率有所提高。

（2）环境污染治理全力推进，主要污染物总量减排目标全部完成。2012年，国务院印发了《节能减排"十二五"规划》，围绕"十二五"节能减排约束性目标，提出了重点领域的具体目标，明确了"十二五"期间节能减排的主要任务和保障措施，确保节能减排工作落实到位。

从落实情况看，与2012年相比较，2015年，全国化学需氧量排放量为2223.5万吨，下降8.3%；氨氮排放量为229.9万吨，下降9.3%；二氧化硫排放量为1859.1万吨，下降12.2%；氮氧化物排放量为1851.0万吨，下降20.8%，四项主要污染物均完成"十二五"排放总量控制的目标（见图1）。

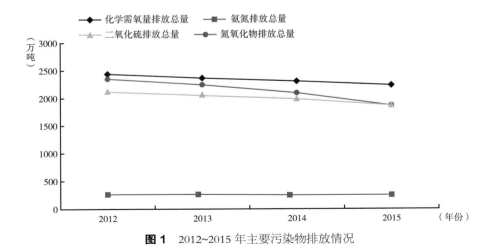

图1 2012~2015年主要污染物排放情况

（3）大气污染防治不断强化，环境空气质量总体向好。自 2013 年《大气污染防治行动计划》实施以来，各项相关措施有效推进，大气污染防治效果初显，全国环境空气质量总体向好。

空气质量达标城市数和优良天数有所增加。2016 年，338 个地级及以上城市中，环境空气质量达标城市 84 个，同比增加 11 个；优良天数比例为78.8%，同比提高 2.1 个百分点。

城市颗粒物浓度和重污染天数逐步下降。2016 年，全国 338 个城市PM2.5 浓度为 47 微克／立方米，同比下降 6.0%；PM10 浓度为 82 微克／立方米，同比下降 5.7%；重污染天数比例为 2.6%，同比下降 0.6 个百分点。第一批实施空气质量新标准的 74 个城市 PM2.5 浓度为 50 微克／立方米，比 2013 年下降 30.6%；优良天数比例为 74.2%，比 2013 年提高 13.7 个百分点；重度及以上污染天数比例为 3.0%，比 2013 年下降 5.7 个百分点。

重点区域细颗粒物浓度有所改善。京津冀区域 PM2.5 浓度为 71 微克／立方米，比 2013 年下降 33.0%；长三角区域 PM2.5 浓度为 46 微克／立方米，下降 31.3%；珠三角区域 PM2.5 浓度为 32 微克／立方米，下降31.9%。

（4）实施最严格的水资源管理，水资源节约集约利用得到加强。2012 年，国务院发布了《关于实行最严格水资源管理制度的意见》；2013 年，印发了《实行最严格水资源管理制度考核办法》，对全国 31 个省级行政区落实最严格水资源管理制度情况进行考核。

据初步统计，2016 年全国水资源总量为 30150 亿立方米，比 2012年增长 2.1%；用水总量为 6150 亿立方米，增长 0.3%，其中工业用水量1330 亿立方米，下降 3.7%；人均水资源量为 2186.9 立方米，与 2012 年基本持平；人均用水量为 446.1 立方米，下降 1.7%；万元国内生产总值用水量为 83.7 立方米，下降 23.9%，全面实现了最严格水资源管理目标（见表 4）。

表4 2012~2016年水资源管理情况

指标	2012年	2013年	2014年	2015年	2016年
水资源总量（亿立方米）	29529	27958	27267	27963	30150
用水总量（亿立方米）	6131	6183	6095	6103	6150
其中：工业用水	1381	1406	1356	1335	1330
人均水资源量（立方米）	2186.2	2059.7	1998.6	2039.2	2186.9
人均用水量（立方米）	453.9	455.5	446.7	455.1	446.1
万元GDP用水量（立方米）	110	102.9	94.6	88.6	83.7

注：2012~2016年GDP均采用2015年不变价计算；2016年数据为初步数。

（5）重点流域海域污染防治稳步推进，水环境质量持续改善。党中央高度重视水污染防治工作，分区控制、突出重点、统筹规划、综合防治、海陆兼顾、河海统筹，水污染防治、水生态保护和水资源管理得到加强。

地表水水质总体情况得到改善。Ⅰ类、Ⅱ类水占比有所提高，Ⅴ类、劣Ⅴ类水占比有所下降。2012年，全国20.1万千米的河流水质状况评价结果显示，全年Ⅰ类水河长占评价河长的5.5%，Ⅱ类水河长占39.7%，Ⅲ类水河长占21.8%，Ⅳ类水河长占11.8%，Ⅴ类水河长占5.5%，劣Ⅴ类水河长占15.7%。2015年，全国23.5万千米的河流水质状况评价结果显示，全年Ⅰ类水河长占评价河长的8.1%，Ⅱ类水河长占44.3%，Ⅲ类水河长占21.8%，Ⅳ类水河长占9.9%，Ⅴ类水河长占4.2%，劣Ⅴ类水河长占11.7%（见图2）。

湖泊水质状况基本稳定。2012年，全国112个主要湖泊共2.6万平方公里水面水质评价结果显示，全年总体水质为Ⅰ~Ⅲ类的湖泊有32个，Ⅳ~Ⅴ类湖泊为55个，劣Ⅴ类水质的湖泊为25个，分别占评价湖泊总数的28.6%、49.1%和22.3%。2015年，全国116个主要湖泊共2.8万平方公里水面水质评价结果显示，全年总体水质为Ⅰ~Ⅲ类的湖泊有29个，Ⅳ~Ⅴ类湖泊

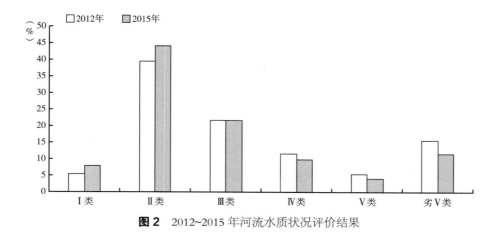

图2 2012~2015年河流水质状况评价结果

为60个，劣Ⅴ类湖泊为27个，分别占评价湖泊总数的25.0%、51.7%和23.3%。

近岸海域水质总体向好。一类海水比例逐年增长，四类及劣四类比例不断下降。2016年，全国近岸海域417个海水水质监测点中，达到国家一、二类海水水质标准的监测点占73.4%，三类海水占10.3%，四类、劣四类海水占16.3%。2012年，全国近岸海域301个海水水质监测点中，达到国家一、二类海水水质标准的监测点占69.4%，三类海水占6.7%，四类、劣四类海水占23.9%。2016年与2012年相比，一、二类海水比例提高4.0个百分点，三类海水比例提高3.6个百分点，四类和劣四类海水比例下降7.6个百分点。

（6）生态保护与修复力度持续加大，生态保护屏障逐步加强。2012年以来，党中央强化生态保护和监管，构建生态安全屏障，我国自然生态系统有所改善，自然保护区数量增加，森林覆盖率逐步提高，水土流失治理、沙化、荒漠化治理取得初步成效，湿地保护面积增加。

从自然保护区建设看，2016年，全国自然保护区达2750个，比2012年增加81个，其中国家级自然保护区446个，增加83个。

从森林资源保护看，根据第八次全国森林资源清查（2009~2013年）结果，全国森林面积达 20769 万公顷，森林覆盖率 21.63%，活立木总蓄积为 164.33 亿立方米，森林蓄积为 151.37 亿立方米。与第七次全国森林资源清查（2004~2008 年）相比，森林面积净增 1223 万公顷，森林覆盖率增长 1.27 个百分点，活立木总蓄积和森林蓄积分别净增 15.2 亿立方米和 14.16 亿立方米。2016 年，全国完成造林面积 679 万公顷，比 2012 年增长 21.3%，其中人工造林面积 381 万公顷，与 2012 年基本持平。随着森林总量增加、结构改善和质量提高，森林生态功能进一步增强。

从湿地资源保护看，2013 年第二次全国湿地资源调查结果显示，全国湿地总面积为 5360.26 万公顷，湿地率为 5.58%。纳入保护体系的湿地面积为 2324.32 万公顷，湿地保护率达 43.51%。

从水土流失治理看，2015 年，全国累计水土流失治理面积为 11558 万公顷，比 2012 年增加 1263 万公顷。2016 年，新增水土流失治理面积为 562 万公顷，比 2012 年增长 28.6%。

从防沙治沙看，第五次全国荒漠化和沙化土地监测结果显示，截至 2014 年，全国荒漠化土地面积为 261.16 万平方公里，沙化土地面积为 172.12 万平方公里，有明显沙化趋势的土地面积为 30.03 万平方公里，实际有效治理的沙化土地面积为 20.37 万平方公里，占沙化土地面积的 11.8%。与第四次全国荒漠化和沙化土地监测结果相比，全国荒漠化土地面积减少 12120 平方公里，沙化土地面积减少 9902 平方公里。同时，荒漠化和沙化程度继续减轻，沙区植被状况进一步好转，区域风沙天气明显减少。

（7）城乡生活环境得到改善，环境基础设施建设水平提高。党的十八大以来，国家在城市污水处理、垃圾处理、园林绿化、燃气、供热等方面加强城市环境基础设施建设，取得了明显成效。

2016 年，城市污水处理厂日处理能力达到 14823 万立方米，比 2012 年增长 26.3%（见图 3）；城市污水处理率为 92.4%，提高 5.1 个百分点。城市生活垃圾无害化处理率为 95.0%，提高 10.2 个百分点。城市建成区绿地面积为 197.1 万公顷，增长 20.6%（见图 4）；建成区绿地率为 36.4%，提高 0.7 个百分点；人均公园绿地面积 13.5 平方米，增长 9.8%（见图 5）；城市集中供热面积为 70.7 亿平方米，增长 36.5%（见表 5）。

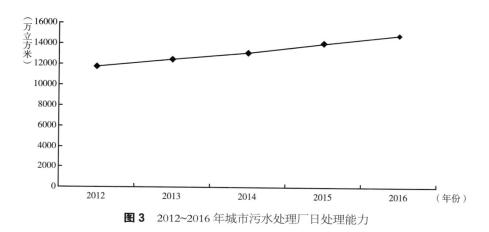

图 3　2012~2016 年城市污水处理厂日处理能力

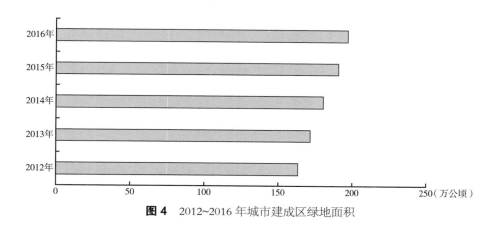

图 4　2012~2016 年城市建成区绿地面积

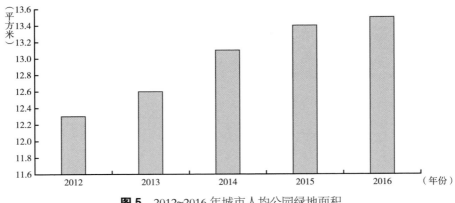

图5 2012~2016年城市人均公园绿地面积

表5 2012~2016年城市环境基础设施建设情况

指标	2012年	2013年	2014年	2015年	2016年
城市污水处理率（%）	87.3	89.3	90.2	91.9	92.4
城市生活垃圾无害化处理率（%）	84.8	89.3	91.8	94.1	95
城市建城区绿地率（%）	35.7	35.8	36.3	36.4	36.4
城市集中供热面积（亿平方米）	51.8	57.2	61.1	67.2	70.7

在农村环境建设方面，国家推进农村环境综合治理，着力建设农村饮水安全工程，加强农村改水改厕，加大农村环境基础设施建设，农村环境质量明显改善。2015年，全国建制镇用水普及率为83.8%，污水处理率为51.0%，生活垃圾无害化处理率为45.0%。全国乡用水普及率为70.4%，污水处理率为11.5%，生活垃圾无害化处理率为15.8%。全国农村卫生厕所普及率为78.4%，比2012年提高6.7个百分点。

附录五：十九大报告中生态文明建设的任务重点及关联

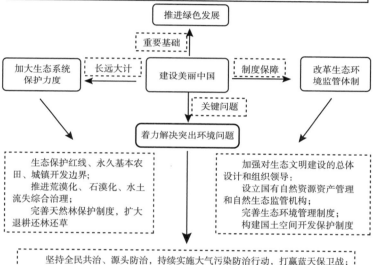

推荐阅读书目

（按出版时间排序）

编者按：在筹划本套改革开放研究丛书之初，谢寿光社长就动议在每本书后附相关领域推荐阅读书目，以展现中国改革开放以来本土学术研究广度和深度，并以 10 本为限。在丛书编纂和出版过程中，各位主编和作者积极配合，遴选了该领域的精品力作，有些领域也大大超过了 10 本的限制。现将相关书目附录如下，以飨读者。

1. 蔡守秋：《生态文明建设的法律和制度》，中国法制出版社，2017。

2. 常纪文：《环境法前沿问题》，中国政法大学出版社，2011。

3. 常纪文：《生态文明的前沿和法律问题——一个改革参与者的亲历和思索》，中国政法大学出版社，2016。

4. 陈吉宁、马建堂：《国家环境保护政策读本》（第二版），国家行政学院出版社，2017。

5. 高吉喜等：《区域生态学》，科学出版社，2015。

6. 耿莉萍：《生存与消费：消费、增长与可持续发展问题研究》，经济管理出版社，2004。

7. 国民经济发展布局与产业结构预测课题组编《中国经济发展布局与水资源区产业结构研究》，科学出版社，2014。

8. 何德文、刘兴旺、秦普丰：《环境规划》，科学出版社，2013。

9. 胡雪萍：《绿色消费》，中国环境出版社，2016。

10. 环境保护部环境与经济政策研究中心：《生态文明制度建设概论》，中国环境出版社，2016。

11. 黄承梁:《新时代生态文明建设思想概论》,人民出版社,2018。

12. 贾绍凤、吕爱锋等:《中国水资源安全报告》,科学出版社,2014。

13. 娄伟:《100% 新能源与可再生能源城市》,社会科学文献出版社,2015。

14. 娄伟:《可再生能源城市理论分析》,社会科学文献出版社,2017。

15. 欧阳志云等:《区域生态环境状况评价与生态功能区划》,中国环境科学出版社,2009。

16. 潘家华、陈孜:《2030 年可持续发展的转型议程:全球视野与中国经验》,社会科学文献出版社,2016 年。

17. 潘家华、娄伟、李萌等编《中国生态文明建设年鉴 2017》,中国社会科学出版社,2018。

18. 潘家华:《中国的环境治理与生态建设》,中国社会科学出版社,2015。

19. 潘家华:《气候变化经济学》(上、下卷),中国社会科学出版社,2018。

20. 宋国君等:《环境规划与管理》,华中科技大学出版社,2015。

21. 孙启宏、王金南:《可持续消费》,贵州科技出版社,2001。

22. 王金南、吴舜泽:《中国环境政策》(第九卷),中国环境科学出版社,2012。

23. 夏军、李原园等:《气候变化影响下中国水资源的脆弱性与适应对策》,科学出版社,2016。

24. 薛进军、赵忠秀主编《低碳经济蓝皮书:中国低碳经济发展报告》,社会科学文献出版社,2013~2016 年。

25. 中华人民共和国环境保护部:《长江经济带生态环境保护规划》,中国环境科学出版社,2017。

26. 中华人民共和国水利部编著《水利——造福民生的伟大事业》,中国水利水电出版社,2013。

27. 庄贵阳等:《中国城市低碳发展蓝图:集成、创新与应用》,社会科学文献出版社,2015。

28. 左其亭、胡德胜、窦明、张翔等:《最严格水资源管理制度研究——基于人水和谐视角》，科学出版社，2016。

29. 左其亭主编《中国水科学研究进展报告 2015—2016》，中国水利水电出版社，2017。

索　引

B

巴黎协定　011, 304, 319, 320, 322

保护地建设　115, 116, 120, 141, 142, 155

保护优先　033, 044, 045, 049, 051, 052, 137, 139, 141, 156, 401

碧水保卫战　076

C

长江经济带　076, 114, 149, 150, 155, 238, 244, 249, 250, 255, 389

D

大气污染防治　005, 011, 018, 023, 033, 036, 037, 042, 050, 064, 070, 071, 074, 075, 078, 105, 113, 161, 163, 179, 181~186, 269, 285, 328, 377, 382, 402, 405

党政同责　036, 038, 043, 044, 048, 382, 384, 386

低碳城市　011, 301, 315, 321, 322, 346, 348, 350, 353, 357, 358, 366, 367, 369, 371, 372, 385

低碳试点　314~316, 357, 367

地球日　061, 159

地热能　256~258, 268, 269

地质公园　115, 117, 120, 121, 126~128, 132, 133, 140~142, 145, 150

E

2030 可持续发展议程　326, 337

二十国集团　322, 338, 339

F

发展理念　010，012，017，028，051，069，
　　106，141，158，199，211，213，224，
　　239~241，280，320，324~326，328，336，
　　338，340，341，343，345，347，369，
　　372，376，378，380，381，397

风景名胜区　019，115，117，120，121，
　　127~130，140~142，145，150

风　能　256~258，266~267，273，275，
　　303

扶贫攻坚　345

G

公众参与　016，020，024，026，034，
　　042~045，053，054，057~059，068，
　　079，082，083，142，175，181，
　　288，392

固体废弃物　035，157，187~190，195，
　　200，208，219，284，291

国家公园　011，055，115~117，120，121，
　　127，128，140~142，149，155，
　　313，398~400

国家信息通报　304

H

海绵城市　011，301，311，346，348，

350，351，353，358，359，365~
　　367，371，372，374

环保督查　046，382

环保风暴　034，068，070，164

环保教育　065

环境保护模范城市　211，356

环境保护委员会　003，005，063，064，
　　074，094，110，347

环境标识　289

环境标志　065，286~289

环境风险　014，040，052，103，105，
　　113，236，290

环境司法　054~056

环境文化　028，032，034，277~279，
　　281~288，290，292，294~296

环境政策　016，059，060，066，071，
　　072，074，161，206，400

J

基本国策　002，005，021，034，062，
　　087，088，099，106，160，162，
　　230，236，238，285，327，328，
　　347，377

寂静的春天　061，325

减缓　015，119，148，151，172，180，297~
　　299，304~306，311，318，320，322

健康城市　349，354，367，368，370

京都议定书　304，316，318，319

京津冀　047，053，070，071，075，076，
078，100，105，113，149，150，
155，185，186，214，238，244，
251，252，255，277，310，355，
359，384，405

K

可持续城市　337，346~354，366，368，
370~374

可持续发展　005，010，011，016，017，
022~025，028，030~032，035，050，
053，059，060，063，064，069，
083，088，089，097，099，102，
104，115，117，120，134，137，
144，147，148，155，158，160~162，
171~173，177，178，183，186，
190，197，204~207，211~213，223，
228，240，241，248，250，251，
257，277，278，288，289，294，
297，299，325~351，353，356~
358，360~362，365~378，381，395

可持续发展创新示范区　350，351，353，
362，366，368

可持续发展目标　336，337，340~342，
345，350，360，370，374

可持续发展世界首脑会议　333

可持续发展试验区　368，369，374

可再生能源　029，032，081，162，256~
262，264~276，303，305，308，
309，321，366，378

L

蓝天保卫战　010，012，075，078，163，
389，393

里约会议　017，020，023，328，330

绿色产品　277，278，280，282，286，
287，290~295，306

绿色发展理念　010，051，069，240，
241，280，320，324，380

绿色金融　026，046，241，322，373，
387，396，402

绿色市场　278，280，287，293，295，
309

绿色消费　034，058，224，277~280，
282，285~296，306，309，366，
403

M

面源污染　046，058，076，096，167，
169

N

南南合作　305，320~322，336，338，

339，341

能源结构 042，078，081，180，186，258，276，303，309，369

P

排污许可证 040，055，062，074，081，088，095，160，328，402

Q

气候变化框架公约 297，298，304，318，329

气候外交 297，298，317，318

气候政策 298，299，304，314，318，322，325

气十条 010，047，075，105，163，185，186

千年发展目标 325，332~334，336，337，341，344，345

清洁发展机制 194，310，316

去产能 011，047，078，307，386

全球气候治理 008，011，297，298，301，317，319~321，323，324

人口红利 221，395

R

人类命运共同体 013，247，248，278，320，323，325，326，338，345

韧性城市 346，348，350，359，368，374

S

三同时 002，032，049，055，061，062，088，092，160，328

森林城市 350，355，367，368，370

森林覆盖率 009，022，102，300，303，407，408

森林公园 115，117，120，121，127，128，130~132，139，140，142，145，150

生态补偿 036，050，054，073，074，138，246，342，382~384，392，394，401

生态产品 011，014，042，117，119，147，148，151，154，156，278，373，380，394，396

生态城市 346，348，353，367，368，370~372，374

生态功能区 100，102，117~119，141，143~145，147~150，153，350，384，398

生态红线 042，046，050，115，119，139，143，146，150，245，382，383，403

生态文明城市 363，365~367，385

生态文明建设　001，009~012，015，
　034~038，042，044，045，049，
　051，054，069，074，081，082，
　084~086，089，104，106，109，
　119，134，137，139，140，143，
　146，152，158，162~164，199，
　213，221，223~225，230，236~238，
　241，242，245，246，250，252，
　254，255，264，276，280，290，
　292，296~298，300，320，323，
　324，337，341，344，345，348，
　351，355，364，365，367，369，
　373~376，378~390，393~398，401，
　403，404，411

生态修复　037，076，224，245，312，
　345，385，388，395，402

生物质能　218，256~258，260~263，
　270，271，276

湿地公园　115，117，120，121，127，
　134，135，140，142，145，150

世界遗产　129，130，137~139

世界自然保护联盟　117

市场失灵　046，072，077，224，273

适应　028，045，049，084，086，087，
　108，134，168，177，178，191，
　195，199，204，209，223，226，
　227，233，238，239，244，246，

248，251~253，258，267，281，297，
　298，301，304~306，311~314，318，
　320~322，330，349，350，356，358，
　360，363，369，391

适应能力　168，306，312，313

水电装机　011，258，263，264，270，
　304

水环境质量　027，034，047，165，236，
　406

水能资源　263

水十条　076，077，105，163，175，176，
　230，236，402

水资源利用　226~233，235~255

四梁八柱　011，050，394

T

太阳能利用　014，264

碳汇　310

碳排放权交易　314，316，317，323，
　384

碳排放脱钩　302

碳市场　300，314，316，317，323

W

伪生态文明　387

卫生城市　346，348，349，353，354，
　356，367，368，370，374

我们共同的未来　326，348，361

污染防治　002，005，008，011，012，
　018~021，023，026，029，031~033，
　036~038，041~043，046，047，
　050，053，058，064，070，071，
　074~079，082，088，089，094~097，
　099，102，104~108，110~114，136，
　157，161~164，167，173~177，179，
　181~187，193，195，198，230，
　236，269，285，324，328，377，
　382，385，389，396，402，405，
　406

污水处理　038，060，075，082，113，
　164，165，167~173，175~179，218，
　236，240，281，365，408~410

五位一体　010，017，036，058，084~
　086，089，104，141，155，163，
　290，300，351，373，378，381，
　384，397，400

雾霾　004，035，036，059，066，077，
　078，162，200，282，298，345，
　364，387，388

X

乡村振兴　238，244，253~255，389

新型城镇化　195，196，350，351，362~
　364，368~370

新型工业化道路　082

雄安新区　238，244，252，253，255

循环经济　029，031，033，059，060，
　067，068，082，158，162，174，
　199~225，290，292，305，307，
　324，346，348，351，360，361，
　365，366，368，372，378，384，
　404

Y

一带一路　104，114，238，244，247~
　249，255，345

一刀切　055

一退三还　059，072

宜居城市　346，348，364，367，371

有机产品　292

园林城市　346，348~350，354，355，
　366~368，370，372，374

Z

增长的极限　202

政府间气候变化专门委员会　318，322

智慧城市　351，358，367

智慧用水　226，244，246，247，254，
　255

中国 21 世纪议程　005，023，064，161，
　173，299，311，330~332，349，

360，361，368

中国方案　015，320，325，341，343~
345，381

中国环境与发展国际合作委员　005，
066，291

中国梦　104，243，252，254，255

中国智慧　296，320，325，326，338，
344，358

重金属污染　005，029，076，077，112，
171

自然保护区　010，019，023，035，038，
053，064，095，097，110，115，
117，120~128，130，134，135，
137，139~142，144，149，150，407

自然资源产权　036

综合利用　002，018，020，061，064，
081，082，088，159，170，176，
190，193，194，203，209，210，
214，217，219~221，226，230，
233~235，245，254，274，327

图书在版编目(CIP)数据

中国生态建设与环境保护：1978-2018 / 潘家华等
著. -- 北京：社会科学文献出版社，2018.12
（改革开放研究丛书）
ISBN 978-7-5201-3474-3

Ⅰ.①中…　Ⅱ.①潘…　Ⅲ.①生态环境-环境保护-
研究-中国-1978-2018　Ⅳ.①X321.2

中国版本图书馆CIP数据核字（2018）第215554号

·改革开放研究丛书·

中国生态建设与环境保护（1978~2018）

丛书主编 / 蔡　昉　李培林　谢寿光
著　　者 / 潘家华　庄贵阳 等

出 版 人 / 谢寿光
项目统筹 / 李延玲
责任编辑 / 李延玲

出　　版 / 社会科学文献出版社·国际出版分社（010）59367243
　　　　　地址：北京市北三环中路甲29号院华龙大厦　邮编：100029
　　　　　网址：www.ssap.com.cn
发　　行 / 市场营销中心（010）59367081　59367083
印　　装 / 三河市东方印刷有限公司

规　　格 / 开　本：787mm×1092mm 1/16
　　　　　印　张：27.5　字　数：403千字
版　　次 / 2018年12月第1版　2018年12月第1次印刷
书　　号 / ISBN 978-7-5201-3474-3
定　　价 / 128.00元